Marianne Pieper · Thomas Atzert · Serhat Karakayalı
Vassilis Tsianos (Hrsg.)

Biopolitik – in der Debatte

Marianne Pieper · Thomas Atzert
Serhat Karakayalı · Vassilis Tsianos (Hrsg.)

Biopolitik –
in der Debatte

VS VERLAG

Bibliografische Information der Deutschen Nationalbibliothek
Die Deutsche Nationalbibliothek verzeichnet diese Publikation in der
Deutschen Nationalbibliografie; detaillierte bibliografische Daten sind im Internet über
<http://dnb.d-nb.de> abrufbar.

1. Auflage 2011

Alle Rechte vorbehalten
© VS Verlag für Sozialwissenschaften | Springer Fachmedien Wiesbaden GmbH 2011

Lektorat: Frank Engelhardt | Cori Mackrodt

VS Verlag für Sozialwissenschaften ist eine Marke von Springer Fachmedien.
Springer Fachmedien ist Teil der Fachverlagsgruppe Springer Science+Business Media.
www.vs-verlag.de

Das Werk einschließlich aller seiner Teile ist urheberrechtlich geschützt. Jede Verwertung außerhalb der engen Grenzen des Urheberrechtsgesetzes ist ohne Zustimmung des Verlags unzulässig und strafbar. Das gilt insbesondere für Vervielfältigungen, Übersetzungen, Mikroverfilmungen und die Einspeicherung und Verarbeitung in elektronischen Systemen.

Die Wiedergabe von Gebrauchsnamen, Handelsnamen, Warenbezeichnungen usw. in diesem Werk berechtigt auch ohne besondere Kennzeichnung nicht zu der Annahme, dass solche Namen im Sinne der Warenzeichen- und Markenschutz-Gesetzgebung als frei zu betrachten wären und daher von jedermann benutzt werden dürften.

Umschlaggestaltung: KünkelLopka Medienentwicklung, Heidelberg
Gedruckt auf säurefreiem und chlorfrei gebleichtem Papier
Printed in Germany

ISBN 978-3-531-15497-8

Inhalt

Marianne Pieper, Thomas Atzert, Serhat Karakayalı und Vassilis Tsianos
Biopolitik in der Debatte – Konturen einer Analytik der
Gegenwart mit und nach der biopolitischen Wende
Eine Einleitung 7

Antonio Negri
Konstituierende Macht 29

Achille Mbembe
Nekropolitik 63

Maurizio Lazzarato
Biopolitik/Bioökonomie: Eine Politik der Multiplizität 97

Thomas Lemke
Imperiale Herrschaft, immaterielle Arbeit und
die Militanz der Multitude
Anmerkungen zum Konzept der Biopolitik
bei Michael Hardt und Antonio Negri 109

Susanne Schultz
Gegen theoretische Strategien der Ganzheitlichkeit:
Eine feministische Kritik an »Empire« 129

Stephan Adolphs
Biopolitik und die anti-passive Revolution der Multitude 141

Thomas Seibert
Die Abenteuer der Ontologie
Zwischenbilanz einer laufenden Auseinandersetzung
um das biopolitische Sein 163

no spoon
Das Unbehagen an der Biopolitik 181

Marianne Pieper, Efthimia Panagiotidis, Vassilis Tsianos
Konjunkturen der egalitären Exklusion:
Postliberaler Rassismus und verkörperte Erfahrung in der Prekarität 193

Tobias Mulot
Sie schreiben einen Namen in den Himmel
Historische Überlegungen zur Politik der Multitude bei Michel Foucault,
Pierre-Simon Ballanche und Jacques Rancière 227

Stefanie Graefe
Zwischen Wertschöpfung, Rebellion und »Lebenswert«:
Leben und Biopolitik in *Empire* 263

Astrid Kusser
Körper in Schieflage
Skizzen einer Genealogie von Tanzen und Arbeiten im Black Atlantic 275

William Walters
Mapping Schengenland
Die Grenze denaturalisieren 305

Autorinnen und Autoren und Übersetzerinnen und Übersetzer 339

Drucknachweise 345

Biopolitik in der Debatte – Konturen einer Analytik der Gegenwart mit und nach der biopolitischen Wende
Eine Einleitung

Marianne Pieper, Thomas Atzert, Serhat Karakayalı und Vassilis Tsianos

Der Begriff Biopolitik inflationiert. Droht mit zunehmender Popularisierung die Tendenz einer Trivialisierung und Entpolitisierung des Begriffs Biopolitik – wie warnende Stimmen prophezeien? Ist Biopolitik gar zu »einer Art Heideggerschem Master-Signifikanten« geworden, der Alles oder Nichts bedeutet – wie Jacques Rancière (2001) argwöhnt? Warum also noch ein Buch zu Biopolitik? Wurde nicht bereits alles gesagt?

Mitnichten, denn die Auseinandersetzungen mit diesem Konzept dürften keineswegs an einem Endpunkt angekommen sein. Vielmehr verweist weniger die Vielzahl von Veröffentlichungen zu diesem Thema als vielmehr die Eröffnung verschiedener neuer Perspektiven nachdrücklich darauf, dass die Relevanz des begrifflichen Instrumentariums der Biopolitik und dessen Gebrauchswert für die Analytik historischer und gegenwärtiger Phänomene und Prozesse keineswegs erschöpft ist. Theorieproduktionen unterschiedlicher Disziplinen sowie Mediendebatten haben den Begriff okkupiert. Allerdings gleiten unterhalb des Signifikanten »Biopolitik« im Spiel von Ereignis, Signatur und Kontext die Bedeutungsfelder und prägen unterschiedliche Konturen aus. Hier zeigt sich, dass der Begriff Biopolitik ein umkämpftes theoriepolitisches Terrain markiert, auf dem Bedeutungen immer wieder neu verhandelt und hinsichtlich ihres analytischen Potenzials beständig befragt werden. Die Mannigfaltigkeit des Begriffs eröffnet unterschiedliche Erkenntnisräume. Deren kritisch analytische Möglichkeiten und Erklärungskraft für gegenwärtige Entwicklungen sowie deren Leerstellen gilt es auszuloten.

Der Begriff Biopolitik geriet in den vergangenen Jahren bis ins Feuilleton hinein zur Signatur eines thematischen Terrains, das die Auseinandersetzung um medizintechnische und biowissenschaftliche Forschung und bioethische Debatten vor allem im Zusammenhang mit Gen- und Reproduktionstechnologien zum Gegenstand hat. Hier wird der Begriff sowohl von Kritiker_innen als auch von Befürworter_innen reklamiert (vgl. kritisch dazu Esposito 2008; Graefe 2008). In sozial- und geisteswissenschaftlicher Forschung bildete sich eine Richtung heraus, die über eine eher deskriptive Verwendung des Begriffs Biopolitik hinausweist und mit diesem eine dramatische Zäsur in den politischen Praxen markiert. In diesem Kontext fungiert Biopolitik als Einsatz einer kritischen »Analytik der Gegenwart«, die zum Teil die selben Gegenstände untersucht, sich jedoch einer machtanalytischen Perspektive bedient, in der Entitäten wie »Bevölkerung«, »Leben«, »Tod« oder das »Genom« nicht als universale oder natürliche Gegebenheiten unterstellt, sondern als historisch und geopolitisch situierte Produktionen untersucht werden. Deren Bedingungen des Auftauchens zu einem spezifischen historischen Zeitpunkt in einem bestimmten Kontext werden im Zusammenhang mit den jeweiligen Logiken und Technologien und Regimen der Macht analysiert (Sarasin 2001; Stingelin 2003; Sarasin/Berger/Hänsler/Spöri 2007; Kauffmann 2008; Lorey 2010).

Diese Machtanalytik steht in der Tradition Michel Foucaults. In seinem Werk taucht der Begriff »Biopolitik« erstmalig in einem Vortrag aus dem Jahr 1974 auf (Foucault 2003: 275; Lemke 2007: 49). Das zumeist nicht klar unterschiedene begriffliche Doppel von »Bio-Macht« und »Bio-Politik«[1] charakterisiert Foucault 1976 in seiner Vorlesungsreihe am Collège de France[2] und in dem im selben Jahr erscheinenden Band I von *Sexualität und Wahrheit* (»La volonté de savoir«) als ein neues Register der Macht, dessen Emergieren am Überschreiten der Modernitätsschwelle vom »Ancien Régime« zum modernen Staat zu lokalisieren sei.[3] Foucault beschreibt die Genese einer »Macht über das Leben« (bíos), eine politische »Machtergreifung über den Menschen als Lebewesen« (1999: 276), in der er eine Tendenz zur »Verstaatlichung des Biologischen« erkennt.

Mit diesem »Eintritt des Lebens in die Geschichte« (Foucault 1983: 169) charakterisiert Foucault einen neuen Typus der Macht, der sich im Zeichen des aufkommenden Industriekapitalismus herausbildet und den er als historische Zäsur, als entscheidende Wandlung, und zweifellos als eine der wichtigsten, in der Geschichte der menschlichen Gesellschaften bestimmt (Foucault 1983: 170). Anders als die »souveräne Macht« des feudalen »Ancien Régime«, die über Repression und die Abschöpfung von Produkten, Gütern und Diensten der Untertanen operierte und im Extremfalls sogar über deren Leben verfügen und »sterben machen oder leben lassen« konnte, zielt die neue Logik der Macht auf die ökonomische Produktivmachung, Förderung und Optimierung der Lebensprozesse von Staatsbürger_innen. Zwar sei dies nicht der »erste Kontakt zwischen dem Leben und der Geschichte« (Foucault 1983: 169), aber hier zeichne sich eine neue Qualität des Politischen ab, da die Entwicklungen der Erkenntnisse über das Leben allgemein, die Verbesserungen agrarökonomischer Techniken sowie die Beobachtungen und Messungen am Leben dazu geführt hätten, dass der Tod aufhöre, »dem Leben ständig auf den Fersen zu sein« (Foucault 1983: 169). Im Zuge dieser historischen Entwicklungen komme es zum »Eintritt des Lebens und seiner Mechanismen in den Bereich der bewussten Kalküle«, in dem Macht- und »Wissensverfahren die Prozesse des Lebens in die Hand nehmen« (Foucault 1983: 169f.) Die Foucault'sche Analytik der Biopolitik bietet gleichsam eine Doppelperspektive: Zum einen eröffnet sie – jenseits eines »hastigen Historismus« (Foucault 1983: 179) – den genealogischen Blick auf historische Entwicklungen eines neuen Typus von Macht und der politischen Technologien, zum anderen offeriert sie das analytische Potential einer »Kunst der Durchquerung des Aktuellen mittels der Geschichte« (Ewald/Fontana 2004: 10), die vertiefte Erkenntnisse über gegenwärtige und zeitgenössische Ereignisse ermöglicht.

In zwei genealogischen Linien skizziert Foucault die Entstehung dieses neuen Registers der Macht seit dem 17. Jahrhundert, das die »Macht über den Tod« zu überlagern beginne und im 19. Jahrhundert in einer »Machtergreifung über den Menschen als Lebewesen« und einer »Verstaatlichung des Biologischen« kulminiere (Foucault 1999: 276). In einer ersten, grundlegenden genealogischen Achse profiliert Foucault einen neuen produktiven Typus der Macht: die Disziplinarmacht, die er in Abgrenzung zur souveränen, unterdrückenden Machtlogik des Feudalismus konturiert. Dieser neue Machttypus operiert mit Techniken der Rationalisierung, Überwachung, Serialisierung und Dressur und zielt auf die individuellen Körper und deren Verfertigung und Einpassung in ökonomische Nutzenkalküle. Mittels dieser Machttechnologien galt es, »die Körper in eine Maschinerie und die Kräfte in eine Ökonomie zu integrieren« (Foucault 1977: 270). Damit sollten jene »gelehrigen Körper« (Foucault 1977: 173) erzeugt werden, die sich in die Strukturen ökonomischer Verwertbarkeit einspannen und an die Maschinen schalten lassen. In seiner Beschreibung der »Disziplinartechnologien der Arbeit« skizziert Foucault die Modi der Zurichtung, die angesichts von Bevölkerungsexplosion, Auflösung feudaler Zwänge, Landflucht und Migration jene kritische Masse als »gefährlich« geltender, nomadisierender Land- und Besitzloser in verwertbare Arbeitskräfte eines schnell expandierenden Produktionsapparates des aufkommenden Industriekapitalismus verwandeln sollten (Foucault 1977: 280; Procacci 1991; Pieper 2003; 2007a). Foucault beschreibt damit komplementär zur Marx'schen Kapitalismusgenese der Kapitalakkumulation die Geschichte der »Menschenakkumulation« (Foucault 1983: 168), einer Nutzbarmachung durch Mobilitätskontrollen: »eines der ersten Ziele ist das Festsetzen – sie ist ein gegen das Nomadentum gerichtetes Verfahren« (Foucault 1977: 280) – als zentrales Element der Entwicklung des Kapitalismus. Das von Foucault allerdings wenig beachtete Fundament dieser Geschichte bilden jene dissidenten Taktiken im Zeichen eines »Begehrens nach Mobilität« (Hardt/Negri 2002: 212), des Entkommens und der Flucht als Kämpfe der Armen, die sich dem System der festsetzenden Kontrolle und der Verwandlung in Lohnarbeiter in vielfältiger Weise zu entziehen suchten. In diesem Kontext stellen die Disziplinartechniken gleichsam die Antwort auf diese Geschichte Vagabondage dar, welche zugleich auch ein beständiges Wegdriften aus der biopolitischen Disziplinierung im Zeichen »unwahrnehmbarer Politiken« (Papadopoulos/Stephenson/Tsianos 2009) markiert.

Foucault jedoch konzentriert sich vielmehr auf die Beschreibung jener »Mikrophysik der Macht«, mit der er sich von der souveränistischen Logik der Machtkonzeption marxistischer Provenienz abgrenzt und einen Typus der Macht charakterisiert, der erkennen lasse, wie eine »Überholung der traditionellen, rituellen, kostspieligen und gewaltsamen Machtformen ermöglicht« wurde, die von »verfeinerten und kalkulierten Technologie(n) der Unterwerfung abgelöst wurden« (Foucault 1977: 283). Diese mikrophysisch wirkende Macht operiert über Disziplinarinstitutionen – wie Kasernen, Schulen, Hospitäler, Gefängnisse, Fabriken, Erziehungsanstalten und Familien. Sie diffundiert bis in die feinsten Kapillarien der Gesellschaft, indem sie sich als normierendes und ordnendes Prinzip in die Körper einschreibt, verinnerlicht wird und so auf die jähen und gewaltförmigen Verfahren der Souveränität tendenziell zu verzichten vermag. Damit entwirft Foucault das Bild einer Macht, der es gelingt, die gesamte Existenz zu okkupieren und über »freiwillige« Unterwerfung unter die als »normal« und unausweichlich wahrgenommene soziale und ökonomische Ordnung zu operieren (Pieper 2007b: 217).

Die Disziplinarmacht bildet die grundlegende Achse, auf der sich um die Mitte des 18. Jahrhunderts eine zweite genealogische Linie abzuzeichnen beginnt. In diesem Zeitraum verortet Foucault das Aufkommen eines neuen Machttypus, den er als »Biopolitik der Bevölkerung« charakterisiert. Diese nimmt nicht die individuellen Körper ins Visier. Sie zielt vielmehr auf die systematische Produktivmachung des Gattungskörpers. Mit ihr tritt ein neues – kollektives – »Subjekt« in die Geschichte ein, ein »multipler Körper mit zahlreichen Köpfen« (Foucault 1999: 283): »die Population«. Es gilt also, die Bevölkerung als grundlegende Ressource des Staates zu bewirtschaften und durch Regulierung zu optimieren. Sie taucht als Produkt der sich entwickelnden Demographie auf, die spezifische Phänomene und Probleme auf der Ebene statistisch aggregierter Größen erst als Sichtbarkeiten erzeugt: Fortpflanzungsverhalten, Geburten- und Sterblichkeitsraten, das Gesundheitsniveau und die Lebensdauer, die Verteilung von Reichtümern, die Entdeckung von »Milieus« und die Verteilung von Individuen im Raum werden zum Gegenstand regulierender Kontrollen einer Biopolitik der Bevölkerung, die auf die Steigerung und Optimierung, die vollständige Durchsetzung des Lebens durch intensive, minutiös planende und rechnerische Verwaltung setzt. Die biopolitische Intervention zielt nun nicht mehr auf eine »Anatomo-Politik«, die sich auf die Disziplinierung individueller, stummer Körper als »Maschine« richtet und deren Optimierung nach ökonomischen Nutzenkalkülen betreibt, sondern auf den kollektiven Körper der globalen Masse und deren Regulierung und Kontrolle. Damit verschiebt sich das Gewicht der Disziplinarmacht. Diese wird nun als politische Technologie in den weiter gefassten Horizont der Biomacht/Biopolitik eingeordnet, die sowohl über die Disziplinierung individueller Körper als auch über kollektive Regulierung des Bevölkerungskörpers operiert (Foucault 1983: 170 f.). Sexualität bildet das »Scharnier«, das die beiden Pole der Biomacht – die Disziplinierung der individuellen Körper und die Regulierung des Bevölkerungskörpers – in einem strategischen Feld von Machtbeziehungen, Praktiken im Sexualitätsdispositiv miteinander verbindet. Anders als die souveräne Macht operiert dieser Machttypus nicht über Restriktion und Unterdrückung. Biopolitik ist viel mehr eine produktive Macht. Sie richtet sich auf Befähigung, Ermöglichung, Förderung und Steigerung des Lebens und darauf, »Sicherheitsmechanismen um dieses Zufallsmoment herum, das einer Bevölkerung von Lebewesen inhärent ist, zu errichten und zu optimieren« (Foucault 1999: 295). Auch wenn diese neue produktive Macht der »Maximalisierung des Lebens« darauf zielt, »leben zu machen«, bedeutet dies keineswegs, dass der Tod von den Spielen der Macht suspendiert worden ist. Vielmehr werden im Rahmen der Biopolitik »die Massaker vital« (Foucault 1983: 163). Nie seien die »Kriege blutiger« gewesen als seit dem 19. Jahrhundert und nie hätten Regierungen vergleichbare »Schlachtfeste unter ihren Bevölkerungen angerichtet« (Foucault 1983: 163). Diese werden nun zynischerweise im Namen des Lebens und unter dem Banner von Eugenik und Rassediskursen geführt.

Geradezu seismografisch nimmt Foucault Mitte der 1970er Jahre, zu einem Zeitpunkt, der sich retrospektiv als Beginn des Übergangs vom fordistischen Disziplinarregime zur postfordistischen Kontrollgesellschaft dechiffrieren lässt, einen entscheidenden Wechsel seines Machtparadigmas vor. Der Biomacht- bzw. Biopolitikbegriff kann als Element dieses Transformationsprozesses gelesen werden, ohne dass in der damaligen Machtkonzeption Foucaults bereits alle Momente dieser Passage integriert wären. Bereits mit seiner Kritik an der Repressionshypothese im ersten Band von *Sexualität und Wahrheit* (1983: 25 ff.) hatte Foucault den relationalen, nicht-instrumentellen Charakter der Macht hervorgehoben und beschrieben, wie Wissen, Praktiken und architektonische Einrichtungen sich zu einem strategischen Netz der Machtbeziehungen – zu einem Dispositiv – verdichten. Bei dieser Wende der Machtanalytik bleibt er jedoch nicht stehen. Hier ist die Spur der Auseinandersetzung mit den politischen Widerstandsbewegungen und deren Kämpfen nach 1968 zu erkennen. Diese so genannten »Neuen Sozialen Bewegungen« – wie die Ökologiebewegung, die Zweite Frauenbewegung, die Antipsychiatrie- und die Anti-Gefängnisbewegungen, die Kämpfe gegen Medikalisierung und das Gay and Lesbian Movement – und deren Politiken und Lebensformen, die sich gegen das Disziplinarregime und dessen Institutionen richteten, nehmen Formen der Subjektivierung, der Körper und der Sexualitäten zu ihrem Ausgangspunkt. Was die Individuen an hegemoniale Formen der Subjektivität fesselt und sie dadurch anderen unterwirft, wird zugleich Stützpunkt von widerständigen und revoltierenden Praxen und damit zum transformatorischen Movens des biopolitischen Disziplinarregimes bzw. einer disziplinär operierenden Biopolitik. An diesem Punkt seiner Machtanalytik gerät Foucault – folgt man Gilles Deleuze (1992, 133) – in eine »Sackgasse«, in die ihn die Analytik der Macht geführt hat. Nach einer »langen Phase des Schweigens« (Deleuze 1992, 131), die der

Veröffentlichung von *Der Wille zum Wissen* im Jahr 1976 folgt, gelangt Foucault zu einer Transformation seines Machtparadigmas. Hatte er im ersten Band von *Sexualität und Wahrheit* bereits postuliert, dass wo Macht sei, auch Widerstand sei, so werden die Zusammenhänge zwischen Macht, Wissen und Sexualität und die Möglichkeiten des Widerstandes zwar angerissen, bleiben aber letztlich vage. Mit der Wende zur »Regierung« als »Führung der Führungen«, für die Foucault den Neologismus »Gouvernementalität« prägt, findet er einen Ankerpunkt, um die Biopolitik in einen erweiterten Kontext einzuordnen (Foucault 2004, 435 ff.; Sennelart 2004, 545 ff.).

In den Untersuchungen zu den »Technologien des Selbst« und zur Ästhetik der Existenz im antiken Griechenland entwickelt Foucault schließlich Elemente einer Theorie des Subjekts, die in der Lage ist, auch dissidente Praktiken zu umfassen: Der »Bezug zu sich selbst«, den die Griechen erfanden und mit der Sexualität verknüpften, und die Prozesse der Subjektivierung, die sich von Macht und Wissen herleiten, aber nicht von diesen determiniert sind, dieser »Bezug zu sich« konfiguriert sich nicht unabhängig von einem institutionellen und sozialen System, er ist nicht die Rückzugszone des autonomen Subjektes. Vielmehr finden sich Individuen von einem moralischen Wissen kodiert, das zum Einsatz der Macht wird (Deleuze 1992, 144). Subjektivierung vollzieht sich demnach im Prozess einer »Faltung des Außen« (Deleuze 1992, 149). Widersetzlichkeiten, Auflehnung und Rebellion sind mit diesem Konzept und der Verknüpfung von Subjektivierung, Wissen und Macht denkbar geworden, weil in der »Beziehung zu sich« die Möglichkeit und der Stützpunkt liegen, den Codes und den Mächten Widerstand zu leisten. Mehr noch: Subjektivierung vollzieht sich als unablässiger Prozess des Kampfes, der Auseinandersetzung oder des Ausgleiches mit den Machtverhältnissen und Wissensbeziehungen, in denen der Bezug zu sich selbst einer permanenten Modulation und Transformation unterworfen ist. So formiert sich Subjektivität im Widerstand gegen jene beiden Formen der Unterwerfung, die darin bestehen, Individuen gemäß den Ansprüchen der Macht zu individualisieren und Individuen an hegemoniale verfestigte Formen der Identität zu fesseln. (Foucault 1994, 243 ff.)

Wenn Foucault sich in seinen letzten Vorlesungen dem Projekt einer Untersuchung der Geschichte der »Gouvernementalität« zuwendet und damit die Analyse der Formationsbedingungen von Biopolitik zugunsten der Analytik liberaler Gouvernementalität in den Hintergrund tritt, bedeutet das keineswegs – wie Michel Sennelart (2004: 446) feststellt – eine grundlegende Richtungsänderung seines theoretischen Denkens. Vielmehr gehe es darum, die Hypothese der Biomacht in einen erweiterten Rahmen einzuordnen, um jene Formen der Erfahrung und der Rationalitätstypen herauszuarbeiten, mit denen sich die Macht über das Leben organisiert habe und operativ geworden sei (Sennelart 2004: 445 f.). So formuliert Foucault im Manuskript zu seiner Vorlesung vom 10. Januar 1979, dass mit dem Aufkommen der liberalen Regierungspraxis zugleich auch die Organisationslinie der »Biopolitik« ihren Ausgangspunkt finde. »Die jedoch nicht erkennt, dass es sich hier nur um einen Teil von etwas viel Größerem handelt, das diese neue gouvernementale Vernunft ist. Daher gelte es den Liberalismus als allgemeinen Rahmen der Biopolitik zu untersuchen« (Foucault 2004: 43). Dem entsprechend fasst Foucault 1979 seine zweite Vorlesungsreihe auch mit dem Kommentar zusammen: »Was jetzt folglich untersucht werden müsste, ist die Weise, in der spezifische Probleme des Lebens und der Population innerhalb einer Regierungstechnologie gestellt wurden, die, weit entfernt davon, stets liberal gewesen zu sein, seit dem Ende des 18. Jahrhunderts unablässig von der Frage des Liberalismus beherrscht wurde.« (Foucault 2004: 443) Nicht genau geklärt bleibt damit allerdings die Frage, wie der Liberalismus in ein Verhältnis zum Nationalsozialismus zu setzen sei, der die extremste Durchsetzung biopolitischer Kalküle hervorbrachte.

Genauer zu untersuchen wäre auch, wie Formen der Kämpfe und der Dissidenz sich analytisch erschließen lassen. Hinweise darauf deuten sich in Foucaults Überlegungen an verschiedenen Stellen an – wie etwa in seinen Gedanken zu einer analytischen Philosophie der Politik (Foucault 2003: 677 f.) –, wenn er davon spricht, dass die Philosophie »eine Rolle auf der Seite der Gegen-Macht« spielen könne, wenn davon abgesehen würde, sie sich als Pädagogik oder Gesetzgebung zu denken, sondern sie es sich zu Aufgabe mache, »die Strategien innerhalb der Machtbeziehungen, die angewandten Praktiken, die Widerstandsherde zu erhellen, sichtbar zu machen und folglich die Kämpfe zu intensivieren, die sich um die Macht herum abspielen« (Foucault 2003: 682). Diese »Seite der Gegenmacht« beschreibt allerdings kein völliges Außen der Machtverhältnisse, sondern bleibt in einem Immanenzverhältnis, das Dissidenz ermöglichende Praktiken der Freiheit in den »Selbsttechniken« mit einschließt. Diese rekurrieren indes nicht auf ein freies authentisches Subjekt ohne historische Verankerung, »das sich im a-historischen Äther einer reiner Selbstkonstituierung erschafft« (Gros 2004: 641). Foucault skizziert vielmehr ein Subjekt, das sich an der »Berührungsfläche, an der sich die Weise Individuen zu lenken, und die Weise, wie sie sich selbst verhalten«[4] (Foucault 2004: 641), immer wieder aufs Neue in einem spezifischen Selbstverhältnis konstituiert, im Wechselspiel von historisch gegebenen Selbsttechniken und ebenfalls historisch formierten Herrschaftstechniken. Sein analytisches Vorgehen beschreibt Foucault in Abgrenzung zu objektiver Erkenntnistheorie in der analytischen Philosophie und im Positivismus sowie in Zurückweisung des Strukturalismus in der Linguistik, Soziologie und Psychoanalyse als einen dritten Weg, der darin bestehe, »das Subjekt wieder im historischen Bereich jener Praktiken und Prozesse anzusiedeln, in denen es nie aufgehört hat, sich zu wandeln« (Foucault 2004: 640). Wie sich allerdings diese Wandlungsprozesse vollziehen, bleibt eher vage angedeutet und auf vornehmlich appellative Aussagen beschränkt, wenn Foucault davon spricht, es gelte »abzuweisen, was wir sind« und wir müssten »uns das, was wir sein könnten, ausdenken und aufbauen«, und »neue Formen der

Subjektivität zustandebringen, indem wir die Art von Individualität, die man uns jahrhundertelang auferlegt hat, zurückweisen« (Foucault 1994: 250). So lässt sich insgesamt eine gewisse Unabgeschlossenheit und Fragmentierung der Überlegungen zur Frage von Biopolitik, Subjekt und Dissidenz erkennen, deren Fortsetzung durch den Tod Foucaults unterbrochen wurde. Gleichwohl bietet der Foucault'sche »Werkzeugkasten« ein theoretisches Instrumentarium, das mit Foucault und über diesen hinausgehend eine Neubestimmung des Politischen und der Konzeption von Dissidenz denkbar werden lässt. Ganz offensichtlich hat das Begriffsinventar Foucaults seine analytische Potenz nicht eingebüßt – wie einige der gegenwärtig avanciertesten theoretischen Entwürfe beweisen, die mit dem Konzept der Biopolitik operieren (Agamben 2002; Balibar 2006; Haraway 1997; Hardt/Negri 2010; Rabinow 2006; Rose 2007; Esposito 2004; Braidotti 2002; Puar 2007; Butler 2005; Stoler 1991; Mbembe 2003, Terranova 2009).[5] Mehr als dreißig Jahre nach Foucaults Konzeption von Biopolitik stellt sich allerdings die Frage, in welche Richtung das Foucault'sche Instrumentarium angesichts gegenwärtiger gesellschaftlicher Umwälzungsprozesse zu transformieren und weiterzuentwickeln wäre.

Eine Reihe neuerer Arbeiten, die sich mit dem Spätwerk Foucaults auseinandersetzen, beschreiben das Ineinandergehen von Biopolitik der Bevölkerung und einer Form der Gouvernementalität, die über die Selbstführungskapazitäten der einzelnen operiert (Burchell/Gordon/Miller 1991; Rose 1996; Bröckling/Krasmann/Lemke 2000; Pieper/Gutiérrez Rodríguez 2003; Pieper 2008; Krasmann/Volkmer 2007, Krasmann/Opitz 2007). Obwohl die Governmentality Studies entschieden dafür angetreten waren, einen epistemologischen Bruch mit dem Kulturalismus der Cultural Studies zu vollziehen und konsequenterweise ihren Fokus auf die Analyse von Regierungsrationalitäten und Machttechnologien des Neoliberalismus bzw. neoliberaler Subjektivierungsweisen verschoben, erreichten sie lediglich in einer forschungspolitischen Substituierung von Kultur zugunsten des Diskurses. Dabei blieben allerdings gelebte Formen der Dissidenz, Praktiken des »interrupting neoliberal subjectivities« (Stephenson/Papadopoulos 2006: 21) und des Hinausweisens über die Verhältnisse eigentümlich unbeleuchtet.

Nikolas Rose gilt nicht nur als der prominenteste Promoter der Governmentality Studies im allgemeinen sondern auch als derjenige, der das biopolitische Paradigma entscheidend revidiert hat. Mit seinem Konzept der »Ethopolitik« bzw. der »Politics of Live itself« (Rose 2001) vollzieht er eine Wende, indem er Biopolitik nicht mehr über die Normalisierung von Individuen und (Sub-) Bevölkerungen analysiert, sondern angesichts der wachsenden Relevanz von molekularbiologischem und genetischem Wissen die damit korrespondierenden Selbsttechniken für das bioethische Subjekt untersucht (Rose 2007). Ebenso wie Rose treten auch Paul Rabinow (2006) und Roberto Esposito (2004) »das Erbe eines unvollendeten Projektes von Foucault in einer Ära, die das offizielle Ende der postmodernen Dekonstruktion kennzeichnet« (Braidotti, 2008: 8), an. Dieses Erbe, so Braidotti, trage das Signum einer »gespaltenen Rezeption, die eine neue Arbeitsteilung zwischen Machtanalysen einerseits und ethischen Diskursen andererseits institutionalisiert« (Braidotti 2008: 9).[6] Ethopolitik von Rose oder Biosozialität von Rabinow sind postkonstruktivistische Theorieansätze (Rabinow/Rose 2006), die sehr überzeugend und mit großem Einfluss auf die Sozialwissenschaften mit dem methodologischen Anthropozentrismus und der veralteten Sichtweise auf die Funktion von Technologie, die sich bei Foucault findet (siehe ausführlich dazu: Haraway 1997), brechen.

Dieser Zweig der Foucaultrezeption lokalisiert den Fokus der biopolitischen Analyse in der Kartierung der selbstregulierenden Verantwortlichkeit des bioethischen Subjekts für seine soziale und genetische Existenz. Auf diese Weise gelingt es, einen Schlussstrich unter den endemischen Naturalismus bzw. die Somatophobie in den Sozialwissenschaften zu ziehen, ohne jedoch der Gefahr genug Rechnung zu tragen, dass gerade in Zeiten eines neoliberalen Abbaus des Wohlfahrtstaates und einer funktionalen Privatisierung seiner Kernzuständigkeiten die Ethopolitik des Subjekts allzu leicht zu einer Ethik des neoliberalen Subjekts mutieren kann.

Entsprechendes gilt auch für Giorgio Agambens (2002) verführerisches Unternehmen, Foucault zu Ende zu denken. In der Einleitung von »Homo sacer« meint Agamben (2002: 19) den »blinden Fleck« der biopolitischen Machtkonzeption Foucaults gefunden zu haben: nämlich in dessen Unvermögen, die Verortung des Ausnahmezustandes in einer »Zone irreduzibler Ununterscheidbarkeit« zwischen zoe und bíos zu bestimmen. Doch genau an dieser Stelle fügt er Foucault Unrecht zu. Durch die Konzentration der Argumentation Agambens auf die totalitären politischen und rechtlichen Mechanismen der Biopolitik, die die angeblich verborgene Seite der Souveränität ausmachten bzw. deren existentielle Grundlage bildeten, bleibt die Konzeptualisierung der Biopolitik schlechthin nur negativ auf die Form der Souveränität bezogen, während sie im Gegensatz dazu bei Foucault ein Ensemble neuer Machttechniken darstellt, die neben und in Auseinandersetzung mit der Souveränitätsmacht selbst operieren. Damit verkennt Agamben die produktive und keinesfalls verborgene Seite der biopolitischen Machtkonzeption Foucaults; umgekehrt – oder positiv ausgedrückt – heißt das, dass es ihm erst auf diese Weise gelingt, sie als bloße Chiffre für die in der Form immer andere, aber zugleich ewig gleiche Wiederkehr eines Katastrophismus zu recodieren (Bojadzijev/Karakayalı/Tsianos, 2003).

Eine entscheidende Dezentrierung der Biopolitikdebatte liefert die bahnbrechende Arbeit vom Achille Mbembe. Mit seinem Werk *Postcolony* (2001) und dem Konzept der *Nekropolitics* (2003), unterzieht Mbembe das Foucault'sche Paradigma des Arbeitshauses bzw. des Gefängnisses einer postkolonialen Kritik, indem er auf die transkontinentale Wirkmächtigkeit der Plantage und der Kolonie als verräumlichtem Rohmaterial souveräner Macht verweist, in der die Grenzen zwischen Leben und Tod verschwimmen. Damit erweitert er das biopolitische

Konzept entscheidend bzw. kartiert seine Rezeption in den Postcolonial Studies grundsätzlich neu. Eine Erweiterung nimmt auch die Theoretikerin Jasbir K. Puar in ihrer Arbeit »Terrorist Assemblages: Homonationalism in Queer Times« (2007) vor, wenn sie die hegemoniale Strömung der biopolitischen Kritik an Heteronormativität dezentriert. Dabei rekurriert sie auf Lisa Duggans (1995) Begriff der Homonormativität. Damit ist eine neoliberale Sexualpolitik bezeichnet, die von einer apolitischen, privatistischen und konsumistisch dominierten Gay Culture gestützt wird und dominante heteronormative Diskurse affirmiert bzw. reproduziert (vgl. Puar, 2007: 38). Für die Artikulation von Homonormativität und antimigrantischem bzw. antimuslimischem Rassismus führt Puar den Begriff des »homonormativen Nationalismus« bzw. des »Homonationalismus« ein. Puar unterzieht das queer-theoretische Konzept der Heteronormativität einer radikalen Kritik, indem sie die biopolitischen Dimensionen von Homonormativität offenlegt. Ihre These ist, dass bestimmte queere Lebensformen in den USA von einer Thanatopolitik, die sich mit der tödlichen Bedrohung durch HIV/AIDS auseinandersetzt, zu einer Ethopolitik des Lebens übergegangen sind, in deren Mittelpunkt Homo-Ehe, Homo-Familie und Gesundheit stehen. Sie untersucht, inwieweit dieser queere »turn to life« die Biopolitik neuer rassistischer Formationen instituiert.

Wie die beschriebenen Konzepte erkennen lassen, beginnen sich die Konturen eines neuen theoretischen Projekts abzuzeichnen, dass ein konzeptionelles Vakuum im Kern der Biopolitikdebatte füllt. In einem solchen Projekt ist es darum zu tun, Biopolitik nicht schlicht als Kopie eines Terrains gegenwärtiger Regierungsrationalitäten zu lesen, als Verdoppelung von Herrschaft, sondern als »Karte«. Eine Karte der Nicht-Orte, mit der die Fluchtlinien beschrieben werden, die über eben diese Bedingungen hinausweisen, auf Randgänge eines Werdens und Anderswerdens. Angeregt wurde diese Perspektive durch die theoriepolitischen Interventionen der »Post-Operaisten« (Lazzarato/Corsani 2010; Fumagali 2007; Hardt/Negri 2002; 2004; 2010; Virno 2005; Moulier Boutang 2007; Mezzadra 2007), die gesellschaftliche Transformationsprozesse nicht eindimensional von den Eigengesetzlichkeiten kapitalistischer Entwicklung, sondern von den Kämpfen und dissidenten Praktiken der lebendigen Arbeit her bestimmen. Insbesondere die Arbeiten von Michael Hardt und Antonio Negri – *Empire* (2002), *Multitude* (2004) und *Common Wealth* (2010) – aber auch Paolo Virnos *Die Grammatik der Multitude* (2005) können als Versuch einer solchen Perspektivverschiebung gelesen werden, die einerseits das marxistische Theorieinventar für eine Analyse der gegenwärtigen Spielarten des Kapitalismus reanimieren will, andererseits aber auch Anschlüsse an eine Vielzahl von theoretischen Konzepten sucht, die in den vergangen Jahrzehnten als Auswege aus den Aporien der orthodox marxistischen oder auch der kritischen Theorie entwickelt wurden. Zu nennen sind hier insbesondere die Arbeiten von Foucault, Deleuze und Guattari, die Rezeption

Spinozas, die Ansätze Donna Haraways, Giorgio Agambens und der feministische Ökonomiekritik – um nur einige Impulse anzudeuten.

Angesichts der gegenwärtig beobachtbaren Transformationsprozesse hin zu einem »biopolitischen« Kapitalismus und einer radikal gewandelten Topografie des Politischen sehen Hardt und Negri den Bedarf nach einer Neuformatierung der Theoriearchitekturen und des begrifflichen Instrumentariums. Neue Arrangements des gesellschaftlich-historischen Beziehungsgeflechts, veränderte Bedingungen des Produktionsregimes und der Wertschöpfung markieren für sie zugleich einen »Wendepunkt der epistemologischen Perspektive« (Negri 2007: 17). Hardt und Negri erkennen das theoriepolitische Potenzial der Biomacht/Biopolitik-Konzeption in den Arbeiten Foucaults sowie in dessen Wendungen zur Gouvernementalität und zum Subjekt im Spätwerk. Sie sehen dessen Begriff der Biopolitik in eine Dynamik eingeschrieben, die von der historischen Ausdehnung staatlicher Machtausübung im Sinne der Regierung ausgeht, deren »Anwendungsgebiet« die Bevölkerung sei und die auf die »Regierung des Lebens« ziele (Negri 2007: 26 f.). Angesichts eines veränderten Modus kapitalistischer Entwicklung und des Aufkommens eines neuen Paradigmas der Macht gelte es nunmehr, zwischen Biomacht und Biopolitik zu unterscheiden. Mit Biomacht kennzeichnen sie die jeweiligen übergreifenden Strukturen und Funktionen der Macht (Negri 2007: 27 f.; Hardt/Negri 2010: 70 ff.). Zur Charakterisierung gegenwärtiger Transformationsprozesse wählen die Autoren in Anlehnung an Walter Benjamin (1983) das Bild einer »Passage«, eines offenen Durchgangsraumes, um einen transitorischen, nicht teleologischen Übergang zu kennzeichnen, der nicht durch eine scharfe Zäsur des Wechsels von einer Produktionsweise durch eine neue gekennzeichnet sei, sondern durch die Gleichzeitigkeit verschiedener Produktionsweisen. Dieses Bild ermöglicht es, die zentrale Aussage anschaulich zu machen, wonach das Empire eine prekäre Synthese zwischen Macht und Gegenmacht darstelle, in deren Konstitution die Widerstände gegen Subjektivierungen, Ausbeutung und Unterwerfungen eingehen.

Biopolitik bezeichnet vor diesem Hintergrund das Terrain der Kämpfe um Subjektivität, um die Arten und Weisen der Verbindung zwischen Lebensführung, Konsum, Sexualität, politischer Repräsentation und Produktionsweise. Mit dieser Unterscheidung ist zum einen die Abkehr von einem Biopolitikbegriff verbunden, der eine imaginäre Perspektive ex post einer bereits vollzogenen Programmierung der Subjekte einnimmt – die Macht im Plusquamperfekt. Etwas zugespitzt formuliert, wurde der analytische Begriff der Biopolitik bislang oftmals im politischen Rahmen der (späten und pessimistischen) kritischen Theorie artikuliert. Demgegenüber betonen Hardt und Negri das Unabgeschlossene der Machtbeziehungen. Zum anderen wird mit der Abgrenzung gegenüber dem Begriff der Biomacht auch ein neuartiges politisches und theoretisches Feld eröffnet. Aufgeworfen ist damit unter anderem die Frage nach dem Übergang vom Feld der Biopolitik zu dem der Biomacht, den Hardt und Negri mit dem gesellschaftstheoretisch noch unbefriedigenden Begriff der »Korruption« zu fassen suchen. Darunter begreifen Hardt und Negri all jene Prozesse, durch die die lebendige Macht und Potenzialität der Multitude in die Biomacht des Empire überführt wird. Die alles entscheidende politische Frage spielt sich demzufolge in dieser Übersetzung ab, die ebenfalls als Passage zu denken wäre (vgl. Hardt/Negri 2010: 185 ff. u. passim).

Während nun die meisten Arbeiten das Konzept der Biopolitik von der Seite der Machttechnologien und Rationalitäten her analysieren, versucht der vorliegende Band eine Wendung des Blicks zu initiieren. Diese zielt auf die Eröffnung eines neuen Denkraumes. Es gilt, eine neue Forschungsprogrammatik zu formulieren um das Produktive, Mobile, Überschüssige und Exzessive im Herzen der Biopolitik und im Vakuum von Kontrolle, Regulierung und (Selbst-)Regierung auszuloten. Damit richtet sich die Untersuchungsperspektive nicht nur auf eine »Analytik der Gegenwart«, wie Foucault sie beschrieb, sondern mit dieser und über Foucault hinausgehend auf eine »Analytik des Werdens und Anderswerdens«, die über die vorgezeichneten Verhältnisse und Produktionsregime hinausweist: auf Momente des Emergenten und der Transformation des Gegenwärtigen, die sich in den Mikropraktiken sozialer Akteur_innen und in den beweglichen Gefügen von sozialen Akteur_innen und nicht-humanen Aktanten im Verhandeln und Durchqueren gegebener Bedingungen und Ordnungen beständig neu konstituieren. Es sind jene Momente einer exzessiven produktiven Soziabilität, die Aspekte eines Überschusses bilden, der nicht in Strukturen vorgezeichneter Bedingungen aufgeht, sondern diese übersteigt in den beständigen Bewegungen der Deterritorialisierung eigener Existenzbedingungen. Es handelt sich hier um die Perspektive, die auf die Momente eines Aufbruches verweist, in denen sich die Körper und Subjektivitäten immer wieder neu als singuläre Subjektivitäten erzeugen oder in denen widersätzliche, »unwahrnehmbare« Politiken und Kämpfe entstehen, die gegenwärtige Bedingungen und Regime beharrlich durchqueren und umarbeiten. Der vorliegende Band versucht, an die neue Debatte einer »biopolitischen Produktivität« anzuknüpfen, die von Autor_innen des italienischen »Postoperaismus«, vor allem aber durch die Debatten um *Empire* (2002) und *Multitude* (2004) von Michael Hardt und Antonio Negri international initiiert wurden und von zahlreichen namhaften Autor_innen – so etwa von Kaushik Sunder Rajan (2009), William Walters (2007), Brett Neilson (2008), Sandro Mezzadra (2008), Jasbir K. Puar (2007), Enrica Rigo (2007), Dimitris Papadopoulos und Niamh Stephenson (2007), Dimitris Papadopoulos, Niamh Stephenson und Vassilis Tsianos (2008), Ranabir, Samaddar (2010) – aufgenommen worden ist. Auch im deutschsprachigen Bereich wird der Gebrauchswert des Konzepts der »biopolitischen Produktivität« allmählich zur Kenntnis genommen. Beispiele hierfür sind die Beiträge in dem Band »Empire und die biopolitische Wende« (Pieper/Atzert/Karakayalı/Tsianos 2007), die Arbeiten von Autor_innen wie Thomas Atzert und Jost Müller (2006), Katja Diefenbach (2009), Isabel Lorey (2011), Gerald Rauning (2008), Sven Opitz (2007),

Susanne Krasmann (2007), Thomas Seibert (2009), Michael Willenbücher (2007) und Robert Foltin (2010) oder die empirischen Untersuchungen zu Prekarität und verkörperter Subjektivierung von Marianne Pieper, Efthimia Panagiotidis und Vassilis Tsianos (2009) sowie die Studien von Vassilis Tsianos, Efthimia Panagiotidis, Brigitta Kuster, Serhat Karakayalı, Manuela Bojadzijev, Regina Römhild, Marion von Osten, Peter Spillmann und Sabine Hess, die den biopolitischen Forschungsansatz der Forschungsgruppe TRANSIT MIGRATION (2007) mit ihren Arbeiten in den Transnational Migration and Border Studies fortsetzen.

Der vorliegende Band bietet keineswegs ein homogenes Bild der gegenwärtigen Debatte um eine produktiv gewendete »Biopolitik von unten«; er richtet sich in seiner Programmatik vielmehr darauf, verschiedene Tropen der Auseinandersetzung mit dem Konzept der biopolitischen Produktivität zu skizzieren.

Der Beitrag Antonio Negris rekonstruiert das Verhältnis von konstituierender und konstituierter Macht. Demnach ziehen sich zwei Linien durch die Geschichte der Versuche, das Politische zu begründen, das heißt den Staat auf die Gesellschaft und die ihr inhärenten Widersprüche zu stützen. Das Politische wird in einer ersten Linie als eine Art »Objektivierung« sozialer Befreiung organisiert, während eine zweite Kontinuitätslinie im Innern dieser ersten wirkt, die sich jeder Verdinglichung entzieht: die der subjektiven Aktion. Negri arbeitet heraus, auf welche Weise dieses konstituierende Prinzip sich – gleichsam untrennbar – mit den verschiedenen ideologischen Traditionen des europäischen Denkens verwoben hat, etwa bei Macchiavelli, Spinoza und Marx. Diesen Denkern sei gemeinsam, dass es ihnen, trotz aller Verdienste, nicht gelungen sei, das schöpferische Moment des konstituierenden Prinzips nicht-konstitutionell zu konzipieren, das heißt darin immer wieder das Moment der Einheit zu suchen. Negri unternimmt es, die Grundlagen einer neuen Rationalität jenseits der Moderne in der lebendigen Arbeit bzw. im Verhältnis zwischen Unterwerfung und Potenzialität der Multitude zu fundieren, deren ontologische Funktion im Spannungsfeld von schöpferischem Vermögen und Grenze, Gleichheit und Privileg oder Kooperation und Kommando zu entfalten. Der Primat der konstituierenden Macht steht unversöhnlich und unvermittelbar gegen alle Formen der Regierung. Herkömmlich wird Biopolitik als das Ensemble von Machtpraktiken der Moderne rezipiert, mit denen hochaggregierte Einheiten, namentlich Bevölkerungen, konstituiert und regiert werden. Dabei wird aber systematisch unterschlagen, welche Kräfte in diesen Bevölkerungen wirkten, vor oder jenseits ihrer Adressierung als Bevölkerung. Für diesen Aggregatzustand des Sozialen schlägt Negri den Begriff der Menge oder Multitude vor. Das Verhältnis der lebendigen, schöpferischen Kraft zur konstitutionellen Macht ist es, das Biopolitik erst möglich macht.

Ob die konstituierende Macht sich als Ontologie denken lässt, wie Negri nahelegt, diskutiert Thomas Seibert in seinem Beitrag anhand der verschiedenen philosophischen Bezüge der Biopolitik-These. Ohne die Widersprüche zu verdecken, die der Rekurs auf Nietzsche und Heidegger mit sich bringt, entfaltet Seibert im Durchgang durch die ontologischen Konstruktionen und ihre Kritik von Spinoza bis Deleuze, Badiou und Derrida die Möglichkeiten eines auf soziale Kämpfe, Brüche und Widersprüche ausgerichteten aleatorischen Materialismus.

Auch die Autoren-Gruppe no spoon spürt in ihrem Beitrag den Möglichkeiten und Bedingungen einer Politik »auf der Höhe des Empire« nach. Die kritischen Reaktionen auf die Immanenz-Perspektive Hardts und Negris auf Seiten der Linken sei Ausdruck eines Festhaltens an einem spezifischen Begriff des Politischen, der sowohl veraltet als auch unproduktiv sei. Sie plädieren mit Rückgriff auf Balibar, Gramsci und Poulantzas für eine nicht-souveränistische Politik, die mit den klassischen Oppositionen zwischen gesellschaftlichen Strukturen und Subjekten der Politik und dem damit korrelierenden Modus der »Kritik« bricht.

Kritisch zu einer solchen Perspektive bezieht Thomas Lemke Stellung: Er gibt einerseits zu bedenken, dass Foucaults Biomacht-Konzept, auf das sich Hardt und Negri stützen, keineswegs die Machtformen der Disziplin und des Gesetzes ersetzen. Dass Foucault einen statischen Begriff der Biomacht entwickelt habe, wie Hardt und Negri verschiedentlich kritisiert hatten, sei nicht haltbar, wie Lemke mit Verweis auf Foucaults Vorlesungen zu Liberalismus und zu Sicherheitstechnologien bemerkt. Andererseits gelinge es Hardt und Negri nicht, das von ihnen selbst postulierte Immanenzprinzip aufrechtzuerhalten, Empire und Multitude würden einander äußerlich entgegengestellt, ohne dass gesehen werde, dass es gerade deren Verschränkungen seien, die die Macht produktiv machten.

Die Beträge von Pieper, Panagiotidis und Tsianos sowie die von Astrid Kusser und von Tobias Mulot kreisen auf unterschiedlichem thematischen Terrain um die Thesen der »Biopolitik von unten«. So wendet der Beitrag von Pieper, Panagiotidis und Tsianos das Konzept einer dynamisierten biopolitischen Perspektive in einer empirischen Untersuchung von Prozessen der Subjektivierung auf gegenwärtige Kontexte des Rassismus und der Prekarität an. Die Idee der biopolitischen Produktivität fungiert in ihrer Untersuchung gewissermaßen als heuristisches Konzept, mit dem jenseits einer einseitig viktimologischen Verdoppelung der Perspektive die Ermächtigungen und Bearbeitungsformen in den Durchquerungen der rassistischen und prekarisierenden Strukturen in den Vordergrund einer Analytik der Gegenwart gerückt werden. Hierbei lesen die Autor_innen die untersuchten Aushandlungspraktiken nicht nur als Unterwerfung, sondern ebenso hinsichtlich ihres dissidenten Potenzials im Sinne von Ermächtigungsprozessen.

Kusser wiederum zeigt in ihrer Studie zur transnationalen Karriere des Cakewalk, eines von afroamerikanischen Sklaven als Parodie auf die Kultur der Sklavenhalter entwickelten Tanzes, nicht nur, wie sich in dessen Nachahmung und Aneignung unterschiedliche und zum Teil widersprüchliche Subjektivierungslinien kreuzen. Vielmehr interpretiert sie diese Kreuzungen im Kontext der Auseinandersetzungen um die Regierung von Körpern, für die der Gesellschaftstanz seit den Anfängen der Moderne prädestiniert gewesen zu sein scheint: die Regulierung des Ganzen durch eine minutiöse Regulierung einzelner Bewegungsabläufe zu erreichen. Im Sinne einer »Biopolitik von unten« ist der Tanz aber mehr als Programm zur Steuerung der Subjekte. Er ist auch Terrain der Veränderung und Innovation.

Die Geschichte des Auszugs der Plebejer aus der Stadt Rom gehört zu den Gründungsmythen des römischen Staatswesens. Ihre Konjunktur in der gegenwärtigen politischen Debatte hat sie Jacques Rancière zu verdanken, der diesen Exodus-Mythos in einer Interpretation des romantischen französischen Philosophen Pierre-Simon Ballanche für eine Theorie des Politischen neu lesbar gemacht hat. Der Beitrag von Tobias Mulot verortet den Text von Ballanche als einen Gegenentwurf zum biopolitischen Diskurs des immerwährenden Krieges, wie er sich am Übergang vom 18. zum 19. Jahrhundert herausbildete und liefert auf diese Weise einen post-operaistischen Beitrag zur Genealogie der Foucault'schen Biopolitikkonzepts.

Dabei geht es jedoch nicht nur um eine simple Umkehrung bisheriger Topologien: Der Biopolitikbegriff führt auch zu einer Dezentrierung und Transversalisierung klassischer Verständnisse des Politischen und des Sozialen. Dies zeigt etwa Stephan Adolphs anhand des bisher kaum beachteten Dialogs zwischen Michel Foucault und Nicos Poulantzas und einer Rekonstruktion des Begriffs der Biopolitik aus der Perspektive des Begriffs der Produktionsverhältnisse bei Marx. Ein so verstandenes Konzept der Biopolitik erlaube es nicht nur, so Adolphs, die Transformation von Herrschafts- und Ausbeutungsverhältnissen unter Einbeziehung des Verhältnisses von Subjektformen und Institutionen zu denken, sondern auch eine neue, »transnormalistische« politische Perspektive jenseits des Nationalstaats zu entwickeln. Dabei zeigt Adolphs nicht nur, inwiefern Poulantzas die materialistische Staatstheorie mit Anleihen bei Foucault erweitert. »Biopolitik« wird vielmehr zu einem Schlüsselbegriff für die Übersetzung der marxistischen Fragestellung unter den Bedingungen der Subjektkritik in der Postmoderne.

Auf ähnliche Weise geht es Maurizio Lazzarato darum, mit dem biopolitischen Ansatz die herkömmlichen Subjekte von Politik und Arbeit (also etwa Arbeiter_innen und Unternehmer_innen) zugunsten eines minoritären Subjektbegriffs zu dekomponieren. Biopolitik als Regierung der Vielfalt zu begreifen heiße demnach die Ensembles von Dispositiven, die diese Subjekte durchziehen, in den Blick zu nehmen. Erst eine – neue – biopolitische Perspektive ermögliche eine wirkliche Untersuchung von Arbeit als Quelle des Reichtums, indem es die vielfachen Schnittstellen in den Blick nimmt, die Produktivität möglich machen.

Dass eben dieser Fokus auf das Produktive und eine damit verbundene Immanenzperspektive auch Gefahren bergen kann, zeigen die Beiträge von Susanne Schultz, Stefanie Graefe und Achille Mbembe. Graefe setzt sich in ihrem Beitrag kritisch mit dem Lebensbegriff in Empire auseinander. Sie kontrastiert Hardts und Negris emphatische und produktivistische Konzeption mit wissenschafts- und normalisierungskritischen Perspektiven Foucaults und Haraways. Dabei kommt sie zu dem Schluss, dass die tendenziell schematische Verortung der Multitude auf seiten des »Lebens«, die des Empires auf der des »Todes« den emanzipatorischen Gebrauchswert der in *Empire* vorgelegten Untersuchung eher schmälert als erhöht, wird damit doch einer – wenn auch nicht biologisch konnotierten – Romantisierung »des« Lebens als Produktivkraft das Wort geredet, die dessen biopolitische Zurichtung und Verwertung ebenso ausblendet wie sie »unproduktives« Leben implizit zum gesellschaftlichen Außen erklärt. Achille Mbebe mit seinem Konzept der *Nekropolitics* (2003), dessen erste Übersetzung im deutschsprachigen Raum wir in diesem Band zu verantworten haben, unterzieht das Foucault'sche Repressionsparadigma des Arbeitshauses bzw. des Gefängnisses einer postkolonialen Kritik, indem er auf die transkontinentale Wirkmächtigkeit der Plantage und der Kolonie als verräumlichtem Rohmaterial souveräner Macht verweist, in der die Grenzen zwischen Leben und Tod verschwimmen. Damit erweitert er das biopolitische Konzept entscheidend bzw. kartiert seine Rezeption in den Postcolonial Studies grundsätzlich neu.

Susanne Schultz nimmt *Empire* von Hardt und Negri und deren Begriff von Biopolitik aus einer feministischen Perspektive ins Visier. Zentrale Konzepte würden auf den ersten Blick einen Beitrag zur feministischen Theoriebildung versprechen. Jedoch seien bei genauerem Hinsehen Aporien und Ausblendungen zu identifizieren. Dies gelte sowohl für das Konzept der Multitude, dem der Aspekt situierter partikularer Perspektiven fehle und mit dem das Problem der Repräsentation und Nicht-Repräsentation nicht hinreichend problematisiert worden sei. Auch der im Biopolitik-Konzept von Hardt und Negri zentrale Begriff des Lebens produziere Leerstellen bezüglich des Rekurses auf Macht-Wissens-Komplexe, denn es werde nicht analysiert, wie einen spezifische »Verwaltung des Lebens« konstituiert werde, die nicht mit Verwertungsprozessen in eins gesetzt werden könne. Schließlich sei der Begriff der affektiven Arbeit problematisch, bei dem sich Hardt und Negri empathisch auf feministische Forderungen beziehen. Bei genauer Betrachtung fehlten die Bezüge zur (unbezahlten) Reproduktionsarbeit und die Autoren würden die Grenze zwischen bezahlter und unbezahlter Reproduktionsarbeit unsichtbar machen.

William Walters schließlich untersucht die »Biopolitisierung der Grenze«, die in der Filterfunktion der Grenzkontrolle bestehe: Die Grenze könne als institutioneller Raum aufgefasst werden, in dem die politischen Autoritäten biopolitisches Wissen über Bevölkerungen erlangen. In diesem Sinne trage die Grenze zur Produktion einer Bevölkerung als einer bekannten, zu regierenden Einheit bei. Dabei analysiert Walters die Reorganisierung von Grenzkontrollen, die ihren politisch-juridischen Ausdruck im Schengener Abkommen finden. Statt zu fragen, warum Staaten sich Schengen verschreiben, begreift er es als ein Ereignis, das nach einer genealogischen Analyse verlange. Das Ziel ist es, zu einem biopolitischen Verständnis von Grenzen beizutragen. Schengen wird anhand von vier Fluchtlinien analysiert, von denen jede einzelne uns erlaubt, bestimmte Schlüsselaspekte der Grenze zu denaturalisieren: Identität, Funktion, Rationalität und Kontingenz.

Dank

Die Entstehung dieses Bandes wurde begleitet von endlosen Diskussionen und praktisch-emotionaler Unterstützung vieler Menschen. Unser Dank geht an Robin Bauer, Meike Bergmann Perta Barz, Maria de la Bella Casa, Eirini Chazidimou, Britta Günther, Sabine Hess, Frank John, Juliane Karakayalı, Melani Klaric, Bernd Kasparek, Thanasis Marvakis, Sandro Mezzadra, Jost Müller, Stefan Novotny, Efthimia Panagiotidis, Dimitris Papadopoulos, Klaus Ronneberger, Kostas Sfyris, Niamh Stephenson und last but not least an unsere unermüdliche Christine Fischer. Ohne das Vertrauen und die Geduld unserer Autor_innen und des VS Verlages, die unbezahlbare Arbeit der Übersetzer_innen Thomas Atzert, Nannette Abrahams, Aida Ibrahim und Brigitta Kuster sowie die Betreuung und Erstellung des Satzes durch Mira Neumaier wäre das Buch nicht zustande gekommen.

Anmerkungen

1 Auch wenn Foucault die Begriffe Biomacht und Biopolitik nicht klar abgrenzt und vielfach synonym verwendet, zeichnen sich hinsichtlich der Begriffsverwendung gewisse Unterschiede ab – wie Stefanie Graefe (2007: 9) anmerkt. Biomacht beschreibt demnach das Register den Macht, den Kontext, in dem die verschiedenen Techniken und Technologien der Macht in einen Zusammenhang gestellt werden. Biopolitik hingegen kennzeichnet die konkreten Techniken der Macht, mit denen eine Steigerung und Produktivmachung der Lebensprozesse erreicht werden sollte.
2 Vgl. die Vorlesung in der Reihe von 1975–1976 »Il faut défendre la société«, letzte Sitzung vom 17. März 1976: 216 ff. (dt.: »In Verteidigung der Gesellschaft«. 1999: 276 ff.).
3 Allerdings handelt es sich bei dem Begriff Bio-Politik (anders als bei der Kategorie »Bio-Macht«) keineswegs um einen Foucault'schen Neologismus. Vielmehr taucht »Bio-Politik« bereits in den politischen Debatten der 1920er Jahre in Deutschland und im Vokabular des NS-Regimes auf (Marx 2003: 122). Zur Begriffsgeschichte: Vgl. auch Esposio (2004: 39 ff.) und Lemke 2007: 12 f.
4 Frédéric Gros (2004: 641) führt im Nachwort zu Foucaults Vorlesungen zur »Hermeneutik des Subjekts« dieses Zitat aus einer unveröffentlichten ersten Fassung eines Vortrags von 1981 an, in dem Foucault über Gouvernementalität spricht.

5   Eine brillante Einführung in das variationsreiche Anwendungs- und Weiterentwicklungsspektrum der biopolitischen Debatten und Ansätze liefert Thomas Lemke (2007).
6   »Jede Rezeption ist ein Diebstahl«. Mit diesem wahrhaft enigmatischen Satz beginnt ein ausgezeichneter Beitrag von Ulrich Brieler zur abenteuerlichen Rezeptionsgeschichte Foucaults in der deutschen Geschichtswissenschaft (Brieler 2003, 311). Für die von Axel Honneth und Martin Saar herausgegebene Zwischenbilanz einer Foucault-Rezeption in der deutschen Human- und Sozialwissenschaften lässt sich sogar ohne Übertreibung resümieren, jede Rezeption ist eine Auslassung. Denn in der aus der Frankfurter Foucault-Konferenz entstandenen Publikation taucht Biopolitik als Konzept überhaupt nicht auf, während die Figur der foucaultschen Machtanalytik generalisierend als »regulativer Typus der Macht« gesellschaftstheoretisch kanonisiert wird (Honneth, 2003, 20).

Literatur

Agamben, Giorgio (2002): *Homo sacer*, Frankfurt a. M.
Balibar, Étienne (2006): *Der Schauplatz des Anderen*, Hamburg.
Benjamin, Walter (1983): *Das Passagen-Werk*, (Hg.) von Rolf Tiedemann, 2 Bände, Frankfurt a. M.
Bojadzijev, Manuela/Karakayalı, Serhat/Tsianos, Vassilis (2003): Das Rätsel der Ankunft. Von Lagern und Gespenstern, in: *Kurswechsel*, Heft 3, S. 39–52.
Moulier Boutang, Yann (2007): *Le capitalisme cognitif: La Nouvelle Grande Transformation*, Paris.
Buden, Boris/Novotny, Stefan (2008)(Hg.): *Übersetzung. Das Versprechen eines Begriffes*, Wien.
Braidotti, Rosi (2008): *Biomacht und Nekro-Politik. Überlegungen zu einer Ethik der Nachhaltigkeit. Springerin*. S. 6–12.
Braidotti, Rosi (2002): *Metamorphoses. Towards A Materialist Theory Of Becoming*, Cambrigdge/Malden.
Brieler, Ulrich (2003): Blind Date. Michel Foucault in der deutschen Geschichtswissenschaft, in: Honneth Axel/Saar, Martin (Hg.): *Michel Foucault. Zwischenbilanz einer Rezeption. Frankfurter Foucault-Konferenz 2001*, Frankfurt a. M., S. 311–334.
Butler, Judith (2005): *Gefährdetes Leben*. Frankfurt a. M.
Corsani, Antonella/Lazzarato, Maurizio (2010): *Intremittents et precaires*, Paris.
Deleuze, Gilles (1992): *Foucault*, Frankfurt a. M.
Deleuze, Gilles/Guattari, Felix (1992): *Tausend Plateaus*, Berlin.
Diefenbach, Katja (2009): Unter Ausschluss der Toten. Die post-operaistische Marx-Lektüre und der Begriff der biopolitischen Arbeit, in: Sabeth Buchmann/Helmut Draxler/Stephan Geene (Hg.). *Film, Avantgarde, Biopolitik*, Wien, S. 38–57.
Duggan, Lisa, Nan D. Hunter (1995): *Sex Wars: Sexual Dissent and Political Culture*, London.
Esposito, Roberto (2004*): Immunitas. Schutz und Negation des Lebens*, Berlin.
Éwald, Francois/Alessandro Fontana (2004): Vorwort, in: *Michel Foucault. Hermeneutik des Subjekts. Vorlesungen am Collège de France (1981/82)*, Frankfurt a. M., S. 9–14.

Foltin, Robert (2010): *Die Körper der Multitude*, Stuttgart.
Foucault, Michel (1977): *Überwachen und Strafen. Die Geburt des Gefängnisses*, Frankfurt a. M.
Foucault, Michel (1983): *Sexualität und Wahrheit. Band I. Der Wille zum Wissen*, Frankfurt a. M.
Foucault, Michel (1994): Das Subjekt und die Macht, in: Hubert L. Dreyfus/Paul Rabinow. *Michel Foucault. Jenseits von Strukturalismus und Hermeneutik*, Weinheim. S. 243–261.
Foucault, Michel (1999): *In Verteidigung der Gesellschaft. Vorlesungen am Collège de France (1975–76)*, Frankfurt a. M.
Foucault, Michel (2003): *Schriften*, Band 3: 1976–1979, Frankfurt a. M.
Foucault, Michel (2004): *Die Geschichte der Gouvernementalität II. Die Geburt der Biopolitik. Vorlesungen am Collège de France 1978–1979*, Frankfurt a. M.
Fumagalli, Andrea (2007): *Bioeconomia e capitalismocognitive*, Rom.
Graefe, Stefanie (2008): *Autonomie am Lebensende? Biopolitik, Ökonomisierung und die Debatte um Sterbehilfe*, Frankfurt a. M./New York.
Gros, Frédéric (2004): Situierung der Vorlesungen, in: *Michel Foucault. Hermeneutik des Subjekts. Vorlesungen am Collège de France 1981/82*, Frankfurt a. M. S. 616–668.
Hardt, Michael/Antonio Negri (2002): *Empire. Die neue Weltordnung*, Frankfurt a. M./New York.
Hardt, Michael/Antonio Negri (2004): *Multitude. Krieg und Demokratie im Empire*, Frankfurt a. M./New York.
Hardt, Michael/Antonio Negri (2010): *Common Wealth. Das Ende des Eigentums*, Frankfurt a. M./New York.
Haraway, Donna (1997): *Modest_Witness@Second_Millenium.FemaleMan©_meets_Onco-Mouse™. Feminism and Technoscience*, London/New York.
Honneth, Axel (2003): Foucault und die Humanwissenschaften. Zwischenbilanz einer Rezeption, In: Axel Honneth/Martin Saar (Hg.) (2003): *Michel Foucault. Zwischenbilanz einer Rezeption. Frankfurter Foucault-Konferenz 2001*, Frankfurt a. M. S. 15–26.
Kauffmann, Clemens (Hrsg.) (2008): *Biopolitik. Politische Vierteljahreszeitschrift*, März 2008. Sonderheft.
Krasmann, Susanne/Sven Opitz (2007): Regierung und Exklusion. Zur Konzeption des Politischen im Feld der Gouvernementalität, in: Krasmann, Susanne/Michael Volkmer (Hg.): *Michel Foucaults »Geschichte der Gouvernementalität« in den Sozialwissenschaften. Internationale Beiträge*, Bielefeld.
Lazzarato, Maurizio (2004): *Les révolutions du capitalisme*, Paris.
Lemke, Thomas (2007): *Biopolitik zur Einführung*, Hamburg.
Lorey, Isabella (2011): *Figuren des Immunen: Elemente einer politischen Theorie*, Zürich/Berlin.
Mbembe, Achille (2003): *Necropolitics, Public Culture*, Jg. 15, Nr. 1, S. 11–40.
Mezzadra, Sandro (2007): Kapitalismus, Migrationen, Soziale Kämpfe. Vorbemerkungen zu einer Theorie der Autonomie der Migration, in: Pieper, Marianne/Atzert, Thomas/Karakayalı, Serhat/Tsianos, Vassilis (Hg): *Empire und die biopolitische Wende*, Frankfurt a. M., S. 179–194
Mouffe, Chantal (2005): *Exodus und Stellungskrieg. Die Zukunft der radikalen Politik*, Wien
Negri, Antonio (2007): Zur gesellschaftlichen Ontologie. Materielle Arbeit, immaterielle Arbeit und Biopolitik, in: Marianne Pieper/Thomas Atzert/Serhat Karakayalı/Vassilis Tsianos (Hg.): *Empire und die biopolitische Wende*, Frankfurt a. M./New York. S. 17–31.
Papadopoulos, Dimitris/Stephenson, Niamh/Tsianos, Vassilis (2008): *Escape Routes*, London.

Pieper, Marianne (2003): Die Regierung der Armen oder Regierung von Armut als Selbstsorge, in: Dies./Encarnación Gutiérrez Rodríguez (Hg.): *Gouvernementalität. Ein sozialwissenschaftliches Konzept in Anschluss an Foucault*, Frankfurt a. M./New York. S. 136–160.

Pieper, Marianne (2007a): Armutsbekämpfung als Selbsttechnologie. Konturen einer Analytik der Regierung von Armut, in: Anhorn, Roland/Frank Bettinger/Johannes Stehr (Hg.): *Foucaults Machtanalytik und soziale Arbeit. Eine kritische Einführung und Bestandsaufnahme*, Wiesbaden. S. 93–107.

Pieper, Marianne (2007b): Biopolitik – die Umwendung eines Machtparadigmas. Immaterielle Arbeit und Prekarisierung, in: Dies./Thomas Atzert/Serhat Karakayalı/Vassilis Tsianos (Hg.): *Empire und die biopolitische Wende*, Frankfurt a. M./New York. S. 215–244.

Pieper, Marianne (2008): Prekarisierung, symbolische Gewalt und produktive Subjektivierung im Feld immaterieller Arbeit, in: Robert Schmidt/Volker Woltersdorf (Hg.): *Symbolische Gewalt. Herrschaftsanalyse nach Bourdieu*, Konstanz. S. 219–241.

Pieper, Marianne/Efthimia Panagiotidis/Vassilis Tsianos (2009): Regime der Prekarität und verkörperte Subjektivierung. in: Gerrit Herrlyn/Johannes Müske/Klaus Schönberger/ Ove Sutter (Hg.): *Arbeit und Nicht-Arbeit. Entgrenzungen und Begrenzungen von Lebensbereichen und Praxen*. München/Mehring. S. 341–357.

Pieper, Marianne/Thomas Atzert/Serhat Karakayli/Vassilis Tsianos (Hg.) (2007): *Empire und die biopolitische Wende*, Frankfurt a. M./New York.

Puar, Jasbir K. (2007): *Terrorist Assemblages: Homonationalism in Queer Times*, London und Durham.

Procacci, Giovanna (1991): Social Economy and the Government of Povertà, in: Burchell, Graham/Colin Gordon/Peter Miller (Hg.): *The Foucault Effect. Studies in Governmentality*, Chicago. S. 151–168.

Rabinow, Paul/Nikolas Rose (2006): Biopower Today, Biocociety's, 1. Jg., Nr. 2, S. 195–217.

Rancière, Jacques (2001): «La violence». Ein Gespräch mit Jacques Rancière, Le Philosophoire, Paris.

Raunig, Gerald (2008): *Tausend Maschinen*, Wien.

Rigo, Enrica (2007): *Europa di confine. Trasformazioni della cittadinanza nell'Unione allargata*, Rom.

Rose, Nikolas (2001): The Politics of Life Itself, Theory, Culture & Society, Jg. 18, Nr. 6, S. 1–30.

Rose, Nikolas (2007): *The Politics of Life Itself. Biomedicine, Power, and Subjectivity in the Twenty-First Century*, Princeton/Oxford.

Samaddar, Ranabir (2010): *Emergence of the Political Subject*, Los Angeles-New Delhi.

Sarasin, Philipp/Silvia Berger/Marianne Hänseler/Myriam Spörri (Hg. 2007): *Bakteriologie und Moderne. Studien zur Biopolitik des Unsichtbaren 1870–1920*, Frankfurt a. M.

Sarasin, Philipp (2001): *Reizbare Maschinen. Eine Geschichte des Körpers 1765–1914*, Frankfurt a. M.

Sennelart, Michel (2004): Situierung der Vorlesungen. In: *Michel Foucault. Die Geschichte der Gouvernementalität II. Die Geburt der Biopolitik. Vorlesungen am Collège de France 1978–1979*, Frankfurt a. M. S. 445–489.

Stephenson, Niamh/Papadopoulos, Dimitris (2006): *Analysing Everyday Experience*, New York.

Terranova, Tiziana (2009): Another Life: the Nature of Political Economy in Foucault's Genealogy of Biopolitics, in: *Theory, Culture & Society* 26.6: 234–262.

Virno, Paolo (2005): *Grammatik der Multitude*, Berlin.

Konstituierende Macht

Antonio Negri

»multitudo et potentia«

Die Geschichte konstituierender Macht weist in ihrem Verlauf zumindest zwei Kontinuitätslinien auf. Die eine beschreibt einen weiten Bogen, in dessen Fortgang sich das in der Renaissance auftauchende revolutionäre Prinzip der *constitutio ex novo* der politischen Ordnung einer neuen Gesellschaft entfaltet und verstärkt. In der Aufeinanderfolge der großen Revolutionen äußert sich die Kontinuität eines konstituierenden Prinzips, das auf die sukzessive Rationalisierung der Macht Antworten findet, nachdem der Aufstieg und die Entwicklung des Kapitalismus und seiner Form, die Gesellschaft zu organisieren, die Krise offenbarten: eine Krise, die aus dem Verhältnis zwischen der produktiven Potenzialität der Gesellschaft und der Legitimation des Staates erwächst.

In den sukzessiven Entwürfen einer republikanischen, einer demokratischen, schließlich einer sozialistischen Konstitution wird immer wieder der Versuch unternommen, ein »Politisches« zu begründen, das in der Lage wäre, seine Legitimität auf die konstituierende Macht des »Sozialen« und zugleich auf die darin präsenten Antagonismen zu stützen. Indes ist die Kontinuität dieses Projekts auch eine negative, denn tatsächlich scheitert es immer wieder: Niccolò Machiavelli gibt dem Problem konstituierender Macht eine utopische Lösung; James Harrington und die englischen Republikaner sehen als Lösung so etwas wie die politische Gegenmacht der Produzenten an – insgesamt ein unbrauchbarer Entwurf, den ein kleiner Entwicklungssprung neutralisiert; die amerikanischen Konstitutionalisten schließen – ein durchaus bemerkenswertes Projekt – die Widersprüche des politischen Raums in einer ausgeklügelten Rechtsapparatur ein, die jedoch manipulierbar und schon bald entstellt ist, denn Jefferson und das Prinzip des *»freedom of the frontier«* werden darin politisch mystifiziert und imperialistisch verkehrt; die französischen Revolutionäre stürzen aus der Beschleunigung der Zeit, die sie vom Terrain der bürgerlichen Emanzipation zur Befreiung der Arbeit führte, in den Terrorismus; die Bolschewiki schließlich vollführen den Salto mortale und treiben, um die Freiheit der Gesellschaft zu sichern, die Macht des Staates ins Extrem. Und doch, selbst in diesem vielfachen Scheitern bestätigt sich das Muster der Rationalität, das die Renaissancerevolution als Horizont des Politischen entworfen hatte – und wie in einem ontologischen Akkumulationsprozess, der im Hintergrund jeder dieser Erfahrungen und jedes Scheiterns sich vollzieht, erweitern sich die Vorstellung und die Praxis der konstituierenden Macht, und so prägen sie der Entwicklung des Konzepts eine Art irreversible Tendenz auf.

Indem er die konstituierende Macht als *virtù* der Multitude entwirft, bereitet Machiavelli das Terrain für Harrington und sein konstitutionelles Konzept der bewaffneten Gegenmächte; während die amerikanische Verfassung, indem sie eine konstitutionelle Dialektik der einzigartigen und unveräußerlichen Freiheitsrechte in Gang setzt, den Prozess der politischen Emanzipation befördert, ist es die französische Revolution, die dieses Feld bearbeitet – im Namen der Gleichheit und in der Perspektive der Befreiung der Arbeit – und damit wiederum die Grundlage für die von den Bolschewiki in Angriff genommene Konstituierung einer politischen Ordnung der lebendigen Arbeit liefert. Der Prozess weist so auf einer ersten Ebene eine Kontinuität auf, nämlich einen komplexer werdenden, komplementären und progressiven Zusammenhang: als rationalen Ausdruck eines dichten Emanzipationsprojekts der sozialen Befreiung und ihrer Realisierung im Politischen.

Die zweite Kontinuitätslinie konstituierender Macht zeigt sich nun im Innern dieser ersten. In diesem zweiten Fall handelt es sich nicht um ein Akkumulieren, sondern um ein Durchqueren, nicht um objektives Gestaltannehmen, sondern um subjektive Aktion. Und tatsächlich tritt im Innern all der Episoden dieser Geschichte ununterbrochen ein anderer Handlungsfaden in Erscheinung: als Kontinuität dessen, was Spinoza die konstituierende Leidenschaft der *multitudo* nennt. Sie ist der Schlüssel zu all den Anläufen einer Konstitutionalisierung und zugleich der Punkt, von dem aus sich deren sukzessives Ungenügen zeigt. Kurz: In ihr findet sich der Grund der Entwicklung wie der Krise. Jede Praxis konstituierender Macht lässt, zu Beginn wie zum Schluss, an ihrem Ausgangspunkt wie in ihrer Krise, eine gespannte Bereitschaft der Multitude erkennen, zum absoluten Subjekt des Kräfteprozesses zu werden. Um diesen Anspruch herum und gegen ihn, sehen wir die Diskontinuitäten und die Inversionen des Konstitutionsprozesses der europäischen Rationalität, so wie wir in der Kontinuität und im Vermögen der Multitude, in ihrem Handeln Richtung zu halten, die unbestimmte und kontinuierlich neu erstehende Tendenz im Prozess lesen können.

Bei Machiavelli, Spinoza und Marx finden wir nun in ausgereifter Form die konzeptuelle – genauer gesagt: metaphysische, insofern tatsächlich die Metaphysik die politische Wissenschaft der Moderne ist – Ausarbeitung dieser zweiten Kontinuitätslinie. Machiavelli legt in seiner Phänomenologie der konstituierenden Macht den Grundstein für diese Perspektive. Wenn der Fürst die konstituierende Macht und das Volk, sobald es zu den Waffen greift, der Fürst ist, verwirklichen sich, so die historische Definition, Praxis und Tendenz der konstituierenden Macht in einem Prozess, der über die gesellschaftliche Zwietracht hinausführt und aus den Kämpfen seine Kraft schöpft. Die konstituierende Macht ist hier die Leidenschaft der Multitude, eine Leidenschaft, die die Kräfte organisiert, ihren

Konstituierende Macht

gesellschaftlichen Ausdruck verstärkt und sich dorthin orientiert, wo der Lauf der Geschichte dabei ist, die Macht in der Dekadenz vergehen zu lassen oder sie in der Abgestumpftheit der *Anakyklosis*[1] zu banalisieren. Die konstituierende Macht ist die Fähigkeit, auf das Reale zurückzukommen, eine dynamische Struktur zu organisieren, eine formgebende Form zu schaffen, die durch Kompromisse, Einschätzung der Kräfte, Ordnungs- und Ausgleichsmaßnahmen verschiedener Art dennoch immer die Rationalität der Ausgangslage wiedergewinnt, das heißt materiell die Angemessenheit des Politischen gegenüber dem Sozialen und seiner Bewegung behauptet.

Die Bewegung der konstituierenden Macht ist unermüdlich – und erneut: *virtù* ist mit *fortuna* konfrontiert, und die gesellschaftliche Arbeit prallt mit der auf Seiten der Macht akkumulierten toten Arbeit zusammen. Doch es ist diese permanente Krise, in der die konstituierende Macht lebt, die ihr Werden vorantreibt. Spinoza nimmt Machiavellis Definition auf und arbeitet sie weiter aus, indem er ihre Konstellation in den Horizont der Metaphysik projiziert. Der Vorgang der Konstitution des Politischen ist hier gestützt auf die unaufhaltsame und fortschreitende Expansion der *cupiditas*, des Begehrens, sich als determinierende Kraft gesellschaftlich zu konstituieren, und bestimmt durch die Herausbildung der politischen Institutionen, die aus dem Geflecht der Multitude von Singularitäten hervorgehen und von der demokratischen Synthese – in ihrer Absolutheit – verstärkt werden. Die Synthese durchdringt den Willen aller und zugleich die Souveränität. Der Prozess ist immer ein konstituierender, und dabei immer konfliktgeladen. Die Potenzialität ist unaufhaltsam und aleatorisch; der Prozess wird beständig neu zusammengesetzt und vorangetrieben, und zwar von der *cupiditas*, aus der die Leidenschaften erwachsen – und die dann überschießt wie die Liebe, bis sie in der Vielfalt das Ebenbild des lebendigen Gottes findet. *Es ist ein demokratischer lebendiger Gott*. Die Potenzialität der Multitude, die verschiedenen Grade einer konstituierenden *cupiditas*, die Transformation dieses Reichtums und dieser Vielgestaltigkeit in Vereinigung und Liebe, sind die Bestimmungen, die immer aufs Neue das soziale Sein konstituieren. Machiavellis Phänomenologie verschiebt sich zu Spinozas metaphysischem Projekt – die konstituierende Macht rekonfiguriert sich hier, ohne ihre materiellen Charakteristika zu verlieren als schöpferische Kraft, die ihre Potenzialität voll entfaltet. Die Widersprüche und Konflikte der Leidenschaften bilden den Hintergrund des Prozesses selbst, und die konstituierende Macht realisiert sich hierin als Tendenz – sie zeigt sich beständig neu und bestimmt sich darin als absolut. So existiert sie in der Wirklichkeit, und zwar gerade in Krieg und Krise; eben das ist die Göttlichkeit der Welt.

Marx tritt in diese theoretische Linie der europäischen Metaphysik ein, und er verankert ihre Prinzipien erneut in den materiellen Möglichkeiten. Beim Thema der konstituierenden Macht bewahrt er deren schöpferische Merkmale, stellt sie aber sozusagen wie in einem neuen Buch Genesis dar. Die schöpferische Kraft wird hier konkret als die Kraft bestimmt, die in der gegenwärtigen Welt die Macht der Produktion schafft und damit eine zweite Gestalt der Welt, eine ungeheure und völlig artifizielle »zweite Natur«, hervorbringt. Marx verleiht der schöpferischen Anstrengung, die Machiavelli als Gabe des neuen Menschen ansah und die Spinoza in metaphysischen Begriffen als Allmacht der *cupiditas* beschrieb, einen Ausdruck: als Aktualität der Objektivationen und als Möglichkeit einer neuen Welt.

Die konstituierende Macht überträgt ihre Potenzialität aus dem Reich der Möglichkeiten in das der Konkretisierung des Willens, aus der Welt der Politik in die der Prothesis, der »zweiten Natur«. Die Welt ist die Wirklichkeit der assoziierten lebendigen Arbeit, und die konstituierende Macht nimmt, je nach Art der Assoziation, unterschiedliche Bedeutungen und Orientierungen an. Bei Marx ist die Ausrichtung der konstituierenden Macht auf die Demokratie nicht nur – wie bei Machiavelli – eine grundlegende Handlungsperspektive, die in ihrer Radikalität eine übermenschliche Intensität des Projekts ausdrückt; sie ist nicht nur – wie bei Spinoza – die Absolutheit des Verhältnisses zwischen dem Willen aller und der Souveränität, zwischen Kontingenz der Multitude und Totalität. Sie ist Schöpfung, die zugleich Machiavellis Bestimmung der *potenza* und Spinozas Begriff der *multitudo* folgt, Schöpfung, in der die Bedingungen des Absoluten inkarniert sind. Dies Absolute ist – aus den gleichen Gründen wie bei den anderen Autoren – kein Absolutes im eigentlichen Sinn: Eher ist es das Produkt einer offenen und negativen Dialektik, es ist das Resultat eines historischen Prozesses. Es ist die Determination konkreter Subjektivitäten. Im Absoluten findet sich die Prothesis der Welt wieder, es ist die zweite Natur, die die Menschen lenken wollen – eben weil sie zweite Natur ist: keine Objektivität, die uns konditioniert, sondern kollektives Subjekt, zu dem wir alle gemeinsam beigetragen haben. Das konstituierende Prinzip verkörpert so das Prinzip der Moderne und markiert zugleich dessen Ende – denn es leitet von der Struktur des Produzierens in der Moderne zum Subjekt der Produktion über, das heißt, es schreibt die Produktion, also Bedeutung und Richtung dieses Produzierens, dem Subjekt zu. Und in die Absolutheit der Beziehung zwischen Subjekt und Welt setzt es die Alternativen der konstituierenden Macht.

In der Multitude, insofern sie in der Lage ist, der lebendigen Arbeit Ausdruck zu verleihen, findet die Konstitution ihre Wahrheit. Demokratie, eine tatsächliche Demokratie – gekennzeichnet durch Rechte und Appropriation, gleiche Verteilung des Reichtums und gleiche Beteiligung an der Produktion – wird so zum lebendigen Gott: Subjekt und Struktur, Potenzialität und Multitude sind darin identisch. Marx zufolge ist die Geschichte der konstituierenden Macht eine Angelegenheit fortschreitender Rationalisierung des kollektiven Subjekts. Was Machiavelli und Spinoza auf mehreren Ebenen metaphysischer Reflexion und unter verschiedenen historischen Bedingungen wahrgenommen hatten, wird hier zur uneingeschränkten Synthese geführt. Der konstituierende Prozess ist explizit ein schöpferisches Projekt. Die Demokratie als die »absolute« Regierungsform, wie sie von Machiavelli wie von Spinoza apostrophiert wird, wird zur tatsächlichen Möglichkeit – die theoretische Potenzialität verwandelt sich so und nimmt den Charakter eines politischen Projekts an. Das Projekt heißt nicht mehr eine Korrespondenz zwischen dem Politischen und dem Sozialen herzustellen, sondern die Produktion des Politischen in die Kreation des Sozialen einzufügen. Die Demokratie ist das Projekt der Multitude, denn sie ist schöpferische Kraft, sie ist lebendiger Gott. Hier sehen wir die zweite historische Kontinuitätslinie konstituierender Macht.

Mit dem Aufzeigen der beiden historischen Kontinuitätslinien ist die Frage konstituierender Macht allerdings nicht erledigt. Die abendländische Rationalität erhält durch sie Richtung und Substanz, um sich in kritischer und radikaler Weise zu entwickeln; die ihr immanente Opposition wird zugespitzt, das Resultat antizipiert. Um diese kritische Entwicklung zu erklären und ihren entscheidenden Punkt herauszuarbeiten, ist es notwendig das Verhältnis zu untersuchen, das die Entwicklung des Begriffs der konstituierenden Macht zu grundlegenden ideologischen Traditionen im europäischen Denken aufweist: zur Ideologie des Schöpfertums in der jüdisch-christlichen Tradition, zur Vorstellung des Naturrechts als Grundlage des Sozialen und schließlich zur Transzendentalphilosophie. Der Begriff der konstituierenden Macht ist, selbst wenn er in radikal kritischer Weise auftritt, in der einen oder anderen Art mit diesen ideologischen Strömungen verbunden – ganz gleich, wie groß das Bemühen ist, diese Bindungen auszuheben.

Eine erste Beschränkung erfährt das Denken konstituierender Macht also durch die Vorstellung des Schöpfertums, wie sie die jüdisch-christliche Tradition prägt: Allerdings ist es offensichtlich, dass Machiavelli, Spinoza und Marx eine radikal atheistische Position vertreten. Schöpfertum wird daher auf den Menschen zurückgeführt. Bei Machiavelli färbt sich der radikale Humanismus mit einem gewissen Skeptizismus und zynischen Überlegungen zur positiven Religion. Für Spinoza ist die Welt der absolute Horizont, innerhalb dessen notwendigerweise das göttliche Wirken angesiedelt ist, das darum als komplementär zur Existenz angesehen wird: Wenn die Modi in der Substanz sind, dann deshalb, weil die Substanz in den Modi ist – oder: Wenn Gott in den Dingen ist, dann deshalb, weil das Ding Gott ist. Bei Marx wiederum wird der Atheismus explizit und artikuliert sich als Forderung des Seins gegen die eigene Entfremdung. Doch bei jedem dieser Autoren gibt es noch mehr: Der Atheismus wird zum konstruktiven Moment. Bei Machiavelli provoziert der Atheismus eine kritische Wendung des Existenten gegen das Ideale – also die Betonung des Realismus, der Methode und ihres konstruktiven Potenzials. Bei Spinoza führt der Atheismus zur Verschiebung des asketischen Prozesses von der Transzendenz zur Welt und generiert so die Dynamik des modalen Seins, des Wirklichen entsprechend der eigenen *potentia*. Und bei Marx wird der Atheismus zur Waffe im Kampf gegen die immer schon theologischen Abstraktionen der ökonomischen Wissenschaft und des Kapitals.

Bei allen drei Autoren ist der Atheismus eine Affirmation der Potenzialität, der Revolution, des Konkreten gegen das Abstrakte, des Lebendigen gegen das Kalte, Entfremdete, Bewegungslose und Feststehende. Noch mehr: Der Atheismus wird zu einem schöpferischen Moment. Bei Machiavelli beherrscht der Fürst, vor allem als Fürst des Volkes, Zeit und Raum, gestaltet sie nach seinem Bild und überwindet die Beschränkungen des Realen, um darin etwas Neues zu schaffen. Bei Spinoza ist es die *cupiditas*, die, sobald sie gesellschaftlich wird, die Vorzeichen der Existenz ändert, Egoismus zu Großmut, Großmut zu Liebe wendet – einer Liebe, die zum Schlüssel der Welt wird, in ihrem progressiven Heraustreten aus dem Naturzustand. Bei Marx gehen aus dem revolutionären Prozess die neuen Voraussetzungen der Existenz und der Menschenwelt hervor, der Naturzustand selbst ist auf den konstituierenden Willen verwiesen. Und doch: Selbst der außergewöhnlichen Melange kritischer und konstruktiver Momente gelingt es nicht, über jenen entscheidenden Punkt der jüdisch-christlichen Tradition hinauszukommen, an dem jegliche Erfahrung auf die Erfahrung der Einheit zurückgeführt wird. Gott seines Schöpfertums zu expropriieren reicht nicht aus, solange die schöpferische Kraft alle Kennzeichen der Einheit, des einen schöpferischen Plans trägt. Denn so wird die Göttlichkeit lediglich weltlich, aber nicht entwendet – und die konstituierende Macht ist weiterhin gezwungen, sich an der Universalität des Schöpfungsplans zu messen.

In diesem Sinn gelingt es der Perspektive von Machiavelli, Spinoza und Marx, ungeachtet ihrer radikalen Anomalie, letztlich nicht, sich aus einer vereinheitlichenden, theologischen Vorstellung der schöpferischen Kraft zu befreien. Dadurch bleibt die Perspektive in einer Finalität befangen – und auch wenn diese nur residual ist, so wirkt sie dennoch weiter und durchdringt selbst radikal atheistische Vorstellungen: So findet sich beispielsweise die Potenzialität und Stärke der Multitude immer nur als Einheit der Multitude konzipiert. Eine solche Vorstellung vergisst jedoch, dass die Stärke nicht nur auf der großen Zahl beruht, sondern eine der »Vielen«, der Singularitäten und der Differenzen ist. Der Schatten der theologischen Vorstellungen lastet auf dem Verhältnis zwischen Potenzialität und Multitude und zwängt es zusehends ins Korsett der Einheit. Letztere wird erneut die Voraussetzung schöpferischer Praxis. Im Gegensatz dazu hält die historische Praxis der konstituierenden Macht eine ganz andere Lehre bereit: Im Widerspruch zwischen konstituierender und konstituierter Macht ist es erstere, der gleichermaßen Kreativität wie überschießende Vielseitigkeit zukommt.

Solange alle schöpferischen Akte nur unter dem Vorbehalt der Einheitlichkeit vorgestellt werden können, wird es der schöpferischen Kraft nicht gelingen können, sich von der Göttlichkeit zu befreien; die Kategorie der Totalität, das Gegenstück zu der der Einheit, entfaltet aufs Neue ihre Macht und beschränkt die Verschiedenheiten, absorbiert und homogenisiert die singulären Multiplizitäten. Das konstituierende Projekt, die Besonderheit seiner Bestimmung aber besteht genau darin:

in der Offenheit der grundlegenden Beziehungen, die zwischen schöpferischer Kraft und Vielfalt geknüpft sind. Die Krise ist folglich eine Krise des Konzepts selbst, sie äußert sich als eine Blockade, was sich nicht nur darauf bezieht, dass die schöpferische Kraft in ihrer Entwicklung blockiert wäre, sondern vor allem – und in qualitativer Hinsicht entscheidend – darauf, auszublenden, dass es eine Vielzahl von Alternativen schöpferischer Potenz gibt. Auf diesem Terrain muss sich der Atheismus beweisen und einen Schritt über die Vorstellung der Einheit hinaus tun, die mit der Negation der Göttlichkeit bestehen bleibt.

Die Perspektive des Naturrechts ist die zweite Beschränkung, die das historische Denken konstituierender Macht trifft. Dabei ist es auch in diesem Fall offensichtlich, dass die Theorie konstituierender Macht mit naturrechtlichen Positionen nichts zu tun hat. Bei Machiavelli wie bei Marx finden sie höchstens einmal ironische Erwähnung. Und auch bei Spinoza ist der Naturalismus in einer Art materialistisch, dass es grotesk wäre, sein Denken als ein naturrechtliches zu definieren. Doch kann man noch weiter gehen und feststellen, dass konstituierende Macht historisch als radikale, gegen naturrechtliche Vorstellungen gerichtete Opposition auftritt, als Dynamik gegen die Statik des Naturrechts, als schöpferische Kraft gegen den Vertrag, als Lebendigkeit und Neuerung gegen Ordnung und Hierarchie. Dessen ungeachtet finden sich in der Geschichte der Menschen – und in der Geschichte der Vorstellungen, die sie sich vom Leben machen – Zusammenhänge, die andere Wege nehmen und mehrdeutiger sind als das, was sich logisch erschließen ließe. So ist das Naturrecht, insofern es als Teil des modernen Rationalismus gelten kann, nicht nur ein philosophisches System, sondern auch ein Kontext, in dem eine Reihe von Sinnbeziehungen und Signifikanten der Moderne nach ihrer Bestimmung suchen, mitunter aber auch geradezu ein Käfig, in den die Rationalität sich eingesperrt sieht. Die konstituierende Macht muss vorsichtig sein und kämpfen, um nicht einer der naturrechtlichen Genealogien assimiliert zu werden. Denn ihre schöpferische Kraft könnte tatsächlich als bloßer Ausdruck naturrechtlicher Voraussetzung verstanden werden.

Machiavelli streift naturrechtliche Vorstellungen, wenn er in dem, was er die Rückkehr zu den Anfängen nennt, eine Begründung und Artikulation des konstituierenden Prinzips annimmt. Bei Spinoza ist eine vergleichbare Tendenz nur schwer nachzuvollziehen: Nicht einmal das Studium des prophetischen Denkens zeigt eine solche Neigung, auch wenn sich hier bezogen auf die Geschichte zweifellos ein Finalismus findet. Bei Marx wiederum, dem entschiedenen Gegner des »prunkvollen Katalogs der unveräußerlichen Menschenrechte«, lugt ein gewisser abstrakter Humanismus hervor, vor allem in den ideologischen Vorstellungen vom »Urkommunismus«. Natürlich hat all dies wenig mit dem Naturrecht als philosophischem System als Disziplin zu tun; dennoch ist es relevant, denn es offenbart einen verdrehten Einfluss, eine Schranke, einen Widerpart gegen die bedingungslose schöpferische Kraft der konstituierenden lebendigen Arbeit. Während die jüdisch-christliche Tradition die Tendenz aufweist, die schöpferische Kraft zu blockieren, indem sie ihr die Perspektive einer Vereinheitlichung aufdrängt, ist es an der Naturrechtstradition, die konstituierende Macht in ein präkonstituiertes Schema zu zwängen. Im ersten Fall richtet sich der Angriff in erster Linie gegen die Multitude, im zweiten gegen die Potenzialität, und in beiden Fällen ist es die offene Beziehung zwischen Multitude und Potenzialität, die blockiert wird. Diese offene Beziehung jedoch macht den Begriff und die Praxis der konstituierenden Macht aus.

Schließlich gibt es ein weiteres Terrain, auf dem die konstituierende Macht sich in den Fallstricken der konstituierten verfängt: das der Transzendentalphilosophie. Ob letztere sich als Idealismus oder als Formalismus präsentiert, die Fallen finden sich im Geflecht zwischen *potentia* und *multitudo*. Im Idealismus, in der philosophischen Tradition von Rousseau bis Hegel lassen sich die direkten Mystifikationen der konstituierenden Macht relativ leicht identifizieren, verwickelter ist dies im Fall des transzendentalen Formalismus. Der große Vorteil des Formalismus besteht nämlich darin, dass er nicht auf die Realität der Gegenstände ausgerichtet ist, die dann beispielsweise einem Entwicklungsschema unterworfen würde (wie mehrdeutig auch immer), sondern dass er auf der Ebene der Bedingungen operiert, wie die Gegenstände zu denken sind. Doch der Reihe nach.

Beim absoluten Idealismus gibt es kein Problem: Die Bedingungen, unter denen die konstituierende Macht gedacht werden kann, sind dieselben wie die, unter denen das Wirkliche gedacht wird. Die konstituierende Macht wird in ihrer Besonderheit begrifflich gefasst und zugleich wieder aufgelöst, da sie in ihrem Wirken der nicht näher bestimmten Wirklichkeit in ihrer Gesamtheit zugeschlagen wird. Weil das Reale aber ein kontinuierlicher Schöpfungsprozess ist, bleibt die konstituierende Macht nichts weiter als eine Form dieses Prozesses, der selbst nichts sagend ist und neutralisierend wirkt: Die konstituierende Macht wird dergestalt, was ihre innovative Besonderheit angeht, ausgelöscht und von der Indifferenz des Realen zerquetscht. Bei Hegel zeigt sich die Neuerung als Moment der Zirkelbewegung im System des Realen: Tatsächlich kann auf diese Weise die innovative Kraft nur in den Wiederholungen des Wirklichen sublimiert oder in der Hypostase der absoluten Kraft still gestellt werden – und das heißt, in der absoluten Indifferenz.

Bewusster dem Problem der konstituierenden Macht gegenüber ist der Formalismus Kants. Tatsächlich wird das konstituierende Prinzip ernsthaft in die Betrachtungen einbezogen, und aus der Kraft wird das Merkmal, welches das Subjekt definiert. Hier verschwinden die Termini nicht – weder Kraft noch Vielheit –, sie werden allerdings isoliert betrachtet. Und auch die schöpferische Kraft der Subjekte verschwindet nicht, doch wird sie individualisiert. Kant sagt uns, dass die Revolution ein Gegenstand unseres Denkens ist, dass wir ihn erfahren und, indem wir dies tun, ihn konstruieren und ihm eine Bedeutung geben.[2] So gesehen, kann die Revolution niemals enden: Sie beseelt die Sittlichkeit, das heißt, sie behauptet sich als sittliche Form. Doch was bedeutet das? Letztlich finden wir hier ein Sophisma, mit dem es möglich ist, die konstituierende Macht zu leugnen. Die argumentative Figur unterbricht die Beziehung zwischen Vielheit und Kraft, zwischen *multitudo* und *potentia*, und die Kraft löst sich im Individualismus auf. Dadurch wird ein wesentliches Moment der konstituierenden Macht weggenommen, sie verliert ihre historische Dynamik, die sich einzig in der kollektiven Aktion zeigt. Von ihr bleibt nur eine verblasste, liberale Vorstellung. Die konstituierende Macht wird der Ethik übertragen und damit der Politik entzogen – oder anders gesagt: der Kollektivität entzogen und dem Individuum übertragen. Konstituierende Macht ist im Individualismus neutralisiert.

Doch, so könnte eingewandt werden, dieser formale Individualismus ist offen, es ist nicht ausgeschlossen, dass er sich im Prozess entwickelt und sich der Revolution anschließt. So gesehen – könnte weiter eingewandt werden – wäre es im kantischen Formalismus möglich, dass die beiden Strömungen, durch welche historisch die konstituierende Macht bestimmt ist, sich wieder vereinigten und die Individuen zur Kollektivität fänden. Doch ist es nicht so: Die Methode der Kritik, weit davon entfernt, eine progressive Vermittlung herzustellen, zerreißt die problematische Verbindung von Potenzialität und Multitude, räumt dem Ethischen definitiv die Vorrangstellung vor dem Politischen ein und vereinzelt die konstituierende Macht in der Leere individueller Intention.

Was folgt daraus? Die erste Schlussfolgerung, die wir mit Blick auf diese lange, widerspruchsvolle und hindernisreiche Geschichte ziehen können, führt zu der Beobachtung, dass Hindernisse grundlegender Art auftreten, sobald die konstituierende Macht zur konstituierten wird, während das durchaus nicht der Fall ist, solange die konstituierende Macht die Potenzialität des kritischen Verhältnisses ausdrückt, das sie konstituiert. Sie präsentiert sich in diesem Fall als schöpferisches Prinzip, als Neuerung und Prothesis des Seins, und als solche ist sie nicht zu neu-tralisieren. Die zweite Schlussfolgerung führt zur Beobachtung, dass die konstituierende Macht, solange sie als Potenzialität weiter lebt und sich in der Multitude reorganisiert, paradigmatisch für eine Dimension der Zeit steht, die zur Zukunft hin offen ist. Diese Offenheit zur Zukunft, die in der Aktion sich aktualisierende kollektive Vorstellung, ist ein sich immer wieder herstellendes Merkmal der konstituierenden Macht. Auf diesem Gebiet kann sie – um es erneut zu sagen – nicht neutralisiert werden.[3]

Die dritte Schlussfolgerung ist die interessanteste: Wenn die Gegensätze, auf die wir stießen, tatsächlich begründet sind, dann deshalb, weil es der konstituierenden Macht – auch wenn sie in ihrem Begriff und in ihrer Praxis unbeschädigt bleibt – niemals gelingt, sich vom Fortschrittsbegriff und vom Rationalismus der Moderne zu befreien. Die große Linie der materialistischen Philosophie und der demokratischen Theorie, mit der die konstituierende Macht verwoben ist, hat sich mit der rationalistischen Tradition vermengt: häufig hat sie ihn unterwandert, doch noch häufiger hat sie ihn geradezu wiederentdeckt und aufs Neue lanciert. Der Bruch mit dem Rationalismus führt – bei Machiavelli wie bei Spinoza oder Marx –, da Alternativen fehlen, zu einem neuen Anfang für den Rationalismus und nicht zu einem entschlossenen und definitiven Überschreiten. Und schließlich wird der Bruch zum Motor weiterer Rationalisierung.

Der weiter wirkende Impuls, die rationalistischen Schranken zu überschreiten, führt die konstituierende Macht vom Liberalismus zur Demokratie und von dort zum Sozialismus, doch jedes Mal scheitert sie an der Unmöglichkeit, selbst die Schranke als eine absolute zu setzen. Der Staat, die konstituierte Macht, die Souveränität im traditionellen Sinn tauchen jedes Mal wieder auf und es gelingt ihnen, den Konstituierungsprozess zu beenden. Unser Problem wäre es daher zu verstehen, wie die Verbindung des widersprüchlichen Wegs mit seinem möglichen Ende beschaffen ist, wie jenem scheinbar schicksalhaften Ausgang zu entgehen wäre. Untersucht werden muss daher, wie die konstituierende Macht, nachdem sie als Motor der Entwicklung des europäischen Rationalismus funktionierte, ihre einzigartige Stärke wiedergewinnen kann.

Multitudo et potentia: Ist es möglich, ihr Verhältnis als produktives Ganzes zu sehen, konstruktiv, prothetisch, unerschöpflich? Ist es möglich, eine Vorstellung des »Politischen« zu entwickeln, das im Sozialen gründet, und eines »Sozialen«, das im Politischen das Verständnis seiner selbst und den Schlüssel seiner Ausdrucksmöglichkeiten findet? Was ist Ausdruck der Potenzialität?

Dystopien

Was bedeutet es, in der Perspektive der konstituierenden Macht mit den Vorstellungen der Moderne zu brechen? Was bedeutet es, über das Projekt des Rationalismus hinauszugehen, innerhalb dessen in der Moderne konstitutionelles Denken angesiedelt ist? Um diesen Fragen nachzugehen, müssen wir einmal mehr einen Schritt zurück tun und untersuchen, welche Beziehungen es im Lauf der Geschichte zwischen konstituierender Macht und den Wirklichkeit gewordenen Konstitutionen gibt.

In den Blick gerät in dieser Perspektive zunächst das so genannte »atlantische« Modell, also die konstitutionellen Verhältnisse, die sich im Gefolge der englischen und amerikanischen Revolutionen des 17. und 18. Jahrhunderts etablieren (vgl. Negri 1992, Kap. III u. IV).[4] Die besondere Art und Weise, wie in diesen Wirklichkeiten die konstituierende Macht eingebunden wird und sich in der Folge konstitutionelle Prozesse entwickeln, ist bestimmt durch die Rationalisierung des »politischen Raumes«. Die konstituierende Macht wird hier also in einem räumlichen Modell absorbiert und relativiert.

Die Form des »politischen Raumes« begründet eine Unabhängigkeit der politischen Macht und unterstreicht deren Autonomie. Dabei wird ein zweigliedriger Mechanismus der Organisation des Sozialen in Gang gesetzt: Er zielt horizontal auf eine Repräsentation aller Bereiche der Gesellschaft, während er zugleich ihre vertikale Mediation sichert. Die konstituierte Macht tritt als zentralisierte Vermittlungsinstanz in einem Raum auf, der politisch wird, weil Repräsentanz ihn strukturiert. Die konstituierende Macht wird in diesem Repräsentationsmechanismus zum Verschwinden gebracht, insofern sie sich nur noch innerhalb des »politischen Raumes« zeigen kann. Wenn sie darin wieder auftaucht, dann maskiert, etwa im Wirken der Obersten Gerichte oder anderer Staatsorgane. Die Arbeitsteilung der Staatsorgane und ihre wechselseitige Kontrolle, die Verallgemeinerung und die Formalisierung der administrativen Prozesse stehen für die Konsolidierung und die Festigung dieses Systems. Die konstituierende Macht ist darin neutralisiert.

Die Rationalisierung des politischen Systems zeigt sich hier als Stabilisierung seiner verschiedenen Komponenten innerhalb eines geometrischen Kontrollmusters. Für eventuelle Ungleichgewichte, die aus der lebendigen Geschichte der Gesellschaft resultieren können, müssen Regulations- und Kompensationsmechanismen gefunden werden, um das Funktionieren und die Aufrechterhaltung der Ordnung zu gewährleisten. Das kontraktualistische und konstitutionalistische Denken des ancien régime – das in der zeitgenössischen funktionalistischen politischen Philosophie eine Art Relais findet – konzipiert die konstituierende Macht als extrinsischen (oder auch intrinsischen) Faktor, den es in den Raum der Vermittlungen einzuordnen gilt, um ihn, sobald er als innovative Kraft in Erscheinung tritt, zu neutralisieren. Die negative Wahrnehmung der konstituierenden Macht ist durch die räumliche Konzeption des Politischen überdeterminiert – dieser Raum ist durchzogen von einer konstitutionellen Geometrie, die mehr oder weniger formalisiert, bisweilen durch Öffnung, bisweilen durch Schließung, letztlich darauf ausgerichtet ist, jegliche Innovation zu kontrollieren. Konstituierende Macht ist für das »atlantische« Modell und seine Geometrie des politischen Raumes immer nur etwas Unvorhergesehenes. Revolutionäre Prozesse oder das Auftreten konstituierender Macht müssen in dieser Perspektive unausweichlich aus dem theoretischen Rahmen, der die politische Ordnung erklärt, entfernt oder aber in archaischen Zeiten angesiedelt werden, in denen der politische Raum noch keine Form hatte.[5]

Wenden wir uns nun in einem zweiten Schritt den konstituierenden Dynamiken und konstitutionellen Systemen zu, die sich mit den Erfahrungen der französischen und der russischen Revolutionen verbinden. Ist es im Falle des »atlantischen« Modells die rationale Organisation des Raumes, durch die die konstituierende Macht von der konstituierten stillgestellt ist, so vollzieht sich die Rationalisierung im Falle der französischen und der russischen Erfahrungen kraft einer rationalen Organisation der Zeit (vgl. Negri 1992, Kap. V u. VI). Gewiss sehen wir hier enorme Veränderungen: In den Blick rückt nicht mehr nur der Ort, sondern das Handeln der Menschen, nicht die abstrakte Allgemeinheit der Bürger, sondern die konkrete lebendige Arbeit, nicht die konstituierende Macht in einer aufs Politische reduzierten Gestalt, sondern als Form der produktiven Potenzialität der Gesellschaft.

So gesehen werden zahlreiche Probleme, die der auf den politischen Raum orientierte Konstitutionalismus nicht lösen kann, handhabbar – und doch ist das Problem des Konstitutionalismus selbst nicht erledigt, es stellt sich im Gegenteil komplizierter. Denn was bedeutet die Rationalisierung der Zeit, die wir hier am Werk sehen? Es ist eine Konstitutionalisierung der lebendigen Arbeit, durch die sie zunehmend, Stück für Stück, als organisierte Arbeitskraft den Unternehmenslogiken und den Normen der gesellschaftlichen Reproduktion unterworfen wird. Die Zeit wird zerteilt und als Ordnungsmuster neu zusammengesetzt. Die dynamische Zeitlichkeit der konstituierenden Macht, ihre Fähigkeit zur Beschleunigung der Zeit, in der sich die Potenzialität der Multitude zeigt, in jeder Hinsicht produktiv zu sein, wird dem Kommando der konstituierten Macht als Dialektik der Zeit unterworfen. Die politische Ordnung der Gesellschaft stützt sich nicht länger nur auf die Verallgemeinerung der Repräsentationsverhältnisse und die räumliche Mediation – Kontrolle und Vermittlung sind in der Zeit situiert. Letztlich ungeheuerlich wird dadurch ein Bruch mit der Zeitlichkeit der Entwicklung, mit dem Fortschritt der Freiheit wie mit der zeitlichen Ordnung der Verteilung des Reichtums.

Konstitutionen können aufeinander folgen, jede Zeit hat ihre Konstitution – doch ist es immer die Zeit, die konstitutionalisiert werden muss. Die Unterschiede der Zeiten werden verkürzt und tendieren gegen Null. Die Machinationen dieser Verkürzung finden in der Zeit statt, die Konstitution ist eine Zeitmaschine (vgl. Negri 1982 u. 1998). Die formale ist durch eine materielle Konstitution überdeterminiert (die ihr zugleich vorausgeht): ein Geflecht von Machtverhältnissen und Interessen, von Hindernissen und Widersprüchen, von Normen, die Ein- und Ausschluss fixieren, insgesamt zeitlich und historisch definiert.[6] Die Zeitmaschine steht dabei still, das Maß der Zeit ist das des Kommandos, normativ ist der Tauschwert in seiner relativen Autonomie (eine deshalb nicht weniger effektive Normativität). Der Geometrie des Raumes steht – als Maßstab der Rationalisierung – die Physik der präkonstituierten Zeit gegenüber. Ihre einzige Dynamik rührt aus dem Tauschwert. Die konstituierende Macht hingegen ist, als *Gebrauchswert*, verdrängt (oder allenfalls noch randständig), ihre Fähigkeit zur Dynamisierung ist absorbiert und einer Dialektik unterworfen, die sie immer wieder aufs Neue neutralisiert und ausschließt. Auch die Repräsentationsverhältnisse sind in diese Dialektik eingelassen und damit einer Zeitlichkeit unterworfen, die durch die Normen der Systemreproduktion und die Regeln des Unternehmens diktiert ist.

In dieser Epoche ist es nicht länger die funktionalistische Philosophie, sondern die Dialektik, die zum theoretischen Schlüssel des konstitutionellen Denkens avanciert: eine Dialektik der unaufhörlichen Neuzusammensetzung, des kontinuierlichen Überwindens und der unausgesetzten Vermittlung jeglicher konstituierenden Strömung. Aus der formalen Legitimität wird die produktive Legitimation des Systems: nicht länger die Legitimität des *ancien régime*, sondern dynamische Legitimation. Sie verfügt über die Zeit, um daraus Routine werden zu lassen, Dynamiken in Prozeduren zu kontrollieren und mit ständiger Aufmerksamkeit das Auftreten konstituierender Kräfte in eine Dynamisierung des Systems zu verkehren. Dieses dialektische konstitutionelle Denken findet sich paradigmatisch im analytischen Realismus von Max Weber, so wie in den Jahrhunderten zuvor der funktionalistische Konstitutionalismus in den Schriften eines Thomas Hobbes.

Was bedeutet nun – angesichts der Erfahrungen der Rationalisierung der konstituierenden Macht –, über diese Konstitution hinauszugehen? Die französische und die russische Revolution unternehmen es tatsächlich, das Problem durch eine Beschleunigung der Zeit anzugehen: eine Beschleunigung, die mit Nachdruck versucht, die Hindernisse, die sich der konstituierenden Macht in den Weg stellen, zu überwinden. »Die Revolution zu Ende führen« meint genau dies: permanente Revolution. Dieser Druck auf die Zeit, auf die Permanenz, führt in einen Paroxysmus – und die Revolutionen enden im Terror. Doch die konstituierende Macht im revolutionären Prozess eröffnet auch andere Perspektiven.

Die Gleichheitsforderung erscheint als die Form, unter der sich historisch die Beschleunigung der revolutionären Zeit als Manifestation konstituierender Macht konsolidiert. Wir sehen hier ein merkwürdiges Paradox: Gleichheit ist in diesem Prozess nicht mehr Ziel, sondern Bedingung. Es ist, als ob der Nachdruck, der auf die Zeit gelegt wird, als ob die Beschleunigung der Zeit gegen die Blockade in die Lage versetzen würde, den konstitutionellen Raum zu absorbieren und ihn der Bewegung unterzuordnen. Auch die Vorstellung der Kollektivität wird dadurch modifiziert: Aus einem totalisierenden und intensivierenden Strukturbegriff wird eine extensive gesellschaftliche Kategorie, nämlich eine, die sich durch die Merkmale des Kooperationsprozesses der Individualitäten in der Zeit auszeichnet. Indem sie diesen Weg einschlägt und einer Konstitutionalisierung etwas entgegensetzt, nimmt die in der Zeitlichkeit gründende konstituierende Macht den Raum ein, um darin eine Dynamik auszubreiten, die Dynamik einer Produktion der Singularitäten.

Nun wird eine solche Lösung des Problems allerdings nicht wirklich, sondern ist nur möglich. Tatsächlich verweist die Befreiung der zeitlichen und kollektiven Dimension auf eine Anomalie, ein Projekt, das die Problematik vorantreibt und die Hoffnung nährt, auch wenn der Rationalismus der Moderne an diesem Punkt seine Hegemonie behauptet. Terror, nicht Befreiung: Der Ausgang des Prozesses ist durch den Rationalismus bestimmt, der sich über die ontologische Entwicklung der konstituierenden Macht legt. Die kontinuierliche Zeit der kapitalistischen Rationalität, ihr linearer Verlauf und die Tendenz, die lebendige Vielfalt der Welt zu annullieren, zeigen sich als tatsächliches Hindernis und setzen sich durch: gegen die möglichen Alternativen, die sie von innen her unterminieren und die sie so davon abhalten, ihren Ort in der Wirklichkeit zu finden. Von daher das Schwanken zwischen Utopie und Terror.

Mit der Kraft einer Realität, der es nicht gelingt, wirklich zu werden, verbinden sich allerdings entstellende ideologische Vorstellungen. Die Zeit der konstituierenden Macht wird, ausgehend von der Leere, zu der sie verkürzt ist, zur Substanz des Negativen. Sie wird zur Zeit des »Seins zum Tode« in der unversöhnlichen Perspektive, sie auf des Negative des Seins in der Welt zu reduzieren. Aus dem philosophischen Verständnis wird ein ideologisches, das heißt eine Lesart, die in die kollektive Praxis eingeht: So etabliert sich eine Definition der konstituierenden Macht als reine *Dezision* – als voluntaristischer wirklichkeitsentleerter Augenblick der Negation jeglicher Bestimmung. Die einzige existierende Bestimmung ist die der Entscheidung, und der Tod. Bei Martin Heidegger und Carl Schmitt findet sich nicht so sehr die endgültige Zerstörung der Vernunft der Moderne als vielmehr ihre absolute Überdeterminierung: Konstituierende Macht – das Konzept wird formal aufgenommen – erscheint als ein düsterer Wille zur Macht, unberührt von den Schatten der Moderne, doch zugleich der Potenzialität der Multitude absolut feindlich.

Konstituierende Macht wird dergestalt als Terror vorgestellt, jeglicher konstituierender Dimension im ontologischen Sinn entleert und in ihrer krisenreichen Beziehung zur Rationalität der Moderne negativ polarisierend entstellt. Im Faschismus findet sich diese pervertierte Vorstellung der konstituierenden Macht, bar jeder Lebendigkeit, als reine Negativgestalt der *cupiditas* und dadurch all ihrer Möglichkeit beraubt, eine Alternative zur Moderne zu sein. Die Beziehung von Carl Schmitt zur Philosophie Spinozas und dessen Konzept der *potentia* ist in diesem Licht zu sehen.[7] Wo es der Anomalie nicht gelingt hegemonial zu werden, bleibt als Alternative zur Utopie einzig die brutale Gewaltanwendung: Das ist das zynische Credo der faschistischen Entstellung des Konzepts konstituierender Macht.

Doch kehren wir zu unserer Frage zurück, was es bedeutet, in der Perspektive konstituierender Macht mit dem Rationalitätsmuster der Moderne zu brechen. Eine erste Antwort besteht darin, die Konzeption des Raumes im Begriff der konstituierenden Zeit aufzunehmen. Diese Art Absorption leugnet nicht die Besonderheit des Raumes und seiner Bestimmungen, setzt sie aber in eine stringente Beziehung zur Bewegung in ihrer Gesamtheit. Die Potenzialität verortet und bewertet den Raum aufs Neue in der Zeit, stellt die Geometrie in den Dienst der Physik, inkarniert die Topologie in der Tendenz. Es ist ein grundlegender und keineswegs nur formaler Übergang – tatsächlich unterstreicht er die substanzielle Untrennbarkeit von *potentia* und *multitudo*.

Eine zweite Überlegung, ausgehend von der kontinuierlichen Krise der konstituierenden Macht als historische Kraft: Die Krise präsentiert sich als ständige Unterbrechung eines konstituierenden Rhythmus, des *devenir révolutionaire* oder

Revolutionär-Werdens angesichts der politischen Strukturen, angesichts des konstituierten Seins. Die Krise ist eine allgemeine und permanente – sie ist nicht durch eine Chronik der Ereignisse und der revolutionären Erfahrungen bestimmt, sondern durch eine negative Ontologie der Entwicklung der konstituierenden Macht getragen (vgl. Deleuze 1990). Für den Zusammenstoß zwischen Revolutionär-Werden und politischer Struktur ist nicht allein die Phänomenologie des historischen Prozesses verantwortlich; vielmehr zeigt sich darin, wie inkommensurabel die Potenzialität der Multitude sich äußert. An dieser Maßlosigkeit verzehrt sich der moderne Begriff linearer und progressiver Rationalität (vgl. Agamben 2003). Doch zugleich – und das ist der entscheidende Punkt – zeigt sich hier die Krise als Handeln. Die Krise ist eine Grenze, aber auch und vor allem ein Hindernis.[8] Die Grenze wird angesichts des Willens und der Stärke der Multitude, die unbegrenzbar sind, zu einem bloßen Hindernis. Der Zusammenstoß und die Widersprüche auf diesem Terrain des Negativen ermöglichen das Handeln: Die Grenze versperrt der Praxis nicht den Weg, sondern macht ihn ihr frei.

Eine dritte Überlegung zum Wandel konstitutiver Praxis: Ihre Bestimmung ergibt sich nicht aus der Tatsächlichkeit eines Ausgangs, sondern aus dem tatsächlich immer wieder unternommenen Versuch, einen Ausgang zu finden. Der »Nichtausgang« unterstreicht einen Willen, der sich aus Widerständen im Moment der Niederlage ergibt, und enthüllt ein »Außerhalb«, das »Innerhalb« wird, eine Tendenz im historischen Prozess, eine nicht tatsächliche, doch wiederkehrende Potenzialität. Und weil diese Potenzialität die Potenzialität der Multitude ist, zeigt sich hier die Multitude als Subjekt. Die Bedingungen der konstituierenden Macht, Wirklichkeit zu werden, hängen somit davon ab, inwieweit es gelingt, Raum und Zeit zusammenzuführen, Zeit und Potenzialität, Potenzialität und Subjektivität. All dies im Rahmen einer negativen Ontologie. Hier verwandelt sich der utopische Rest in tätige und konstituierende Dystopie.

Zum ersten Mal sehen wir hier die Krise des Konzepts der konstituierenden Macht sich in eine Öffnung zum Positiven wenden – eine Öffnung, die nicht die Krise leugnet, sondern sie ins Konzept integriert. Deutlich wird so, wie die Bewegung konstituierender Macht die Praxis unaufhörlich mit Leben erfüllt. Mit anderen Worten: Es wird möglich, das Konzept innerhalb der räumlichen und zeitlichen Realität des historischen Seins zu verorten (eines krisenhaften, gespaltenen und zerrissenen Ganzen, aber dennoch eines Ganzen). Zugleich wird es möglich, den Fokus der Analyse von der Struktur zum Subjekt zu verschieben: Von der Krise des Konzepts der konstituierenden Macht zum Konzept der konstituierenden Macht als Krise – gerade weil sie selbst Krise ist, findet sich in der konstituierenden Macht das Sein radikal subjektiv begründet, sie ist die Subjektivität der Schöpfung. Eine Schöpfung, die aus der Krise erwächst, und daher eine Schöpfung, die nichts mit der einfachen Linearität der modernen Rationalität zu tun hat, ebenso wenig wie mit der Utopie. Krise, Dystopie, angelegt in der Subjektivität der konstituierenden

Bewegung: Das Konzept der konstituierenden Macht gewinnt seine Geschichte wieder und formt schließlich die Vorstellung einer konstitutiven Dystopie. Die progressive und lineare Rationalität der Moderne prallt mit dem Nichts ihrer Auswirkungen zusammen: hier beginnt die konstituierende Subjektivität, die nicht die letzte Instanz der Vernunft ist, sondern aus ihrer Niederlage hervorgeht. Diese Subjektivität taucht am Nullpunkt der Bestimmungen der Moderne auf, im beständigen, unaufhörlichen Handeln der Multitude in ihrer Gesamtheit.

Eine solche Definition verweist auf Machiavelli – gewiss auch auf Spinoza oder auf Marx, doch vor allem auf Machiavelli, auf seine Fähigkeit, einen entscheidenden historischen Augenblick auf radikale Weise zu erfahren. Ich denke, es war Antonio Gramsci, der das begriffen hat.[9] Auf der einen Seite ist der Fürst tatsächlich ein Element der Krise, Forderung »eines pulverisierten und verstreuten Volkes«, das in seiner Verzweiflung sich danach sehnt, sich zu organisieren und zum kollektiven Handeln angespornt zu werden. Hier wird aus der Zersplitterung und Krise die Rekonstruktion in Gang gesetzt – durch eine Kraft, die durch die Multitude hindurch geht und die sich in dieser Bewegung zeigt, sich definiert.

»Der Fürst muss der feudalen Anarchie ein Ende bereiten, und das macht Valentino in der Romagna, wobei er sich auf die produktiven Klassen, die Kaufleute und Bauern stützt...« (Q 13, § 13; vgl. Q 1, § 10) »Seine Grausamkeit ist gegen die Residuen der feudalen Welt gewandt, nicht gegen die progressiven Klassen.« (ebd.)

Wichtig ist festzuhalten, dass »progressiv« hier nicht für ein Projekt der Aufklärung steht – im Gegenteil steht es für eine radikal neue, radikal kollektive Organisierung der Praxis.

»Machiavelli ist kein Gelehrter, er ist einer, der Partei ergreift, ein Mann gewaltiger Leidenschaften, ein Politiker der Tat, der neue Kräfteverhältnisse schaffen will und deshalb nicht anders kann, als sich mit dem, ›was sein soll‹ – gewiss nicht moralisch verstanden – zu beschäftigen ... Den Willen darauf zu verwenden, ein neues Gleichgewicht der Kräfte, die wirklich existieren und wirken, zu schaffen, sich dabei auf die bestimmte Kraft, die man für progressiv hält, zu stützen und sie zu stärken, um sie triumphieren zu lassen, heißt immer, sich auf dem Boden der faktischen Wirklichkeit zu bewegen, aber um sie zu beherrschen und zu überwinden ... Das, ›was sein soll‹, ist also Konkretheit, tatsächlich ist es die einzige realistische und historische Interpretation der Wirklichkeit, es allein ist Geschichte in Aktion und Philosophie in Aktion, es allein ist Politik.« (Q 13, § 16) »Der moderne Fürst, der Mythos-Fürst kann keine reale Person, kein konkretes Individuum sein, er kann nur ein Organismus sein, ein komplexes Gesellschaftselement, in dem ein kollektiver Wille, der sich bekannt gemacht und stellenweise in der Aktion behauptet hat, bereits beginnt konkret zu werden... Ein kollektiver Wille, ex novo originär zu schaffen und auf konkrete und rationale Ziele zu richten, aber von einer Konkretheit und Rationalität, die noch nicht durch

Konstituierende Macht

wirkliche und allgemein bekannte historische Erfahrung verifiziert und kritisiert worden sind...« (Q 13, § 1)

Eine außergewöhnliche Vorstellung: Eine neue Subjektivität, die aus der Abwesenheit jeder Bestimmung, jedes festgelegten Zieles hervorgeht, gibt sich kollektiv Bestimmung und Ziel. Hier zeigt sich der Begriff der konstituierenden Macht als Krise und Potenzialität, als Multitude und Subjekt. Die politische Form der Dystopie ist diese vollkommen neue Form des Politischen ohne Ursprung oder Basis außerhalb der Potenzialität der Multitude.

Hier beginnen die Fäden unserer Untersuchung zusammenzulaufen. Unter der Form der Dystopie weist der Begriff der konstituierenden Macht eine singuläre und irreduzible Vorstellung des Politischen auf – er konstruiert und verbindet eine Methodologie, eine Geschichtsphilosophie und eine Ethik, die gleichermaßen singulär sind.

Die Methodologie ist eine, die ihren Gegenstand entlang einer genealogischen radikalen Intuition rekonstruiert; sie ist induktiv, formt das Wissen, seine Objekte und Subjekte, auf der Grundlage der Potenzialität der Begehren und artikuliert sie in den Netzen der Multitude: keine unbegreifbare Vielfalt, sondern Multitude, die Vielseitigkeit des Seins, ihre immer singuläre Multidimensionalität; nicht so sehr *mille plateaux*, sondern tausend Richtungen, Netze und Variablen. In diesen Dimensionen entsteht die Subjektivität. Aber ihr Entstehen wäre unmöglich, wäre die Sache einer »schlechten Unendlichkeit«, wenn die Negativität, die Krise und der Widerstand es der Multitude nicht erlauben würden, an ihre zentrale kritische Bestimmung zu gelangen: Krise und Negativität führen die Multitude dazu, ein ums andere Mal, jäh, ereignishaft, unzeitig und radikal ihre eigene Potenzialität zu entdecken und zu erkennen. Die Methode ist nicht nur konstitutiv, sondern konstituierend – die Subjektivität ist eine Prothesis der Bewegung und ihrer unendlichen Bestimmungen. Sie tritt ein als absolutes Ereignis.

Die Geschichtsphilosophie der konstituierenden Macht ist gleichermaßen einzigartig. Sie ist in Wahrheit eine »Nichtphilosophie« der Geschichte, denn was die historische Wirklichkeit konstituiert, sind diskontinuierliche, in ihrer Unvorhersehbarkeit und Unmittelbarkeit zerstörerische, widersprüchliche Prozesse, die nur durch den Widerstand, die Verweigerung und die Negation verwoben und in einem positiven Sinn geformt werden. Es gibt keine Zielgerichtetheit, sondern nur die radikale Kontinuität der Diskontinuität und die permanente Wiederaneignung der Zeit der Potenzialität als Alternative – und Widerstand – gegen die »objektive« und »souveräne« Zerstückelung der Zeit. Die Beziehung zwischen *potentia* und *multitudo* determiniert Bedeutung und Richtung der Geschichte – die Bedeutung zeigt sich einzig und allein in Verbindung mit der Multitude. Die Bedeutung der Geschichte ist so etwas wie die Negativaufnahme eines Sinns, der normalerweise fehlt. Gewiss: Als Reihe von Ereignissen und Insurrektionen konsolidiert sich eine Bedeutung der Geschichte auf der ontologischen Grundlage der Entwicklung von

Bewusstsein und Begriff. Aber diese ontologischen Hintergründe sind nur durch die ständige Erneuerung der Beziehung von Potenzialität und Multitude wirksam. Zwischen den Ereignissen gibt es keine oberflächliche Kontinuität, sowenig wie ein Gedächtnis. Die konstituierende Macht bringt als Handelnde ein Gedächtnis hervor; und ihr Handeln produziert keine Kontinuität, sondern Innovation.

Auch die Ethik der konstituierenden Macht ist im Verhältnis von Potenzialität und Multitude situiert: eine sich öffnende Ethik, die sich unmittelbar auf die Singularitäten bezieht. Die Grundlage dieser Ethik ist ontologisch. Die Öffnung beweist sich beständig an den konkreten Bestimmungen der Multitude, an ihrem Schwanken, ihren Zwistigkeiten und Antagonismen. Komplexität ist für die Ethik nicht nebensächlich, weder die soziale der Leidenschaften noch die historische der Institutionen; sie verliert die Schwächen der Singularitäten, die die Multitude bestimmen, nicht aus den Augen; die Konstituierung der Multitude und ihr Wille, sich als absolute Potenzialität zu behaupten, wird ihr zur Regel. Dystopie ist die einzige Möglichkeit, wie die Potenzialität zum Ausdruck kommen kann – in ihr sind alle Aporien der Beziehung von *potentia* und *multitudo* enthalten. Die Ethik ist das Zeugnis dieses Prozesses. Eine Utopie schließt die Ethik daher aus, denn in ihr besteht die Entfremdung, ebenso wie die Annahme einer offensichtlichen Entwicklungstendenz, fort.

Wir kommen zu einem letzten Punkt unserer Betrachtungen: Die politische Form der konstituierenden Macht, die wir Dystopie genannt haben und die ihre eigenen methodologischen, geschichtsphilosophischen und ethischen Implikationen hat, lässt sich ebenso gut als »Demokratie« kennzeichnen. Allerdings: Demokratie steht hier für die umfassende Expressivität der Multitude, für die radikale Immanenz der Potenzialität, und zwar ohne jede Spur einer äußerlichen Bestimmung, sei sie transzendent oder transzendental, das heißt dem Terrain der radikalen, uneingeschränkten, absoluten Immanenz äußerlich. Eine solche Demokratie ist das Gegenteil der Konstitution – oder vielmehr: Sie ist die Negation des Konstitutionalismus der konstituierten Macht als einer Macht, die sich gegenüber den singulären Modalitäten von Raum und Zeit abgedichtet hat, eine Maschine nicht nur der Machtausübung, sondern auch der Kontrolle der Dynamiken in erstarrten Kräfteverhältnissen. Konstitutionalismus heißt Transzendenz, doch vor allem heißt das »Polizei«, die Unterwerfung der Körper in ihrer Gesamtheit unter Ordnung und Hierarchie. Konstitutionalismus ist ein Apparat, der die konstituierende Macht und die Demokratie leugnet. Die Paradoxien des Konstitutionalismus, wenn es darum geht, eine Definition konstituierender Macht zu liefern, sind keineswegs verwunderlich: Konstituierender Macht kann kein eigenständiges Handeln zugestanden werden, und entsprechend wird sie soziologisch verschleiert oder in formalistische Definitionen gezwängt. Doch was in solchen definitorischen Winkelzügen untergeht, ist nicht die konstituierende Macht, sondern im Gegenteil der Konstitutionalismus selbst. Die konstituierende Macht bleibt: als nicht hintergehbarer Horizont, als massive Präsenz, als Multitude.

Es dürfte nicht verwundern, wenn wir an dieser Stelle auf die Philosophie Spinozas zurückkommen. In seiner *Ethik* findet sich der Konstituierungsprozess der *potentia* ausführlich beleuchtet. Auch bei Spinoza ist die Dystopie konstituierend: Sie baut eine Spannung zwischen *potentia* und *multitudo* auf, und das Produkt dieser kollektiven Spannung wird im Sein akkumuliert. Das Sein zeigt sich vor allem anderen als ein Geflecht der Produktion der Existenz. Dieser konstitutive Prozess ist zugleich der des Lebens: Wie in der Physik ein Konstitutionsprozess eine Vielzahl von individuellen Atomen konfiguriert, reinterpretiert die Multitude von Individuen im sozialen, ethischen oder politischen Leben den Impuls der Potenzialität zu immer neuen Konfigurationen des Zusammenlebens. Die natürlichen Produktionsmechanismen schaffen die Individuen; die Individuen setzen die Produktionsprozesse des Sozialen in Gang.

Wir befinden uns hier auf einer ersten ontologischen Ebene, auf der sich der Übergang der Leidenschaften, der Vorstellungen und des Verstandes zu einer immer dichteren ontologischen Bestimmung vollzieht. Dieser Prozess hat eine doppelte Folge – wir stehen nicht nur einer Verdichtung ontologischer Bestimmung gegenüber, sondern auch einer menschlichen Kreativität, die über die ontologischen Grenzen des Prozesses hinausweist. Das passiert in dem Augenblick, da die Liebe und das Glück den Rhythmus des ontologischen Prozesses sprengen (vgl. Spinoza, *Ethik* IV: Lehrsatz 40 ff.). Die Liebe konstituiert die Göttlichkeit, das Absolute. Aus dieser Verbindung kommt sie ins Gesellschaftliche zurück, um es neu zu beleben: Hier zeigt sich eine zweite ontologische Ebene, die das genealogische Kontinuum der ersten sprengt – es handelt sich nicht länger um eine Akkumulation des Seins, sondern um seine schöpferische Prothesis. Wenn die Liebe interveniert und das Glück die Traurigkeit ablöst, wird das Sein neu erfunden. Die konstituierende Macht hat sich befreit: in ihrer positiven Bestimmung als Determinierung des ontologischen Geflechts und als seine schöpferische Überdeterminierung.

Die Dystopie im Verhältnis von *potentia* und *multitudo* verwirklicht sich im Akt der Liebe und wird dadurch zugleich überwunden: Es ist ein kollektiver Akt, der Kern menschlicher Kooperation, aktive Erfahrung des Hinaustreibens der Existenz über ihre Grenzen in Richtung des Absoluten. Dieser Gang in Spinozas Argumentation passt zu dem Bild, das wir von der konstituierenden Macht gezeichnet haben. Spinoza begreift die schöpferische Kraft des gesellschaftlichen Seins in zweifacher Art: Die erste fasst sie als Abschluss des Naturprozesses der Genealogie der Welt und daher als Beginn der Konsolidierung ihrer Gestalt, als innere ontologische Erneuerung, die zweite sieht die konstituierende Bewegung als radikale Innovation, die über den Prozess der Gestaltung hinausgeht; erstere bezieht sich auf die Naturgeschichte der Menschheit, letztere bestimmt darin das Ziel der Befreiung. Wir sehen hier keineswegs die »unüberwindlichen Aporien des Pantheismus«, wie die Bigotterie uns glauben machen will. Nein, der Bruch zwischen Notwendigkeit und Freiheit ist in die Ontologie eingeschrieben und definiert sie. Aufs Neue ist die Dystopie konstitutiv; die Ontologie und ihre Substanz unterbinden ein Ausbreiten utopischer Illusionen. Im Gegenteil: Das Bewusstsein der Grenzen nährt den schöpferischen Akt. Die konstituierende Macht erwächst nicht aus dem undifferenzierten Kontinuum des Seins, sondern aus seiner schöpferischen Differenzierung, aus einer Innovation, die, nachdem sie die Individuierungen in der Multitude geschaffen hat, deren Potenzialität bestimmt.

Wie in Spinozas Metaphysik führen uns die Geschichte und die verschiedenen historischen Erfahrungen des konstituierenden Prinzips dahin, die ontologische Bestimmung zu begreifen, die für die konstituierende Demokratie unverzichtbare Bedingung ist, und zeigen uns zugleich, dass diese erste ontologische Dimension durch einen neuen Bruch verwirklicht werden muss, durch eine neuerliche Öffnung der Multitude, in der sich die Potenzialität in immer neuer Gestalt konstituiert. Dystopie bleibt der Rahmen. Sind wir heute vielleicht an der Schwelle einer neuen Episode konstituierender Neuerungen angelangt? Bei den Möglichkeiten einer neuen Prothesis der Welt?

Jenseits der Moderne

Die konstituierende Macht ist Subjekt. Dieses Subjekt, diese kollektive Subjektivität entwindet sich der Bedingungen und der Widersprüche, denen die konstituierende Macht in entscheidenden Momenten der politischen Geschichte unterworfen ist. Dabei ist dieses Subjekt nicht progressiv – es steht im Gegenteil antithetisch jedem konstitutionellen Fortschritt gegenüber. In seinem Entstehen wie in seinem Scheitern stellt sich diese Subjektivität gegen die Konstitution, insofern sie sich dem Statischen und den Zwängen des konstituierten Lebens nicht unterwirft. Es ist nun an der Zeit, die Charakteristika dieser Subjektivität und der Rationalität, die sie auszeichnet, zu bestimmen. Schließlich ist offensichtlich, dass, indem sich die konstituierende Subjektivität als Bruch und als Alternative zur konstituierten Macht bestimmt, besagte Subjektivität und ihre Rationalität jenseits der geläufigen Definitionen moderner Rationalität und entsprechender Subjektivitäten angesiedelt sind. Die Definition der konstituierenden Macht bringt uns über die Grenzen der Moderne hinaus.

Die Moderne können wir in erster Linie als durch ein totalisierendes Denken und seine Entwicklung definiert sehen; individuelle und kollektive menschliche Schöpfungskraft sind in diesem Denken in der instrumentellen Vernunft der kapitalistischen Produktionsweise begriffen. Die idealistische Dialektik, wie sie mit Descartes beginnt, sich in den großen Metaphysiken der Moderne entwickelt und mit Hegel vollendet, ist die Philosophie dieses totalisierenden Prozesses; seine politische Entwicklung ist verbunden mit den Traditionen des Absolutismus und reicht von Hobbes über Rousseau wieder zu Hegel – ein entschlossener, stabiler Absolutismus, der seinen einzigen Zweck darin findet, das Politische als Überwindung der Multitude und die Macht als Verwirklichung der Potenzialität zu definieren.

Der Widerstand, den die konstituierende Macht und die Multitude der Subjektivitäten einer solchen Verwirklichung der Macht, also der transzendentalen Unterordnung der Potenzialität, entgegensetzt, wird immer aufs Neue in Dialektik aufgelöst. Politisch betrachtet handelt es sich darum, die Multitude beständig zu objektivieren: Sie wird vulgus genannt, oder, im schlimmeren Fall, *Pöbel*. Die Potenzialität wird ihr genommen. Nun ist es offensichtlich, dass ohne die *multitudo* im gesellschaftlichen und politischen Leben nichts geht, deshalb stellt sich die Frage, wie sie zu beherrschen ist. Das wird zur entscheidenden Frage für die theoretische, die Moral- und vor allem die politische Philosophie. *Multitudo* wird in der Folge immer häufiger mechanisch bestimmt, ihrer Seele beraubt, in die Nähe wilder Tiere gerückt; oder aber, ein eigener Fall, mystifiziert und dadurch unbegreiflich; oder der rücksichtslosen Welt irrationaler Leidenschaften zugeschlagen, einer Welt, die nur durch die Vernunft zu durchdringen, zu beherrschen und zu fassen ist. *Potentia* hingegen wird zum Objekt angsterfüllter Fragen, die zu unerbittlicher Repression führen. Die Angst vor der Multitude nährt den Einfluss der instrumentellen Vernunft. Das wilde Tier muss beherrscht, domestiziert oder zerstört, besiegt oder verdrängt werden; die Subjektivität muss ihm entrissen und seine Rationalität muss geleugnet werden. Die unauslöschliche gesellschaftliche Bestimmtheit der Multitude soll ausgelöscht werden.

Die moderne politische Philosophie erwächst nicht aus der Administration, sondern aus der Angst. Ihre Rationalität ist instrumentell, insofern sie der Ordnung dient und auf Seiten der Repression steht. Die Angst ist Ursache, die Repression Folge der instrumentellen Vernunft. Die Moderne negiert jegliche Möglichkeit der Multitude, sich als Subjektivität zu äußern. Eine erste Definition der Moderne besteht genau darin. Es ist weder merkwürdig noch überraschend, dass der konstituierenden Macht keinerlei Raum belassen wird. Sobald sie in Erscheinung tritt, steht sie außerhalb der Ordnung; wo sie sich behaupten kann, gilt sie als fremd; wenn sie sich gegen Hindernisse, gegen Ausschluss und Repression durchsetzt, wird ein »Thermidor« sie neutralisieren. Die konstituierte Macht steht für diese Negation.

Doch konstituierende Macht und kollektive Subjektivität sind vor allem anderen soziale Realität, eine soziale Realität, die nicht zu leugnen ist. Die Macht selbst nährt sich aus deren Potenzialität, ohne diese Potenzialität gäbe es keine Macht. Der Negation der Multitude im Politischen entspricht deshalb die Beschränkung der Potenzialität der Multitude im Sozialen: Hier stoßen wir auf ein zweites Merkmal der Moderne. Die politische Neutralisierung der Multitude erfordert ihre Separation im Sozialen. Diese Operation führt zu Herausbildung einer spezifischen Wissenschaft, die man Politische Ökonomie oder Soziologie nennt und deren Aufgabe es ist, die gesellschaftliche Potenzialität von der politischen Macht zu isolieren, oder einfacher: Soziales und Politisches zu separieren.

Für die Trennung des Sozialen vom Politischen bieten das liberale und das libertäre Denken prägnante Beispiele im Feld instrumenteller Vernunft. Beide halten das Politische für nicht erforderlich, die *invisible hand* negiert die konstituierende Macht. Ob die dabei unterstellten Regeln des Sozialen nun Individualismus und die Gesetze des Profits heißen oder Anarchie und die Gesetze des Kollektivs, in beiden Fällen wird das Soziale isoliert. Ganz offensichtlich sind damit gewaltige Widersprüche verbunden: Jede gesellschaftliche Krise, die unausweichlich das Politische berührt, muss für die Theorie wie die Ankündigung ihres Todes klingen. Zugleich kündigen sich darin aber auch die Schwierigkeiten und die Dringlichkeit an, das Soziale kontrollieren zu müssen. Die Rettung »in letzter Instanz« (eine letzte Instanz, die ständig auf den Plan tritt) bieten die Gewalt und ihre zahlreichen Maskeraden. Die Phobie vor der *multitudo* steigert sich in diesem Fall ins Extrem; in der Gewalt kommen Angst und die Abwesenheit praktikabler Alternativen zur Synthese.

An dieser Stelle ist – gegen die Gewalt – an die entscheidende Rolle der konstituierenden Macht zu erinnern, wenn es um einen Ausweg aus der Barbarei geht. Bei der Rekonstruktion des Verhältnisses von Potenzialität und Multitude haben wir uns auf die Überlegungen Machiavellis bezogen, bei der Untersuchung des dystopischen Denkens auf die Metaphysik Spinozas. Wenn wir uns nun den katastrophischen Folgen der Trennung des Politischen vom Sozialen zuwenden, ist es notwendig, uns erneut der Perspektive Marx' zu besinnen. Tatsächlich ist es innerhalb der materialistischen und revolutionären Strömung der modernen Metaphysik Marx, für den die Beziehung, oder besser: die intrinsische Verbindung des Sozialen und des Politischen von grundlegender Bedeutung ist. Und auch wenn er jene Theorie des Staates nicht ausgearbeitet hat, die er in seinem Plan des *Kapital* ankündigt, so hat er doch – in seinen »ökonomischen« Schriften, ja vor allem dort – das Terrain einer Kritik der Politik ausgehend vom Sozialen konzipiert und damit grundlegende Vorarbeiten für jede künftige Theorie der konstituierenden Macht geleistet.

Marx' Thema ist die schöpferische Kraft der lebendigen Arbeit, die sich nach allen Seiten hin entfaltet. Die lebendige Arbeit schafft die Welt, sie gibt *ex novo* kraft ihrer Kreativität den Materialien, die sie berührt, eine Form. So findet die konstituierende Macht der lebendigen Arbeit in der Natur – und darüber hinaus in einer zweiten, dritten, x-ten Natur – ihren Ausdruck und ihre Stärke. In diesem Prozess verändert die lebendige Arbeit in erster Linie sich selbst. Ihr Blick auf die Welt ist ebenso ontologisch wie zugleich deren Prothesis; was sie schafft, sind Gestalten des neuen Seins: Das erste Resultat dieses infiniten Prozesses ist, Subjektivität zu konstruieren. Das Subjekt ist eine beständige Oszillation der Potenzialität, die beständige Rekonfiguration der gegebenen Möglichkeiten, aus der

Konstituierende Macht 51

Potenzialität die Welt zu erschaffen. Die Subjektivität ist der Punkt, an dem die Potenzialität sich konstituiert. Doch das Subjekt selbst fährt fort sich zu verändern, indem es die Welt, die es geschaffen hat, neu formt und damit sich selbst neu formt. Die lebendige Arbeit wird innerhalb dieses Prozesses zur konstituierenden Macht, und in gleicher Weise findet die Multitude in diesem Prozess zur Potenzialität zurück und entdeckt sich selbst als Subjekt. Die Dialektik ist verschwunden, ebenso wie die instrumentelle Vernunft der Moderne – oder der Finalismus, da es keine theoretische Begründung des Finalismus mehr geben kann. Die Aufhebung ist verschwunden: Die Phänomenologie siegt über die Wissenschaft der Logik, die Geschichtsphilosophie und vor allem die Enzyklopädie des Geistes. Jede Subjektivität trägt die Signatur der lebendigen Arbeit, ihrer Quantität, ihrer Materialität und ihrer Versatilität. Einzig die konstituierenden Prozesse, die Dimensionen des Wollens und die Kämpfe sind für die Richtung des Seins entscheidend.

Weit davon entfernt, sich im Unbestimmten zu verlieren, ist der Prozess beständig durch die Konkretheit des Sozialen determiniert, durch dessen Organisierung und die Aktualisierung der Beziehung von Multitude und Potenzialität. Marx beschreibt Soziales, Politisches und Sein durchzogen und kontinuierlich neu definiert durch die lebendige Arbeit, durch ihre Formen des Zusammenschlusses, durch die Subjektivitäten, die hier in Erscheinung treten, kurz: durch die Gemeinsamkeiten der konstituierenden Macht. Das außergewöhnliche Gewicht von Marx' Analyse, was die Definition konstituierender Macht und die Überwindung der Moderne angeht, findet sich hier begründet. Während in der Philosophie der Moderne die konstituierende Macht immer als die Macht gilt, die außerhalb der Ordnung und der konstitutionellen Legitimität steht, entzieht Marx diesem »Extra-ordinären« die Grundlage, indem er die konstituierende Macht (beseelt durch die lebendige Arbeit) in die Gesellschaft zurücknimmt und in ihr die »ordinäre« Fähigkeit erkennt, ontologisch zu handeln. Die konstituierende Macht ist die schöpferische Potenzialität des Seins, das heißt konkreter Gestalten des Realen, von Werten, Institutionen oder Logiken, die im Realen walten. Die konstituierende Macht konstituiert die Gesellschaft durch die ontologische Verbindung, die sie zwischen dem Sozialen und dem Politischen knüpft.

Ein Einwand lautet: Von der Revolution des Humanismus bis zur englischen Revolution, von der amerikanischen bis zur französischen, zur russischen und zu all den Revolutionen des 20. Jahrhunderts hat sich das ganz außergewöhnliche und unbezwingbare innovative Moment verzehrt und einen Endpunkt erreicht, scheint die konstituierende Macht ihre Wirkung verbraucht zu haben. Doch das ist nicht wahr: Der Anschein eines Endpunkts ist selbst ein Effekt der Mystifikationen des modernen Konstitutionalismus. Marx zeigt auf, dass dieses Ende undenkbar ist, dass wir es hier nicht mit einer absoluten Grenze, sondern mit bloßen Hindernissen zu tun haben und dass die konstituierende Macht über jeden vermeintlichen Endpunkt hinaus fortfährt, ihre Fäden in die Textur der Neuerungen zu weben. Die konstituierende Macht ist einzig durch die Grenzen der lebendigen Welt begrenzt; anders gesagt: Die konstituierende Macht ist die Subjektivität der Konstituierung der lebendigen Welt.

Wenn Marx uns das Terrain der Subjektivität zeigt, so sind wir doch über Marx hinaus. Die politische Subjektivität, die die konstituierende Macht freisetzt, betrachtet heute die lebendige Welt nicht mehr als begrenzt, sondern experimentiert bereits mit der fortgesetzten Schaffung neuer Welten. Die Grenzen sind viel eher die Grenzen der Rationalität. Doch welcher Art ist diese Rationalität? Über Marx hinaus können wir hier eine weitere grundsätzliche Frage stellen: Ist die Rationalität der Moderne einer Subjektivität angemessen, die sich jenseits der Moderne und gegen sie konstituiert? Gewiss ist sie das nicht. Die Rationalität der Moderne entfaltet, wie wir gesehen haben, eine lineare Logik, sie führt die Multitude der Subjektivitäten auf eine Einheit zurück und kontrolliert die Differenz durch Dialektik. Die moderne Rationalität ist individuelles Kalkül, eingeschlossen in eine Transzendentalität, die die Singularität auslöscht; sie ist die Wiederholung des individualisierten Gemeinsamen und somit dessen Kolonisierung; sie blockiert den konstituierenden Prozess und begründet die konstituierte Macht der Moderne: Die Blockierung deterritorialisiert die Subjekte, neutralisiert ihre schöpferische Kraft und fixiert die Zeitlichkeit – kurz: durch eine Reihe von Operationen werden die Bewegung normalisiert. Der transzendentale Formalismus ist der Schlüssel einer solchen Rationalität, das Kapitulieren vor dem Realen und der Multitude ihre Bedingung, die Begründung der Herrschaft ihr Effekt.

Eine Theorie konstituierender Subjektivität bringt uns über solche Bestimmungen hinaus. Eine neue Rationalität ist in der Ontologie zu finden. Es ist darum notwendig, die Grundlagen der neuen Rationalität bei der lebendigen Arbeit zu suchen, dort also, wo dem Sozialen Leben eingehaucht wird, dem Ort, an dem das Handeln in seinen Sequenzen sichtbar wird und der Puls der schöpferischen Kraft schlägt. Es ist das Verhältnis von Potenzialität und Multitude, aus dem die neue Rationalität sich formt und entwickelt, und auf dieses Verhältnis gründen sich ihre formalen Bestimmungen wie auch ihre abstrakte Geltung. Es geht nämlich nicht darum, die neue Rationalität vor der Abstraktion zu bewahren – ein solcher Anspruch, wie ihn der Vitalismus oder der Irrationalismus erheben, ist illusorisch. Die Abstraktion ist ebenso notwendig wie die Konkretheit. Das Problem ist nicht die Abstraktion, sondern ihre Verabsolutierung und formale Totalisierung in der Logik der Moderne.

Die Produktion ist der Ort, von dem aus eine Abstraktion »von unten« ihren Ausgang nimmt, in der Analyse ihrer grundlegenden Prozesse innerhalb der ontologischen Verhältnisse. Die Rationalität ist gemeinsame Empirie; die Abstraktion ist kein Fetisch, sondern dient der Kommunikation. Und die Kommunikation ist nichts anderes als das ontologische Verhältnis von Multitude und Potenzialität. Wir haben hier den Ausgangspunkt der neuen Rationalität vor uns: einer Rationalität, die über die Moderne hinausweist. *Multitudo* und *potentia* zeigen, in ihrer ontologischen Verknüpfung, eine neue Rationalität als Schlüssel der Konstituierung der Welt: des Sozialen wie des Politischen, der Individualität wie der kollektiven Subjektivität.[10] Das rationale Verhältnis ist somit determiniert – nicht nur formal, bezogen auf seinen Ausgangspunkt, sondern auch und vor allem substanziell, ontologisch, durch die Wirklichkeit des Verhältnisses von Multitude und Potenzialität.

Was kennzeichnet die neue Rationalität? Es geht hier nicht darum, diese Frage erschöpfend zu behandeln, sondern sie in den Horizont einer Theorie konstituierender Macht zu stellen. Darum situiert sich die Antwort in einer historischen Dynamik von Alternativen und Kämpfen; es geht darum, vor allem jene Charakteristika der neuen Rationalität hervorzuheben, die sich der Rationalität der Moderne widersetzen. Beginnen wir deshalb damit, die entscheidenden Gegensätze aufzulisten.

Der erste Gegensatz ist der von schöpferischer Kraft versus Grenze und Maß. Die Rationalität der konstituierenden Macht ist vor allem definiert durch ihre Unbegrenzbarkeit. Eine Grenze ist für sie nur ein Hindernis. Damit wird die Grenze nur eine Bedingung der eigenen Existenz, des eigenen Expandierens, des eigenen Produzierens. Entsprechend ist das Maß – diese internalisierte Grenze – gezwungen zu verschwinden: Die konstituierende Macht ist maßlos, ihr einziges Maß ist die Schrankenlosigkeit der Multitude, die absolute Versatilität ihrer Beziehungen und der machtvollen und konstituierenden Verhältnisse, die ihre Zusammensetzung ausmachen und ihre tatsächliche Dynamik bestimmen.

Ein Maß kann in den schöpferischen Verhältnissen nur als Inhalt (doch nicht als Norm) wieder auftauchen. Eine Maßnahme existiert nicht länger, Maß nehmen wir hingegen im gleichen Moment, in dem wir die Wirklichkeit produzieren. Der »Thermidor« ist eine Maßnahme – die konstituierende Macht ist Unermesslichkeit, oder besser: ein beständiges Maßnehmen, eine Reflexion des Kommunen über sich.[11] Um der terminologischen Klarheit willen sollte der Ausdruck »Maß« vermieden werden und nur noch von »angemessen« die Rede sein: Die »Angemessenheit« der neuen Rationalität gehört nicht zur *hardware* der neuen schöpferischen Maschine, sondern ist ein Element, durch das sie ihre internen Beziehungen organisiert, ist also *software*. Grenze und Maß, der dialektischen Logik entrissen, werden so zu dynamischen Elementen in der schöpferischen, vielgestaltigen und kritischen Kontinuität konstituierender Macht.

Im zweiten Gegensatz, der die Rationalität der konstituierenden Macht auszeichnet, stehen Prozedur und Prozess dem deduktiven Mechanismus des substanziellen Rechts und der konstitutionellen Maschine gegenüber. Dabei beschränkt eine solche Bestimmung die konstituierende Macht nicht auf das Gebiet des Rechts. Die neue Rationalität ist vielmehr eine ununterbrochene Bewegung, eine Konstruktion »von unten«, die die singulären Besonderheiten durchquert und dabei das Handeln koordiniert. In diesem Prozess kommen nun keine allgemeinen und abstrakten Normen zur Anwendung, sondern es konstituieren sich Konstellationen aus Interessen, Übereinstimmungen und Beziehungen, die ständig infrage gestellt werden. Die Regeln sind prozedural, und sie werden von Mal zu Mal infrage gestellt. Kartographien der Verbindungen, Initiativen und Wechselbeziehungen werden erstellt (vgl. Deleuze/Guattari 1992). Den Rahmen bildet eine kontinuierliche Ausdehnung »unternehmerischen« Handelns; es durchzieht das Soziale wie das Politische, das Recht wie die Institutionen. Die Souveränität rückt nicht von ihren Ursprüngen ab und organisiert sich im Verhältnis zwischen diesen Ursprüngen und ihrer Ausübung. Der gesamte Prozess ist transzendental, in seinen Ursprüngen wie in seinen Zielen, denn es gibt nicht länger Ursprung oder Ziel. Kontrollmechanismen sind als aktive Momente in die Prozeduren eingelassen und sind keine von außen kommenden Anrufungen des Rechts. Die Prozedur ist die konkrete Form, die jede Gestalt der Subjektivität, wenn sie sich zu anderen in Beziehung setzt, annimmt. So löst sich der konstitutionalistische Mythos des Vertrags auf; die Prozedur interpretiert und fördert eine genealogische Bewegung – tatsächlich entwickelt sich die neue Rationalität genealogisch, in einem Geflecht von Leidenschaften und Institutionen, Interessen und unternehmerischen Fähigkeiten; Prozeduren bilden deren offenen und Tendenzen einbeziehenden ontologischen Zusammenhang. Genealogische Methode und prozedurale Praxis bringen uns zurück zur schöpferischen Kraft der Singularitäten und zugleich zeigt sich uns darin ihr offener Charakter – die konstituierende Dystopie.

Der dritte Gegensatz ist der zwischen Gleichheit und Privileg. Wie dieser logisch begründet werden kann, ist klar: Wenn die konstituierende Macht vom Verhältnis von *multitudo* und *potentia* ausgeht, wenn die Rationalität dieses Verhältnisses eine ist, die in den Bewegungen der schöpferischen Kraft gegen Grenze und Maß ebenso wie der Prozedur gegen institutionelle Starre beschrieben ist, so ist offensichtlich, dass es kein Privileg geben kann. Die Gleichheit stellt allerdings kein unveräußerliches *Recht* dar, außer vielleicht in dem Sinne, dass sie – ganz fundamental – die *Bedingung* des konstituierenden Prozesses ist: Bedingung – kein Ziel, keine Finalität, sondern ontologische Voraussetzung; vor allem: materielle Bedingung – keine abstrakte oder hypokritische Deklaration eines formalen Rechts, sondern konkrete Situation. Die logische Begründung der Gleichheit, die substanzielle Rationalität ihres Auftretens als Grundvoraussetzung ergibt sich daraus, dass die Multitude nur unter Bedingungen der Gleichheit in Erscheinung treten kann, und vor allem daraus, dass das Verhältnis von Potenzialität und Multitude nur die Form der Gleichheit annehmen kann, des Offenen und Fließenden ohne Begrenzung, Widerpart oder Einschließung von Seiten eines Privilegs, das den Prozess blockieren würde.

Die Gleichheit kann nun allerdings in keinem Sinn abfällig als Uniformität charakterisiert werden, denn die Multitude ist die unendliche Vielfalt freier und schöpferischer Singularitäten. Die fatale Identifizierung von Gleichheit und

Gleichmacherei (in der die Freiheit aufhört), die viele Reaktionäre als Schicksal der Moderne ansehen, ist Sache der Moderne. Tatsächlich stoßen wir hier auf einen vierten Gegensatz, der logisch auf den zwischen Gleichheit und Privileg folgt: Es ist der Gegensatz zwischen Verschiedenheit und Uniformität. Die neue Rationalität findet in der Verschiedenheit, im Reichtum der gleichen und irreduziblen Individualitäten den Schlussstein ihrer Logik. Die konstituierende Macht gewinnt Form nicht als Reduktion der Singularitäten auf eine Einheit, sondern als Ort und Prozess ihrer Verknüpfung und Ausbreitung. In diesem Prozess entfaltet die Multitude den ganzen Reichtum ihrer unendlichen Ausdruckskraft und enthüllt ihre kreative Stärke. Die neue Rationalität stellt sich folglich als eine Logik der Singularitäten im Prozess, in ihrer Vereinigung, in ihrer beständigen Überwindung dar. Die neue Rationalität verabscheut die Uniformität. Und erneut dient die Perspektive der Dystopie dazu, den Prozess besser zu verstehen, denn in ihr zeigt sich die Rationalität als die Unmöglichkeit, die lebendige Welt in dem Augenblick, in dem sie sich schöpferisch neu schafft, zu vereinheitlichen. Die Uniformität zeigt hier ihre Verwurzelung in der Moderne und zugleich ihr Defizit: Insofern sie nämlich Teil der modernen Rationalität ist, wird sie zu einem zerstörerischen Moment für die Bedingungen des Werdens. Die konstituierende Macht hingegen bricht mit der Uniformität und ihre schöpferische Kraft sucht das Verschiedene. Hierin liegt die Rationalität ihrer ontologischen Begründung.

Der fünfte und letzte Gegensatz ist der von Kooperation und Kommando. An diesem Punkt wendet sich die abstrakte Rationalität vollkommen dem Konkreten zu. Die Kooperation ist der lebendige und produktive Pulsschlag der Multitude. Die Kooperation ist eine Verknüpfung, in der die unendliche Zahl der Singularitäten als produktiver Kern des Neuen zusammenfindet. Kooperation ist Innovation, sie ist der Reichtum und folglich die Grundlage eines schöpferischen *Surplus*, das die Ausdruckskraft der Multitude definiert. Auf der Abstraktion hingegen, der Entfremdung und Enteignung der kooperativen Kreativität der Multitude beruht das Kommando. Es ist die gleichmachende, fixierende Aneignung der konstituierenden Macht – es ist konstituierte Macht. Hier steht die Welt Kopf, das Kommando geht der Kooperation voraus: Doch ist diese Umkehrung (und ihre Rationalität) selbst widersprüchlich und begrenzt, denn sie besitzt nicht die Fähigkeit, sich zu reproduzieren. Produktion und Reproduktion der lebendigen Welt kommen nur der Multitude zu, dem prozessierenden Ganzen freier Beziehungen, den Singularitäten, ihrer Verschiedenheit und dem Zusammentreffen ihrer schöpferischen Kräfte. Die Kooperation ist die Form, in der die Singularitäten das Neue, das Reiche, das Mächtige produzieren, sie ist die einzige Form der Produktion des Lebens. Die Kooperation findet ihre Rationalität in der Potenzialität. Auf dem Terrain der Politik ist jede Bestimmung der Demokratie falsch, die nicht von der Kooperation als entscheidender Bestimmung und konkreter Verknüpfung ausgeht.

Das Kommando drückt diese falsche Perspektive aus. Die Kooperation hingegen ist die zentrale Kategorie der neuen Rationalität, ihre Wahrheit.

Die konstituierende Macht findet hier ihre ontologische Funktion, ein neues Sein, eine neue Natur, eine neue Geschichte zu schaffen – eine neue Welt des Lebens. Die Kooperation ist selbst das Leben, insofern sie produziert und reproduziert. Die Rationalität jenseits der Moderne schreibt sich in Verhältnisse ein, die ihre Form schöpferisch im Sein durch die Kooperation finden. Ihre Wahrheit besteht darin, den schöpferischen Moment der Kooperation zu erfassen und sich systematisch auf ihn auszurichten. Die neue Rationalität ist vor allem kritisch, das heißt, eine Rationalität, die jedes Hemmnis, jede Barriere und jede Lähmung, die den Prozess konstituierender Kooperation blockieren, überwindet – doch zugleich ist sie konstruktiv, trägt beständig zur Entwicklung der Potenzialität bei und verleiht der konstruktiven Tendenz der Kooperation Ausdruck. Die Potenzialität realisiert sich in der Kooperation der Singularitäten in einer ununterbrochenen Folge. Freiheit, Gleichheit und Potenzialität bilden die dynamische, bewegliche Substanz der konstituierenden Macht. Es ist nicht länger möglich, die Sequenz Freiheit, Gleichheit und Kooperation ihrer ontologischen Begründung durch die Potenzialität zu entreißen. Der Prozess ist einer der Innovation des Seins; und die neue Rationalität ist der Errichtung der neuen Welt »angemessen«.

Nachdem wir nun das Problem der Subjektivität und danach das der neuen Rationalität angesprochen haben, können wir zur Frage der politischen Bestimmung der konstituierenden Macht zurückkehren. Eine erste Beobachtung: Die konstituierende Macht ist für die Definition des Politischen paradigmatisch. Es kann keine Definition des Politischen geben, die nicht vom Begriff der konstituierenden Macht ausgeht. Weit davon entfernt also, eine außergewöhnliche oder untergründige Erscheinung zu sein, ist die konstituierende Macht die Matrix des Politischen. Sowohl traditionelle metaphysische Bestimmungen des Politischen, die es als Herrschaft über die Gemeinschaft begreifen, als auch die irrationalistische Tradition, die es mehr oder weniger als legitime Gewaltherrschaft beschreibt, verfehlen den Kern dessen, was das Politische ist: *Ontologische Potenzialität einer Multitude kooperierender Singularitäten.*

Traditionellen metaphysischen oder irrationalistischen Definitionen ist es unmöglich, die Potenzialität des Gemeinsamen einzubeziehen. Nun geht es allerdings weder um das Lenken der Gemeinschaft noch um Ausübung von Gewalt: Die Perspektive konstituierender Macht befreit uns von solchen Bestimmungen, indem sie in radikaler Weise das Terrain wechselt und das Politische auf das Terrain der Ontologie verschiebt. Es gibt keine vorgefasste Gemeinschaft, es gibt keine zu treffende Entscheidung – in der konstituierenden Definition des Politischen sind Entscheidung und Rekonstruktion der Gemeinschaft alltäglich. Weder Gemeinschaft noch Gewalt sind ontologische Wirklichkeiten – es sind abstrakte Reduktionen der lebendigen Welt. In ontologischer Perspektive stehen wir der Multitude von Singularitäten und der schöpferischen Arbeit der Potenzialität gegenüber. Das Politische ist der Ort ihrer Verknüpfung, insofern es selbst einen schöpferischen Prozess darstellt. Nicht als Vermittlung, Synthese oder Sublimation – es ist Sache der Dialektik, ein Problem, dessen grundlegende Momente sie intuitiv erfasst hat, in dieser Weise zu lösen. Nicht Vermittlung also, sondern Genealogie, eine sich ausdehnende und kooperative Produktion von Gemeinsamem und von Stärke, oder besser gesagt: von Multitude und Potenzialität; nicht Dialektik, denn jeder Augenblick dieses Prozesses öffnet neue Dimensionen des Seins (statt sie abzuschließen) und setzt dabei immer neue Bestimmungen der Potenzialität in Bewegung.

Die konstituierende Macht ist für das Politische paradigmatisch – und ihr Prozess ist im metaphysischen Sinn durch Notwendigkeit bestimmt. Es gibt keine andere Existenzweise des Politischen, die einzige Möglichkeit, es anders zu definieren, besteht darin, seine Funktionsbedingungen falsch darzustellen, die Potenzialität dem Kommando, die konstituierende Macht der Konstitution unterzuordnen. Doch eine solche Darstellung ist lediglich ein stumpfes Zerrbild, das sich über die Permanenz des Politischen legt, das heißt über die konstituierende Macht in Aktion. Ein wirklicher politischer Realismus besteht nicht darin, die entscheidende Rolle physischer Gewalt anzuerkennen (und sich damit zufrieden zu geben), sondern zu bedenken, dass Herrschaft ständig und ununterbrochen unterminiert wird, und zwar durch die *konstituierende Sabotage* der Multitude. Eine wirklich politische Haltung gründet sich nicht darauf, was eine Gemeinschaft »sein soll«, sondern erkennt im Gegenteil an, dass Formationen des Gemeinsamen und ihr Fortbestehen von der produktiven Potenzialität der Singularitäten beständig hervorgebracht werden. Die konstituierende Macht zeigt die Bedingungen auf, das Politische zu definieren, denn in ihr finden sich schöpferische Kraft und Kooperation. Anerkennung und Legitimität hingegen – diese zurechtgestutzten Kategorien der Mystifizierung – finden in der Potenzialität und Kooperation der Multitude ihre Umkehrung, oder vielmehr: ihre rationale Substitution. Das Politische wird unter diesen Bedingungen rational, und zugleich ist diese Rationalität als einzige fähig, die Zeit zu organisieren. Tatsächlich wird das Politische der Zeitlichkeit der konstituierenden Bewegung zurückgegeben.

Bleiben wir für einen Augenblick bei der Zeitlichkeit der konstituierenden Macht und der neuen rationalen Definition des Politischen: Wie wir bereits gesehen haben, ist die Beschleunigung der Zeit ein grundlegendes Merkmal konstituierender Macht. An dieser Stelle soll die Beschleunigung nicht so sehr als solche betrachtet – im Hinblick auf die schöpferische Kraft der Multitude basiert die Beschleunigung auf einer bereits Wirklichkeit gewordenen ontologischen Akkumulation –, denn vielmehr als Liebe zur Zeit interpretiert werden: zur Zeit, zu den sehr singulären Momenten, zum Auftauchen des Ereignisses. Die Liebe zur Zeit ist der Index des Singulären in der Potenzialität. Im Niederschlag historischer Zeit offenbart sich die kontinuierliche schöpferische Kraft der konstituierenden

Macht – ihre ontologische Gestalt – als Paradigma des Politischen, das heißt als Matrix, in der die Wechselbeziehungen zwischen den Singularitäten expandieren, immer aufs Neue entstehen und sich für weitere Neuerungen öffnen. Die Liebe zur Zeit ist nichts anderes als ein Ausdehnen der Beziehung zwischen konstituierender Macht und Revolution – die Ausdehnung mäßigt den revolutionären Charakter der konstituierenden Macht, insofern sie die Definition des Politischen selbst ausweitet und es als Terrain der Veränderung der sozialen Beziehungen und des Gemeinsamen begreift. Die Liebe zur Zeit ist die Seele der konstituierenden Macht, da sie aus der lebendigen Welt ein dynamisches Sein werden lässt, in dem Natur und Geschichte beständig aufs Neue zur Synthese kommen. Der Begriff der konstituierenden Macht zeigt so die »Gewöhnlichkeit« der Revolution und bestimmt das Sein als ständige Bewegung der Veränderung; die Vorstellung der Revolution wird entdramatisiert, denn sie ist doch nichts anderes als der Wunsch nach Veränderung – eine kontinuierliche, unaufhaltsame, ontologische Praxis. Der Begriff des Politischen ist auf diese Weise der Banalität ebenso entrissen wie der obszönen Beschränkung auf die konstituierte Macht und ihre Raum-Zeitlichkeit. Das Politische ist der Horizont der Revolution, die nicht beendet ist, sondern weitergeht und durch die Liebe zur Zeit beständig neu begonnen wird. Jede menschliche Motivation für das Politische besteht darin, eine Ethik der Veränderung zu leben, angetrieben durch das Verlangen nach Partizipation, die sich als Liebe zu einer zu konstituierenden Zeit offenbart.

Die dynamische, schöpferische, kontinuierliche und prozessierende Konstitution ist das Politische. Diese Definition ist weder leer noch neutral: Sie geht vielmehr ein in die Bestimmung der Subjektivität und der Tendenz, das heißt der Formen, die Multitude und Potenzialität in der produktiven Kooperation annehmen. Entscheidende Momente bleiben freilich die Ausdruckskraft der Multitude und die ständige Neuerschaffung der Welt. Diese Momente dem Politischen zu nehmen würde bedeuten, ihm alles zu nehmen und es auf eine bloße administrative oder diplomatische Vermittlerrolle zu beschränken, auf die Tätigkeit von Bürokratie und Polizei, das heißt genau darauf, wogegen sich die Kämpfe der konstituierenden Macht richten. Letztlich gehören all diese Funktionen, die sich gerne als die Natur des Politischen präsentieren, nicht dazu; es sind vielmehr Elemente der Routine, der unveränderlichen Wiederholung, aus toter Arbeit hervorgehende Inversionen konstituierender Macht, die nichts zur Definition des Politischen beitragen können.

Wir kommen zum Schluss: Die konstituierende Macht kommt nicht nach dem Politischen, da, wo die institutionelle Wirklichkeit aussetzt, sie geht auch nicht auf einen improvisierten Coup des kollektiven Willens zurück. Nein, die konstituierende Macht kommt zuerst, sie gibt die Definition des Politischen. Wo sie unterdrückt und ausgeschlossen wird, verkommt das Politische zur bloßen Mechanik, zu Feinderklärung und despotischer Machtausübung.

Bilder aus vergangenen Zeiten, in denen die Trägheit und die Erschöpfung der alten herrschenden Klassen dafür verantwortlich ist, dass ihre Herrschaft zerfällt und zur bürokratischen Routine wird, die die lebendige Welt in immer tieferes Elend stürzt, solche Bilder kommen in den Sinn, und sie sind heute stimmiger denn je. Politische Welten brechen wegen der Erschöpfung der konstituierenden Macht in sich zusammen. Eine Politik, die sich einzig auf die konstituierte Macht bezieht, zeigt sich unseren Augen als verrottet und grausam zugleich. Doch die Zeit des Politischen scheint absolut undurchschaubar. Und doch durchzieht sie die kontinuierliche Bewegung von *multitudo* und *potentia*. Von Zeit zu Zeit kommt diese Bewegung ans Licht. Die Materialität der konstituierenden Macht zeigt sich uns in den Feuern, die ab und an die Multitude auf den Plätzen des Empire beleuchten. Die Bewegungen der Multitude zeigen in diesen Augenblicken ihre Potenzialität mit jener außerordentlichen und massiven Stärke, die keine Ausnahmeerscheinung, sondern ontologische Notwendigkeit ist.

Erwartet uns eine Geschichte der Freiheit? Es wäre dumm, das zu behaupten, angesichts der entsetzlichen Art, in der die konstituierte Macht fortfährt, den ontologischen Körper zu verstümmeln und die Freiheit der Menschen zu leugnen, und angesichts der fortgesetzten Negation, der sich die Sequenz von Freiheit, Gleichheit und Potenzialität der Multitude gegenüber sieht. Was vor uns liegt, ist die Geschichte der Befeiung, tätige Dystopie, unaufhaltsam, schmerzhaft und konstruktiv. Die Konstitution der Potenzialität ist der Gang, den die Befreiung der Multitude nimmt. Dass die konstituierende Macht in Erscheinung treten wird, in dieser Form, mit dieser Kraft, steht außer Frage; dass sie in einer ständig neu zu erfindenden Welt hegemonial sein wird, ist notwendig. Es ist an uns, diese Potenzialität zu beschleunigen und in der Liebe zur Zeit ihre Notwendigkeit auszuspielen.

Aus dem Italienischen von Thomas Atzert

Anmerkungen

Der vorliegende Beitrag geht auf das abschließende Kapitel der Untersuchung *Il potere costituente* (Negri 2002) zurück. Der Text wurde für die deutsche Erstveröffentlichung gekürzt.

1 Als *politeion anakyklosis* bezeichnet Polybios den Wechsel der Staatsformen (vgl. Polybios, *Geschichte*).

2 Vgl. den Kommentar von Reinhart Koselleck zu Kants Schrift *Der Streit der Fakultäten* (in Koselleck 1979).

3 Die Offenheit des Konzepts der konstituierenden Macht ist Gegenstand der Untersuchung im ersten Kapitel (»Potere costituente. Il concetto di una crisi«) von *Il potere costituente* (Negri 1992). Vgl. dazu auch die Arbeiten H. Hellers (Heller 1926; 1934).

4 Vgl. außerdem die Untersuchung von J. G. A. Pocock über Machiavelli (Pocock 1975).
5 Charakteristisch für diese Perspektive sind die Arbeiten von Skocpol (Skocpol 1979; Evans/Rueschemeyer/Skocpol 1985).
6 Zum Begriff der »materiellen Konstitution« vgl. die Arbeiten von Mortati (1940), Forsthoff (1964) und Negri (1977).
7 Manfred Walther präsentierte 1990 auf der von Oliver Bloch organisierten Konferenz »Spinoza au XXe siècle« (Universität Paris I – Sorbonne) eine sehr aufschlussreiche Untersuchung über Carl Schmitts Bezugnehmen auf Spinozas Werk.
8 Zum Unterschied zwischen einer Grenze und einem Hindernis für das Handeln der Multitude vgl. Negri (2004).
9 Vgl. die unter dem Titel *Note sul Machiavelli* publizierten Auszüge aus Gramscis Gefängnisheften (Gramsci 1953, insb. 3–94; vgl. auch Gramsci 1967; 1991 u. 1996); zu nennen sind in diesem Zusammenhang auch die Studien Louis Althussers (vgl. Althusser 1990 u. 1995).
10 Es sind vor allem die Vorlesungen Michel Foucaults in den 1970er Jahren, auf die wir uns hier beziehen (vgl. u. a. Foucault 1999; 2004a u. 2004b).
11 Zur Frage des Maßes und der Maßlosigkeit vgl. Negri (1990)

Literatur

Agamben, Giorgo (2003): *Die kommende Gemeinschaft*, Frankfurt a. M.
Althusser, Louis (1990): La solitude de Machiavel, in: *Futur Antérieur*, H. 1, 1. Jg.
Althusser, Louis (1995), Machiavel et nous, in: Ders., *Écrits philosophiques et politiques*, Bd. 2, Paris.
Evans, Peter/Dietrich, Rueschemeyer/Skocpol, Theda (Hg.) (1985): *Bringing the State Back In*, Cambridge.
Deleuze, Gilles (1990): »Le devenir révolutionaire«, in: *Futur Antérieur*, H. 1, 1. Jg.,
Deleuze, Gilles/Guattari, Félix (1992): *Tausend Plateaus, Kapitalismus und Schizophrenie II*, Berlin.
Forsthoff, Ernst (1964): *Rechtsstaat im Wandel. Verfassungsrechtliche Abhandlungen 1950–1964*, Stuttgart.
Foucault, Michel (1999): *In Verteidigung der Gesellschaft. Vorlesungen am Collège de France 1975–1976*, Frankfurt a. M.
Foucault, Michel (2004a): *Geschichte der Gouvernementalität I: Sicherheit, Territorium, Bevölkerung. Vorlesung am Collège de France 1977–1978*, Frankfurt a. M.
Foucault, Michel (2004b): *Geschichte der Gouvernementalität II: Die Geburt der Biopolitik, Vorlesung am Collège de France 1978–1979*, Frankfurt a. M.
Gramsci, Antonio (1953): *Note sul Machiavelli, sulla politica e sullo Stato moderno*, Turin.
Gramsci, Antonio (1967): *Philosophie der Praxis*, Frankfurt a. M.
Gramsci, Antonio (1991): *Gefängnishefte*, Bd. 1, Hamburg.
Gramsci, Antonio (1996): *Gefängnishefte*, Bd. 7, Hamburg.

Heller, Hermann (1926): Die Krisis der Staatslehre, in: *Archiv für soziale Wissenschaft und Sozialpolitik*.
Heller, Hermann (1934): *Staatslehre*, Leiden.
Koselleck, Reinhart (1979): *Vergangene Zukunft. Zur Semantik geschichtlicher Zeiten*, Frankfurt a. M.
Mortati, Costantino (1940), *La Costituzione in un senso materiale*, Mailand.
Negri, Antonio (1977): *La forma stato. Per la critica dell'economia politica della Costituzione*, Mailand.
Negri, Antonio (1982): *La macchina tempo*, Mailand.
Negri, Antonio (1990): *Il lavoro di Giobbe*, Mailand.
Negri, Antonio (1992): *Il potere costituente: saggio sulle alternative del moderno*, Mailand.
Negri, Antonio (1998): *La costituzione del tempo*, Rom.
Negri, Antonio (2004): »Politische Subjekte. Multitude und konstituierende Macht«, in: Atzert, Thomas/Müller, Jost (Hg.): *Immaterielle Arbeit und imperiale Souveränität*, Münster.
Pocock, J. G. A. (1975): *The Machiavellian Moment. Florentine Political Thought and the Atlantic Republican Tradition*, Princeton
Polybios (o. J.): *Geschichte*, 2 Bde., Zürich/Stuttgart: 1961.
Skocpol, Theda (1979): *States and Social Revolution. A Comparative Analysis of France, Russia, and China*, Cambridge.
Spinoza, Baruch de (1677): »Die Ethik nach geometrischer Methode dargestellt«, in: Ders., *Sämtliche Werke*, Bd. 2, Hamburg: 1994.

Nekropolitik[1]

Achille Mbembe

> Wa syo' lukasa pebwe
> Umwime wa pita
>
> Er hinterließ seine Fußstapfe im Stein
> und ging selbst seiner Wege
>
> *Lamba-Sprichwort, Sambia*

Dieser Essay geht von der Hypothese aus, dass sich die Souveränität letztlich vor allem durch die Macht und die Fähigkeit ausdrückt, zu bestimmen, wer leben wird und wer sterben muss.[2] Töten oder Leben-Lassen stellen daher die Grenzen der Souveränität dar und sind ihre grundlegenden Kennzeichen. Souveränität ausüben heißt, die Sterblichkeit zu kontrollieren und das Leben als eine Entfaltung und Offenbarung der Macht zu begreifen.

Mit den obenstehenden Worten ließe sich zusammenfassen, was Foucault unter Biomacht verstanden hat: Jenen Bereich des Lebens, über den Macht die Kontrolle übernimmt (Foucault 1999, 276–305). Aber unter welchen konkreten Umständen wird das Recht zu töten, das Leben zu erlauben oder aber dem Tod auszusetzen, ausgeübt? Wer ist Subjekt dieses Rechts? Und was sagt uns die Einsetzung eines solchen Rechts über die Person, die so zu Tode gebracht wird, und über das Verhältnis der Feindschaft, das sie ihrem Mörder gegenüber aufnimmt? Ist der Begriff Biomacht ausreichend, um Aufschluss darüber zu geben, wie das Politische – unter dem Deckmantel von Krieg, Widerstand oder Kampf gegen den Terror – die Ermordung des Gegners zu seiner grundlegenden und umfassenden Bestimmung macht? Immerhin ist der Krieg ebenso sehr ein Mittel zur Erlangung von Souveränität wie eine Weise der Ausübung des Rechts zu töten. Wenn wir uns Politik als eine Form des Krieges vorstellen, dann müssen wir fragen: Welcher Platz wird dabei dem Leben, dem Tod und dem menschlichen Körper (und im Besonderen dem verwundeten oder massakrierten Körper) eingeräumt? Wie werden sie in die Ordnung der Macht eingetragen?

Politik, Arbeit des Todes und »Subjektwerdung«

Um diese Fragen zu beantworten, bezieht sich der vorliegende Text auf das Konzept der Biomacht und lotet sein Verhältnis zu den Begriffen der Souveränität (*imperium*) und des Ausnahmezustandes aus.[3] Eine solche Untersuchung wirft eine Reihe empirischer und philosophischer Fragen auf, denen ich mich kurz zuwenden möchte. Es ist bekannt, dass das Konzept des Ausnahmezustandes oft in Verbindung mit dem Nazismus, dem Totalitarismus und den Konzentrations- und Vernichtungslagern diskutiert worden ist. Insbesondere die Todeslager sind verschiedentlich als zentrale Metapher für souveräne und zerstörerische Gewalt und als ultimatives Zeichen der absoluten Macht des Negativen interpretiert worden. So sagt Hannah Arendt: »Es gibt keine Parallele zu dem Leben in den Konzentrationslagern. Ihr Schrecken kann von der Phantasie nie vollends erreicht werden, weil er außerhalb von Leben und Tod steht« (Arendt 1966, 444).[4] Weil seine Insassen jedes politischen Status beraubt und auf das bloße Leben reduziert wurden, ist das Lager für Giorgio Agamben »der Ort, an dem sich die absoluteste *conditio inhumana* realisiert hat, die es auf Erden je gegeben hat« (Agamben 2001, 43). In der rechtlich-politischen Struktur des Lagers, so fügt Agamben hinzu, stelle der Ausnahmezustand nicht länger eine temporäre Aussetzung des Rechtsstaates dar. Er werde vielmehr zur permanenten Raumordnung, die beständig außerhalb der regulären Rechtsstaatlichkeit verbleibt.

Es ist nicht das Ziel dieses Aufsatzes, die Einzigartigkeit der Vernichtung der Juden zu erörtern oder durch Beispiele zu bekräftigen.[5] Ich beginne mit dem Gedanken, dass die Moderne Ausgangspunkt vielfältiger Konzepte der Souveränität war – und damit des Biopolitischen. Ungeachtet dieser Vielfalt hat die spätmoderne politische Kritik bedauerlicherweise normative Theorien der Demokratie bevorzugt und das Konzept der Vernunft zu einem der wichtigsten Elemente sowohl des Projektes der Moderne als auch des Topos der Souveränität erhoben (vgl. Bohmann/Rehg 1997; Habermas 1992). In dieser Perspektive besteht die ultimative Äußerung der Souveränität in der Produktion allgemeiner Normen durch eine Körperschaft (den Demos), die aus freien und gleichen Männern und Frauen zusammengesetzt ist. Diese Männer und Frauen werden als vollständige Subjekte postuliert, mit der Fähigkeit zu Selbstverständnis, Selbstbewusstsein und Selbstrepräsentation ausgestattet. Politik wird daher in zweifacher Weise umrissen: als ein Projekt der Autonomie und als das Erzielen von Vereinbarungen, die innerhalb einer Gesamtheit mittels Kommunikation und Anerkennung getroffen werden. Dies, so wird uns gesagt, mache den Unterschied zum Krieg aus (vgl. Schmidt 1996).

Mit anderen Worten, erst auf der Basis einer Unterscheidung zwischen Vernunft und Unvernunft (Leidenschaft, Fantasterei) war es der spätmodernen Kritik möglich, eine spezifische Vorstellung des Politischen, der Gemeinschaft und des Subjekts zu artikulieren – oder grundlegender, eine Idee davon, worum es beim guten Leben geht, wie es sich erlangen lässt und wie man dabei zum vollends moralisch Handelnden wird. Innerhalb dieses Paradigmas ist die Vernunft die Wahrheit des Subjekts, und Politik bedeutet den Gebrauch der Vernunft in der Öffentlichkeit. Die Ausübung der Vernunft ist dabei eine Ausübung von Freiheit, welche wiederum ein Kernstück der individuellen Autonomie darstellt. So beruht die Romanze der Souveränität auf dem Glauben, dass das Subjekt seine oder ihre eigene Bedeutung beherrsche und als deren Urheber lenke. Souveränität wird demzufolge in doppelter Weise, als Prozess der Selbstinstituierung und der Selbstlimitierung (für sich selbst die eigenen Grenzen festlegen) bestimmt. Die Ausübung der Souveränität wiederum besteht in der gesellschaftlichen Fähigkeit, sich selbst zu erzeugen, im Rückgriff auf Institutionen, die sich aus spezifischen sozialen und imaginären Bedeutungen speisen (vgl. Castoriadis 1975; 1999).

Diese sehr normative Lesart der Politik der Souveränität war Gegenstand zahlreicher Kritiken, die ich hier nicht wiedergeben möchte.[6] Mein Anliegen bezieht sich vielmehr auf jene Figuren der Souveränität, deren zentrales Projekt nicht das Ringen um Autonomie ist, sondern *die verallgemeinerte Instrumentalisierung der menschlichen Existenz und die materielle Zerstörung menschlicher Körper und Bevölkerungen*. Solche Figuren der Souveränität sind alles andere als ein Stück ungeheuren Irrsinns oder Ausdruck einer Bruchstelle zwischen den Regungen und Interessen des Körpers und jenen des Geistes. In der Tat sind sie, wie die Todeslager das, was den *Nomos* des politischen Raumes ausmacht, in dem wir noch immer leben. Darüber hinaus gibt es zeitgenössische Erfahrungen mit menschlichen Zerstörungen, die nahe legen, dass eine andere Lesart des Politischen, der Souveränität und des Subjekts entwickelt werden kann als diejenige, die uns der philosophische Diskurs der Moderne vererbt hat. Statt die Vernunft als Wahrheit des Subjektes zu erachten, können wir uns auf andere grundlegende Kategorien verlegen, die weniger abstrakt und besser ertastbar sind – wie etwa das Leben und der Tod.

Für ein solches Projekt ist Hegels Diskussion der Beziehung zwischen dem Tod und der »Subjektwerdung« bedeutsam. Hegels Verständnis des Todes kreist um ein doppeltes Konzept der Negativität. Zunächst negiert der Mensch die Natur (eine Negation, die sich in der Anstrengung des Menschen äußert, die Natur auf seine oder ihre Bedürfnisse zu reduzieren); dann transformiert er oder sie das verleugnete Element durch Arbeit und Kampf. In der Umformung der Natur erschafft der Mensch eine Welt; hierbei ist er oder sie jedoch auch der eigenen Negativität ausgesetzt. Im Hegel'schen Paradigma ist der Tod des Menschen wesenhaft freiwillig. Er ist das Ergebnis von Risiken, die das Subjekt bewusst auf sich nimmt. Und durch diese Wagnisse, die das natürliche menschliche Sein ausmachen, wird gemäß Hegel das »Tier« besiegt.

Mit anderen Worten, der Mensch *wird* wirklich zum *Subjekt* – das heißt vom Tier getrennt – durch den Kampf und die Arbeit, mit der er oder sie dem Tod (verstanden als Gewalt der Negativität) entgegentritt. Erst diese Konfrontation mit dem Tod bindet ihn oder sie in die unaufhörliche Bewegung der Geschichte ein. Daher ist, das Werk des Todes zu wahren, Voraussetzung, um Subjekt zu werden. Und diese Aufrechterhaltung der Arbeit des Todes ist genau das, worüber Hegel das Geistesleben definiert. Das Leben des Geistes, sagt er, ist nicht das Leben, das sich vor dem Tode scheut und sich vor der Verwüstung rein bewahrt, sondern das ihn erträgt und in ihm sich erhält. Der Geist gewinnt seine Wahrheit nur, indem er in der absoluten Zerrissenheit sich selbst findet.[7] Die Politik ist daher ein Tod, der ein menschliches Leben lebt. Entsprechend lautet denn auch die Definition des absoluten Wissens und der Souveränität: die Gesamtheit des eigenen Lebens wagen.

Georges Bataille bietet ebenfalls kritische Einblicke bezüglich der Frage, wie der Tod die Vorstellungen von Souveränität, Politik und Subjekt strukturiert. Dabei verschiebt er Hegels Konzeption der Verbindungen zwischen Tod, Souveränität und Subjekt in mindestens dreifacher Hinsicht. Erstens interpretiert er den Tod und die Souveränität als Paroxysmen von Tausch und Überfluss – oder um seine eigene Terminologie zu verwenden: als *Exzess*. Für Bataille ist das Leben nur dann fehlerbehaftet, wenn der Tod es sich als Geisel genommen hat. Das Leben selbst besteht nur in Ausbrüchen und im Austausch mit dem Tod (vgl. Baudrillard 1998, insbesondere 139 ff.). Er vertritt die Auffassung, dass der Tod eine Fäulnis des Lebens darstellt, ein Gestank, der sowohl Quelle als auch Abstoßungsbedingung des Lebens sei. Deswegen läuft der Tod bei Bataille nicht auf die pure Ausradierung des Seins hinaus – obwohl er zerstört, was zum Sein bestimmt war, auslöscht, was weiterhin sein sollte, und das Individuum, das ihn ergreift, auf ein Nichts reduziert. Vielmehr ist der Tod seiner selbst wesenhaft bewusst; mehr noch, er ist die verschwenderischste Form des Lebens, das heißt des Entströmens und des Überflusses: eine Kraft der Vermehrung und des Anwachsens. Radikaler sogar: Bataille entzieht den Tod dem Horizont von Bedeutungen. Dies steht im Kontrast zu Hegel, für den im Tod nichts endgültig verloren geht und für den er, als Mittel zur Wahrheit in der Tat große Bedeutung birgt.

Zweitens verankert Bataille den Tod fest im Bereich der absoluten Verausgabung (das andere charakteristische Merkmal der Souveränität), wohingegen Hegel ihn innerhalb der Ökonomie des absoluten Wissens und der absoluten Bedeutung zu halten versucht. Leben jenseits des Nutzens, so Bataille, sei das Reich der Souveränität. Wenn dem so ist, dann stellt der Tod jenen Punkt dar, an dem Zerstörung, Unterdrückung und Opfer eine so unumkehrbare und radikale Verausgabung bilden – eine Verausgabung ohne Einschränkung –, dass sie nicht länger als Negativität bestimmt werden können. Der Tod ist dann das eigentliche Prinzip des Exzesses – eine *Anti-Ökonomie*. Daher die Metapher vom Luxus und vom *verschwenderischen Charakter des Todes*.

Drittens führt Bataille eine Wechselbeziehung zwischen dem Tod, der Souveränität und der Sexualität ein. Sexualität ist unentwirrbar mit Gewalt verbunden und mit der Auflösung der Grenzen des Körpers und des Selbst durch orgiastische und exkrementelle Triebe. So gesehen betrifft die Sexualität zwei große Formationen polarisierter menschlicher Triebe – Ausscheidung und Aneignung – sowie das Regime der Tabus, das sie umgibt (Bataille 1993, 24–27). Die Wahrheit des Sex und seiner tödlichen Attribute wohnt der Erfahrung des Verlusts jener Grenzen inne, die Wirklichkeit, Ereignisse und eingebildete Objekte voneinander abgrenzen.

Souveränität weist für Bataille deshalb viele Formen auf. Letztlich aber gründet sie in der Weigerung, jene Grenzen zu akzeptieren, welche die Angst vor dem Tod dem Subjekt zu respektieren auferlegt. Die souveräne Welt, so Bataille, »ist die Welt, in der die Schranke des Todes beseitigt wurde. Der Tod ist in ihr gegenwärtig, seine Anwesenheit bestimmt diese Welt der Gewalt, aber solange der Tod präsent ist, ist er es immer nur, um negiert zu werden, niemals für etwas anderes.« Und er schließt: »Der Souverän ist derjenige, der ist, als ob es den Tod nicht gäbe. [...] Er schenkt den Grenzen der Identität nicht mehr Beachtung als den Grenzen des Todes, oder vielmehr, diese Grenzen sind identisch; er ist die Überschreitung aller derartigen Grenzen.« Weil der ursprüngliche Bereich von Verboten unter anderem (etwa Sexualität, Schmutz, Exkremente) auch den Tod umfasst, erfordert die Souveränität »die Kraft, gegen das Verbot zu töten zu verstoßen, auch wenn es stimmt, dass dies unter Bedingungen geschieht, die von den Gebräuchen präzisiert werden«. Und im Gegensatz zur Unterwerfung, die immer in der Notwendigkeit und im angeblichen Bedürfnis, den Tod zu vermeiden, wurzelt, setzt die Souveränität eindeutig das Risiko des Todes voraus (vgl. Botting/Wilson 1997, 318–319; Bataille 2001; 1994).

Indem Bataille die Souveränität als eine Verletzung von Verboten behandelt, öffnet er erneut die Frage nach den Grenzen des Politischen. Politik ist in diesem Fall keine dialektische Vorwärtsbewegung der Vernunft, sie kann nur als eine spiralförmige Überschreitung nachgezeichnet werden, als jene Differenz, welche die eigentliche Idee der Grenze in die Irre führt. Genauer, Politik ist die Differenz, die durch die Verletzung eines Tabus ins Spiel gebracht wird (Bataille 2001; 1994; 1978).

Biomacht und Feindschaftsverhältnis

Nachdem ich eine Lektüre der Politik als Werk des Todes dargestellt habe, wende ich mich nun der Souveränität zu, die in erster Linie als Recht zu töten zum Ausdruck kommt. Im Hinblick auf mein Argument beziehe ich dabei Foucaults Begriff der Biomacht auf zwei weitere Konzepte: den Ausnahmezustand und den Belagerungszustand.[8] Ich nehme jene Entwicklungslinien in den Blick, die den Ausnahmezustand und das Verhältnis der Feindschaft zur normativen Grundlage des Rechts zu töten werden ließen. Unter solchen Umständen bezieht und beruft sich die Macht (und das ist nicht notwendigerweise die Staatsmacht) fortwährend auf die Ausnahme, den Notstand und auf eine fiktionalisierte Vorstellung des Feindes. Ja, sie arbeitet ebenfalls an der Produktion jener Ausnahme, jenes Notstands und jenes fiktionalisierten Feindes. Oder anders, die Frage lautet: Was ist das Verhältnis zwischen Politik und Tod in Systemen, die allein im Notstand zu funktionieren fähig sind?

Foucaults Formulierung legt nahe, dass die Biomacht über eine Aufteilung zwischen jenen, die leben müssen, und jenen, die sterben müssen, arbeitet. Da sie auf der Grundlage einer Spaltung zwischen Lebenden und Toten verfährt, definiert sie sich im Verhältnis zu einem biologischen Bereich – über den sie Kontrolle ausübt und *in den sie sich selbst investiert*. Voraussetzung dieser Kontrolle sind die Gliederung der menschlichen Gattung in unterschiedliche Gruppen, die Unterteilung der Bevölkerung in Untergruppen und die Einrichtung einer biologischen Zäsur zwischen den einen und den anderen. Dies kennzeichnet Foucault mit dem (auf den ersten Blick geläufig wirkenden) Begriff *Rassismus* (Foucault 1999, 76–98).

Dass die »Rasse«[9] (oder hier, der *Rassismus*) eine so herausragende Rolle im Kalkül der Biomacht spielt, ist vollkommen berechtigt. Mehr als das Denken in Begriffen der Klasse (die Ideologie, welche die Geschichte als einen ökonomischen Kampf der Klassen versteht) hat letztlich die »Rasse«/race den immer gegenwärtigen Schatten des Denkens und der Praktiken der abendländischen Politiken ausgemacht, besonders dann, wenn es darum geht, sich die Unmenschlichkeit fremder Völker auszumalen oder die Herrschaft, die es über sie auszuüben gilt. Indem sie sich auf beides bezieht, auf die stete Präsenz wie auch auf das Gespenstische der Welt der »Rasse«/race im Allgemeinen, verortet Arendt deren Wurzeln in der erschütternden Erfahrung *des Andersseins* und weist darauf hin, dass die Politiken der »Rasse«/race in letzter Instanz mit der Politik des Todes verbunden sind.[10] In der Tat ist der Rassismus, mit Foucault gesprochen, vor allem eine Technologie, die darauf ausgerichtet ist, die Ausübung der Biomacht zu gestatten, »dieses alte[n] Recht[s] der Souveränität [...] sterben zu machen« (Foucault 1999, 278). Innerhalb der Ökonomie der Biomacht übernimmt der Rassismus die Aufgabe, die Verteilung des Todes zu regulieren und die mörderischen Aufgabenbereiche des Staates zu ermöglichen. Er ist, so Foucault, »die Bedingung für die Akzeptanz des Tötens« (Foucault 1999, 296).

Foucault sagt klar und deutlich, dass das souveräne Recht zu töten *(droit de glaive)* und die Mechanismen der Biomacht in die Funktionsweise aller modernen Staaten eingeschrieben sind (Foucault 1999, 295–302); tatsächlich können sie als konstitutive Elemente der Staatsmacht in der Moderne verstanden werden. Folgt man Foucault, so ist der Nazi-Staat das vollendetste Beispiel eines Staates, der das Recht zu töten ausübt. Dieser Staat habe die Verwaltung, den Schutz und die Bewirtschaftung des Lebens mit dem souveränen Recht zu töten koextensiv werden lassen. Mittels biologischer Extrapolation des Motivs des politischen Feindes, indem er den Krieg gegen seine Feinde organisierte und ihm zugleich seine eigenen Bürger aussetzte, hat der Nazi-Staat einer furchtbaren Konsolidierung des Rechts zu töten den Weg bereitet, die im Projekt der »Endlösung« gipfelte. Der Nazi-Staat wurde zum Archetypus einer Machtformation, welche die Merkmale des rassistischen Staates, des mörderischen Staates und des selbstmörderischen Staates auf sich vereinte.

Es wurde behauptet, dass die lückenlose Verschaltung von Krieg und Politik (aber auch von Rassismus, Mord und Selbstmord) bis zu deren vollkommener Ununterscheidbarkeit einzigartig für den Nazi-Staat sei. Die Wahrnehmung der Existenz des Anderen als Angriff auf mein eigenes Leben, als tödliche Bedrohung oder unbedingte Gefahr, deren biophysische Ausschaltung eine Stärkung meiner eigenen Potenziale an Leben und Sicherheit bedeuten würde – dies ist meiner Ansicht nach eines der zahlreichen Imaginarien der Souveränität, die für die Moderne selbst charakteristisch ist, für die frühe ebenso wie für die späte. Bis zu einem großen Grade liegt die Bestätigung dieser Auffassung sogar den meisten herkömmlichen Kritiken der Moderne zugrunde, ob sie sich nun mit dem Nihilismus und seiner Proklamation des Willens zur Macht als Wesen des Seins befassen, mit der als Objektifizierung des Menschseins verstandenen Verdinglichung oder auch damit, dass alles einer unpersönlichen Logik sowie dem Reich der Kalkulierbarkeit und der instrumentellen Vernunft unterworfen ist (vgl. Habermas 1985, insbesondere Kap. 3, 5, 6). Aus einer anthropologischen Perspektive bestreiten diese Kritiken implizit die Definition von Politik als dem kriegsähnlichen Zustand par excellence. Zudem ziehen sie die Vorstellung in Zweifel, dass das dem Leben selbst innewohnende Kalkül notwendigerweise über den Tod des Anderen verlaufe; oder dass die Souveränität im Willen und in der Fähigkeit bestehe, zu töten, um zu leben.

Einige Forscher und Forscherinnen haben aus einer historischen Perspektive aufgezeigt, dass sich die materiellen Voraussetzungen der nazistischen Vernichtung zum einen im kolonialen Imperialismus finden und zum zweiten in der Serialisierung der mechanischen Techniken zur Tötung von Menschen – Vorrichtungen, die in der Zeit zwischen der industriellen Revolution und dem Ersten Weltkrieg entwickelt wurden. Nach Enzo Traverso stellten die Gaskammern und die Öfen den Kulminationspunkt eines langen Prozesses der Entmenschlichung und Industrialisierung des Todes dar, und eine der originären Besonderheiten dieses Prozesses bestand in der Zusammenführung der instrumentellen Rationalität mit der produktiven und administrativen Rationalität der modernen westlichen Welt (Fabrik, Bürokratie, Gefängnis, Armee). Mechanisiert und serialisiert wurde die Exekution zu einem rein technischen, unpersönlichen, lautlosen und schnellen Vorgang. Diese Entwicklung wurde teilweise durch rassistische Stereotype gestützt sowie durch einen aufblühenden klassenbasierten Rassismus, der die sozialen

Konflikte der industriellen Welt in rassistische Begriffe übersetzte, um schließlich die arbeitenden Klassen und die »Staatenlosen« der industriellen Welt mit den »Wilden« der kolonialen Welt zu vergleichen (Traverso 2003).

In Wirklichkeit entspringen die Verbindungen zwischen Moderne und Terror vielfältigen Quellen. Manche lassen sich in den politischen Praktiken des Ancien Régime nachweisen. Aus dieser Perspektive betrachtet, ist die Spannung zwischen der öffentlichen Leidenschaft für Blut und den Vorstellungen von Gerechtigkeit und Rache entscheidend. In *Überwachen und Strafen* zeigt Foucault, dass die Hinrichtung des mutmaßlichen Königsmörders Damiens, sehr zur Befriedigung der Menge, über Stunden hinweg andauerte (Foucault 1977). Gut bekannte Beispiele sind auch der lange Straßenumzug mit dem Verurteilten vor seiner Hinrichtung, die Parade von Körperteilen – ein Ritual, das zum mustergültigen Kennzeichen der populären Gewalt geworden ist – oder die Zurschaustellung eines abgetrennten, auf einen Pflock gesetzten Kopfes. In Frankreich markiert die Einführung der Guillotine eine neue Phase in der »Demokratisierung« der Mittel, mit denen über Staatsfeinde verfügt wurde. Tatsächlich wurde diese Form der Hinrichtung, die einst Vorrecht des Adels war, nun auf alle Bürger ausgeweitet. In einem Kontext, in dem die Enthauptung als weniger erniedrigend erachtet wird als das Hängen, zielen die Innovationen der Tötungstechnologien nicht bloß darauf ab, die Tötungsweisen zu »zivilisieren«. Ihr Zweck besteht auch darin, eine große Anzahl von Opfern in einer relativ kurzen Zeitspanne abzufertigen. Zur gleichen Zeit kommt eine neue kulturelle Empfindsamkeit auf, in deren Rahmen das Töten des Staatsfeindes eine Ausweitung des Spiels bedeutet. Intimere, schaurigere und gemächlichere Formen der Grausamkeit treten in Erscheinung.

Aber nirgendwo ist die Verschmelzung von Vernunft und Terror so offensichtlich wie während der Französischen Revolution (vgl. Wokler 1998). Der Terror wurde während der Französischen Revolution zum beinahe notwendigen Teil der Politik erhoben. Gefordert wurde, dass zwischen dem Staat und dem Volk eine absolute Transparenz walte. Als politische Kategorie verlagerte sich »das Volk« Schritt für Schritt von einer konkreten Realität hin zu einer rhetorischen Figur. Wie David Bates gezeigt hat, glauben Theoretiker des Terrors, zwischen dem authentischen Gestus der Souveränität und den Handlungen des Feindes unterscheiden zu können. Sie meinen zudem, dass es möglich ist, den »Irrtum« des Bürgers und das »Verbrechen« des Konterrevolutionärs im politischen Wirkungsfeld auseinanderzuhalten. So wird der Terror zu einer Weise, die Verirrung im politischen Körper zu markieren, während das Politische sowohl als eine bewegliche Kraft der Vernunft verstanden wird, wie auch als ein unstetes Bestreben, einen Raum zu schaffen, in dem der »Irrtum« minimiert, die Wahrheit gestärkt und der Feind beseitigt würde (Bates 2002, Kap. 6).

Letztlich ist der Terror aber nicht nur mit dem utopischen Glauben an die uneingeschränkte Macht der menschlichen Vernunft verknüpft. Ebenso offensichtlich bezieht er sich auf verschiedenartige Narrative von Herrschaft und Emanzipation, die ihrerseits zumeist in einem aufklärerischen Verständnis von Wahrheit und Irrtum, »Realem« und Symbolischem begründet sind. So verschmilzt Marx beispielsweise Arbeit (d. h. den endlosen Zyklus von Produktion und Konsumtion, der notwendig ist, um das menschliche Leben instand zu halten) und Werk (die Herstellung von dauerhaften Artefakten, die zur Welt der Dinge hinzugefügt werden). Arbeit wird als Träger der historischen Selbsterzeugung der Menschheit verstanden. Die historische Selbsterschaffung der Menschheit stellt folglich einen Konflikt zwischen Leben und Tod dar, das heißt einen Konflikt um die Wege, die zur historischen Wahrheit führen: zur Überwindung des Kapitalismus und der Warenförmigkeit sowie der mit ihnen einhergehenden Widersprüche. Folgt man Marx, dann werden mit der Ankunft des Kommunismus und der Abschaffung der Tauschverhältnisse die Dinge erscheinen, wie sie wirklich sind; das »Reale« wird sich als das zeigen, was es ist, und die Unterscheidung zwischen Subjekt und Objekt oder zwischen Sein und Bewusstsein wird transzendiert sein (Marx 1988; 1989, 93). Aber indem Marx die Emanzipation des Menschen von der Abschaffung der Warenproduktion abhängig macht, verwischt er die ganz wichtigen Unterscheidungen zwischen dem von Menschenhand geschaffenen Reich der Freiheit, dem Reich der naturbestimmten Notwendigkeit und der Kontingenz der Geschichte.

Das Bekenntnis zur Abschaffung der Warenproduktion und der Traum von einem direkten, unvermittelten Zugang zum »Realen« lassen diese Prozesse – die Erfüllung der sogenannten Logik der Geschichte und die Herstellung der Menschheit – beinahe notwendigerweise zu gewaltförmigen Prozessen werden. Wie Stephen Louw gezeigt hat, lassen die Grundsätze des klassischen Marxismus keine andere Wahl, als »zu versuchen, den Kommunismus durch Verwaltungsmaßnahmen einzuleiten, was in der Praxis bedeutet, dass die sozialen Verhältnisse mit Gewalt entkommodifiziert werden müssen.« (Louw 2000, 240). Historisch haben diese Versuche etwa die Form der Militarisierung der Arbeit, des Zusammenbruchs der Differenz zwischen Staat und Gesellschaft und des revolutionären Terrors angenommen.[11] Es lässt sich argumentieren, dass all dies auf die Ausmerzung jener elementaren Bedingung des Menschseins abzielte, die in der Pluralität besteht. Tatsächlich setzen die Überwindung der Klassenteilung, das Absterben des Staates und die Entfaltung eines wirklich allgemeinen Willens eine Betrachtungsweise voraus, bei der die menschliche Vielfalt ein Haupthindernis für die letztendliche Realisierung eines vorbestimmten Telos der Geschichte darstellt. Oder anders ausgedrückt, das Subjekt der Marx'schen Modernität ist prinzipiell ein Subjekt, das den Beweis seiner oder ihrer Souveränität in einem Kampf bis zum Tod zu erbringen versucht. Genau wie bei Hegel ist hier das Narrativ von Herrschaft und Emanzipation deutlich an ein Narrativ der Wahrheit und des Todes gebunden. Terror und Töten werden dabei zum Mittel, das bereits bekannte Telos der Geschichte zu realisieren.

Jede historische Auseinandersetzung mit dem Aufstieg des modernen Terrors muss die Sklaverei ansprechen; sie kann als eines der ersten Beispiele biopolitischen Experimentierens gelten. In vielerlei Hinsicht offenbart allein schon die Struktur des Plantagensystems und seiner Nachwirkungen die emblematische und paradoxe Figur des Ausnahmezustandes (vgl. Hartmann 1997; Fraginals 1976). Paradox ist diese Figur hier aus zweierlei Gründen. Erstens erscheint das Menschentum des Sklaven im Kontext der Plantage als vollendete Figur eines Schattens. Denn das Sklavesein ergibt sich aus einem dreifachen Verlust: dem Verlust eines »Zuhauses«, dem Verlust von Rechten über seinen oder ihren Körper und dem Verlust eines politischen Status. Diese dreifache Einbuße ist identisch mit der absoluten Herrschaft, der Entfremdung von Geburtsrechten und dem sozialem Tod (gänzlicher Ausschluss aus der Menschheit). Als politisch-rechtliche Struktur ist die Plantage selbstverständlich ein Raum, in dem der Sklave einem Herrn gehört. Es handelt sich nicht um eine Gemeinschaft, schon allein deshalb nicht, weil eine Gemeinschaft definitionsgemäß die Ausübung der Macht zu sprechen und zu denken einschließt. Wie Paul Gilroy sagt: »Das extreme Kommunikationsgefüge, das die Institution der Plantagensklaverei festlegt, gebietet es, dass wir die antidiskursiven und außersprachlichen Konsequenzen der Macht berücksichtigen, die bei der Ausformung von Akten der Verständigung am Werk sind. Es mag sein, dass es außerhalb der Möglichkeiten der Rebellion und des Selbstmords, der Flucht und der stummen Trauer auf der Plantage keine Gegenseitigkeit gibt, und mit Sicherheit existiert keine grammatikalische Einheitlichkeit der Rede, die imstande wäre, eine kommunikative Vernunft zu vermitteln. In vielerlei Hinsicht leben die Bewohner der Plantage nicht-synchron.« (Gilroy 1993, 57). Als Arbeitsmittel hat der Sklave einen Preis. Als Eigentum hat er oder sie einen Wert. Seine oder ihre Arbeit wird benötigt und benutzt. Deshalb wird der Sklave am Leben gehalten, aber in einem *Zustand der Versehrtheit*, in einer geisterhaften Welt des Entsetzens sowie außerordentlicher Grausamkeiten und Erniedrigungen. Der gewaltsame Verlauf eines Sklavenlebens offenbart sich in der Bereitschaft des Aufsehers zu grausamem und unmäßigem Verhalten und im Spektakel der Qual, die dem Körper des Sklaven zugefügt wird (vgl. Douglass 1860). Gewalt wird hier zu einem Element der Manieren[12] – etwa den Sklaven auspeitschen oder ihm sein Leben nehmen –, zu einer Laune oder einem rein destruktiven Akt, der auf die Verbreitung von Terror abzielt.[13] Das Sklavenleben ist in vielerlei Hinsicht eine Form von Tod-im-Leben. Das Sklavesein – darauf hat Susan Buck-Morss hingewiesen – erzeugt einen Widerspruch zwischen der Freiheit des Eigentums und der Freiheit der Person. Die Einsetzung eines ungleichen Verhältnisses geht einher mit der Errichtung einer Ungleichheit hinsichtlich der Macht über das Leben. Diese Macht über das Leben eines anderen nimmt die Form eines Geschäfts an: Das Menschentum einer Person wird zersetzt bis zu dem Punkt, an dem es möglich wird zu sagen, dass das Leben eines Sklaven seinem Herrn gehört (Buck-Morss 2004, 69–98). Weil das Leben des Sklaven wie ein »Ding« ist, im Besitz einer anderen Person, tritt das Dasein des Sklaven als vollendete Figur eines Schattens in Erscheinung. Trotz des Terrors und der symbolischen Absonderung und Isolierung des Sklaven, behauptet er oder sie anderweitige Perspektiven hinsichtlich Zeit, Arbeit und Selbst. Das ist das zweite paradoxe Element der Plantagenwelt als einer Manifestation des Ausnahmezustands. Behandelt, als würde er oder sie nicht mehr existieren außer denn als schieres Werkzeug und Produktionsinstrument, ist der Sklave dennoch fähig, beinahe jedes Objekt, jedes Instrument, jede Sprache oder Gebärde in eine performative Leistung zu verwandeln und diese zu gestalten. Mit der Entwurzelung und der reinen Welt der Dinge brechend, der er oder sie als bloßes Bruchstück selbst angehört, ist der Sklave imstande, die proteischen Vermögen der menschlichen Bande durch Musik auszudrücken und durch eben jenen Körper kundzutun, der angeblich einem anderen gehört (vgl. Abrahams 1992).

Wenn im Plantagensystem die Beziehungen zwischen Leben und Tod, die Politik der Grausamkeit und die Symboliken der Erniedrigung verschwimmen, dann ist auch die Feststellung von Interesse, dass namentlich in der Kolonie und unter dem System der Apartheid eine eigentümliche Terrorformation entsteht, der ich mich nun zuwenden möchte.[14] Das originärste Kennzeichen dieser Terrorformation ist ihre Verknüpfung mit der Biomacht, dem Ausnahmezustand und dem Belagerungszustand. Entscheidend für diese Verkettung ist erneut die »Rasse«/*race*.[15] Die »Rassenselektion«/*selection of races*, das Verbot von Mischehen, die Zwangssterilisierung und sogar die Vernichtung besiegter Völker haben ihr Versuchsgelände in der Tat größtenteils zum ersten Mal in der kolonialen Welt gefunden. Hier können wir die ersten Synthesen zwischen Massaker und Bürokratie beobachten, jenes Fleischwerden der abendländischen Rationalität (Arendt 2009, 405–471). Arendt entwickelt die These, dass zwischen dem Nationalsozialismus und dem herkömmlichen Imperialismus eine Verbindung besteht. Ihr zufolge brachte die koloniale Eroberung ein bisher unbekanntes Potenzial an Gewalt zutage. Mit dem Zweiten Weltkrieg sind wir Zeugen der Ausweitung bislang den »Wilden« vorbehaltener Methoden auf die »zivilisierten« Völker Europas geworden.

Dass die Technologien, die in die Entwicklung des Nazismus mündeten, der Plantage oder der Kolonie entsprungen sind oder dass im Gegenteil – nach Foucaults These – der Nazismus und der Stalinismus nur eine Reihe von Mechanismen erweitert haben, die in den westeuropäischen sozialen und politischen Formationen bereits vorhanden waren (Unterwerfung des Körpers, Gesundheitsregulierung, Sozialdarwinismus, Eugenik, medizinisch-rechtliche Theorien über Vererbung, Degeneration und »Rasse«/*race*), ist letztlich irrelevant. Eine Tatsache bleibt allerdings bestehen: Im modernen philosophischen Denken wie auch in den europäischen politischen Praktiken und Imaginarien repräsentiert die Kolonie den Ort, wo die Souveränität im Wesentlichen in der Ausübung einer Macht außerhalb des Gesetzes *(ab legibus solutus)* besteht und wo der »Friede« dazu tendiert, das Antlitz eines »Krieges ohne Ende« zu tragen.

In der Tat entspricht diese Auffassung Carl Schmitts Definition von Souveränität zu Beginn des zwanzigsten Jahrhunderts, nämlich als Entscheidungshoheit über den Ausnahmezustand. Um aber die Effizienz der Kolonie als Terrorformation genauer einzuschätzen, müssen wir einen Umweg über das europäische Imaginäre nehmen, insofern es sich auf das entscheidende Problem der Domestizierung des Krieges und der Gründung einer europäischen Rechtsordnung *(Jus publicum Europaeum)* bezieht. Zwei wichtige Prinzipien bildeten die Grundlage einer solchen Ordnung. Das erste bestand im Postulat der rechtlichen Gleichheit aller Staaten. Diese Gleichheit wurde bemerkenswerterweise auf *das Recht, Krieg zu führen* (das Wegnehmen des Lebens), angewandt. Das Recht auf Krieg umfasste zwei Dinge. Einerseits wurde zu töten oder Frieden zu schließen als eine der hervorstechenden Funktionen jedes Staates anerkannt. Dies ging Hand in Hand mit der Anerkennung der Tatsache, dass kein Staat den Anspruch erheben konnte, außerhalb seiner Grenzen zu regieren. Im Umkehrschluss konnte der Staat aber keinerlei ihm übergeordnete Autorität innerhalb der eigenen Grenzen anerkennen. Andererseits machte es sich der Staat zur Aufgabe, die Tötungsweisen zu »zivilisieren« und dem eigentlichen Akt des Tötens eine rationale Zielvorgabe zu verleihen.

Das zweite Prinzip ist mit der Territorialisierung des souveränen Staats verbunden, das heißt mit der Festlegung seiner Grenzen im Kontext einer neu implementierten globalen Ordnung. In diesem Zusammenhang hat sich das *Jus publicum* rasch die Form einer Unterscheidung zwischen jenen Regionen des Globus, die einer kolonialen Aneignung offenstehen, und auf der anderen Seite Europa selbst (wo sich das *Jus publicum* durchsetzen sollte), zu eigen gemacht (vgl. Balibar 2000, 54–55). Wie wir noch sehen werden, ist diese Unterscheidung von ausschlaggebender Bedeutung, um die Effizienz der Kolonie als Terrorformation zu ermessen. Unter dem *Jus publicum* ist ein legitimer Krieg weitgehend ein Krieg eines Staates gegen einen anderen, oder genauer: ein Krieg zwischen »zivilisierten« Staaten. Die zentrale Rolle des Staates für das Kriegskalkül leitet sich aus dem Umstand ab, dass der Staat das Modell einer politischen Einheit, ein Prinzip rationaler Organisation, die Verkörperung der Idee des Universellen und ein Anzeichen von Moral darstellt.

Im selben Kontext sind Kolonien etwas, das den Grenzen ähnelt. Sie werden von »Wilden« bewohnt. Die Kolonien sind nicht in staatlicher Form organisiert und sie haben keine menschliche Welt hervorgebracht. Ihre Armeen bilden keine unterscheidbare Einheit aus und ihre Kriege sind keine Kriege zwischen regulären Armeen. Sie bringen keine Mobilisierung souveräner Subjekte (Bürger) mit sich, die einander als Feinde respektieren. Sie legen keinen Unterschied fest zwischen Kämpfern und Nicht-Kämpfern noch auch zwischen »Feind« und »Verbrecher« (vgl. Walter 1969). Deshalb ist es unmöglich, mit ihnen Frieden zu schließen. Insgesamt sind Kolonien Zonen, in denen Krieg und Unordnung, interne und externe

Figuren des Politischen dicht beieinander liegen oder einander abwechseln. So gesehen ist eine Kolonie der Schauplatz schlechthin, an dem die Kontrollen und Garantien der Rechtsordnung außer Kraft gesetzt werden können – eine Zone, in der die Gewalt des Ausnahmezustandes als Einsatz im Dienste der »Zivilisation« erachtet wird.

Dass Kolonien in vollkommener Gesetzlosigkeit regiert werden könnten, ist eine Vorstellung, die von der »rassischen«/*racial* Verleugnung jeglicher alltägliche Verbundenheit zwischen dem Eroberer und dem Autochtonen herrührt. In den Augen des Eroberers ist das *Leben des Wilden* bloß eine andere Form des *tierischen Lebens*, eine entsetzliche Erfahrung, etwas Fremdartiges jenseits der Vorstellungs- und Fassungskraft. Was die Wilden von anderen menschlichen Wesen unterscheidet, ist nämlich – Arendt zufolge – weniger die Farbe ihrer Haut als vielmehr die Furcht davor, dass sie sich wie ein Teil der Natur benehmen, dass sie die Natur als ihren unangefochtenen Meister behandeln. Die Natur bleibt also, in all ihrer Majestät, eine überwältigende Realität, der gegenüber sie wie Trugbilder erscheinen, unwirklich und gespenstisch. Die Wilden sind sozusagen »natürliche« menschliche Wesen, denen der besondere menschliche Charakter mangelt, die spezifisch menschliche Realität, »so dass die Europäer, wenn sie sie massakrierten, sich nicht dessen gewahr wurden, dass sie einen Mord begangen hatten« (Arendt 1966, 192).[16]

Aus all den genannten Gründen ist das souveräne Recht zu töten niemals Gegenstand irgendeiner Rechtsverordnung in den Kolonien. In den Kolonien kann der Souverän jederzeit und in jeglicher Art und Weise töten. Der koloniale Krieg ist keinerlei rechtlicher und institutioneller Regel unterworfen. Er ist keine gesetzlich kodifizierte Aktivität. Stattdessen verflicht sich der koloniale Terror beständig mit kolonialen Fantasien von Wildnis und Tod sowie mit Fiktionen, die Realitätseffekte erzeugen.[17] Friede ist nicht notwendigerweise das Ergebnis eines kolonialen Krieges. Vielmehr ist die Unterscheidung zwischen Krieg und Frieden hinfällig. Kolonialkriege sind als Ausdruck einer absoluter Feindseligkeit konzipiert, die den Eroberer einem absoluten Feind gegenüberstellt.[18] Alle Erscheinungsformen von Krieg und Feindschaft, welche die europäischen Rechtsvorstellungen an den Rand gedrängt hatten, finden in den Kolonien einen Ort, um wieder aufzutauchen. Hier kollabiert die Fiktion einer Unterscheidung zwischen »Kriegszwecken« und »Kriegsmitteln«; und ebenso die Annahme, dass der Krieg – im Gegensatz zur reinen Metzelei ohne Risiko oder instrumentelle Rechtfertigung – als ein regelgeleiteter Wettkampf abläuft. Deswegen erweist sich jeder Versuch als aussichtslos, eines der hartnäckigen Paradoxe des Krieges auflösen zu wollen, das Alexandre Kojève in seiner Neuinterpretation von Hegels *Phänomenologie des Geistes* so treffend erfasst hat: die Simultaneität seines Idealismus und seiner offenkundigen Unmenschlichkeit (Kojève 1980).

Nekromacht und spätmoderne koloniale Besetzung

Man könnte denken, dass sich die oben angestellten Überlegungen auf eine weit zurückliegende Geschichte beziehen. Tatsächlich zielten die imperialen Kriege in der Vergangenheit darauf, die lokale Macht zu zerstören, Truppen zu stationieren und neue Modelle der militärischen Kontrolle über die Zivilbevölkerung zu erproben. Eine Gruppe lokaler Verbündeter konnte bei der Verwaltung der eroberten und dem Kolonialreich angeschlossenen Territorien mitwirken. Im Inneren des Kolonialreiches erhielten die besiegten Bevölkerungen einen Status, der ihre Plünderung besiegelte. Unter diesen Rahmenbedingungen setzte die Gewalt die ursprüngliche Form des Rechts ein, und die Ausnahme stellte die Struktur der Souveränität bereit. Jedes Stadium des Imperialismus ging mit bestimmten Schlüsseltechnologien einher (das Kanonenboot, Chinin, Dampfschifffahrtslinien, Untersee-Telegrafenkabel und koloniale Eisenbahnen) (vgl. Haedrick 1981).

Die koloniale Besetzung selbst war eine Angelegenheit, bei der es darum ging, ein materielles geographisches Gebiet zu erfassen, es abzugrenzen und die Kontrolle darüber geltend zu machen – seinen Boden mit einem neuen Ensemble sozialer und räumlicher Verhältnisse zu beschreiben. Das Einschreiben neuer räumlicher Bezüge (Territorialisierung) war letztlich gleichbedeutend mit der Produktion von Grenzen und Hierarchien, Zonen und Enklaven; dem Unterlaufen bestehender Besitzverhältnisse; der Klassifikation der Leute nach unterschiedlichen Kategorien; der Ausbeutung von Ressourcen; und schließlich der Anfertigung eines weitreichenden Reservoirs kultureller Imaginarien. Diese Imaginarien verliehen der Inkraftsetzung differentieller Rechte für verschiedene Personengruppen zu unterschiedlichen Zwecken im gleichen Raum – kurz, der Ausübung von Souveränität – einen Sinn. Raum war daher der Rohstoff der Souveränität und der Gewalt, die mit ihr einherging. Souveränität hieß Besetzung und Besetzung hieß, den Kolonisierten in eine dritte Zone zwischen Subjekt- und Objekthaftigkeit zu verbannen.

Gleiches galt für das Apartheidregime in Südafrika. Hier bildete das *Township* die strukturelle Form und die *Homelands* wurden zur Reserve (zur ländlichen Basis), durch die der Strom der migrantischen Arbeit reguliert und die afrikanische Urbanisierung in Schach gehalten werden konnte.[19] Wie Belinda Bozzoli gezeigt hat, war insbesondere das Township ein Ort, wo »auf ‚rassischer'/*racial* und Klassenbasis gravierende Unterdrückung und Armut erfahren wurden« (Bozzoli 2000, 79). Als soziopolitische, kulturelle und ökonomische Formation war das Township eine eigentümliche räumliche Institution, deren wissenschaftlich geplanter Zweck in der Kontrolle bestand (ebd.). Die Funktionsweise der Townships und Homelands brachte hinsichtlich der marktorientierten Produktion Schwarzer in weißen Gebieten scharfe Restriktionen mit sich, ebenso die Beendigung des Rechts auf Landeigentum für Schwarze außer in dafür bestimmten Gegenden, die

Illegalisierung der Wohnsitze Schwarzer auf weißen Farmen (außer als Angestellte im Dienste der Weißen), die Kontrolle des Zustroms in die urbanen Zentren und später die Verweigerung von Bürgerrechten für Afrikaner und Afrikanerinnen (vgl. Gilliomee 1985; Wilson 1972).

Frantz Fanon beschreibt die Verräumlichung der kolonialen Besetzung in anschaulicher Weise. Für ihn führt die koloniale Besetzung in erster Linie zu einer Auftrennung des Raumes in Abteile. Sie geht mit der Einrichtung limitierender Marken und innerer Grenzen einher, deren Inbegriff Kasernen und Polizeiposten sind; reguliert wird sie durch die Sprache des puren Zwangs, durch unmittelbare Präsenz und häufige direkte Aktionen; und sie beruht auf dem Prinzip der wechselseitigen Ausschließlichkeit (Fanon 1981, 31–33). Aber wichtiger noch, sie ist eben jene Methode, mit der die Nekromacht operiert: »Die Stadt des Kolonisierten (...) ist ein schlecht berufener Ort, von schlecht berufenen Menschen bevölkert. Man wird dort irgendwo, irgendwie geboren. Man stirbt dort irgendwo, an irgendwas. Es ist eine Welt ohne Zwischenräume, die Menschen sitzen hier einer auf dem andern, die Hütten eine auf der andern. Die Stadt des Kolonisierten ist eine ausgehungerte Stadt, ausgehungert nach Brot, Fleisch, Schuhen, Kohle, Licht. Die Stadt des Kolonisierten ist eine niedergekauerte Stadt, eine Stadt auf Knien (...).« (ebd., 32). Souveränität bedeutet hier die Fähigkeit, zu bestimmen, wer zählt und wer nicht, wer *frei verfügbar* ist und wer nicht.

Die spätmoderne koloniale Besetzung weicht in vielerlei Hinsicht von der frühmodernen Besetzung ab, besonders was die Art und Weise anbelangt, wie sich Disziplinierung, Biopolitik und Nekropolitik in ihr verbinden. Die vollendetste Form der Nekromacht ist die gegenwärtige koloniale Besetzung Palästinas.

Hier bezieht der koloniale Staat seinen grundlegenden Anspruch auf Souveränität und Legitimität aus der Autorität seines eigenen besonderen Narrativs von Geschichte und Identität. Dieses wird wiederum von der Vorstellung abgestützt, dass der Staat ein göttliches Recht zu existieren hat; die Erzählung tritt gegen eine andere an, welche sich auf denselben sakralen Raum bezieht. Weil die beiden Narrative unvereinbar und die beiden Bevölkerungen unauflösbar miteinander verflochten sind, ist jegliche Demarkation des Territoriums auf der Basis einer reinen Identität so gut wie unmöglich. Gewalt und Souveränität erheben in dieser Sache Anspruch auf göttliche Fundierung: Völkerschaft selbst wird in der Anbetung einer Gottheit geschmiedet und nationale Identität wird als Identität gegen den Anderen, gegen andere Gottheiten imaginiert (vgl. Schwartz 1997). Geschichte, Geographie, Kartographie und Archäologie sollen diese Ansprüche bekräftigen, indem sie Identität und Topographie eng miteinander verknüpfen. In der Konsequenz sind koloniale Gewalt und Besetzung zutiefst gezeichnet vom geheiligten Terror der Wahrheit und der Ausschließlichkeit (Massenvertreibungen, Umsiedlung »staatenloser« Personen in Flüchtlingslager, Ansiedlung neuer Kolonien). Unterhalb des geheiligten Terrors werden andauernd vermisste Gebeine ausgegraben;

die beständige Erinnerung an einen zerfetzten, in tausend Stücke geschlagenen und niemals selbstidentischen Körper; die Grenze, oder besser Unmöglichkeit, für sich selbst ein »ursprüngliches Verbrechen«, einen unaussprechlichen Tod zu repräsentieren: den Terror des Holocaust (vgl. Nancy 2001).

Um auf Fanons räumliche Lesart der kolonialen Besetzung zurückzukommen: Die spätmoderne koloniale Besetzung in Gaza und in der Westbank weist drei Hauptcharakteristiken auf, die sich auf das Funktionieren jener spezifischen Terrorformation, die ich Nekromacht genannt habe, beziehen. Die erste betrifft die Dynamiken der territorialen Fragmentierung, die Abschottung und Expansion von Siedlungen. Die Zielsetzung dieses Prozesses ist zweifach: jede Bewegung unmöglich machen und eine Separation nach dem Vorbild des Apartheidstaates implementieren. Dementsprechend sind die besetzten Gebiete in ein Gewebe gewundener innerer Grenzen und verschiedenartiger isolierter Zellen unterteilt. Eyal Weizman zufolge handelt es sich hierbei um eine Abkehr von der flächigen Aufteilung eines Territoriums und eine Hinwendung zu der Richtlinie, dreidimensionale Grenzen zu erzeugen, die quer durch unabhängige Gebiete verlaufen, so dass eine Zerstreuung und Segmentierung entsteht, die das Verhältnis zwischen Souveränität und Raum deutlich umdefiniert (Weizmann 2002).

Nach Weizman schaffen diese Akte eine »Politik der Vertikalität«. Die entsprechende Form der Souveränität ließe sich als »vertikale Souveränität« bezeichnen. Unter einem Regime vertikaler Souveränität operiert die koloniale Besetzung mit Systemen aus Über- und Unterführungen und indem sie den Luftraum vom Boden abgrenzt. Der Boden selbst wird unterteilt in Oberfläche und Untergrund. Die koloniale Besetzung ist aber auch von den natürlichen Gegebenheiten des Geländes und seiner topographischen Variationen (Hügel und Täler, Berge und Gewässer) bestimmt. So bietet eine Erhebung strategische Vorzüge, die in Tälern nicht vorhanden sind (Leistungsfähigkeit der Sicht, Selbstschutz und panoptische Befestigungsbauten, die es dem Blick erlauben, viele unterschiedliche Ziele anzuvisieren). Weizman sagt: »Siedlungen können als urbane optische Hilfsmittel zur Überwachung und Machtausübung angesehen werden.« (ebd.) Unter den Bedingungen der spätmodernen kolonialen Besetzung ist die Überwachung sowohl nach innen als auch nach außen gerichtet, wobei das Auge als Waffe fungiert und umgekehrt. Anstelle einer schlüssigen Trennung zweier Nationen durch einen Grenzverlauf »hat die Organisation des besonderen Geländes der West Bank vielfache Abtrennungen und provisorische Grenzen hervorgebracht, die durch Überwachung und Kontrolle miteinander verbunden sind«, so Weizman (ebd.). In diesem Kontext ist die koloniale Besetzung nicht bloß verwandt mit Kontrolle, Überwachung und Absonderung, sondern sie ist gleichbedeutend mit Isolation. Es handelt sich um eine *zersplitterte Besetzung*, den Linien eines zersplitterten Städtebaus folgend, wie er für die Spätmoderne charakteristisch ist (suburbane Enklaven oder bewachte Wohnsiedlungen, »gated communities«) (vgl. Graham/Marvin 2001).

Unter infrastrukturellen Gesichtspunkten zeichnet sich eine solche zersplitterte Form der kolonialen Besetzung durch ein Netzwerk von Umfahrungsstraßen, Brücken und Tunneln aus, die sich unter- und übereinander durchschlängeln im Bestreben, das Fanon'sche »Prinzip der wechselseitigen Ausschließlichkeit« aufrechtzuerhalten. »Die Umfahrungsstraßen sind darauf hin angelegt, israelische Verkehrsnetze von palästinensischen zu separieren«, so Weizman, »und zwar wenn möglich so, dass sie sich nirgendwo überkreuzen. So akzentuieren sie die Überlappung zweier voneinander getrennter Geographien in derselben Landschaft. An den Punkten, an denen die Netzwerke einander dennoch durchqueren, wird eine behelfsmäßige Trennung installiert. Oft werden kleine staubige Pisten angelegt, damit die Palästinenser unter den rasanten und breiten Schnellstraßen hindurchkommen, auf denen israelische Transporter und Militärfahrzeuge zwischen den Siedlungen hin- und herjagen.« (Weizmann 2002)

Unter der Prämisse der vertikalen Souveränität und der zersplitterten kolonialen Besetzung werden Gemeinschaften durch eine y-Achse voneinander getrennt. Dies führt zu einer Vermehrung von Schauplätzen der Gewalt. Die Kampfzonen befinden sich nicht allein auf der Erdoberfläche. Sowohl das Gelände unter dem Boden als auch der Luftraum werden zu Konfliktzonen. Zwischen Himmel und Erde gibt es keine Kontinuität. Sogar die Grenzen im Luftraum sind in obere und untere Lagen aufgeteilt. Überall wird ständig die Symbolik des Oben (wer ist zuoberst?) wiederholt. Die Besetzung des Himmels erlangt entscheidendes Gewicht, weil die polizeiliche Überwachung und Kontrolle meist aus der Luft geschieht. Zu diesem Zweck werden zahlreiche weitere Technologien aufgeboten: Sensoren an Bord unbemannter Luftfahrzeuge (UAVs), Jets für die Luftaufklärung, Flugzeuge zur Luftraumüberwachung und mit Frühwarnsystemen (Hawkeye), Sturmangriffshubschrauber, Erdüberwachungssatelliten, holografische Technologien. Das Töten wird zum Gegenstand zielgenauer Berechnung.

Diese Exaktheit wird kombiniert mit der an das ausgedehnte Netzwerk städtischer Flüchtlingslager angepassten Taktik des mittelalterlichen Belagerungskrieges. Eine orchestrierte und gezielte Sabotage der sozialen und urbanen Infrastrukturnetzwerke des Gegners ergänzt die Aneignung von Land-, Wasser- und Luftraumressourcen. Entscheidend bei diesen Techniken, die den Gegner blockieren und außer Gefecht setzen sollen, ist das *Planieren mit dem Bulldozer*: Häuser und Städte niederreißen; Olivenbäume entwurzeln; Wassertanks mit Kugeln durchsieben; elektronische Kommunikationssysteme beschießen und unterbrechen; Straßen aufbrechen; elektrische Transformatoren zerstören; Flugpisten verwüsten; Fernseh- und Radiosender außer Kraft setzen; Computer zertrümmern; kulturelle und politisch-bürokratische Symbole des palästinensischen Proto-Staates aufmischen; medizinische Ausrüstungen plündern. Mit anderen Worten: eine *infrastrukturelle Kriegsführung* (vgl. Graham 2002). Während der Apache-Kampfhubschrauber eingesetzt wird, um Patrouille zu fliegen und von oben zu töten, benutzt man auf dem

Boden den gepanzerten Bulldozer (den Caterpillar D-9) zur Einschüchterung und als Kriegswaffe. Im Kontrast zur frühmodernen kolonialen Besetzung etablieren diese zwei Waffen die Überlegenheit der Hightechinstrumente des spätmodernen Terrors.[20]

Wie der Fall Palästina veranschaulicht, besteht die spätmoderne koloniale Besetzung aus einer Verkettung mehrerer Machtformen: disziplinarischer, biopolitischer und nekropolitischer Macht. Die Kombination dieser drei verleiht der Kolonialmacht eine vollständige Herrschaft über die Bewohner des besetzten Territoriums. Der *Belagerungszustand* selbst wird zur militärischen Institution. Er ermöglicht eine Modalität des Tötens, die nicht zwischen dem äußeren und dem inneren Feind unterscheidet. Ganze Bevölkerungen werden zur Zielscheibe des Souveräns. Die besetzten Dörfer und Städte werden abgeriegelt und von der Welt abgeschnitten. Alltägliches Leben militarisiert sich. Lokalen militärischen Befehlshabern wird die Freiheit verliehen, je nach Gutdünken zu entscheiden, wann geschossen wird und wer erschossen wird. Die Bewegung zwischen den territorialen Zellen erfordert formale Genehmigungen. Lokale zivile Institutionen werden systematisch zerstört. Die belagerte Bevölkerung wird ihrer Einkommensmöglichkeiten beraubt. Unsichtbares Töten ergänzt offene Exekutionen.

Kriegsmaschinen und Heteronomie

Nachdem ich die Wirkungsweisen der Nekromacht unter den Bedingungen spätmoderner kolonialer Besetzung untersucht habe, möchte ich mich nun zeitgenössischen Kriegen zuwenden. Die aktuellen Kriege gehören einer neuen Phase an und können nur schwer mit Hilfe älterer Theorien der »vertraglichen Gewalt«, mit Typologien von »gerechten« oder »ungerechten« Kriegen oder sogar mit dem Instrumentalismus eines Carl von Clausewitz verstanden werden (vgl. Walzer 1977). Die Kriege der Globalisierungsära schließen gemäß Zygmunt Bauman weder Eroberungen noch den Erwerb oder die Übernahme von Territorien als Zielsetzungen ein. Idealerweise sind sie blitzartige Überfälle.

Der wachsende Graben zwischen High- und Lowtechmitteln im Krieg war nie so offenkundig wie im Golfkrieg und im Kosovokrieg. In beiden Fällen wurde die Doktrin der »überwältigenden oder ausschlaggebenden Stärke« mit voller Wirkung zum Einsatz gebracht, und zwar dank einer militärisch-technologischen Revolution, welche die Zerstörungskapazität in bislang ungekannter Weise vervielfachte (vgl. Ederington/Mazarr 1994). Ein typisches Beispiel hierfür ist der Luftkrieg, welcher Einsatzhöhe, Waffen und Munition, Sichtbarkeit und Information zueinander in Beziehung setzt. Während des Golfkrieges hat der kombinierte Einsatz von intelligenten Bomben (»Smart Bombs«) und mit angereichertem Uran (DU) ummantelten Bomben, Hochpräzisions-Distanzwaffen, elektronischen Sensoren,

lasergesteuerten Raketen, Streu- und Frostbomben, Tarnkappentechniken, Drohnen und Cyberintelligenz die Kapazitäten des Gegners schnell lahm gelegt.
Im Kosovo nahm die »Herabsetzung« des serbischen Leistungsvermögens die Form eines infrastrukturellen Krieges an, bei dem Brücken, Eisenbahnlinien, Fernstraßen, Kommunikationsnetzwerke, Öllager, Heizkraftwerke, Elektrizitätswerke und Wasserversorgungszentralen ins Visier genommen und zerstört wurden. Wie sich vermuten lässt, resultiert die Anwendung einer solchen Militärstrategie, besonders wenn sie mit Sanktionsauflagen einhergeht, darin, das lebenserhaltende System des Gegners außer Betrieb zu setzen. Enorm vielsagend ist dabei der anhaltende Schaden für das zivile Leben. So hat etwa die im Zuge des Kosovokrieges erfolgte Zerstörung des petrochemischen Komplexes in Pancevo, an den Rändern von Belgrad, »die Umgebung so stark mit Vinylchlorid, Ammoniak, Quecksilber, Rohbenzin und Dioxin vergiftet, dass man schwangeren Frauen die Abtreibung anriet und allen Frauen aus der Nähe empfahl, in den zwei kommenden Jahren eine Schwangerschaft zu vermeiden« (Smith 2002, 367).[21]

Kriege der Globalisierungsära bezwecken demnach, den Gegner ungeachtet der unmittelbaren Folgen, Nebeneffekte und »Kollateralschäden«, die durch die militärischen Operationen verursacht werden, in die Knie zu zwingen. In diesem Sinne erinnern gegenwärtige Kriege eher an die Kriegsführungsstrategien von Nomaden als an die von sesshaften Nationen oder an moderne Territorialkriege nach der Maxime »Eroberung und Annexion«. In Baumans Worten: »Ihre Überlegenheit über sedentäre Bevölkerungen beruht auf der Geschwindigkeit ihrer Bewegung; ihrer Befähigung, ohne Ankündigung aus dem Nirgendwo aufzutauchen und ohne Vorwarnung wieder zu verschwinden, ihrer Fertigkeit, sich leichtfüßig fortzubewegen, ohne die hemmende Last von Zugehörigkeiten, welche die Mobilität und die Wendigkeit von Sesshaften einschränken.« (Bauman 2001,15)[22]

Dieses neue Moment bezieht sich auf die globale Mobilität. Eine wichtige Besonderheit des Zeitalters der globalen Mobilität besteht darin, dass Militäroperationen und die Ausübung des Rechts zu töten nicht länger alleiniges Monopol von Staaten sind und dass »reguläre Armeen« nicht mehr ihre einzigen Funktionsträger darstellen. Den Anspruch auf letzte oder endgültige Befehlsgewalt in einem bestimmten politischen Raum zu erheben ist nicht so leicht. Stattdessen bildet sich ein Patchwork unvollständiger Regierungsrechte aus, die unauflösbar ineinander greifen und miteinander verwickelt sind; hierbei sind verschiedenartige, de facto bestehende juridische Instanzen geographisch miteinander verwoben und es treten Mehrfachloyalitäten, asymmetrische Suzeränitäten und Enklaven zutage (Membe 2000, 259–284). Angesichts dieser heteronymen Ordnung territorialer Rechte und Ansprüche macht es wenig Sinn, auf den Unterschieden zwischen »internen« und »externen« politischen Bereichen zu beharren, die durch klare Demarkationslinien voneinander geschieden wären.

Nehmen wir Afrika als Beispiel. Hier hat sich im letzten Viertel des zwanzigsten Jahrhunderts die politische Ökonomie der Staatlichkeit drastisch verändert. Zahlreiche afrikanische Staaten können für ihr Gebiet kein Monopol auf Gewalt und Zwangsmittel mehr in Anspruch nehmen. Ebenso haben sie das Monopol auf territoriale Grenzen eingebüßt. Zwang selbst ist zu einer Handelsware geworden. Militärische Arbeitskraft wird auf einem Markt gekauft und verkauft, auf dem die Identität von Anbietern und Verkäufern kaum etwas besagt. Städtische Milizen, private Armeen, Streitkräfte regionaler Machthaber, private Sicherheitsfirmen und staatliches Militär behaupten alle ihr Recht auf Gewaltausübung und Töten. Nachbarstaaten und Rebellenbewegungen vermieten ihre Streitmächte an arme Staaten. Die Entfaltung nichtstaatlicher Gewalt geht mit der Bereitstellung zweier Ressourcen einher, die ein entscheidendes Zwangsmittel darstellen: Arbeit und Minerale. Mehr und mehr besteht die große Mehrheit der Armeen aus Bürgersoldaten, Kindersoldaten, Söldnern und Freibeutern.[23]

Seite an Seite mit diesen Armeen hat sich etwas herausgebildet, das wir mit Deleuze und Guattari als *Kriegsmaschinen* bezeichnen können (Deleuze/Guattari 1997, 481–586). Kriegsmaschinen bestehen aus Segmenten bewaffneter Mannschaften, die sich aufspalten oder miteinander verbinden, je nach den Umständen und Aufgaben, die zu erledigen sind. Als polymorphe und diffuse Organisierungen zeichnen sich Kriegsmaschinen durch ihre Fähigkeit zur Verwandlung aus. Ihr Verhältnis zum Raum ist beweglich. Manchmal erfreuen sie sich komplexer Anbindungen an Staatsformationen (von der Autonomie bis hin zur Eingliederung reichend). Der Staat vermag sich, aus sich selbst heraus, in eine Kriegsmaschine zu transformieren. Darüber hinaus kann er sich auch eine bereits existierende Kriegsmaschine aneignen oder dazu beitragen, eine zu erschaffen. Kriegsmaschinen funktionieren so, dass sie Anleihen bei regulären Armeen machen und sich gleichzeitig neue Elemente einverleiben, die gut angepasst sind an die Richtlinien von Segmentierung und Deterritorialisierung. Umgekehrt können sich reguläre Armeen leicht einige der Charakteristiken von Kriegsmaschinen zu eigen machen.

Eine Kriegsmaschine vereint in sich eine Vielzahl von Funktionen. Sie weist die Besonderheiten einer politischen Organisierung und einer Handelsgesellschaft auf. Ihr Vorgehen besteht aus Beute und Plünderung und sie kann sogar ihr eigenes Geld münzen. Um die Ausbeutung und den Export natürlicher Rohstoffe aus dem Gebiet, das sie kontrollieren, anzuheizen, schmieden Kriegsmaschinen direkte Verbindungen mit transnationalen Netzwerken. In Afrika bildeten sich Kriegsmaschinen während des letzten Viertels des zwanzigsten Jahrhunderts heraus, in direktem Zusammenhang mit der Erosion der Fähigkeit postkolonialer Staaten, ihre politische Herrschaft und Ordnung ökonomisch zu untermauern. Diese Fähigkeit umfasst die Steigerung der Einnahmen sowie das Kommando und die Zugangsregulierung im Bezug auf die natürlichen Ressourcen eines klar umrissenen Gebietes. Mitte der 1970er Jahre, als das Vermögen des Staates, diese Leistungsfähigkeiten zu konsolidieren, zu schwinden begann, zeichnete sich eine klare Verknüpfung von monetärer Instabilität und räumlicher Fragmentierung ab. In den 1980er Jahren wurde die brutale Erfahrung, dass das Geld plötzlich seinen Wert einbüßte, immer mehr zum Gemeinplatz; damals durchlebten zahlreiche Länder Zyklen der Hyperinflation (Tricks wie beispielsweise jähe Währungsablösungen mit eingeschlossen). Während der letzten Dekade des zwanzigsten Jahrhunderts hat die Geldzirkulation den Staat und die Gesellschaft in mindestens zweierlei Weisen beeinflusst.

Erstens sind wir Zeugen einer allgemeinen Austrocknung der Liquidität geworden und ihrer sukzessiven Konzentration auf bestimmte Kanäle, deren Zugänge man immer drakonischeren Bedingungen unterworfen hat. Als Folge davon hat sich die Anzahl von Einzelpersonen, die mit den materiellen Mitteln ausgestattet waren, um finanziell Abhängige durch die Schaffung von Schulden unter Kontrolle zu halten, jäh verringert. Historisch hat die Inbeschlagnahme und Einspannung Abhängiger durch den Schuldenmechanismus immer einen zentralen Aspekt der Produktion von Personen wie auch der Konstitution politischer Bindung dargestellt (vgl. Miller 1988, insbesondere Kap. 2 und 4). Diese Bindungen waren entscheidend, um den Wert von Personen zu bestimmen und ihren Wert und Nutzen zu adjustieren. Wenn ihr Wert und Nutzen nicht unter Beweis gestellt wurde, dann konnte man über sie durch Versklavung, durch die Auferlegung von Frondiensten oder durch Klientelisierung verfügen.

Zweitens haben der kontrollierte Zustrom und die Fixierung von Geldbewegungen rund um Zonen herum, in denen spezifische Ressourcen ausgebeutet werden, die Entstehung von *Enklavenökonomien* ermöglicht und die alten Vergleichsrechnungen zwischen Personen und Dingen verschoben. Die Konzentration von Aktivitäten, die mit der Ausbeutung wertvoller Ressourcen solcher Enklaven verbunden sind, hat diese im Gegenzug in privilegierte Orte von Krieg und Tod verwandelt. Der Krieg selbst wird also vom erhöhten Verkauf der extrahierten Produkte befördert (vgl. Cilliers/Dietrich 2000). Somit treten neue Verknüpfungen zwischen Kriegsführung, Kriegsmaschinen und Rohstoffausbeutung zutage.[24] Kriegsmaschinen sind in den Aufbau höchst transnationaler lokaler oder regionaler Ökonomien verwickelt. An den meisten Orten verbindet sich der Zusammenbruch offizieller politischer Institutionen unter dem Druck der Gewalt mit der Tendenz zur Herausbildung von Milizökonomien. Kriegsmaschinen (in diesem Fall Milizen oder Rebellenbewegungen) werden rasch zu hochorganisierten Beraubungsvorrichtungen, welche die in Anspruch genommenen Gebiete ausschatzen und dabei auf eine Reihe von transnationalen Netzwerken und Diasporas zugreifen, die materielle wie finanzielle Unterstützung bereitstellen.

Zusammen mit der neuen Geographie der Rohstoffausbeutung entsteht eine noch nie da gewesene Form der Gouvernementalität, die im *Management der Vielheiten* besteht. Die Ausbeutung und Plünderung der natürlichen Ressourcen durch Kriegmaschinen geht Hand in Hand mit der grausamen Bestrebung, ganze Kategorien von Menschen zu immobilisieren und räumlich zu fixieren oder sie – paradoxerweise – freizusetzen, zu vertreiben und über große Gebiete hinweg zu zerstreuen, die nicht mehr von den Grenzen eines Territorialstaates umfasst werden. Als politische Kategorie sind die Bevölkerungen dann in Rebellen, Kindersoldaten, Opfer oder Flüchtlinge zerfallen, in Zivilpersonen, die durch Verstümmelungen entfähigt oder ganz einfach nach dem Vorbild althergebrachter Opfer niedergemetzelt werden, während die »Überlebenden« nach einem entsetzlichen Exodus in Lagern oder Ausnahmezonen eingesperrt werden (vgl. Landau 2002, insbesondere 281–287).

Diese Form der Gouvernementalität unterscheidet sich von der kolonialen *Kommandogewalt* (»commandement«).[25] Regierungs- wie Disziplinartechniken und die Wahlmöglichkeit zwischen Gehorsam und Simulation, die koloniale und postkoloniale Machthaber auszeichneten, werden allmählich von einer Alternative abgelöst, die tragischer, weil extremer ist. Die Zerstörungstechnologien sind taktiler geworden, anatomischer und sensorischer, und sie stehen in einem Kontext, der einen vor die Wahl zwischen Leben und Tod stellt (vgl. Girgis/Talley/Spiegel 2001). Wenn Macht nach wie vor auf der dichten Kontrolle über die Körper beruht (oder auf ihrer Konzentration in Lagern), dann befassen sich die neuen Zerstörungstechnologien weniger damit, Körper in disziplinarische Apparate einzuschreiben, als vielmehr damit, sie – wenn die Zeit dafür reif ist – in die Ordnung jener maximalen Ökonomie einzutragen, die nun vom »Massaker« repräsentiert wird. Die Verallgemeinerung der Unsicherheit hat die gesellschaftliche Kluft zwischen denen, die Waffen tragen, und denen, die keine tragen, vertieft *(loi de repartition des armes)*. Zunehmend werden Kriege nicht zwischen Armeen zweier souveräner Staaten geführt, sondern zwischen bewaffneten Gruppen, die unter dem Deckmantel des Staates agieren, und solchen ohne Staat, dafür aber mit der Kontrollmacht über klar umrissene Gebiete; Hauptzielscheibe beider Seiten sind dabei zivile Bevölkerungen, die unbewaffnet sind oder als Milizen organisiert. In Fällen, in denen bewaffnete Dissidenten die Staatsmacht nicht komplett übernommen haben, haben sie Gebietsaufteilungen hervorgerufen, und es ist ihnen gelungen, die Kontrolle über ganze Regionen zu übernehmen, die sie nach dem Modell von Lehensgütern verwalten, besonders dort, wo es Mineralvorkommen gibt (vgl. Hodges 2001, Kap.7; Ellis 1999).

Die Tötungsweisen differieren dabei nicht sonderlich. Insbesondere bei Massakern werden die leblosen Körper rasch auf den Zustand bloßer Skelette reduziert. Von da an trägt ihre Morphologie sie in das Register undifferenzierter Allgemeinheit ein: schlichte Überreste einer unbegrabenen Qual, leer, bedeutungslose Körperrealitäten, sonderbare Ablagerungen, in grausame Stumpfheit getaucht. Was im Falle des ruandischen Genozids – bei dem eine Anzahl von Skeletten wenigstens in einem sichtbaren Zustand erhalten worden sind – ins Auge fällt, ist die Spannung zwischen der Versteinerung der Knochen und ihrer befremdlichen Kälte auf der einen Seite und, auf der anderen, ihrem unbeugsamen Willen, etwas zu besagen, etwas zu bedeuten.

In diesen teilnahmslosen Knochenstücken scheint es keine *Ataraxia* zu geben: Da ist nichts als die trügerische Ablehnung eines Todes, der bereits stattgefunden hat. In anderen Fällen, in denen körperliche Amputationen an die Stelle des sofortigen Todes treten, bereitet das Abschneiden von Gliedern der Entfaltung von Schnitt-, Ablations- und Ektomietechniken den Weg, die ebenfalls auf Knochen abzielen. Die Spuren dieser demiurgischen Chirurgie bleiben für eine lange Zeit bestehen, in Form menschlicher Gestalten, die wohl am Leben sind, deren körperliche Integrität aber gegen Stücke, Fragmente, Knicke ausgewechselt worden ist, und sogar gegen riesige Wunden, die schwer zu verschließen sind. Ihre Funktion besteht darin, dem Opfer und den Personen, die sie oder ihn umgeben, das morbide Spektakel des Zerschneidens vor Augen zu halten.

Über Bewegung und Metall

Kehren wir zurück zum Beispiel Palästinas, wo zwei unvereinbare Logiken einander gegenüberstehen: die *Logik des Märtyrertums* und die *Logik des Überlebens*. Bei der Untersuchung dieser beiden Logiken möchte ich über das Doppelproblem von Tod und Terror einerseits sowie Terror und Freiheit andererseits nachdenken.

In der Konfrontation dieser beiden Logiken verhält es sich nicht so, dass der Terror auf der einen und der Tod auf der anderen Seite steht. Terror und Tod sind im Herzen beider Seiten. Elias Canetti erinnert uns daran, dass der Überlebende derjenige ist, der, nachdem er auf dem Pfad des Todes wanderte, von vielen Tote weiß, mitten unter ihnen steht und immer noch am Leben ist. Oder genauer, der Überlebende ist derjenige, der sich mit einer Meute von Feinden herumgeschlagen hat und dem es nicht nur gelungen ist, lebend zu entkommen, sondern auch seine oder ihre Angreifer zu töten. In hohem Maße ist die niedrigste Form des Überlebens daher das Töten. Canetti betont, dass im Überleben »jeder des anderen Feind« sei. Drastischer noch, in der Logik des Überlebens verkehre sich das eigene Grauen angesichts des Todes in eine Befriedigung darüber, dass es jemand anderer sei, der sterbe. Es sei der Tod eines anderen, seine oder ihre körperliche Präsenz als Leiche, die dem Überlebenden das Gefühl verleihe, einzig zu sein. Und jeder getötete Gegner bringe den Überlebenden dazu, sich sicherer zu fühlen (Canetti 1980, 267–329).

Die Logik des Märtyrertums entfaltet sich entlang anderer Linien. Ihr Inbegriff ist die Figur des »Selbstmordattentäters«, die selbst zahlreiche Fragen aufwirft. Welchen intrinsischen Unterschied gibt es zwischen der Tötung mit einem Raketenhubschrauber oder Panzer und der Tötung mit dem eigenen Körper? Ist es der Unterschied zwischen den Waffen, die zum Töten verwendet werden, der die Einrichtung eines allgemeinen Austauschsystems zwischen Tötungsweisen und Todesarten verhindert?

Der »Selbstmordattentäter« trägt keine gewöhnliche Soldatenuniform, und er trägt auch keine Waffe zur Schau. Der Anwärter auf das Martyrium jagt hinter seinen oder ihren Zielen hinterher; der Feind ist eine Beute, der eine Falle gestellt wird. Bezeichnend in dieser Hinsicht ist der Ort, an dem der Hinterhalt ausgelegt ist: die Bushaltestelle, das Café, die Diskothek, der Markt, der Checkpoint, die Straße – kurz, Orte des alltäglichen Lebens.

Zur Aufstellung des Hinterhalts kommt die Falle des Körpers hinzu. Der Anwärter auf das Martyrium verwandelt seinen oder ihren Körper in eine Maske, welche die demnächst explodierende Waffe verbirgt. Anders als der Panzer oder die Rakete, die deutlich sichtbar sind, ist die Waffe, die in der Gestalt des Leibes getragen wird, unsichtbar. So kaschiert bildet sie einen Teil des Körpers. Sie ist so sehr Teil des Körpers, dass sie ihn zum Zeitpunkt der Explosion vernichtet; dabei reißt der Körper ihres Trägers die Körper anderer mit sich, wenn er diese nicht zerfetzt. Der Körper verbirgt nicht einfach eine Waffe. Er transformiert sich in eine Waffe, und zwar nicht im übertragenen, sondern im ganz ballistischen Sinne.

In diesem besonderen Fall geht mein Tod Hand in Hand mit dem Tod des Anderen. Tötung und Selbsttötung werden im gleichen Akt vollzogen. Und Widerstand und Selbstzerstörung sind weitgehend gleichbedeutend. Jemandem den Tod geben bedeutet somit, den anderen und sich selbst zurückzuführen auf den Status lebloser Fleischstücke, die überall verstreut sind und vor der Bestattung nur schwer zusammengefügt werden können. In diesem Fall ist der Krieg ein Nahkampfkrieg, Körper gegen Körper *(une guerre au corps-à-corps)*. Um zu töten, muss man so nahe wie möglich an den Leib des Gegners herankommen. Die Bombe zu zünden erfordert, das Problem der Distanz durch den Einsatz von Nähe und Verborgenheit zu lösen.

Wie sollen wir diese Art des Blutvergießens deuten, bei der der Tod nicht bloß *mein eigener* ist, sondern immer mit dem Tod des anderen einhergeht? (vgl. Heidegger 1986, 235–267) Wie unterscheidet er sich vom Tod, der durch einen Panzer oder eine Rakete beigebracht wird, in einem Kontext, in dem die Kosten meines Überlebens im Hinblick auf meine Fähigkeit und Bereitschaft, jemand anderen zu töten, berechnet werden? In der Logik des »Märtyrertums« ist der Wunsch zu sterben mit der Bereitschaft verschmolzen, den Gegner mit sich zu nehmen, das heißt die Tür gegenüber den Lebensmöglichkeiten aller zu verschließen. Diese Logik erscheint konträr zu einer anderen, die im Verlangen besteht, anderen den Tod aufzuerlegen, um das eigene Leben zu bewahren. Canetti beschreibt diesen Augenblick des Überlebens als einen Augenblick der Macht. Dabei rührt der Triumph genau von der Möglichkeit, da zu sein, wenn die anderen (im vorliegenden Fall der Feind) nicht mehr da sind. Das entspricht der klassischen Auffassung der Logik des Heldentums: andere umbringen, während der eigene Tod auf Distanz gehalten wird.

In der Logik des Märtyrertums taucht eine neue Semiose des Tötens auf. Sie basiert nicht notwendigerweise auf einem Verhältnis zwischen Form und Materie. Wie ich bereits angedeutet habe, wird der Körper hier zur eigentlichen Uniform des Märtyrers. Aber der Körper als solcher ist nicht allein ein Objekt, das es gegen Gefahr und Tod zu schützen gilt. Für sich selbst besitzt der Körper weder Macht noch Wert. Die Macht und der Wert des Körpers entstehen aus einem Abstraktionsprozess, der sich auf das Begehren nach Ewigkeit stützt. In diesem Sinne kann der Märtyrer, der einen Augenblick von Überlegenheit hergestellt hat, ein Moment, in dem das Subjekt seine eigene Sterblichkeit überwindet, als jemand erachtet werden, der im Zeichen der Zukunft arbeitet. Mit anderen Worten, im Tod stürzt die Zukunft in die Gegenwart ein.

In seinem Begehren nach Ewigkeit durchläuft der belagerte Leib zwei Stadien. Im ersten wird er in ein schieres Ding verwandelt, in plastische Materie. Im zweiten verleiht ihm die Art und Weise, wie er dem Tod zugeführt wird – der Selbstmord – , seine allerletzte Bedeutung. Die Materie des Körpers oder vielmehr: die Materie, die der Körper *ist*, wird mit Eigenschaften besetzt, die nicht von ihrem Charakter als Ding abgeleitet werden können, sondern von einem transzendentalen *Nomos* außerhalb ihrer. Der belagerte Körper wird zu einem Stück Metall, dessen Funktion es ist, dem Sein durch ein Opfer ewiges Leben zu verleihen. Der Körper verdoppelt sich, und im Tod entflieht er, im buchstäblichen wie im metaphorischen Sinne, dem Belagerungszustand und der Besetzung.

Zum Abschluss möchte ich das Verhältnis zwischen Terror, Freiheit und Opfer erkunden. Martin Heidegger legt dar, dass das »Sein zum Tode« die ausschlaggebende Bedingung jeder echten menschlichen Freiheit ist (ebd.). Oder anders, man ist nur deswegen frei, das eigene Leben zu leben, weil man auch frei ist, den eigenen Tod zu sterben. Während Heidegger dem Sein zum Tode einen existenziellen Rang einräumt und es als ein Ereignis der Freiheit bewertet, erklärt Bataille, dass »das Opfer in Wirklichkeit nichts offenbart« (Bataille 1988, 336).[26] Es ist nicht einfach eine absolute Bekundung von Negativität. Es ist auch eine Komödie. Für Bataille enthüllt der Tod das tierische Antlitz des menschlichen Subjekts, eine Seite des Subjekts, die er überdies als dessen »natürliches Wesen« bezeichnet. Und er fügt hinzu:»Damit sich der Mensch am Ende sich selbst offenbarte müsste er sterben, aber er müsste dies als Lebendiger tun – sich dabei zuschauend, wie er zu existieren aufhört.« (ebd.) Mit anderen Worten, das menschliche Subjekt hat im Augenblick des Todes selbst voller Leben zu sein, um des eigenen Totseins gewahr zu werden, um den Eindruck, gerade zu sterben, erleben zu können. »Der Tod müsste Bewusstsein des Selbst werden, und zwar exakt zu dem Zeitpunkt, in dem er das bewusste Sein auslöscht. In einem gewissen Sinne findet dies (nämlich etwas, das mindestens während es stattfindet oder in einer flüchtigen Weise stattfindet, entschlüpft) mit Hilfe einer List statt. Beim Opfer identifiziert sich der zu Opfernde mit dem Tier, das im Begriff ist, zu sterben. So stirbt er und sieht sich dabei sterben, in gewissem Sinne sogar seinem eigenen Willen folgend, eins mit der Waffe des Opfers. Aber dies ist eine Komödie! (ebd.) – Und Bataille zufolge ist diese Komödie mehr oder weniger das Mittel, mit dem das menschliche Subjekt »sich freiwillig betrügt.« (ebd., 337)

Wie lassen sich nun die Begriffe von Schauspiel und Trickserei mit dem »Selbstmordattentäter« in Verbindung bringen? Es besteht kein Zweifel, dass im Fall des Selbstmordattentäters das Opfer im spektakulären Akt besteht, das Selbst dem Tod auszuliefern und sich selbst preiszugeben (Selbstaufopferung). Die Selbstaufopferung vollzieht sich darüber, dass sie oder er die Macht über den eigenen Tod ergreift und ihm frontal entgegengeht. Diese Macht mag sich vom Glauben ableiten, dass die Vernichtung des eigenen Körpers die Kontinuität des Seins nicht beeinträchtigt. Die Vorstellung ist also die, dass das Sein außerhalb unserer selbst existiert. Die Selbstaufopferung besteht hier in der Beseitigung eines zweifachen Verbots: des Verbots, sich selbst als Opfer darzubringen (Suizid), und des Verbots zu morden. Anders jedoch als bei archaischen Opferungen gibt es kein Tier, das als Opferersatz dienen könnte. Der Tod erlangt hier den Charakter einer Transgression. Aber im Unterschied zur Kreuzigung hat er keinerlei Dimension von Sühne. Er steht nicht in Verbindung zum Hegel'schen Paradigma von Geltung oder Anerkennung. Eine tote Person nämlich kann ihren Mörder, der ebenfalls tot ist, nicht wiedererkennen. Impliziert dies, dass der Tod hier als reine Vernichtung und Nichtigkeit, als Exzess und Skandal in Erscheinung tritt?

Ob aus der Perspektive der Sklaverei oder der kolonialen Besetzung gelesen – der Tod und die Freiheit sind unwiderruflich ineinander verflochten. Wie wir gesehen haben, ist der Terror ein bestimmendes Merkmal sowohl der Sklavenhalterherrschaft als auch der spätmodernen kolonialen Regime. Beide Regime sind zudem spezifische Instanzen und Erfahrungen von Unfreiheit. Unter der spätmodernen Besetzung zu leben heißt, beständig der Erfahrung ausgesetzt zu werden, »im Leid zu sein«: Befestigungen, Militärstationen, Straßensperren überall; Gebäude, die an schmerzliche Erniedrigungen erinnern, an Verhöre und Schläge; Ausgangssperren, die jede Nacht Hunderttausende in ihren winzigen Unterkünften gefangen halten, von der Dämmerung bis zum Morgengrauen; Soldaten, die in unbeleuchteten Straßen Streife gehen und sich vor ihren eigenen Schatten fürchten; Kinder, denen von Gummigeschossen das Augenlicht genommen wurde; Eltern, die vor den Augen ihrer Verwandten gedemütigt und verprügelt werden; Soldaten, die auf Umzäunungen pinkeln und zum Spaß Zisternen auf Hausdächern abschießen, aggressive Parolen grölen, gegen brüchige Blechtüren hämmern, um den Kindern Angst einzujagen, Ausweispapiere beschlagnahmen, Müll inmitten von Wohnvierteln auskippen; Grenzposten, die einen Gemüsestand umschmeißen oder den Schlagbaum nach Lust und Laune fallen lassen; gebrochene Knochen; Gewehrfeuer und Todesopfer – eine gewisse Art von Wahnsinn.[27]

Unter solchen Umständen sind die Lebensführung und die Zwänge der Not (Kampf auf Leben und Tod) vom Exzess geprägt. Was Terror, Tod und Freiheit miteinander verbindet, ist die *ekstatische* Auffassung von Zeitlichkeit und Politik. So kann die Zukunft unverfälscht antizipiert werden, aber nicht in der Gegenwart. Die Gegenwart selbst ist bloß ein Moment der Vision – der Vision einer Freiheit, die noch nicht da ist. Der Tod im Jetzt ist Mittler der Erlösung. Alles andere denn die Begegnung mit einer Schranke oder Barriere, wird er als »Befreiung von Terror und Knechtschaft« (Gillroy 1993, 63) erlebt. Wie Gilroy formuliert, ist die Bevorzugung des Todes vor der fortgesetzten Knechtschaft ein Kommentar auf das Wesen der Freiheit selbst (oder ihres Mangels). Wenn dieser Mangel der Kern dessen ist, was es für den Sklaven oder den Kolonisierten bedeutet, zu existieren, dann beschreibt dieser selbe Mangel auch die Art und Weise, mit der er oder sie die eigene Sterblichkeit in Betracht zieht. Unter Bezugnahme auf die Praxis individueller oder massenhafter Selbstmorde von Sklaven, die von ihren Jägern eingekesselt wurden, weist Gilroy darauf hin, dass der Tod in diesem Fall als Handlungsmacht dargestellt werden kann. Denn der Tod ist genau das, woraus ich meine Macht beziehe und worüber ich Macht habe. Aber er ist auch jener Raum, in dem Freiheit und Negation wirken.

Schluss

In diesem Essay habe ich gezeigt, dass zeitgenössische Formen der Unterwerfung des Lebens unter die Macht des Todes (Nekropolitik) die Beziehungen zwischen Widerstand, Opfer und Terror tiefgreifend umgestalten. Ich habe dargelegt, dass der Begriff der Biomacht unzureichend ist, um heutige Formen der Unterwerfung des Lebens unter die Macht des Todes zu verstehen. Darüber hinaus habe ich die Begriffe der Nekropolitik und der Nekromacht vorgeschlagen, um die Vielzahl der Arten und Weisen anzusprechen, wie in unserer zeitgenössischen Welt Waffen im Dienste einer maximalen Vernichtung von Personen zum Einsatz kommen und die Schaffung von *Todeswelten* befördern – neue und einzigartige Formen der sozialen Existenz, bei der riesige Bevölkerungen Lebensbedingungen unterworfen werden, die sie in den Status *lebendiger Toter* versetzen. Dieser Text hat auch einige verdrängte Topographien der Grausamkeit umrissen (insbesondere die Plantage und die Kolonie) und darauf hingewiesen, dass unter den Bedingungen der Nekromacht die Grenzen zwischen Widerstand und Selbstmord, Opfer und Erlösung, Märtyrertum und Freiheit verschwimmen.

Aus dem Englischen und Französischen von Brigitta Kuster

Anmerkungen

1 Zum ersten Mal publiziert wurde dieser Text in der englischen Übersetzung von Libby Meintjes als:»Necropolitics«, Public Culture, vol. 15, n° 1, Winter 2003, S. 11–40. Die französische Version ist unter dem Titel »Nécropolitique« in der Übersetzung von Émilie Cousin, Sandrine Lefranc und Eleni Varikas erschienen in: Raison politique, n° 21, Februar 2006, S. 2960. Die vorliegende Fassung bezieht sich auf die englische sowie auf die französische Übersetzung, wobei in Letzterer allerdings die Ausführungen zu Hegel und Bataille fehlen. Für die Vermittlung des Kontaktes zu Achille Mbembe sowie zahlreiche unschätzbare Vorschläge und Anregungen bei der Übersetzungsarbeit sei an dieser Stelle Birgit Mennel, Stefan Novotny und Vassilis Tsianos ganz herzlich gedankt. [Anm. der Übers.]
2 Der Beitrag distanziert sich von herkömmlichen Betrachtungen der Souveränität, wie sie sich in den Politikwissenschaften und in ihrer Subdisziplin, den Internationalen Beziehungen, finden. Souveränität wird dort zumeist innerhalb der Grenzen des Nationalstaats, in staatlich autorisierten Institutionen oder supranationalen Institutionen und Netzwerken verortet. Siehe z. B. Robert Jackson (1999). Mein eigener Zugang baut auf Michel Foucaults Kritik am Begriff der Souveränität und ihrer Beziehungen zu Krieg und Biomacht auf, wie er sie in *In Verteidigung der Gesellschaft* vorträgt (Foucault 1999, 52–75, 99–132, 163–192, 276–313). Siehe auch: Giorgio Agamben (2002, 25–78).
3 Zum Ausnahmezustand siehe Schmitt (2000, 210–228, 210–228, 235–236, 250–251, 255–256; 1992).
4 In der deutschen Fassung in Hannah Arendts eigener Übersetzung und Überarbeitung (Arendt 2009) findet sich der erste Satz auf S. 916–17. Wenige Seiten später ist von der »Irrsinnswelt der Konzentrationslagergesellschaft« die Rede, »die von der Phantasie nie ganz erreicht werden kann, weil sie außerhalb von Leben und Tod steht [...].« (S. 921). [Anm. der Übers.]
5 Siehe zu diesen Diskussionen Saul Friedländer (1992) und jüngeren Datums: Bertrand Ogilvie (2001).
6 Siehe insbesondere Paul Gilroy (1993), vor allem das zweite Kapitel.
7 Siehe G. W. F. Hegel (1986). Siehe auch die Kritik von Alexandre Kojève insbesondere »L'idée de la mort dans la philosophie de Hegel« (Kojève 1947, Appendix II) und Georges Bataille hier insbesondere »Hegel, la mort et le sacrifice« (Bataille 1988, 326–348), sowie »Hegel, l'homme et l'histoire« (Bataille 1988, 349–369).
8 Zum Belagerungszustand siehe Schmitt (2000, Kap. 6).
9 An dieser Stelle taucht im Text zum ersten Mal der Begriff »race« auf, kursiv gesetzt und ohne Anführungszeichen. Dieser Begriff bringt ein Übersetzungsproblem ins Deutsche mit sich, das im Allgemeinen in einem beinahe automatisierten Reflex mit der Setzung obligater Anführungszeichen beantwortet wird. Standen die Anführungszeichen zunächst für die Etablierung antirassistischer Kämpfe im deutschsprachigen Raum, in dem Rassismus nach 1945 als offiziell abgeschafft galt, so werden »Rasse«

und *race* in der deutschsprachigen Debatte inzwischen auch synonym verwendet bzw. in der Folge die Brisanz der Setzung von Anführungszeichen durch die Gleichsetzung zu antirassistischen Kämpfen sowie deren Institutionalisierung – etwa in der Form eines akademisierten Antisessentialismus – in anglophonen Kontexten abgeschwächt. Um diesen Konflikt im Text anwesend zu machen wird »race« mit »Rasse«/*race* übertragen. [Anm. der Übers.]

10 »Denn die Rasse ist [...], politisch gesprochen, nicht der Anfang, sondern das Ende der Menschheit (...), nicht die natürliche Geburt des Menschen, sondern sein unnatürlicher Tod. « (Arendt 1976, 31; 1966, 157)

11 Über die Militarisierung der Arbeit und den Übergang zum Kommunismus siehe Nikolai Bukharin (1979) und Leon Trotsky (1961). Zum Zerfall des Unterschieds zwischen Staat und Gesellschaft siehe Karl Marx (1973) und Vladimir Il'ich Lenin (1977). Für eine Kritik des »revolutionären Terrors« siehe Maurice Merleau-Ponty (1990). Zu einem jüngeren Beispiel von »revolutionärem Terror« siehe Steve J. Stern (1998).

12 Der Begriff *Manieren* wird hier benutzt, um auf die Zusammenhänge zwischen *gesellschaftlichen Umgangsformen* und *gesellschaftlicher Kontrolle* hinzuweisen. Nach Norbert Elias verkörpern die Manieren das, »was man jeweils als gesellschaftsfähiges Verhalten betrachtete«, die »Verhaltensvorschriften« und den Rahmen für das »gesellige Leben« (Elias 1995, Kap. 2).

13 »Das Geschrei seines Opfers war durchdringend. Er zeigte sich überlegt grausam und verlängerte die Folter, als wenn der Auftritt ihm Vergnügen gewährte. Immer von Neuem zog er die scheußliche Peitsche durch die Hand und bog sie zurecht, um den schmerzlichen Hieb zu versetzen. (...) Jeder der kräftig geführten Streiche war von Geschrei, wie von Blut gefolgt. ›Erbarmen! Ebarmen!‹, rief sie, ›ich will es nicht wieder thun‹, allein ihr durchdringendes Schreien schien seine Wuth nur zu erhöhen und seine Erwiderungen waren zu gemein und empörend, um hier wiedergegeben zu werden. Der ganze Auftritt war in höchstem Grade empörend und widerwärtig«, schreibt Douglass in seiner Erzählung über die Auspeitschung von Esther durch den Aufseher Plummer (Douglass 1860, 56). Zum beiläufigen Töten von Sklaven siehe (Douglass 1860, 91–92).

14 Im folgenden Teil bin ich achtsam gegenüber der Tatsache, dass koloniale Formen der Souveränität immer bruchstückhaft waren. Sie waren komplex, »weniger darum besorgt, ihre eigene Präsenz zu legitimieren, und in exzessiver Weise gewalttätig als in ihren europäischen Ausprägungen«. Gleichermaßen wichtig ist: »Die europäischen Staaten haben niemals beabsichtigt, die kolonialen Territorien in der gleichen Einheitlichkeit und Intensität zu regieren, die sie auf ihre eigenen Bevölkerungen anwandten.« (Hansen/Stepputat 2005)

15 In *The Racial State* argumentiert David Theo Goldberg, dass seit dem 19. Jahrhundert mindestens zwei Traditionen »rassischer«/*racial* Rationalisierung miteinander im Wettstreit gestanden hätten: der Naturismus (der auf einer Inferioritätsbehauptung basiert) und der Historismus (der auf der Behauptung der historischen »Unreife« – und daher »Erziehbarkeit« – der autochtonen Bevölkerungen basiert) (Goldberg 2002). In

einem privaten Gespräch (23. August 2002) vertrat er die Ansicht, dass diese beiden Traditionen unterschiedliche Umsetzungen hervorbrachten, wenn es um Fragen der Souveränität, um den Ausnahmezustand und um Formen von Nekromacht ging. Seiner Ansicht nach kann die Nekromacht verschiedene Formen annehmen: den Terror des effektiven Todes oder eine »wohlwollendere« Form – deren Ergebnis in der Zerstörung einer Kultur bestehe, um der »Rettung des Volks« vor sich selbst willen.

16 In der deutschen Fassung: »Man mordete keinen Menschen, wenn man einen Eingeborenen erschlug, sondern ein Schemen, an dessen Realität man ohnedies nicht glauben konnte […].« (Arendt 2009, 416) [Anm. der Übers.]
17 Für eine eindrucksvolle Wiedergabe dieses Prozesses siehe Michel Taussig (1987).
18 Zum »Feind« siehe Sonderausgabe *L'ennemi, Raisons politiques* (Lefranc/Sadoun 2002).
19 Zum *Township* siehe G. G. Maasdorp und A. S. B. Humphreys (1975).
20 Vergleichbar mit dem Arsenal an neuen Bomben, die von den Vereinigten Staaten im Golfkrieg und im Kosovokrieg eingesetzt worden sind und darauf zielten, einen Graphitquarz-Regen auszulösen, der elektrische Leitungen und Verteilzentralen komplett außer Kraft setzt (Ignatieff 2000).
21 Zum Irak siehe G. L. Simons (1998); siehe auch A. Shehabaldin und W. M. Laughlin Jr. (2000).
22 »Zu weit von ihrem ‚Zielobjekt' entfernt, zu rasch über die, die sie treffen, hinwegfegend, um die Verheerungen, die sie verursachen, und das Blut, das sie vergießen, mitzuerleben, haben die in Piloten verwandelten Computersystem-Bediener kaum je die Gelegenheit, ihren Opfern ins Gesicht zu blicken und das menschliche Elend wahrzunehmen, das sie verbreitet haben«, fügt Bauman hinzu. »Berufsmilitärs unserer Zeit sehen weder Körper noch Wunden. Sie mögen ruhig schlafen; sie werden nicht von plötzlichen Gewissensbissen wachgerüttelt« (Bauman 2001, 27). Siehe auch Zygmunt Bauman (2002).
23 Das internationale Recht definiert »Freibeuter« (»privateers«) als »Schiffe privater Eigner, die unter der Flagge eines Kriegsauftrags stehen, welcher der Person, die damit betraut ist, die Macht verleiht, alle Formen der auf See im Kriegsfall zulässigen Kampfhandlungen auszuüben«. Ich verwende den Begriff hier, um bewaffnete Formationen zu bezeichnen, die unabhängig von irgendeiner politisch organisierten Körperschaft in privatem Interesse handeln, ob dies unter dem Deckmantel des Staates geschehen mag oder nicht. (Thomson 1997).
24 Siehe beispielsweise UN (2001). Siehe auch Richard Snyder (2006).
25 Über das *commandement* siehe Achille Mbembe (2000, Kap. 1–3).
26 In Bernd Mattheus (1984–95, 144–151) finden sich ins Deutsche übertragene Auszüge aus dem Essay »Hegel, der Tod und das Opfer«. [Anm. d. Übers.]
27 Für die vorangehenden Beschreibungen vgl. Amira Hass (1996).

Literatur

Abrahams, Roger D. (1992): *Singing the Master: The Emergence of African American Culture in the Plantation South*, New York.
Agamben, Giorgio (2001): *Mittel ohne Zweck. Noten zur Politik*, Freiburg/Berlin.
Agamben, Giorgio (2002): *Homo sacer. Die souveräne Macht und das nackte Leben*, Frankfurt a. M.
Arendt, Hannah (1966): *The Origins of Totalitarism*, New York.
Arendt, Hannah (1976): »Über den Imperialismus«, in Dies.: *Die verborgene Tradition*, Frankfurt a. M., S. 12–31.
Arendt, Hannah (2009): *Elemente und Ursprünge totaler Herrschaft. Antisemitismus, Imperialismus, totale Herrschaft*, München.
Balibar, Etienne (2000): »Prolégomènes à la souveraineté: La frontière, l'Etat, le peuple«, in: *Les temps modernes* 610, S. 54–55.
Bataille, Georges (1978): *Die psychologische Struktur des Faschismus. Die Souveränität*, München.
Bataille, Georges (1988): *Œuvres completes XII*, Paris.
Bataille, Georges (1993): »Der Gebrauchswert D. A. F. de Sades«, in: *Sade: Justine und Juliette*, München, S. 19–37.
Bataille, Georges (1994): *Die Erotik*, München.
Bataille, Georges (2001): *Die Aufhebung der Ökonomie. Der Begriff der Verausgabung. Der verfemte Teil. Kommunismus und Stalinismus. Die Ökonomie im Rahmen des Universums*, München.
Bates, David W. (2002): *Enlightenment Aberrations: Error and Revolution in France*, Ithaca/ New York.
Baudrillard, Jean (1998): »Death in Bataille«, in: Botting, Fred/Wilson, Scott (Hg.), *Bataille: A Critical Reader*, Oxford.
Bauman, Zygmunt (2001): »Wars of the Globalization Era«, in: *European Journal of Social Theory*, Vol. 4, Nr. 1, S. 11–28.
Bauman, Zygmunt (2002): »Penser la guerre aujourd'hui«, in: *Cahiers de la Villa Gillet*, Nr. 16, S. 75–152.
Bernd, Mattheus (1984–95): *Georges Bataille: eine Thanatographie*, Bd. 3, München.
Bohmann, James/Rehg, William (Hg.) (1997): *Deliberative Democracy: Essays on Reason and Politics*, Cambridge.
Botting, Fred/Wilson, Scott (Hg.) (1997): *The Bataille Reader*, Oxford.
Bozzoli, Belinda (2000): »Why Were the 1980s ‚Millenarian'? Style, Repertoire, Space and Authority in South Africa's Black Cities«, in: *Journal of Historical Sociology*, Vol. 13, S. 78–110.
Buck-Morss, Susan (2004): »Hegel und Haiti«, in: Gilroy, Paul/Campt, Tina (Hg.), *Der Black Atlantic*, Berlin.
Bukharin, Nikolai (1979): *The Politics and Economics of the Transition Period*, London.
Canetti, Elias (1980): *Masse und Macht*, Frankfurt a. M.

Castoriadis, Cornelius (1984): *Gesellschaft als imaginäre Institution: Entwurf einer politischen Philosophie*, Frankfurt a. M.
Castoriadis, Cornelius (1999): *Figures du pensable*, Paris.
Cilliers, Jakkie/Dietrich, Christian (Hg.) (2000): *Angola's War Economy: The Role of Oil and Diamonds*, Pretoria.
Deleuze, Gilles/Guattari, Felix (1997): *Tausend Plateaus. Kapitalismus und Schizophrenie*, Berlin.
Douglass, Frederick (1860): *Sclaverei und Freiheit. Autobiograpie von Frederick Douglass*, Hamburg.
Ederington, Benjamin/Mazarr, Michael J. (Hg.) (1994): *Turning Point: The Gulf War and U.S. Military Strategy*, Boulder, Colorado.
Elias Norbert (1995): *Über den Prozess der Zivilisation*, Bd. 1, *Wandlungen des Verhaltens in den westlichen Oberschichten des Abendlandes*, Frankfurt a. M.
Ellis, Stephen (1999): *The Mask of Anarchy: The Destruction of Liberia and the Religious Dimension of an African Civil War*, London.
Fanon, Frantz (1981): *Die Verdammten dieser Erde*, Frankfurt a. M.
Foucault, Michel (1999): *In Verteidigung der Gesellschaft. Vorlesungen am Collège de France 1975–76*, Frankfurt a. M.
Foucault, Michel (2006): *Überwachen und Strafen. Die Geburt des Gefängnisses*, Frankfurt a. M.
Friedländer, Saul (Hg.) (1992): *Probing the Limits of Representation: Nazism and the »Final Solution«*, Cambridge.
Giliomee, Herman (Hg.) (1985): *Up against the Fences: Poverty, Passes and Privileges in South Africa*, Cape Town.
Gilroy, Paul (1993): *The Black Atlantic: Modernity and Double Consciousness*, Cambridge.
Goldberg, David Theo (2002): *The Racial State*, Malden, Massachusetts.
Graham, Stephen (2002): »›Clean territory‹: urbicide in the West Bank«, *openDemocracy*, online auf: www.openDemocracy.net, 6. August 2002, letzter Zugriff am 18. April 2010.
Graham, Stephen/Marvin, Simon (2001): *Splintering Urbanism: Networked Infrastructures, Technological Mobility and the Urban Condition*, London.
Habermas, Jürgen (1985): *Der philosophische Diskurs der Moderne: Zwölf Vorlesungen*, Frankfurt a. M.
Habermas, Jürgen (1992): *Faktizität und Geltung*, Frankfurt a. M.
Hansen, Thomas Blom/Stepputat, Finn (2005): »Sovereign Bodies: Citizens, Migrants and States in the Postcolonial World«, Princeton.
Hartman, Saidiya V. (1997): *Scenes of Subjection: Terror, Slavery, and Self-Making in Nineteenth-Century America*, Oxford.
Hass, Amira (1996): *Drinking the Sea at Gaza: Days and Nights in a Land under Siege*, New York.
Headrick, Daniel R. (1981): *The Tools of Empire: Technology and European Imperialism in the Nineteenth Century*, New York.
Hegel, G. W. F. (1986): *Phänomenologie des Geistes*, Frankfurt a. M.
Heidegger, Martin (1986): *Sein und Zeit*, Tübingen.
Hodges, Tony (2001): *Angola: From Afro-Stalinism to Petro-Diamond Capitalism*, Oxford.
Ignatieff, Michael (2000): *Virtual War*, New York.

Jackson, Robert (Hg.) (1999): *Sovereignty at the Millenium, Political Studies Special Issue*, 43. Jg., H. 3.
Kojève, Alexandre (1947): *Introduction à la lecture de Hegel*, Paris.
Kojève, Alexandre (1980): *Introduction à la lecture de Hegel*, Paris.
Landau, Loren B. (2002): »The Humanitarian Hangover: Transnationalization of Governmental Practice in Tanzania's Refugee-Populated Areas«, in: *Refugee Survey Quarterly* 21, Nr. 1, S. 260–299.
Lefranc, Sandrine/Sadoun, Marc (Hg.) (2002): L'ennemi, in: *Raisons politiques*, Sonderausgabe, Nr. 5, Paris.
Lenin, Vladimir Il'ich (1977): *Selected Works in Three Volumes*, Vol. 2, Moscow.
Louw, Stephen (2000): »In the Shadow of the Pharaohs: The Militarization of Labour Debate and Classical Marxist Theory«, in: *Economy and Society* (29), S. 239–263.
Maasdorp, Gavin/Humphreys, A. S. B. (Hg.) (1975): *From Shantytown to Township: An Economic Study of African Poverty and Rehousing in a South African City*, Cape Town.
Marx, Karl (1973): Der Bürgerkrieg in Frankreich, in: *Marx/Engels-Werke* (MEW), Bd. 17, Berlin, S. 313–365.
Marx, Karl (1988): *Das Kapital, Kritik der politischen Ökonomie*, Bd. 3, *Der Gesamtprozeß der kapitalistischen Produktion*, Berlin.
Marx, Karl (1989): *Das Kapital, Kritik der politischen Ökonomie*, Bd. 1, *Der Produktionsprozeß des Kapitals*, Berlin.
Mbembe, Achille (2000): »At the Edge of the World: Boundaries, Territoriality, and Sovereignty in Africa«, *Public Culture* 12, S. 259–284.
Mbembe, Achille (2000): *De la postcolonie*, Paris.
Merleau-Ponty, Maurice (1990): *Humanismus und Terror*, Frankfurt a. M.
Miller, Joseph C. (1988): *Way of Death: Merchant Capitalism and the Angolan Slave Trade, 1730–1830*, Madison.
Moreno Fraginals, Manuel (1976): *The Sugarmill: The Socioeconomic Complex of Sugar in Cuba, 1760–1860*, New York.
Nancy, Jean-Luc (Hg.) (2001): *L'Art et la mémoire des camps: Représenter exterminer*, Sondernummer von *Le genre humain*, Nr. 36, Dezember, Paris.
Ogilvie, Bertrand (2001): »Comparer l'imcomparable«, in: *Multitudes*, Nr. 7, 2001, S. 130–166.
Schmidt, James (Hg.) (1996): *What is Enlightenment? Eighteenth-Century Answers and Twentieth-Century Questions*, Berkeley.
Schmitt, Carl (1992): *La notion de politique. Théorie du partisan*, Paris.
Schmitt, Carl (2000): *La dictature*, Paris.
Schwartz, Regina M. (1997): *The Curse of Cain: The Violent Legacy of Monotheism*, Chicago.
Shehabaldin, Ahmed/Laughlin Jr., William M. (2000): »Economic Sanctions against Iraq: Human and Economic Costs«, in: *International Journal of Human Rights* 3, Nr. 4, S. 1–18.
Simons, Geoff (1998): *The Scourging of Iraq: Sanctions, Law and Natural Justice*, New York.
Smith, Thomas W. (2002): »The New Law of War: Legitimizing Hi-Tech and Infrastructural Violence«, in: *International Studies Quarterly*, Vol. 46, Nr. 3, S. 355–374.
Snyder, Richard (2006): »Does Lootable Wealth Breed Disorder? States, Regimes, and the Political Economy of Extraction«, in: *Comparative Political Studies*, Vol. 39, Nr. 8, S. 943–968.

Stern, Steve J. (Hg.) (1998): *Shining and Other Paths: War and Society in Peru, 1980–1995*, Durham, North Carolina.
Talley, Leisel/Spiegel, Paul B./Girgis, Mona (2001): »An Investigation of Increasing Mortality among Congolese Refugees in Lugufu Camp, Tanzania, May–June 1999«, in: *Journal of Refugee Studies* 14, Nr. 4, S. 412–427.
Taussig, Michel (1987): *Shamanism, Colonialism, and the Wild Man: A Study in Terror and Healing*, Chicago.
Thomson, Janice (1997): *Mercenaries, Pirates, and Sovereigns*, Princeton.
Traverso, Enzo (2003): *Moderne und Gewalt. Eine europäische Genealogie des Nazi-Terrors*, Köln.
Trotsky, Leon (1961): *Terrorism and Communism: A Reply to Karl Kautsky*, Ann Arbor.
UN (United Nations) (2001): »*Rapport du Groupe d'experts sur l'exploitation illégale des ressources naturelles et autres richesses de la République démocratique du Congo*«, UN-Bericht Nr. 2/2001/357, dem Sicherheitsrat vorgelegt durch den Generalsekretär, 12. April 2001.
Walter, Eugene Victor (1969): *Terror and Resistance: A Study of Political Violence with Case Studies of Some Primitive African Communities*, Oxford.
Walzer, Michael (1977): *Just and Unjust Wars: A Moral Argument with Historical Illustrations*, New York.
Weizman, Eyal (2002): »Introduction to the Politics of Verticality«, *openDemocracy*, online auf: www.openDemocracy.net, 23. April 2002, letzter Zugriff am 18. April 2010.
Wilson, Francis (1972): *Migrant Labour in South Africa*, Johannesburg.
Wokler, Robert (1998): »Contextualizing Hegel's Phenomenology of the French Revolution and the Terror«, in: *Political Theory*, Vol. 26, Nr. 1, S. 33–55.

Biopolitik/Bioökonomie: Eine Politik der Multiplizität

Maurizio Lazzarato

Nie haben wir das Wort Liberalismus so gut verstanden wie während der Referendumskampagne über die Europäische Verfassung im Jahre 2005. Haben diese leidenschaftlichen Debatten jedoch dazu beigetragen, die Logik des Liberalismus verständlich zu machen? Folgt man den Überlegungen von Michel Foucault in »Sicherheit, Territorium, Bevölkerung« und »Die Geburt der Biopolitik«, ist das zweifelhaft.

In den in diesen Büchern veröffentlichten Vorlesungen spürt Foucault einer Genealogie und Geschichte des Liberalismus nach und legt gewissermaßen eine Lesart des Kapitalismus dar, die sich zugleich von Marxismus, Politischer Philosophie und Politischer Ökonomie unterscheidet. Innerhalb dieser Genealogie des Liberalismus werde ich mich auf die Analyse des Verhältnisses zwischen Ökonomie und Politik und auf die Frage der Arbeit konzentrieren, die der französische Philosoph entwickelte.

Die bemerkenswerte Neuerung, die Foucault in die Geschichte des Kapitalismus seit seiner Entstehung einführte, ist folgende: Die Problematik, die ihren Ursprung im Verhältnis zwischen Politik und Ökonomie hat, wird durch Techniken und Dispositive gelöst, die keinem von beiden entstammen. Dieses »Äußere«, dieses »Andere« muss befragt werden. Die Funktionsweise, die Wirksamkeit und die Macht von Politik und Ökonomie werden, wie wir alle heute wissen, nicht aus Rationalitätsformen abgeleitet, die diesen Logiken innerlich sind, sondern aus einer Rationalität, die außerhalb liegt und die Foucault »die Regierung der Menschen« nennt.

Regieren ist eine »menschliche Technik«, die der moderne Staat von der christlichen Pastoraltechnik geerbt hat (eine spezifische Methode, die den römischen und griechischen Traditionen fehlt und die der Liberalismus adaptiert, verändert und angereichert hat, indem sie von einer Regierung der Seelen zu einer Regierung der Menschen wurde). Regieren bedeutet, die Frage zu stellen, wie die Führung Anderer zu führen ist.

Zu Regieren heißt, eine Handlung an eventuellen Handlungen auszuüben. Regieren bedeutet auf Subjekte einzuwirken, die als frei erachtet werden sollen.

Foucault hatte den Begriff der Regierung bereits verwendet, um das Regulationsdispositiv und das Kontrolldispositiv von Kranken, Armen, Delinquenten und Geisteskranken etc. zu erklären. Innerhalb dieser Genealogie des Liberalismus trägt die Theorie der Mikromächte auch zur Erklärung weitreichender ökonomischer Phänomene mit bedeutenden Innovationen bei. Liberale Makro-Gouvernementalität ist nur möglich, weil sie Mikromächte auf eine Multiplizität anwendet. Diese zwei Ebenen sind untrennbar. Die Theorie der Mikromächte ist eine Frage der Methode, des Standpunktes, und nicht der Skalen (die Analyse spezifischer Bevölkerungen wie der Wahnsinnigen, der Gefangenen etc.).

Ökonomie und Politik

Warum wird das Verhältnis zwischen Ökonomie und Politik in der Mitte des 18. Jh. problematisch? Foucault zufolge muss die Regierungskunst des Souveräns innerhalb eines Territoriums und an seinen Rechtssubjekten ausgeübt werden. Dieser Raum wird jedoch seit dem 18. Jh. von ökonomischen Subjekten bewohnt, die keine Rechte besitzen, aber einige Interessen behaupten. Die Figur des Homo Oeconomicus ist durchaus heterogen und nicht reduzierbar auf den Homo Juridicus oder Homo Legalis. Der ökonomische Mensch und das Rechtssubjekt geben zwei Prozessen der Verfassung Raum, die vollständig heterogen sind: Die Rechtssubjekte werden in den Körper anderer Rechtssubjekte integriert mittels einer Dialektik des Verzichtes. Tatsächlich setzt die politische Verfassung voraus, dass das juristische Subjekt seine Rechte auf jemand Anderen überträgt (verzichtet). Der ökonomische Mensch hingegen wird in den Körper anderer ökonomischer Subjekte (ökonomische Verfassung), nicht durch einen Transfer von Rechten integriert, sondern durch eine freiwillige Multiplikation von Interessen. Er verzichtet nicht auf sein Interesse. Im Gegenteil, nur durch Beharren auf eigennützigem Interesse kann es zur Vervielfachung und Befriedigung der Bedürfnisse Aller kommen. Die Entstehung dieser Irreduzibilität der Ökonomie auf die Politik hat zu einer unwahrscheinlichen Anzahl an Interpretationen geführt. Offensichtlich steht das Problem im Zentrum von Adam Smiths Arbeiten, da er sich historisch und theoretisch an jenem Wendepunkt befindet, der jahrhundertelang ein Referenzpunkt für alle Kommentatoren gewesen ist. Für Adelino Zanini, der diese Debatte wohl am umfassensten resümierte, ist Smith nicht der Begründer der politischen Ökonomie, sondern der letzte Moralphilosoph, der versuchte, den Grund zu ermitteln, weshalb sich Ethik, Politik und Ökonomie nicht länger überlappen und kein kohärentes und harmonisches Ganzes mehr bilden. Laut Zanini kommt Smith zu folgendem Schluss: Das Verhältnis zwischen Ökonomie und Politik kann nicht gelöst, harmonisiert oder totalisiert werden. Er hinterlässt die Lösung dieses Rätsels der Nachwelt, die dem Pfad, den der schottische Philosoph aufspürte, jedoch nicht folgte.

So führt etwa für Hannah Arendt die politische Ökonomie Notwendigkeit, Bedürfnis und privates Interesse (oikos) in den öffentlichen Raum ein, mit anderen Worten, all jene Dinge, die die klassische griechische und römische Tradition als nicht-politische definiert hatte. Auf diese Art und Weise verschlechtert die Ökonomie, indem sie den öffentlichen Raum besetzt, die Politik irreversibel. Carl Schmitt zufolge ist die Logik der politischen Ökonomie ein Element der Depolitisierung und Neutralisation der Politik, weil der Überlebenskampf zwischen Feinden zur Konkurrenz unter Geschäftsmännern (der Bourgeoisie) wird; der Staat wird zur Gesellschaft, und die politische Einheit des Volkes zu einer soziologischen Multiplizität von Konsumenten, Reisenden und Unternehmern gemacht. Während für Arendt die Ökonomie die klassische Tradition unwirksam macht, lähmt sie für Schmitt die moderne Tradition des öffentlichen Rechts der europäischen Völker.

Für Marx ist die Aufteilung zwischen der Bourgeoisie (ökonomisches Subjekt) und dem Bürger (Rechtssubjekt) ein Widerspruch, der dialektisch gedeutet werden muss. Bourgeois und Bürger befinden sich in einem Verhältnis von Basis zu Überbau. Die Realität der Produktionsverhältnisse wird durch jene Politiken verzerrt, die sie mystifizieren. Die Revolution ist ein Versprechen auf Versöhnung zwischen diesen zwei geteilten Welten.

Foucault schließt an keine dieser Lösungsvorschläge an und schlägt eine gänzlich originäre Lösung vor: Allen voran, sei das Verhältnis zwischen diesen unterschiedlichen Bereichen – dem politischen, dem ökonomischen und dem ethischen – nicht länger auf eine Synthese oder eine Einheit zu beziehen. Zweitens sind weder juristisches Recht, noch ökonomische Theorien oder das Marktgesetz in der Lage diese Heterogenität auszusöhnen. Ein neues Wissensgebiet muss konstituiert werden, ein neues Feld, ein neuer Bezugspunkt, der weder die Gesamtheit der Rechtssubjekte, noch die der ökonomischen Subjekte darstellt. Die Rechtssubjekte und die ökonomischen Subjekte können insofern regierbar sein, als eine neue Gruppe definiert werden kann, die sie durch Sichtbarmachung nicht nur ihrer Beziehungen und Kombinationen, sondern auch einer Reihe von anderen Elementen und Interessen, umfasst.

Um der Gouvernementalität einen globalen Charakter zu verleihen, um also nicht in zwei Bereiche aufgeteilt zu werden, nämlich die Kunst der Ökonomie und die juristische Regierung, erfindet und experimentiert der Liberalismus mit einer Reihe von Techniken der Regierung, die auf einem neuen Referenzlevel ausgeübt werden, den Foucault Zivilgesellschaft, Gesellschaft oder das Soziale nennt. Aber hierbei ist die Zivilgesellschaft nicht der Raum zur Herstellung von Autonomie gegenüber dem Staat, sondern das Korrelat bestimmter Regierungstechniken. Die Zivilgesellschaft ist keine erste und unmittelbare Wirklichkeit, sondern etwas das zur modernen Methode von Gouvernementalität gehört. Gesellschaft ist keine Wirklichkeit an sich oder etwas das nicht existiert, sondern eine Wirklichkeit von Transaktionen, genauso wie Sexualität oder Wahnsinn. Am Übergang dieser Machtverhältnisse entstehen Entitäten der Transaktion, die sozusagen eine Schnittstelle zwischen den Regierenden und den Regierten bilden. In diesem Kontakt und in der Handhabung dieser Schnittstelle wird der Liberalismus als eine Regierungskunst konstituiert und die Biopolitik geboren.

Folglich ist der Homo Oeconomicus, Foucault zufolge, weder ein Atom der unteilbaren Freiheit souveräner Macht, noch ein Element, das auf die juristische Regierung reduziert werden kann, sondern vielmehr »eine bestimmte Art von Subjekt«, das die Selbstbeschränkung und Selbstregulierung einer Regierungskunst erlaubt, die ökonomischen Prinzipien folgt und definiert wird durch das Ziel »so wenig wie möglich« zu regieren. Der Homo Oeconomicus ist der Partner, der Vis-a-vis, das grundlegende Element der neuen Regierungsrationalität wie sie vom 18. Jh. an formuliert wurde.

Der Liberalismus ist in erster Linie weder eine ökonomische noch eine politische Theorie. Er ist vielmehr eine Regierungskunst, die den Markt als den Versuch und das Mittel der Verständlichkeit, das heißt als Wahrheit und Maß der Gesellschaft unterstellt. Markt heißt aber nicht »Kommodifizierung«, er bedeutet nicht Entfremdung und Verdinglichung bestimmt durch den Warenaustausch etc. Der Markt wird also nicht erklärt durch den menschlichen Trieb zum Tausch. Es ist nicht der Markt von dem Braudel spricht, der als solcher nie auf Kapitalismus reduzierbar sein kann. Die Subjekte des Marktes sind nicht, wie bei Braudel, Händler sondern Unternehmer. Der Markt ist folglich der von Unternehmen und ihrer differenzialisierenden und nichtegalitären Logik. Mit anderen Worten: Der Markt ist der Ort von Konkurrenz und Ungleichheit und nicht der Gleichheit des Tausches.

Liberalismus als Regierung des heterogenen Machtdispositivs

Foucault erklärt die Funktionsweise der Regierungsrationalität auf ebenso originäre Art. Sie wirkt nicht als Gegensatz zur öffentlichen (staatlichen) Regulation oder zur Freiheit des unternehmerischen Individuums, sondern einer strategischen Logik folgend. Die juristischen, ökonomischen und sozialen Dispositive sind nicht kontradiktorisch, sie sind heterogen. Für Foucault bedeutet Heterogenität die Existenz von Spannungen, Reibungen und gegenseitigen Inkompatibilitäten, das heißt von erfolgreichen oder scheiternden Korrekturen zwischen verschiedenen Dispositiven. Manchmal spielt die Regierung ein Dispositiv gegen das andere aus, manchmal verlässt sie sich auf das Eine, manchmal auf das Andere. Wir werden mit einer Art Pragmatismus konfrontiert, der immer den Markt und die Konkurrenz als Maß seiner Strategien gebraucht. Die Logik des Liberalismus zielt nicht darauf ab, in einer ausgesöhnten Totalität die unterschiedlichen Auffassungen von Gesetz, Freiheit und Recht und die Vorgänge, die die juristischen, ökonomischen und sozialen Dispositive andeuten, zu übernehmen. Foucault setzt die Logik des Liberalismus der dialektischen Logik entgegen. Letztere berücksichtigt kontradiktorische Bedingungen in einem homogenen Element, die ihre

Auflösung in Übereinstimmung versprechen. Die Funktion der strategischen Logik ist, mögliche Verbindungen zwischen ungleichartigen Bedingungen herzustellen, die unvereinbar bleiben.

Diese Politik der Multiplizität, steht dem Primat der Politik, das von Arendt und Schmitt verteidigt wird, und dem Primat der Ökonomie von Marx, gänzlich entgegen. Foucault ersetzt das totalisierende Prinzip der Ökonomie oder des Politischen durch einen Zuwachs an Vorrichtungen, der essentielle Einheiten konstituiert, sowie in jeder Instanz Einheitsgrade. Die majoritären Subjekte (Rechtssubjekte, die Arbeiterklasse etc.) ersetzt er durch die »minoritären« Subjekte, die durch die jeweils singuläre Inkraftsetzung und Hinzufügung von Kleinstteilen und Elementen das Reale bewirken und konstituieren. Die »Wahrheit« dieser Teile, dieser Kleinstteile und Elemente kann nicht im politischen oder ökonomischen »Ganzen« gefunden werden. Durch den Markt und die Gesellschaft wird die Regierungskunst mit zunehmendem Leistungsvermögen an Intervention, Verständlichkeit und Organisation der gesamten juristischen, ökonomischen und sozialen Verhältnisse vom Standpunkt der unternehmerischen Logik her eingesetzt.

Bevölkerung/Klassen

Regierung wird immer auf eine Multiplizität ausgeübt, die Foucault, in der Sprache der politischen Ökonomie, Bevölkerung nennt. Regierung als globale Machtsteuerung hat immer die »Multitude« zu ihrem Gegenstand gehabt, wovon Klassen (ökonomische Subjekte), Rechtssubjekte und soziale Subjekte Teil waren. In der Kapitalismusanalyse wird ein Trennstrich gezogen zwischen jenen Techniken und Wissen, die die Multiplizität-Bevölkerung zu ihrem Objekt machen und jenen, die sich auf die Klassen konzentrieren.

Die Bevölkerungsproblematik ist seit Beginn des Kapitalismus als eine bioökonomische Problematik verstanden worden, bis Marx versuchte, die Bevölkerungsproblematik (der »Multitude«, in der Sprache der Macht) neu zu bestimmen. Marx wollte ebendiesen Begriff von Bevölkerung vermeiden, und setzte an dessen Stelle die historische und politische Konfrontation von Klassen, den Klassenkampf.

Bevölkerung muss unter einem doppelten Aspekt begriffen werden. Auf der einen Seite steht die menschliche Spezies und ihre biologischen, ökonomischen und sozialen Reproduktionsbedingungen (Geburtenregulation und Sterblichkeit, die demographische Steuerung, Risiken, mit denen das Leben verbunden ist, etc.), aber auf der anderen Seite steht die Öffentlichkeit und die öffentliche Meinung. Wie der französische Philosoph anmerkt, tauchen Ökonomen und Handelsmänner zur selben Zeit auf. Vom 18. Jh. an, ist es Gegenstand der Regierung, auf die Ökonomie und auf Anschauungen einzuwirken. Die Regierungshandlung erweitert sich folglich von der soziobiologischen Verwurzelung der Spezies, bis zur Oberflächenerfassung, wie sie durch die Kartographie der Öffentlichkeit angeboten wird, als Dispositive der Macht und nicht als »ideologische Staatsapparate«. Von der Spezies zur Öffentlichkeit, hier gibt es einen ganzen Bereich neuer Wirklichkeiten und neuer Einwirkungsformen auf Verhalten, Meinungen und Subjektivitäten, um die Art in der ökonomische und politische Subjekte Dinge sagen und machen zu verändern.

Disziplin und Sicherheit

Wir haben noch immer eine disziplinäre Kapitalismussicht, während Foucault zufolge, die Dispositive der Sicherheit an Priorität gewinnen. Die Tendenz, die sich in westlichen Gesellschaften verstärkt und die aus lange vergangener Zeit, aus der Polizeiwissenschaft, stammt, ist die Tendenz zur Sicherheitsgesellschaft, die die Dispositive der Disziplin und Souveränität verbindet, verwendet, verwertet und vervollkommnet ohne sie zu unterdrücken. Sie folgt dabei einer strategischen Logik von Heterogenität, von der wir oben sprachen. Worin besteht der Unterschied zwischen Disziplin und Sicherheit? Disziplin beschränkt, fixiert Schranken und Grenzen, wohingegen Sicherheit Zirkulation schützt und gewährleistet. Ersteres verhindert, während Letzteres machen lässt, anspornt, begünstigt und bewirbt. Ersteres schränkt die Freiheit ein, Letzteres erschafft und produziert sie (die Unternehmensfreiheit oder die Freiheit des einzelnen Unternehmers), Disziplin ist zentripetal, sie konzentriert, zentriert und begrenzt, Letzteres ist zentrifugal, es verbreitet und integriert unaufhörlich neue Elemente in die Regierungskunst.

Nehmen wir das Beispiel der Krankheit. Eine Krankheit kann auf disziplinäre Weise behandelt werden oder entsprechend der Sicherheitslogik. Im ersten Fall (dem der Lepra) werden Maßnahmen ergriffen, um Ansteckungen zu testen und zu verhindern, indem die Kranken von den Nichtkranken separiert werden, erstere eingegrenzt und isoliert werden. Im zweiten Fall, unterstützen Sicherheitsdispositive neue Technologien und neue Erkenntnisse (Schutzimpfungen) und zielen darauf ab, die gesamte Bevölkerung zu berücksichtigen ohne Unstetigkeiten, Unterbrechungen und Separierungen zwischen Kranken und Nichtkranken hervorzurufen. Mit Hilfe von Statistiken (eine weitere unentbehrliche Kenntnis für Sicherheitsvorrichtungen) kann eine differenzierende Kartographie der Normalität entworfen werden, indem man das Risiko der Ansteckung für jede Altersgruppe, Profession, Stadt und innerhalb jeder Stadt für jede Nachbarschaft etc. errechnet. Dementsprechend kann es sogar eine Aufstellung verschiedener Normalitätskurven, beginnend mit den Risikoorten, geben. Die Technik der Sicherheit besteht in dem Versuch, die ungünstigsten Kurven, die am meisten von der normalsten Kurve abweichen, zu vertuschen.

Folglich existieren zwei Techniken, die zwei verschiedene Arten der Normalisierung erzeugen. Disziplin ordnet die Elemente auf der Grundlage eines Codes, eines Modells und Normen, die bestimmen, was verboten und was erlaubt, was normal und was abnormal ist. Sicherheit ist eine differentielle Lenkung von Normalitäten und Risiken, die weder als gut noch schlecht angesehen werden, sondern als natürliche und spontane Phänomene. Sie entwirft eine Kartographie dieser Verteilung und das normalisierende Verfahren besteht im Ausspielen eines Normalitätsdifferentials gegen das andere. Sicherheit interveniert in mögliche Ereignisse anstatt in Tatsachen. Sie nimmt folglich Bezug auf das was zufällig, zeitlich und im Lauf der Entwicklung ist. Schließlich ist die Sicherheit, im Gegensatz zur Disziplin, eine Wissenschaft der Details. Mit diesem Verweis auf Foucaults Vorlesungen über »Sicherheit, Territorium und Bevölkerung«, können wir sagen, dass Dinge, die die Sicherheit betreffen für den Augenblick sind, während jene das Gesetz betreffende, definitive und dauerhafte Dinge sind. Sicherheit beschäftigt sich immer mit kleinen Dingen, während sich das Gesetz mit den wichtigen Themen befasst.

Vitalpolitik

Aus dieser Perspektive zeichnet sich ab, dass die unwillkürliche, »ontologische« Macht von Unternehmen, des Marktes und der Arbeit, also all der »majoritären« Subjekte (der Unternehmer und Arbeiter) zu relativieren ist. Die Quellen der Wohlstandsproduktion (und der Wirklichkeitsproduktion) sind nicht, wie Marxisten und politische Ökonomie es taten, in diesen Subjekten zu suchen, sondern Wirkungen von Dispositiven, die »Gesellschaft« aktivieren, akquirieren und investieren. Die Unternehmen, der Markt und die Arbeit sind keine spontanen Mächte, sondern legen vielmehr fest, was die liberale Regierung ermöglichen und verwirklichen muss. Der Markt, zum Beispiel, ist ein ökonomischer und sozialer Hauptregulator, er ist jedoch kein natürlicher, auf der Basis der Gesellschaft beruhender Mechanismus, wie Marxisten und klassische Liberale dachten. Im Gegenteil, die Marktmechanismen (Preise, Nachfrage- und Angebotsgesetze) sind fragil. Damit sie funktionieren können, müssen fortlaufend günstige Bedingungen für diesen fragilen Mechanismus geschaffen werden. Gouvernementalität setzt voraus, dass der Markt die Grenze staatlicher Intervention ist: Nicht um ihre Interventionen zu neutralisieren, sondern vielmehr um sie zu requalifizieren. Anhand der Theorie und Praxis deutscher Ordoliberaler verdeutlicht Foucault das Verhältnis zwischen Staat und Markt: Liberale Interventionen können tatsächlich ebenso zahlreich sein wie keynesianische (die Freiheit des Marktes bedarf einer aktiven und extrem wachsamen Politik), aber ihre Ziele und Zwecke sind unterschiedlich. Der Zweck dieser Interventionen ist es, die eigentliche Möglichkeit des Marktes herzustellen. Ziel ist es, Konkurrenz, Preissetzung und die Kalkulation von Angebot und Nachfrage zu ermöglichen. Intervention nicht am Markt, sondern für den Markt, wie die Ordoliberalen sagen. Es besteht keine Notwendigkeit auf dem Markt zu intervenieren, da der Maßstab der Interventionen, das Verständlichkeitsprinzip ist, der Ort der Veridiktion. Wo wird dann aber Intervention benötigt? Nach Ansicht der deutschen Liberalen dürfen nicht Maßnahmen an dem was unmittelbar ökonomisch ist ergriffen werden, sondern an den Bedingungen, die Marktwirtschaft ermöglichen. Die Regierung muss in die Gesellschaft selbst, in ihr Gewebe und ihre Dichte eingreifen. Die »Gesellschaftspolitik«, wie sie es nennen, muss Last und Rechnung tragen für soziale Prozesse und innerhalb dieser, Raum für den Marktmechanismus schaffen. Um den Markt zu ermöglichen, muss das Hauptrahmenwerk einwirken auf: Demographie, Technologien, Eigentumsrechte, soziale und kulturelle Bedingungen, Bildung, rechtliche Regelungen etc. Die ökonomische Theorie der Liberalen ermöglicht es, eine Vitalpolitik zu konzipieren, um den Markt existieren zu lassen. Eine Lebenspolitik, so Foucault, ist nicht, wie traditionelle Sozialpolitik essentiell ausgerichtet gegenüber Lohnzuwachs und Arbeitszeitreduzierung, vielmehr wird sie der Lebenssituation der Gesamtheit der Arbeiter gewahr, ihrer Realität, ihrer konkreten Situation, von morgens bis abends bis morgens. Es scheint, dass Tony Blairs »Dritter Weg« mehr von diesem kontinentalen Liberalismus als vom Amerikanischen Neoliberalismus inspiriert wurde.

Arbeit und Arbeiter

Die Notwendigkeit sich »außerhalb des Marktes zu bewegen« ist begleitet vom »beweglichen Äußeren« der Arbeit, um seine »Macht« (puissance) zu ergreifen. Und sich an das Äußere zu bewegen impliziert Bewegung durch »Gesellschaft« und »Leben«. Die liberale Regierung muss, um Arbeit zu ermöglichen, in die Subjektivität der Arbeiter, das heißt, in ihre Alternativen und Entscheidungen investieren. Indem die Ökonomie zur Ökonomie der Führung wird, zur Ökonomie der Seelen, wird die erste Regierungsdefinition der Kirchenväter wieder Wirklichkeit!

Die amerikanischen Neoliberalen richten eine paradoxe Kritik an die klassische politische Ökonomie, insbesondere an Smith und Ricardo: Die politische Ökonomie habe zwar immer darauf hingewiesen, dass die Produktion von drei Hauptfaktoren abhängt (Land, Kapital und Arbeit), die Arbeit aber bleibe in der politischen Ökonomie in Wirklichkeit immer unerforscht. Zwar hebe, so stimmt Foucault in diese Kritik ein, Adam Smiths Ökonomie mit einer Betrachtung von Arbeit an, insoweit letztere der Schlüssel zur ökonomischen Analyse ist, aber die klassische politische Ökonomie hat niemals die Arbeit selbst analysiert, sie wurde vielmehr eingesetzt um sie fortwährend zu neutralisieren und um sie zu neutralisieren indem sie ausschließlich auf den Zeitfaktor reduziert wurde. Hinzu kommt, dass die Lohnarbeit zwar als Produktionsfaktor bedeutsam ist, sie aber gleichzeitig an sich passiv bleibt und nur durch die Kapitalinvestition zu Beschäftigung und Aktivität findet.

Foucault erweitert diese Kritik an der klassischen politischen Ökonomie und dehnt sie auf die marxistische Theorie aus. Warum haben paradoxerweise beide, klassische Ökonomen und Marx, die Arbeit neutralisiert? Die Antwort lautet, weil sich ihre ökonomischen Analysen selbst auf die Studie von Produktionsmechanismen, Austausch und Konsum beschränkten und dadurch über die qualitative Anpassung der Arbeiter, über ihre Alternativen, Verhalten und Entscheidungen hinweg gingen. Die Neoliberalen andererseits wollen die Arbeit als ein ökonomisches Verhalten untersuchen, das agiert, das rationalisiert und kalkuliert wird von jenen, die arbeiten.

Hiervon handelt die Theorie des »Humankapitals«, die in den 1960er und 1970er Jahren ausgearbeitet wurde, und die Foucault nutzt, um diesen Übergang und diese Vertiefung der Regierungslogik zu illustrieren. Vom Standpunkt des Arbeiters aus, sind Löhne nicht der Verkaufspreis seiner Arbeitskraft, sondern sein Einkommen. Ein Einkommen woraus? Es ist Einkommen, das der Arbeiter durch Einsatz seines Kapitals erzielt. Humankapital kann demnach nicht von seinem Träger getrennt werden, es ist ein Kapital, das nichts anderes ist als der Arbeiter selbst. Vom Standpunkt des Arbeiters aus ist das Problem die Akkumulation und Verbesserung seines oder ihres Humankapitals.

Was bedeutet es, Kapital zu bilden und zu verbessern? Es bedeutet, Investitionen in Schulbildung, in Gesundheit, Mobilität, Affekte und Beziehungen aller Arten (Heirat zum Beispiel) zu tätigen und zu managen. Das heißt, den Arbeiter (und seine Arbeitskraft) nicht auf die Arbeitszeit zu reduzieren, wie dies aus klassischer Perspektive getan wurde, sondern seine Lebenszeit in den Blick zu nehmen. Und die beginnt mit der Geburt, vor allem seitdem die Leistungen des Humankapitals auch abhängig sind von der Quantität der Affekte, die Familienangehörige dem Arbeiter zukommen lassen, die kapitalisiert werden durch Einkommen für ihn oder sie und durch »psychisches Einkommen« für die Familie.

Um einen Arbeiter zu einem Unternehmer zu machen, muss man, so Foucault, zum Äußeren der Arbeit schreiten. Kultur-, Sozial-, und Bildungspolitik definieren die umfassenden und beweglichen Rahmenbedingungen innerhalb derer sich auswählende Individuen entwickeln. Und Wahlen, Entscheidungen, Haltungen und Verhalten sind Vorfälle und Reihen von Vorfällen, die durch die Sicherheitsdispositive genau reguliert werden müssen. Es gibt eine Verschiebung von der Strukturanalyse zur Analyse des Individuums, von der Analyse ökonomischer Prozesse zu einer Analyse der Subjektivität, ihrer Wahlen und den Produktionsbedingungen ihres Lebens. Nach welchem Rationalitätsprinzip sollte diese Wahlhandlung erfolgen? Nach den Marktgesetzen, dem Modell von Angebot und Nachfrage, den Kosten-/Investitionsmodellen, die zum Sozialkörper in seiner Gesamtheit generalisiert werden, um sie, so Foucault, in ein Modell sozialer Beziehungen, ein Modell der Existenz selbst, einer Beziehung des Individuums zu sich selbst, zur Zeit, zu Umständen, zur Zukunft, Gruppen, der Familie zu machen, was bedeutet, dass Ökonomie die Studie der Methode ist, nach welcher knappe Ressourcen auf alternative Ziele verteilt werden.

Im Gegensatz zur Auffassung Polanyis und der Regulationsschule, ist die Regulierung des Marktes kein Korrektiv seiner zerrütteten Entwicklung, sie ist seine Institution. Warum eine Abkehr von solch einem Standpunkt? Weil etwas von der Wirtschaftslehre relativ vernachlässigtes in Rechnung gestellt werden muss: Das Problem der Innovation. Wenn es Innovation gibt, wenn etwas von Neuem geschaffen wird, wenn neue Formen der Produktivität entdeckt werden, ist das nichts anderes als das Resultat einer Gesamtheit von Investitionen, die auf der Ebene des Menschen selbst getätigt worden sind. Eine Wachstumspolitik kann nicht einfach auf das Problem der materiellen Investition, des physischen Kapitals auf der einen Seite, und einer Anzahl von Arbeitern multipliziert mit den Arbeitsstunden auf der anderen Seite, hindeuten. Was verändert werden muss, ist das Inhaltsniveau des Humankapitals. Um mit diesem »Kapital« zu agieren, werden eine Reihe von Dispositiven benötigt, um zu mobilisieren, zu akquirieren, zu animieren und »Leben« zu investieren.

Foucault redefiniert Biopolitik als eine Politik der »Gesellschaft« und nicht nur als eine »Regulation der Rasse« (Agamben), wo die Heterogenität der Dispositive in die Totalität der Lebensbedingungen eingreifen und darauf abzielen, Subjektivität durch ein Angebot an Alternativen und individuellen Entscheidungen zu erzeugen. In diesem Sinne ist Macht eine »Handlung an möglicher Handlung«, eine Intervention in Ereignisse.

Die Sicherheitsdispositive definieren einen Rahmen, der »verloren« ist (seit er sich präzise mit den Handlungen der Möglichkeiten beschäftigt); innerhalb dieses Rahmens, werden auf der einen Seite die Individuen fähig sein, ihre »freie« Wahl der Möglichkeiten, die von Anderen bestimmt werden, auszuüben und auf der anderen Seite, wird es dort genügend Bereiche geben für die Regierung und für die Handhabung von Antworten auf die Gefahren der Veränderungen ihrer Umwelt, wie es die Situation der permanenten Innovation unserer Gesellschaften erfordert.

Nachdem wir diese Vorlesungen studiert haben, könnten wir denken, dass Foucault eine bestimmte Faszination für den Liberalismus hatte. Tatsächlich scheint es so, dass das was ihn am Liberalismus interessiert, eine Politik der Multiplizität, das Management von Macht, als das Management von Multiplizität ist. Diese tellurischen Texte, in denen die Arbeitsweise von Foucaults Denkvorgängen sichtbar wird, laden uns ein, Macht nicht für etwas zu halten das ist, sondern für etwas das sich selbst bildet (und auch selbst aufhebt!). Es existiert nicht Macht, sondern Macht im Verlauf ihrer Herstellung, im direkten Kontakt mit Ereignissen, durch eine Multiplizität von Dispositiven, Handlungen, Gesetzen und Entscheidungen, die kein rationales und vorgefasstes Projekt (»einen Plan«) bilden, jedoch ein System, eine Totalität bilden können, ein System und eine Totalität, die immer kontingent sind. Während der französische Philosoph, in seinen interessantesten

Entwicklungen, lange ein Philosoph der Multiplizität gewesen ist, war die französische Politik lange eine Politik der Totalität, des Einen, der Einheit. Hier sind die französische Rechte und die Linke (Marxisten und Sozialisten) wiedervereint. Während der Referendumskampagne haben wir in Europa eine weitere Bestätigung dafür bekommen. Nicht nur die Ergebnisse selbst, die Rechte und die Linke haben sich sofort in die alles »beruhigende« Totalität der Nation zurückgezogen, aus der sie niemals ausgestiegen waren. Am selben Abend jedoch appellierten sie, so ineffektiv wie beruhigend, an die andere Gesamtheit, das Arbeitslosigkeitsproblem zu lösen: an Arbeit/Beschäftigung. Die Politik der Totalität kennt kein »Äußeres«. Die Machtlosigkeit der Fürsprecher von »Ja« und »Nein« bezieht sich auf eine reale Unmöglichkeit: auf das Denken und Praktizieren einer Politik der Multiplizität, die das Äußere aller substantiellen »Gesamtheiten« durchschreitet: Arbeit, Markt, Staat und Nation.

Aus dem Englischen von Mira Neumaier und Serhat Karakayalı
Literaturhinweise fehlen im Original.

Imperiale Herrschaft, immaterielle Arbeit und die Militanz der Multitude
Anmerkungen zum Konzept der Biopolitik bei
Michael Hardt und Antonio Negri

Thomas Lemke

In den gemeinsam verfassten Büchern *Empire. Die neue Weltordnung* (2002) sowie in *Multitude. Krieg und Demokratie im Empire* (2004) zeichnen Michael Hardt und Antonio Negri ein umfassendes Bild der Funktionsweise gegenwärtiger globaler Herrschaftsprozesse und zeigen zugleich Möglichkeiten politischen Widerstands auf.[1] Dabei knüpfen sie an Thesen der italienischen Arbeiterautonomiebewegung, Konzepte der klassischen Politik- und Rechtstheorie, die poststrukturalistische Identitäts- und Subjektkritik sowie an die marxistische Tradition an. Beide Bücher erfuhren eine weit über akademische Zirkel und universitäre Milieus hinausreichende Resonanz (vgl. Atzert/Müller 2004; Pieper/Atzert/Karakayalı/Tsianos 2007). Dazu trug sicherlich der Umstand bei, dass die globalisierungskritische Bewegung zu Beginn des neuen Jahrtausends großen Auftrieb erhielt. Viele Aktivisten suchten nach einem theoretischen Instrumentarium zur Analyse der weltweiten politischen Restrukturierungsprozesse und der Entwicklungstendenzen des zeitgenössischen Kapitalismus. Darüber hinaus sind die Schriften von Hardt und Negri auch Teil eines größeren Diskussions- und Arbeitszusammenhangs. *Empire* und *Multitude* greifen auf Thesen und Positionen zurück, wie sie etwa im Umfeld der Zeitschrift *Multitudes* und von Autorinnen und Autoren wie Judith Revel, Maurizio Lazzarato oder Paolo Virno entwickelt wurden.[2]

Dem Konzept der Biopolitik kommt für die Argumentation von Hardt und Negri eine strategische Bedeutung zu. Es füllt im wörtlichen Sinn die Gegenwartsdiagnose der Autoren mit Leben. Die neue globale Ordnung, die sie als »Empire« begreifen, zeichnet sich durch ein »Regime der Biomacht« (Hardt/Negri 2002, 55) aus. Im Rahmen der von Hardt und Negri beschriebenen systemischen Verbindung von Ökonomie und Politik sei der »biopolitische Kontext des neuen Paradigmas (...) zentral« (ebd., 41). Im Folgenden sollen die Voraussetzungen und Konsequenzen dieser These innerhalb der Argumentation des Buches aufgezeigt werden. Da Hardt und Negri die Begriffe Biomacht bzw. Biopolitik vom französischen Philosophen und Historiker Michel Foucault übernehmen, ist es zunächst erforderlich, auf dessen Verwendung der Begriffe einzugehen. Im zweiten und dritten Teil des Textes werden die spezifischen Verwendungsweisen und die inhaltlichen Veränderungen des Konzepts in *Empire* und *Multitude* diskutiert. Der vierte Teil fokussiert auf eine Reihe systematischer Probleme der Analyse, bevor ein abschließendes Resümee versucht werden soll.

1 Die Geburt der Biopolitik

Michel Foucault stellt in den 1970er Jahren ein Konzept der Biopolitik vor, das mit naturalistischen Begründungsversuchen ebenso wie mit politizistischen Interpretationslinien bricht. Was Erstere angeht, so markiert Biopolitik bei Foucault einen expliziten Bruch mit dem Versuch, politische Prozesse und Strukturen auf biologische Determinanten und evolutionstheoretisch begründete Gesetzmäßigkeiten zurückzuführen (vgl. etwa Kamps/Watts 1998; Somit/Peterson 1998). Foucaults Begriff der Biopolitik wendet sich aber nicht nur gegen die Vorstellung, »Leben« als Grundlage der Politik zu betrachten; er hält auch kritische Distanz zu Überlegungen, die Lebensprozesse als Gegenstand politischen Handelns verstehen (vgl. etwa Gunst 1978; Gerhardt 2004). Foucault zufolge ergänzt Biopolitik nicht traditionelle politische Kompetenzen und Strukturmuster durch neue Handlungsbereiche und Sachfragen – etwa ökologische Probleme oder biotechnologische Innovationen –, sondern sie steht für eine fundamentale Veränderung in der Ordnung des Politischen, den »Eintritt des Lebens und seiner Mechanismen in den Bereich der bewussten Kalküle« (Foucault 1977, 170).

Foucaults Gebrauch des Begriffs der Biopolitik ist allerdings nicht einheitlich und verschiebt sich permanent in seinen Texten. Werkgeschichtlich lassen sich drei verschiedene Verwendungsweisen unterscheiden. Erstens steht Biopolitik für eine historische Zäsur im politischen Handeln und Denken, die sich durch eine Relativierung und Reformulierung souveräner Macht auszeichnet; zweitens spricht Foucault biopolitischen Mechanismen eine zentrale Rolle bei der Entstehung des modernen Rassismus zu; in einer dritten Bedeutung zielt der Begriff auf eine besondere Kunst des Regierens, die auf eine »Natur der Dinge« rekurriert und erst mit liberalen Führungstechniken auftaucht. Verwirrend sind aber nicht nur diese begrifflichen Verschiebungen und unterschiedlichen Akzentsetzungen; hinzu kommt, dass Foucault nicht nur von Biopolitik, sondern an einigen Stellen auch von »Biomacht« spricht, ohne beide Begriffe trennscharf zu unterscheiden (vgl. dazu Rancière 2000).

Zwar taucht der Begriff der Biopolitik zum ersten Mal bereits in einem Vortrag Foucaults aus dem Jahr 1974 auf (2003, 275), er wird jedoch systematisch erst in seinen Vorlesungen von 1976 am Collège de France und in dem Buch *Der Wille zum Wissen* eingeführt (Foucault 1999 bzw. 1977). Foucault nimmt dort eine analytische und historische Abgrenzung unterschiedlicher Machtmechanismen vor und stellt der Souveränitätsmacht die »Biomacht« gegenüber. Die Souveränität zeichnet sich ihm zufolge dadurch aus, dass sie Machtbeziehungen vor allem in Form der »Abschöpfung« organisiert: als Entzug von Gütern, Produkten, Diensten etc. Die Eigenart dieser Machttechnologie besteht darin, dass sie im äußersten Fall sogar über das Leben der Untertanen verfügen kann. Zwar galt das souveräne »Recht über Leben und Tod« der Untertanen seit langem nur in eingeschränkter Form und mit erheblichen Qualifizierungen, es symbolisiert jedoch den Extrempunkt einer Macht, die im Wesentlichen als Zugriffsrecht funktionierte. Die »Macht über den Tod« werde seit dem 17. Jahrhundert zunehmend von einer neuen Machtform überlagert, deren Ziel es sei, das Leben zu verwalten, zu sichern, zu entwickeln und zu bewirtschaften:

> »Die ›Abschöpfung‹ tendiert dazu, nicht mehr ihre Hauptform zu sein, sondern nur noch ein Element unter anderen Elementen, die an der Anreizung, Verstärkung, Kontrolle, Überwachung, Steigerung und Organisation der unterworfenen Kräfte arbeiten: diese Macht ist dazu bestimmt, Kräfte hervorzubringen, wachsen zu lassen und zu ordnen, anstatt sie zu hemmen, zu beugen oder zu vernichten.« (Foucault 1977, 163)

Foucault bestimmt die Eigenart der Biomacht darin, dass sie sterben »lässt« und leben »macht« – im Gegensatz zur Souveränitätsmacht, die sterben macht oder leben lässt (Foucault 1999, 278). Die repressive Macht über den Tod wird einer Macht über das Leben untergeordnet, die es weniger mit Rechtssubjekten als mit Lebewesen zu tun hat. Foucault unterscheidet zwei »Entwicklungsachsen der politischen Technologie des Lebens«: die Disziplinierung des Individualkörpers einerseits und die Regulierung der Bevölkerung andererseits (1977, 166). Die Disziplinartechnologie, die bereits im 17. Jahrhundert auftaucht, zielt auf die Dressur und Überwachung des individuellen Körpers. Diese »politische Anatomie des menschlichen Körpers« (ebd.) betrachtet den Menschen als eine komplexe Maschine. Sie unterdrückt und verschleiert weniger als dass sie Wahrnehmungsformen und Gewohnheiten konstituiert und strukturiert. Im Gegensatz zu traditionellen Herrschaftsformen wie Sklaverei und Leibeigenschaft gelingt es der Disziplin, die Kräfte des Körpers zugleich zum Zwecke ihrer wirtschaftlichen Nutzung zu steigern und zum Zwecke ihrer politischen Unterwerfung zu schwächen.

In der zweiten Hälfte des 18. Jahrhunderts tritt eine andere Machttechnologie auf, die sich nicht auf den Körper der Individuen, sondern auf den kollektiven Körper einer Bevölkerung richtet. Unter Bevölkerung begreift Foucault keine rechtlich-politische Einheit (etwa die Summe der vertragsschließenden Individuen), sondern eine eigenständige biologisch-politische Entität. Dieser »Gesellschaftskörper« definiert sich durch die ihm eigenen Prozesse und Phänomene wie Geburten- und Sterblichkeitsrate, Gesundheitsniveau, Lebensdauer der Individuen, die Produktion der Reichtümer und ihre Zirkulation etc. Gegenstand dieser

»Sicherheitstechnologie« (Foucault 1999, 288) ist die Gesamtheit der konkreten Lebensäußerungen einer Bevölkerung. Sie zielt auf die einer Bevölkerung eigenen Massenphänomene und die Bedingungen ihrer Variation, um die Gefahren abzuwenden oder auszugleichen, die sich aus dem Zusammenleben einer Bevölkerung als biologischer Gesamtheit ergeben. Nicht Disziplinierung und Dressur, sondern Regulierung und Kontrolle sind die zentralen Instrumente, die hier zum Einsatz kommen. Es handelt sich um eine »Technologie, die (...) durch globales Gleichgewicht auf etwas wie Homöostase zielt: auf die Sicherheit des Ganzen vor seinen inneren Gefahren« (Foucault 1999, 288).

Aus Foucaults These, dass die moderne Politik mehr und mehr zur Biopolitik wird, folgt allerdings nicht, dass Souveränität und Todesmacht nun keine Rolle mehr spielten. Das souveräne Recht über den Tod verschwindet nicht, sondern wird einer Macht untergeordnet, die sich die Sicherung, Entwicklung und Verwaltung des Lebens auf die Fahnen geschrieben hat. In der Folge wird die Todesmacht entgrenzt und von allen Schranken befreit, da sie nun dem Leben selbst dienen soll. Auf dem Spiel steht nicht mehr die juridische Existenz eines Souveräns, sondern das biologische Überleben einer Bevölkerung (vgl. 1977, 163; 1999, 293 f.). Foucault zufolge ist der moderne Rassismus insofern von »vitaler Bedeutung« (1999, 297) als er eine Technologie bereitstellt, welche die Funktion des Tötens unter den Bedingungen der Biomacht sichert (ebd., 294). Steht die Abgrenzung zwischen Souveränitätsmacht und Biomacht im Mittelpunkt von *Der Wille zum Wissen*, wählt Foucault in den Vorlesungen von 1976 am Collège de France einen anderen Ausgangspunkt. Biopolitik steht hier weniger für die »biologische Modernitätsschwelle« der Politik als für die »Zäsur zwischen dem, was leben, und dem, was sterben muss« (ebd., 295). Foucaults Arbeitsthese lautet, dass es im Zuge der Transformation der Souveränitätsmacht zur modernen Biomacht zu einer Verschiebung eines politisch-militärischen in einen rassistisch-biologischen Diskurs kam.

Der moderne Rassismus erfülle zwei wichtige Funktionen innerhalb einer »Ökonomie der Bio-Macht« (ebd., 299). Seine Bedeutung bestehe erstens darin, Einschnitte innerhalb des Sozialen als eines biologischen Kontinuums (z. B. einer Bevölkerung oder der menschlichen Spezies insgesamt) vorzunehmen, die eine Hierarchisierung von Unterklassen und eine Differenzierung in gute und schlechte, höhere und niedere, aufstrebende oder absinkende Rassen erlauben. Die zweite Funktion des Rassismus geht noch darüber hinaus. Sie beschränkt sich nicht darin, eine Trennungslinie zwischen gesund und krank, lebenswert und lebensunwert zu etablieren, sondern sucht »eine positive Beziehung vom Typ ›je mehr du töten wirst, um so mehr wirst du sterben machen‹, oder ›je mehr du sterben lässt, um so mehr wirst du deswegen leben‹, aufzubauen« (ebd., 295).[3] Der Rassismus ermöglicht also eine dynamische Beziehung zwischen dem Leben der einen und dem Sterben der anderen. Er erlaubt nicht nur eine Hierarchisierung von »Lebenswertigkeiten«, sondern stellt die Gesundheit der einen in ein direktes Verhältnis zu dem

Verschwinden der anderen. Er liefert die ideologische Grundlage, um Andere zu identifizieren, sie auszugrenzen, zu bekämpfen oder gar zu ermorden – im Namen der Lebensverbesserung.[4]

In seinen Vorlesungen von 1978 und 1979 am Collège de France stellt Foucault das Thema der Biopolitik in einen komplexeren theoretischen Rahmen. Den Mittelpunkt der Vorlesungsreihe bildet die »Entstehung eines politischen Wissens« (2004a, 520) der Menschenführung von der Antike über die frühneuzeitliche Staatsräson und die Polizeywissenschaft bis hin zu liberalen und neoliberalen Theorien. Innerhalb dieser Analytik der Regierung kommt »Biopolitik« eine entscheidende Bedeutung zu. *Die Geburt der Biopolitik* – so der Titel der Vorlesung von 1979 – ist eng verbunden mit dem Auftauchen liberaler Regierungsformen. Foucault begreift den Liberalismus nicht als eine ökonomische Theorie oder eine politische Ideologie, sondern als eine spezifische Kunst der Menschenführung, die sich an der Bevölkerung als einer neuen politischen Figur orientiert und die Politische Ökonomie als Interventionstechnik besitzt. Die Politische Ökonomie, die als Wissensform im 18. Jahrhundert entsteht, ersetzt die moralisch-dirigistischen Prinzipien der merkantilistischen und kameralistischen Wirtschaftssteuerung durch die Idee einer spontanen Selbstregulation des Marktes auf der Grundlage »natürlicher« Preise. Sie orientiert sich weniger am Paradigma des Rechts als am Modell des Marktes und der freien Zirkulation von Menschen und Waren. Autoren wie Adam Smith, David Hume oder Adam Ferguson gingen von dem Postulat aus, dass es eine Natur gibt, die den Regierungspraktiken eigen ist und sie in ihren Operationen diese Natur respektieren müssen. Das Regierungshandeln sollte also in Einklang mit den Gesetzen einer Naturalität stehen, die es selbst (mit-)konstituiert hat. Damit verschiebt sich das Prinzip der Regierung von der Orientierung an einer äußerlichen Kongruenz zu einer internen Regulation: Nicht mehr Legitimität oder Illegitimität, sondern Erfolg oder Misserfolg bilden die Koordinaten des Regierungshandelns, nicht mehr Missbrauch oder Anmaßung der Macht, sondern Unkenntnis ihres Gebrauchs stehen im Zentrum der Reflexion.

Aus dieser historischen Verschiebung folgt jedoch keineswegs eine Reduktion staatlicher Macht. Es ist zwar richtig, dass staatlichen Interventionen insofern eine »natürliche« Grenze gesetzt ist als sie mit der Naturalität der gesellschaftlichen Phänomene rechnen müssen. Dennoch ist diese Grenze keine negative; es ist vielmehr gerade die Natürlichkeit der Bevölkerung, die eine Reihe bis dahin unbekannter Interventionsmöglichkeiten eröffnet, die nicht notwendigerweise die Form von Vorgaben und Verboten annehmen: »laisser-faire«, »anspornen« und »anreizen« werden wichtiger als reglementieren, verordnen und herrschen.

Das Auftauchen der Politischen Ökonomie und der Bevölkerung als einer neuen politischen Figur im 18. Jahrhundert sind nicht zu trennen von der Entstehung der modernen Biologie. Liberale Konzepte von Autonomie und Freiheit sind eng an biologische Begriffe von Selbsterhaltung und Selbstregulation gekoppelt, die sich gegen das bis dahin vorherrschende physikalisch-mechanistische Paradigma der Untersuchung von Körpern durchsetzen Die Biologie, die als Wissenschaft vom Leben um 1800 entsteht, geht von einem grundlegenden Organisationsprinzip aus, das die sichtbaren Phänomene des Lebens eher zufällig und ohne vorgezeichneten Plan entstehen lässt. An die Stelle einer äußeren Ordnung, die den Plänen einer höheren Instanz jenseits des Lebens entspricht, tritt eine innere Organisation, wobei »Leben« als abstraktes und dynamisches Prinzip fungiert, das allen Organismen gleichermaßen eigen sei (vgl. Larsen 2007).

Wenn Foucault in den Vorlesungen von 1978 und 1979 den »Liberalismus als allgemeinen Rahmen der Biopolitik« (2004b, 43) begreift, signalisiert diese Akzentsetzung auch eine theoretische Verschiebung gegenüber seinen vorangegangenen Arbeiten. Diese Umorientierung resultiert nicht zuletzt aus der selbstkritischen Einsicht, dass seine bisherigen Analysen biopolitischer Machtformen einseitig und verkürzt waren, da sie sich vornehmlich auf das biologische und physische Leben einer Bevölkerung konzentrierten und weitgehend auf Körperpolitik reduzierten. Die Einführung des Begriffs der Regierung erweitert die Fragestellung, da er es erlaubt, die Aufmerksamkeit für physisch-biologische Seinsformen mit der Untersuchung von Subjektivierungsprozessen und moralisch-politischen Existenzweisen zu verknüpfen. In dieser Perspektive repräsentiert »Biopolitik« eine spezifische und spannungsvolle Konstellation, die für die liberale Regierungsweise charakteristisch ist. Erst mit dem Liberalismus taucht die Frage auf: Wie werden Subjekte regiert, wenn diese zugleich als Rechtssubjekte und als biologische Lebewesen begriffen werden? Diese Verhältnisbestimmung hat Foucault im Blick, wenn er darauf insistiert, dass man die Probleme der Biopolitik

> »nicht vom Rahmen politischer Rationalität trennen konnte, innerhalb dessen sie aufgetreten sind und ihre Zuspitzung erfuhren. Insbesondere nicht vom ›Liberalismus‹, denn durch die Beziehung auf ihn haben sie die Gestalt einer Herausforderung angenommen. Wie kann dieses Phänomen der ›Population‹ mit seinen spezifischen Wirkungen und Problemen in einem System Berücksichtigung finden, das auf die Respektierung des Rechtssubjekts und der Entscheidungsfreiheit bedacht ist? In wessen Namen und gemäß welchen Regeln kann man sie führen?« (2004b, 435)

Hardt und Negri nehmen das von Foucault geprägte Konzept der Biopolitik auf, unterziehen es aber zugleich einer folgenreichen Neubestimmung. Im Mittelpunkt ihrer Argumentation steht eine im Entstehen begriffene neue Weltordnung: das »Empire«.

2 Empire und immaterielle Arbeit

Das »Empire« zeichnet sich Hardt und Negri zufolge durch die enge Verzahnung ökonomischer Strukturen mit rechtlich-politischen Verhältnissen aus. Es steht zunächst für »eine neue Logik der Souveränität« (2002, 9) und ein weltumspannendes Herrschaftssystem. Demnach verlieren, im Zeichen der Herausbildung trans- und supranationaler Institutionen wie der UN oder der Europäischen Union und der wachsenden Bedeutung von Nicht-Regierungsorganisationen, nationalstaatliche Regelungskompetenzen und Handlungsspielräume an politischem Gewicht. Zu beobachten sei weiterhin eine Verschiebung weg von den klassischen rechtsstaatlichen Ordnungsmustern hin zu Interventionsformen, die der Logik des Polizeirechts folgen, über die Definition von Ausnahmezuständen funktionieren und in höheren ethischen Prinzipien operieren. Im Unterschied zu früheren Formen der Souveränität kenne die neue imperiale Souveränität weder ein Außen noch besitze sie ein Zentrum (2002, 198 bzw. 12); vielmehr sei sie ein Netzwerk sich aufeinander beziehender und ergänzender Einheiten der politischen Entscheidung, die zusammengenommen ein Herrschaftssystem von neuer Qualität begründen. Die ökonomische Dimension des »Empire« sehen die Autoren in einer neuen Etappe kapitalistischer Produktion, in die im Zeichen der Globalisierung alle Staaten und Weltregionen einbezogen sind. Die grundlegende These eines grenzenlosen Verwertungsprozesses bezieht sich jedoch nicht nur auf die Konstitution eines Weltmarktes, sondern mehr noch auf eine neue Form kapitalistischer Vergesellschaftung. Diese umfasse nicht nur die Arbeitskraft, sondern auch die Produktion von Körpern, Intellekten und Affekten.

Hardt und Negri nehmen an, dass es seit den 1970er Jahren zu einer entscheidenden Veränderung der Produktionsweise gekommen sei. Das Paradigma des industriellen Kapitalismus werde zunehmend durch einen »kognitiven Kapitalismus« (Negri 2007, 20) ersetzt. Dieser zeichne sich durch eine informatisierte, automatisierte, vernetzte und globalisierte Produktion aus und führe zu einer einschneidenden Änderung der Subjektivität im Arbeitsprozess. Innerhalb dieses neuen Regimes werden Wissen und Kreativität, Sprache und Affekt zu zentralen Momenten der gesellschaftlichen Produktion und Reproduktion. Die Informatisierung der Produktion und ihre Organisation in netzwerkförmigen Strukturen mache es zunehmend schwieriger, die Trennung zwischen individueller und kollektiver, intellektueller und körperlicher Arbeit aufrechtzuerhalten. Die Transformation der Produktionsprozesse führe zur Dominanz einer neuen Form gesellschaftlicher Arbeit, die die Autoren als »immaterielle Arbeit« bezeichnen. Deren drei wichtigste Aspekte bestimmen sie »als kommunikative Arbeit in der industriellen Produktion, die neuerdings in Netzwerken der Information verknüpft sind; als interaktive Arbeit im Umgang mit Symbolen und bei der Lösung von Problemen; und als Arbeit bei der Produktion und Manipulation von Affekten« (2002, 44; vgl. 2004, 113).

Der Veränderung der Produktionsweise entspricht eine Verschiebung der Ausbeutungsstrukturen. Kapitalistische Ausbeutung operiere heute vornehmlich über die Abschöpfung affektiver und intellektueller Arbeitsvermögen und die Inwertsetzung sozialer Kooperationsformen. »Empire« steht für die schrankenlose Mobilisierung aller individuellen und kollektiven Kräfte im Dienst der Mehrwertproduktion. Alle Lebensbereiche und -kräfte seien dem Gesetz der Akkumulation unterworfen: »Es gibt nichts, kein ›nacktes Leben‹, keinen externen Standpunkt, der sich außerhalb des monetär gestalteten Raums verorten ließe; dem Geld entgeht nichts.« (2002, 46) In diesem Zusammenhang greifen Hardt und Negri auf Foucaults Konzept der Biopolitik zurück, unterziehen es aber zugleich einer entscheidenden Revision. Ihnen zufolge wird der gesellschaftliche Reichtum »mehr und mehr durch das geschaffen, was wir biopolitische Produktion nennen, durch die Produktion des gesellschaftlichen Lebens selbst. Darin überschneiden sich die Sphären des Ökonomischen, des Politischen und des Kulturellen zunehmend und schließen einander ein.« (2002, 11) Mit Biomacht bezeichnen die Autoren »die reelle Subsumtion der Gesellschaft unter das Kapital« (ebd., 371). Sie verknüpfen die Idee einer omnipräsenten und allumfassenden Biomacht mit Überlegungen des französischen Philosophen Gilles Deleuze (1993). Dieser hatte in einem kurzen Essay argumentiert, dass die westlichen Gesellschaften nach dem Zweiten Weltkrieg sich zunehmend von Disziplinargesellschaften hin zu Kontrollgesellschaften veränderten. Die Kontrolle werde inzwischen weniger über disziplinäre Institutionen wie Schule, Fabrik, Krankenhäuser etc. ausgeübt, sondern gehe in die flexiblen und mobilen Netzwerke der Existenz selbst ein. Deleuze folgend begreifen Hardt und Negri Biopolitik als eine Form der »Kontrolle (...), die Bewusstsein und Körper der Bevölkerung und zur gleichen Zeit die Gesamtheit sozialer Beziehungen durchdringt« (2002, 39). Sie ziele auf das gesellschaftliche Leben im Ganzen und erfasse zugleich die Existenz der Einzelnen bis in die intimsten Facetten des Alltagslebens.

Ihr Vorwurf an die Adresse Foucaults lautet, dass dessen Analyse noch zu sehr dem Paradigma der Disziplinarmacht verhaftet bleibe und daher historisch überholt sei. Hardt und Negri unterstellen Foucault eine »funktionalistische« bzw. »strukturalistische« Lesart der Biopolitik, welche die »Dynamik des Systems, die schöpferische Zeitlichkeit seiner Bewegungen und die ontologische Substanz der kulturellen und sozialen Reproduktion« (ebd., 42) vernachlässige. Diese Kritik wird ansatzweise in dem Buch, deutlicher jedoch in einigen kürzeren Texten und Interviews formuliert. Bei Foucault sei Biopolitik »ein zutiefst statischer Begriff und eine zutiefst historische Kategorie« (Negri 1998, 33; Hardt 2003) – eine Einschätzung, die sich spätestens mit Blick auf Foucaults Analyse liberaler und neoliberaler Regierungsformen kaum aufrechterhalten lässt. Die Kritik gründet auf einer systematischen Fehllektüre und einer äußerst selektiven Rezeption Foucaults, die dessen größte theoretische Leistung unterschlägt: die Ausarbeitung eines historisch informierten und dynamischen Machtbegriffs (vgl. dazu Lemke 1997). Während Foucault – so Hardt und Negri – sein Augenmerk noch zu sehr auf Machtprozesse von oben gerichtet habe, wollen sie die produktive Dynamik und die schöpferischen Potentiale des »Empire« in den Blick nehmen.[5] Um diesen unterschiedlichen Fokus begrifflich zu markieren, grenzen sie die Biomacht in Multitude stärker als im Vorgängerbuch von der Biopolitik ab: »Die Biomacht steht über der Gesellschaft, transzendent, als souveräne Gewalt, und zwingt ihr ihre Ordnung auf. Biopolitische Produktion hingegen ist der Gesellschaft immanent und schafft durch kooperative Formen der Arbeit selbst gesellschaftliche Beziehungen und Formen.« (2004, 113 f.; Negri 2003, 77)

Der Begriff der »biopolitischen Produktion« ist ein Kürzel, mit dem Hardt und Negri eine ganze Reihe von Brüchen und Grenzverschiebungen bezeichnen. Er verweist erstens auf die Auflösung der Grenzen zwischen Ökonomie und Politik und steht für eine neue Etappe kapitalistischer Produktion. Die These der Autoren lautet: Die Schaffung von »Leben« ist nicht mehr etwas, das auf den Reproduktionsbereich beschränkt und dem Arbeitsprozess untergeordnet ist; im Gegenteil bestimmt »Leben« nun die Produktion selbst. Stand die Biomacht einmal für die Reproduktion der Produktionsverhältnisse und diente ihrer Sicherung und Aufrechterhaltung, sei sie heute integraler Bestandteil der Produktion. Im »Empire« fielen ökonomische Produktion und politische Konstitution tendenziell zusammen. Die Folge sei eine weitgehende Parallelität und Konvergenz von Handlungssphären, Determinationsverhältnissen und Systemrationalitäten, die traditionell als voneinander getrennt begriffen und aufeinander bezogen werden: »Produktion lässt sich nicht mehr von Reproduktion unterscheiden; die Produktivkräfte verschmelzen mit den Produktionsverhältnissen; fixes Kapital findet sich zunehmend innerhalb des zirkulierenden Kapitals in den Köpfen, Körpern und in der Kooperation der Produktionssubjekte. Die gesellschaftlichen Subjekte sind zugleich Produzenten und Produkte dieser Einheitsmaschinerie.« (ebd., 392; 2004, 368)

Zweitens markiert der Begriff der biopolitischen Produktion für Hardt und Negri auch ein neues Verhältnis von Natur und Kultur (ebd., 198 f.; Negri 2003, 79). Sie bezeichnet ein »Verschwinden von Natur«, wenn Natur alles meint, was dem Produktionsprozess bislang äußerlich war. Das Leben selbst werde zum Objekt technologischer Interventionen, auch die Natur sei »Kapital geworden oder zumindest dem Kapital unterworfen« (ebd., 282). Biologische Ressourcen sind Gegenstand rechtlich-politischer Regulierungen und vormals noch nicht erschlossene »natürliche« Bereiche werden für kapitalistische Verwertungsinteressen und industrielle Nutzungschancen geöffnet. Damit werde die Natur selbst in den ökonomischen Diskurs einbezogen. Statt die Natur einfach auszubeuten, gehe es im Zeitalter eines »nachhaltigen« oder »ökologischen Kapitalismus« darum, den biologisch-genetischen Reichtum der Natur für kommerzielle Interessen zu erhalten, ihn zu erschließen und für die Entwicklung profitabler Produkte und Lebensformen nutzbar zu machen: »Frühere Stufen der industriellen Revolution führten maschinengefertigte Konsumgüter und später maschinengefertigte Maschinen ein, doch heute stehen wir vor maschinengefertigten Rohstoffen und Nahrungsmitteln – kurz maschinengefertigter Natur und Kultur.« (ebd.)

Die Implosion der Grenzen zwischen Natur und Kultur macht nicht halt vor der menschlichen Natur. Biopolitik verweist drittens auf einen Horizont von hybriden Subjektivitäten, wobei die Grenzen zwischen Mensch und Maschine einerseits, Mensch und Tier andererseits zunehmend verschwinden. Wie die Autoren bereits in einem früheren Buch notieren, ist »die Produktion von Subjektivität immer schon in einen Prozess der Hybridisierung, des Überschreitens von Grenzen eingelassen, und diese hybride Subjektivität wird gegenwärtig zunehmend an der Schnittstelle von Mensche und Maschine hervorgebracht. (...) Die Maschine ist integraler Bestandteil des Subjekts, nicht als Anhängsel, sondern als eine Art Prothese, als eine unter vielen Eigenschaften; das Subjekt ist vielmehr Mensch und Maschine seinem Wesen seiner Natur nach.« (Hardt/Negri 1997, 19)

Diese vielfache Auflösung von Grenzziehungen begreifen Hardt und Negri als Übergang von der Moderne zur Postmoderne, vom Imperialismus zum »Empire«. Wenn Ökonomie und Politik, Natur und Kultur tendenziell zusammenfallen, so gibt es keinen externen Standpunkt des Lebens oder der Wahrheit mehr, der dem »Empire« entgegengestellt werden könnte. Diese Diagnose begründet die Perspektive der Immanenz, welche die Autoren ihrer Analyse zugrundelegen. Das »Empire« schafft die Welt, in der es lebt: »Biomacht ist eine Form, die das soziale Leben von innen heraus Regeln unterwirft, es verfolgt, interpretiert, absorbiert und schließlich neu artikuliert. Die Macht über das Leben der Bevölkerung kann sich in dem Maß etablieren, wie sie ein integraler und vitaler Bestandteil eines jeden individuellen Lebens wird, den die Individuen bereitwillig aufgreifen und mit ihrem Einverständnis versehen weitergeben.« (2002, 38 f.)

In dem Maße, in dem die imperiale Ordnung Subjekte nicht nur beherrscht, sondern sie hervorbringt, Natur nicht nur ausbeutet, sondern produziert, handelt es sich um eine »autopoetische Maschine« (ebd., 48), die auf immanente Rechtfertigungen und selbstgesetzte Gründe rekurriert. Aufgrund dieser neuen biopolitischen Realität, verbiete sich jede Perspektive der Transzendenz oder Repräsentation, die mit der Gegenüberstellung von Basis und Überbau, materialer Realität und ideologischem Schleier, Sein und Bewusstsein operiert.

3 Multitude und die Paradoxien der Biomacht

An diesem Punkt schlägt die Beschreibung eines alles umgreifenden und grenzenlosen Herrschaftssystems um, in die Vision von Gegenwehr und Befreiung. Zwar wird Hardt/Negri zufolge die gesamte Gesellschaft unter das Kapital subsumiert, aber die Autoren verbinden diese düstere Diagnose mit einem revolutionären Versprechen. Biopolitik steht bei Hardt/Negri nicht nur für die Konstitution sozialer Verhältnisse, welche die gesamte Existenz der Einzelnen umfassen, um diese in einen Kreislauf von Nutzen und Wert einzuspannen, sondern sie bereitet auch den Boden für ein neues politisches Subjekt. Die biopolitische Ordnung, die Hardt und Negri entwerfen, enthält zugleich die materiellen Bedingungen für Formen einer assoziativen Kooperation, welche die strukturellen Zwänge kapitalistischer Produktionsverhältnisse hinter sich lassen könnte: »Das Empire schafft ein größeres Potential für Revolution als die modernen Machtregime, denn es bietet uns, neben der Maschine der Befehlsgewalt, eine Alternative: den Kreis aller Ausgebeuteten und Unterdrückten, eine Menge, die dem Empire direkt, ohne vermittelnde Instanz gegenüber steht.« (Hardt/Negri 2002, 400)

Als Widerpart zur imperialen Souveränität sehen die Autoren die Entstehung einer »Multitude« (lat. *multitudo:* Menge). Hardt und Negri greifen damit auf einen Begriff aus der klassischen politischen Theorie zurück, der bei dem frühneuzeitlichen Philosophen Baruch de Spinoza eine entscheidende Rolle spielt. Mit »Multitude« bezeichnen sie die heterogene und schöpferische Gesamtheit von Akteuren, die sich in der Immanenz der Machtverhältnisse bewegen, ohne sich auf eine übergeordnete Instanz oder eine zugrunde liegende Identität zu berufen. Ihre Formierung verdankt sie den neuen Produktionsbedingungen innerhalb eines »globalen biopolitischen Apparats« (2002, 54). Die »vielgestaltige Menge produktiver, kreativer Subjektivitäten in der Globalisierung« (2002, 73) ist zugleich die »lebendige Alternative, die im Innern des Empire entsteht« (2004, 9). Dieselben Kompetenzen, Affekte und Interaktionsformen, die von der neuen Produktions- und Herrschaftsordnung gefördert werden, untergraben diese, indem sie sich gegen Vereinnahmung und Verwertung sperren und das Begehren nach autonomen und egalitären Lebensformen und Produktionsverhältnissen wecken. Die Autoren entwerfen die Vision einer gesellschaftsverändernden Kraft und einer Form der Assoziation, die die sozialen Kräfte des Widerstands bündelt und sich den politischen Repräsentationen von Volk, Nation oder Klasse entzieht (2004, 10 f.). Die »Multitude« verkörpert das Projekt einer globalen Gegenmacht, die das Potenzial der Befreiung von Herrschaft und die Perspektive neuer Formen des Lebens und Arbeitens zum Ausdruck bringt.

Wenn die Biomacht die Macht über das Leben repräsentiert, dann bildet eben dieses Leben das Terrain, auf dem sich Gegenmächte und Widerstandsformen konstituieren. Die Biopolitik tritt nicht nur in Opposition zur Biomacht, sondern geht dieser ontologisch voraus. Die Biomacht reagiert auf eine lebendige und schöpferische Kraft, die ihr äußerlich ist, die sie regulieren und formieren mag, ohne jedoch in ihr aufgehen zu können. Biopolitik verweist hier auf die Möglichkeit einer neuen Ontologie, die vom Körper und seinen Kräften ausgeht. Stützen können sich solche Überlegungen auf Foucaults Einschätzung des konfliktuellen Feldes der Biopolitik:

> »Gegen diese Macht (...) haben sich die Widerstand leistenden Kräfte gerade auf das berufen, was durch diese Macht in Amt und Würden eingesetzt wird: auf das Leben und den Menschen als Lebewesen. (...). Was man verlangt, und worauf man zielt, das ist das Leben verstanden als Gesamtheit grundlegender Bedürfnisse, konkretes Wesen des Menschen, Entfaltung seiner Anlagen und Fülle des Möglichen. Egal, ob Utopie oder nicht: es handelt sich jedenfalls um einen wirklichen Kampf, in dem das Leben als politisches Thema gewissermaßen beim Wort genommen und gegen das System gewendet wird, das seine Kontrolle übernommen hat.« (Foucault 1977, 172 f.)

Freilich bleibt auch die Militanz der »Multitude« der Einsicht verpflichtet, dass es keinen äußeren Standpunkt mehr gibt, der dem »Empire« entgegenzuhalten wäre. Sie »kennt nur noch ein Innen, eine lebendige und unvermeidliche Beteiligung an den gesellschaftlichen Strukturen, die sich nicht mehr transzendieren lassen. Dieses Innen ist die produktive Kooperation der Massenintelligenz und affektiver Netzwerke, die Produktivität postmoderner Biopolitik.« (2002, 419 f.) Die Paradoxie der Biomacht in der Lesart von Hardt und Negri besteht darin, dass dieselben Entwicklungstendenzen und Triebkräfte, die die Aufrechterhaltung und Reproduktion dieser Herrschaftsordnung sichern, diese zugleich schwächen und möglicherweise überwinden. Es ist gerade die Universalität und Totalität dieses systemischen Zusammenhangs, die diesen als fragil und angreifbar erscheinen lässt: »Da Produktion und Leben im imperialen Bereich der Biomacht immer mehr ineinsfallen, kommt der Klassenkampf potenziell in allen Lebensbereichen zum Ausbruch.« (ebd., 410)

Das Empire präsentiert sich in dieser Lesart als ein politisches Vexierbild. Einerseits symbolisiert es eine nie gekannte Bemächtigung der Kräfte des Lebens. Es erstreckt sich auf alle gesellschaftlichen Verhältnisse und durchdringt das Bewusstsein und die Körper der Individuen: »Biomacht bezeichnet so eine Situation, in der das, was für die Macht wirklich auf dem Spiel steht, die Produktion und Reproduktion des Lebens selbst ist.« (ebd., 39) Da imperiale Herrschaft aber schrankenlos ist und die traditionellen Grenzziehungen zwischen gesellschaftlichen Handlungsfeldern und Systemrationalitäten überschreitet, sind andererseits auch die Kämpfe und Widerstände immer zugleich ökonomisch, politisch und kulturell. Darüber hinaus besitzen sie eine produktive und kreative Dimension. Sie stellen sich nicht nur einer etablierten Herrschaftsordnung entgegen, sondern erzeugen neue Formen sozialen Zusammenlebens und politischen Handelns: »Es sind biopolitische Kämpfe, ihr Einsatz ist die Lebensform. Es sind konstituierende Kämpfe, die neue öffentliche Räume und neue Formen der Gemeinschaft schaffen.« (ebd., 69, 365)

4   Ontologie und Immanenz

So wichtig den Autoren die »revolutionäre Entdeckung der Immanenz« (2002, 84) ist, so wenig wird diese theoretische Perspektive wirklich durchgehalten und konsequent umgesetzt. Ein Beispiel dafür ist etwa ihre Feststellung, »dass es dem Empire trotz aller Anstrengungen nicht gelingt, ein Rechtssystem zu schaffen, das der neuen Wirklichkeit – der Globalisierung der gesellschaftlichen und wirtschaftlichen Verhältnisse – angemessen ist« (ebd., 401). Diese Diagnose macht nur dann Sinn, wenn das Recht den sozialen Verhältnissen prinzipiell gegenübergestellt wird (als deren »Ausdruck«, »Überbau«, etc.) – statt es als Teil derselben zu begreifen. Auf diese Weise wird die Gegenwart mit den Kategorien der Vergangenheit gemessen. So könnte es etwa gerade ein Charakteristikum oder ein Strukturmoment »postmoderner« bzw. »imperialer« Ordnung sein, kein kohärentes oder universelles Rechtssystem zu besitzen, sondern über ein »Polizeirecht« verbindliche Entscheidungen fallweise herbeizuführen – eine These, die sich an anderer Stelle in dem Buch auch findet (ebd., 29 ff.).[6] Der Schwerpunkt der folgenden Ausführungen liegt auf zwei zentralen Problemen der Argumentation des Buches, die ich einer Art »immanenter Kritik« unterziehen möchte. Meiner Ansicht nach verstoßen die Autoren in doppelter Weise gegen das Prinzip der Immanenz. Zum einen fassen sie Empire als absoluten Bruch auf, und zum anderen gehen sie in ihrer Argumentation von äußeren Widersprüchen aus.

Zum ersten Punkt, der Konstruktion absoluter Brüche. Moderne und Postmoderne, Imperialismus und Empire scheinen für Hardt und Negri zwei aufeinanderfolgende eigenständige und homogene zeitliche Epochen zu sein. Problematisch daran ist weniger die analytische Privilegierung von politischen und historischen Brüchen gegenüber der Akzentuierung von Kontinuitäten; es ist vielmehr das spezifische Modell der Ablösung, das bedenklich erscheint. Zwei Aspekte sind hierbei besonders hervorzuheben. Zum einen gehen die Autoren zwar zurecht davon aus, »dass Herrschaft zunehmend die zeitlichen Dimensionen der Gesellschaft betrifft« (ebd., 328), sie vernachlässigen jedoch tendenziell die Bedeutung räumlicher Bestimmungsfaktoren, wenn sie erklären: »Die Topologie der Macht hängt nicht in erster Linie an räumlichen Verhältnissen, sondern sie ist den zeitlichen Verschiebungen der Subjektivitäten eingeschrieben« (ebd., 329) Indem sie die »räumliche Dimension« aufgeben bzw. für weniger relevant halten, teilen Hardt und Negri die Rhetorik eines ort- und schrankenlosen Kapitalismus, ohne die Materialität von Raum-Zeit-Verhältnissen und die raumkonstituierende und -transformierende Bedeutung eines »globalisierten Kapitalismus« analytisch fassen zu können. Zum anderen konzipieren Hardt und Negri die historischen Brüche als glatte, eindeutige und friktionslose. In dieser Perspektive löst die Postmoderne die Moderne ab, und der Imperialismus geht im »Empire« auf. Nicht thematisiert wird jedoch, wie Moderne und Postmoderne (wobei noch genauer zu bestimmen wäre, was jeweils damit gemeint ist) bestimmte Verbindungen eingehen: Wie bilden sie Verkettungen, Verkopplungen oder »Hybride« von unterschiedlichen, möglicherweise gegensätzlichen, aber vielleicht in ihrer Gegensätzlichkeit komplementären Techniken, die nicht einander ablösen, sondern sich überlagern bzw. sich ineinanderschieben oder ergänzen? Darüber hinaus ist es keineswegs ausgemacht, dass alle »modernen« Differenzen und Dualismen tendenziell verschwinden oder an gesellschaftlicher Relevanz verlieren, wie Hardt und Negri prognostizieren. Binäre Codes, disziplinäre Techniken und hierarchische Ordnungen spielen weiterhin eine zentrale Rolle – als flexibel und mobil erweisen sich allenfalls deren Inhalte und Gegenstände (Schultz 2002). Statt die Simultanität und Verschränkung unterschiedlicher Technologien oder Mechanismen der Macht zu analysieren, wie Foucault dies tat (vgl. etwa Foucault 2000, 62 ff.), legen die Autoren ihrer Analyse des »Empire« ein Modell historischer Abfolge und systematischer Ablösung zugrunde. Anders gesagt: Hardt und Negri besitzen ein modernes Konzept der Postmoderne.

Den unzutreffenden Epochalisierungen entsprechen – darin besteht der zweite Kritikpunkt – falsche Dichotomisierungen: die Konstruktion äußerer Widersprüche. Hardt und Negri tragen zahlreiche und in der Regel zutreffende Einwände gegen essentialistische Konzepte vor und zeigen die Illusion eines »externen Standpunktes« innerhalb des »Empire« auf. Dennoch liegt ihrer eigenen Argumentation eine zentrale Referenz zugrunde, die dem »Empire«-Konzept äußerlich bleibt: das Leben. »Leben« wird hier nicht wie bei Foucault (1971) als ein gesellschaftliches Konstrukt bzw. als Element einer historischen Wissenspraxis begriffen, sondern fungiert als eine ursprüngliche und überhistorische Größe.[7] Das ontologische Konzept der Biopolitik, das in den Arbeiten von Hardt und Negri präsentiert wird, ist zum einen so umfassend angelegt, dass unklar bleiben muss, wovon es sich noch abgrenzen lässt und wie es sich zu anderen Formen politischen Handelns und sozialen Lebens verhält. Die Verschmelzung von biopolitischer Produktion und Kontrollgesellschaft führt zu einer »begrifflichen Überstrapazierung der Biomacht« (Brieler 2007, 254; vgl. auch Rabinow/Rose 2006, 198–200), so dass die Historizität und Spezifität politischer Technologien nicht mehr erfasst werden kann. Ebenso wenig vermag dieser Begriff historische Veränderungen im Lebensbegriff und deren Bedeutung für biotechnologische, medizinische und demografische Praktiken kritisch zu analysieren: »Mit dem Begriff der biopolitischen Produktivität dehnen Hardt/Negri das Objekt der Biomacht über je spezifische Formen dessen, was als Biologie, Körper oder Bevölkerung gerade auch in der Differenzierung und Relationalität zu dem, was als gesellschaftlich, ökonomisch oder politisch gilt, auf das ganze soziale Leben aus. Die Korrelationen ›Kontrollgesellschaft entspricht Biomacht entspricht dem Ganzen des sozialen Lebens entspricht den neuen Produktivkräften‹ schließen sich zu einer Schleife der Totalität und Immanenz.« (Schultz 2002, 698)

Die von Hardt und Negri vorgenommene Ontologisierung der Biopolitik wirft noch ein weiteres Problem auf. Sie erlaubt, eine wohlüberlegte Dramaturgie in Szene zu setzen, die immer wieder zwei Prinzipien einander gegenüberstellt, statt sie auf einer »Immanenzebene« (Hardt/Negri 2002, 77) zu analysieren, wie die Autoren doch programmatisch fordern: Die produktive, vitale und autonome Menge kämpft gegen das unproduktive, parasitäre, zerstörerische Empire. Der Diagnose der Herrschaft des »Empire« korrespondiert die Verherrlichung der »Multitude«.[8] Für Hardt und Negri ist allein die »Menge« produktiv und positiv, das »Empire« hingegen regulierend und restringierend. Ihnen zufolge liegt »die Besonderheit der heutigen Korruption (...) darin, dass sie die Gemeinschaft der singulären Körper aufbricht und deren Handeln behindert – sie bricht die produktive biopolitische Gemeinschaft auf und behindert deren Leben« (ebd., 398). Fraglich ist jedoch, ob sich Produktion und Regulation tatsächlich sauber voneinander trennen lassen: Ist nicht jede Produktion eine immer schon in bestimmter Weise regulierte Produktion? Wieso produziert das »Empire« nur Negatives, die »Menge« Positives? Sind unsere Affekte oder unser Begehren nicht immer schon Teil des »Empire« und erhalten es damit »am Leben«? Statt das Verhältnis zwischen »Empire« und »Multitude« als äußerliche Relation zweier ontologischer Einheiten zu begreifen, wäre es angemessener, ein (biopolitisches) Produktionsverhältnis zu analysieren, das die beiden Pole in seinem Innern hervorbringt.[9]

Hardt und Negri beschränken sich nicht darauf, das historische Auftauchen einer neuen politischen Figur zu beobachten; sie neigen dazu, die »Multitude« ontologisch zu verankern. Negri spricht etwa von einem »Biobegehren«, das sich gegen die Biomacht richte: »Einzig dieses lebendige Begehren, seinen Reichtum und seine Fähigkeiten können wir der Biomacht entgegenstellen. Die Macht muss versuchen, das lebendige Begehren einzuschränken, ihm Grenzen zu ziehen.« (Negri 2003, 79) Es besteht die Gefahr, dass die Ontologisierung der Biopolitik ganz gegen die Intention der Autoren entpolitisiert, wenn die Multitude per se als eine egalitär-progressive Kraft begriffen wird, der eine radikal-demokratische Zielsetzung immanent sei. Statt zu einer gesellschaftlichen Mobilisierung beizutragen, könnte auf diese Weise im Gegenteil der Eindruck entstehen, dass die politischen Kämpfe nichts Anderes seien als Verkörperungen abstrakter ontologischer Kräfte und sie quasi-automatisch, ohne das Engagement, die Intentionen und Affekte konkreter Akteure ablaufen (Saar 2007, 818; Mouffe 2007, 140–151). Begünstigt werden könnte so eine geschichtsphilosophisch angeleitete Fehllektüre, der zufolge der Niedergang des Empire direkt und ohne Umwege ins Reich der Freiheit führt (vgl. Demirović 2004, 252 f.).

5 Theoretische Ambivalenzen und politische Subjektivitäten

Pierre Macherey zufolge besteht eine Beziehung der Immanenz nicht in »der Aufeinanderfolge, in der getrennte Zustände, *partes extra partes*, dem Modell eines mechanistischen Determinismus gemäß verbunden werden; sondern sie setzt die Simultaneität, die Koinzidenz, die zueinander reziproke Gegenwärtigkeit aller von ihr vereinigten Elemente voraus« (Macherey 1991, 184; Hervorh. im Orig.). In dieser Hinsicht ist es nicht möglich, die Biopolitik unabhängig von den Folgen ihres Wirkens und den Feldern ihrer Anwendung zu begreifen. Die aufgezeigten Probleme zeigen, dass Hardt und Negri der »Regel der Immanenz« (Foucault 1977, 119) nur teilweise gefolgt sind und ihre Analyse eine Reihe von theoretischen Ambivalenzen und uneingelösten Ansprüchen aufweist. Dennoch bleibt festzuhalten, dass *Empire* und *Multitude* trotz (oder gerade wegen) dieser theoretischen Probleme und Inkonsistenzen politisch wichtige Bücher sind. Sie markieren weniger den Abschluss eines Reflexionsprozesses als dessen Beginn und sind selbst ein Einsatz und ein Element in dem Kampf für die Erfindung neuer politischer Strategien.

Die hier vorgelegte Kritik an Hardts und Negris Konzeption der Biopolitik ist ein Diskussionsbeitrag innerhalb dieser Auseinandersetzung. Es ging mir weniger darum, auf theoretische Probleme als solche hinzuweisen; vielmehr besteht die Gefahr, dass die Gegenüberstellung von »Empire« und »Multitude«, der Antagonismus zwischen einer produktiv-kreativen Biopolitik von oben und einer parasitär-abschöpfenden Biopolitik von oben der Komplexität des Problems der politischen Konstitution des »Empire« nicht gerecht wird. Dieses liegt weniger in der Verhinderung von Aktivität bzw. deren Begrenzung oder Kanalisierung als in der Anreizung zu spezifischen (und insofern »begrenzten«) Aktivitäten, nicht in der Gegenüberstellung von Produktion und Zerstörung, sondern der Förderung einer zerstörerischen Produktion. So gesehen ginge es nicht darum, eine Differenz zwischen Produktion und Nicht-Produktion zu konstatieren oder die Triebkräfte eines »Biobegehren« zu unterstellen, wie dies Hardt und Negri nahe legen, sondern um die Erfindung einer Produktion, die anderen Zielsetzungen folgt und die Entwicklung eines Begehrens nach alternativen – autonomen und egalitären – Lebensformen.

Problematisch erscheint mir daher nicht, dass Hardt und Negri mit ihren Thesen zu weit, sondern, dass sie nicht weit genug gehen. Ihrer kritischen Strategie liegt folgende Einschätzung zugrunde: »Durch Korruption legt die imperiale Macht einen Rauchschleier über die Welt, und das Kommando über die Menge wird inmitten dieser stinkenden Welt ausgeübt, fernab von Licht und Wahrheit.« (2002, 396). Das politische Problem besteht jedoch weniger in der Abwesenheit von Wahrheit, sondern in der Produktion bestimmter Wahrheiten oder um im Bild zu bleiben: Es ist nicht der Rauchschleier allein, sondern auch und vor allem die blendende Kraft von Wahrheiten, die es so schwierig macht, sich andere Lebensformen vorzustellen. Anders als die Autoren annehmen, stellt sich nicht die Frage, »wie die Menge zu einem *politischen Subjekt* werden kann« (ebd., 401; Hervorh. im Orig.); in Frage steht vielmehr, welche politischen Projekte und Strategien sie als Menge konstituieren und wie eine demokratische und autonome Selbst-Produktion möglich ist.

Anmerkungen

1 Der folgende Text ist die erweiterte und aktualisierte Fassung eines Artikels, der unter dem Titel »Biopolitik im Empire – Die Immanenz des Kapitalismus bei Michael Hardt und Antonio Negri« in der Zeitschrift *Prokla* erschienen ist (32. Jg., Nr. 4, 2002, S. 619–629).
2 Gleich das erste Heft der Zeitschrift *Multitudes* trug den Titel »Biopolitique et biopouvoir« (2000). Vgl. auch Lazzarato 2000; Revel 2002; Virno 2005.
3 Foucault begreift »Tod« hier in einem weiten Sinn, der sich nicht nur auf die direkte physische Vernichtung, sondern ebenso auf alle sozialen und politischen Formen dessen erstreckt, was er als »indirekten Mord« bezeichnet: »jemanden der Gefahr des Todes ausliefern, für bestimmte Leute das Todesrisiko erhöhen oder einfach den politischen Tod, die Vertreibung, Zurückweisung« (1999, 297, korrigierte Übers.).
4 Für eine ausführlichere Analyse und Kritik der Foucault'schen Rassismusanalyse vgl. Magiros 1995; Stoler 1995; Stingelin 2003.
5 Für eine instruktive Analyse des Verhältnisses von »Annahme und Abstoßung« in der Foucault-Lektüre Negris vgl. Brieler 2007.
6 Für ein ähnliches Problem vgl. Hardt/Negri 2002, 313: »Das Privateigentum kann nicht verhindern, dass es zu einem immer stärker abstrakten und transzendentalen Begriff wird, der sich immer mehr von der Realität entfernt, trotz seiner juridischen Macht.« Der Einwand liegt auf der Hand: Die Realität besteht gerade in dieser »Distanzierungsbewegung«, die »Abstraktivierung« ist Bestandteil sozialer Wirklichkeit und steht dieser nicht gegenüber.
7 Eine schier unglaubliche Verwendung des von Giorgio Agamben (2002) geprägten Begriffs des »nackten Lebens« findet sich in *Empire*. Auf Seite 374 behaupten die Autoren, dass »Faschismus und Nationalsozialismus gerade dadurch, dass sie Menschen in solch monströser Weise auf das Minimum des nackten Lebens reduzierten, vergeblich versuchten, die enorme Macht, zu der das nackte Leben werden kann, zu zerstören und die Form, in der die neuen Mächte produktiver Kooperation der Menge akkumuliert sind, auszulöschen.« Angesichts von mehreren Millionen Toten und einer fast reibungslos funktionierenden Vernichtungsmaschinerie mag man sich fragen, worin genau die »Vergeblichkeit« dieses »Versuchs« bestand. Erstaunlicherweise sehen Hardt und Negri nicht, dass das »nackte Leben«, auf das sie in diesem Zusammenhang

rekurrieren, keine ursprüngliche Kraft darstellt, die der Macht gegenübersteht bzw. von dieser nicht zerstört werden kann, sondern selbst bereits ein Produkt der Macht ist: das Resultat der Reduktion sozialer Existenz auf physisches Sein. Das »nackte« oder »bloße Leben«, von dem Agamben spricht, stellt eine zugleich nachträgliche wie verhüllende Nacktheit dar, die künstlich hergestellt wird und die gesellschaftliche Markierungen und Symbolisierungen verdeckt.

8   Vgl. die folgende Formulierung: »Das Empire behauptet, Herr dieser Welt zu sein, weil es sie zerstören kann. Was für eine Illusion! In Wahrheit nämlich sind wir die Herren dieser Welt, weil unser Begehren und unsere Arbeit sie fortwährend neu erschaffen.« (2002, 394) Was bedeutet eine solche Formulierung im Kontext einer Kritik an patriarchalen und anthropozentrischen Herrschaftskonzepten, deren Notwendigkeit in dem Buch mehrfach unterstrichen wird? Vgl. auch die Kritik von Susanne Schultz (2002) an dem Konzept der affektiven Arbeit, das klassische Zuschreibungen geschlechtsspezifischer Arbeitsteilung eher reproduziere als sie zu transzendieren.

9   Ein weiteres Problem: Die Autoren greifen innerhalb ihrer Argumentation immer wieder auf falsche Konkretisierungen und irreführende Personalisierungen zurück, wie z. B. »das Empire denkt Differenzen nicht in absoluten Kategorien« (2002, 206); es »erkennt die Tatsache und zieht daraus Profit, dass die Körper in Kooperation mehr produzieren« (ebd., 398 f.) etc.

Literatur

Agamben, Giorgio (2002): *Homo Sacer. Die souveräne Macht und das nackte Leben.* Frankfurt a. M.
Atzert, Thomas/Müller, Jost (Hg.) (2004): *Immaterielle Arbeit und imperiale Souveränität. Analysen und Diskussionen zu Empire*, Münster
Brieler, Ulrich (2007): »Genealogie im ›Empire‹. Zum theoretischen Produktionsverhältnis von Antonio Negri und Michel Foucault«, in: Kammler, Clemens/Parr, Rolf (Hg.), *Foucault in den Kulturwissenschaften*, Heidelberg, S. 239–262.
Deleuze, Gilles (1993): »Postskriptum über die Kontrollgesellschaften«, in: Ders., *Unterhandlungen 1972–1990*, Frankfurt a. M., 254–262.
Demirović, Alex (2004): »Vermittlung und Hegemonie«, in: Atzert, Thomas/Müller, Jost (Hg.), *Immaterielle Arbeit und imperiale Souveränität*. Münster, 235–254.
Foucault, Michel (1971): *Die Ordnung der Dinge*, Frankfurt a. M.
Foucault, Michel (1976): *Überwachen und Strafen. Die Geburt des Gefängnisses*, Frankfurt a. M.
Foucault, Michel (1977): *Der Wille zum Wissen. Sexualität und Wahrheit 1*, Frankfurt a. M.
Foucault, Michel (1999): *In Verteidigung der Gesellschaft. Vorlesungen am Collège de France 1975–76*, Frankfurt a. M.
Foucault, Michel (2000): »Die Gouvernementalität«, in: Bröckling, Ulrich/Krasmann, Susanne/Lemke, Thomas (Hg.), *Gouvernementalität der Gegenwart. Studien zur Ökonomisierung des Sozialen*, Frankfurt a. M., 41–67.

Foucault, Michel (2003): Die Geburt der Sozialmedizin, in: Ders., *Schriften in vier Bänden. Band III*, (Defert, Daniel/Ewald, Francois (Hg.), Lagrange Jacques (Mitarb.)), Frankfurt a. M., 272–298

Foucault, Michel (2004a): *Geschichte der Gouvernementalität I: Sicherheit, Territorium, Bevölkerung. Vorlesung am Collège de France 1977–1978*, Frankfurt a. M.

Foucault, Michel (2004b): *Geschichte der Gouvernementalität II: Die Geburt der Biopolitik, Vorlesung am Collège de France 1978–1979*, Frankfurt a. M.

Gerhardt, Volker (2004): »Biopolitik. Was sie ist und was gegen sie spricht«, in: Ders., *Die angeborene Würde des Menschen. Aufsätze zur Biopolitik*, Berlin, 27–36.

Gunst, Dietrich (1978): *Biopolitik zwischen Macht und Recht*, Mainz.

Hardt, Michael (2003): Affektive Arbeit, in: Osten, Marion von (Hg.), *Norm der Abweichung*. Zürich, 211–224.

Hardt, Michael/Negri, Antonio (2002): *Empire. Die neue Weltordnung*, Frankfurt a. M./New York.

Hardt, Michael/Negri, Antonio (2004): *Multitude. Krieg und Demokratie im Empire*, Frankfurt a. M./New York.

Kamps, Klaus/Watts, Meredith (Hg.) (1998): *Biopolitics – Politikwissenschaft jenseits des Kulturalismus. Liber Amicorum Heiner Flohr*, Baden-Baden.

Larsen, Lars Thorup (2007): »Speaking Truth to Biopower: On the Genealogy of Bioeconomy«, in: *Distinktion. Scandinavian Journal of Social Theory*, Nr. 14, 9–24.

Lazzarato, Maurizio (2000): »Du biopouvoir à la biopolitique«, in: *Multitudes*, Vol. 1, Nr. 1, 45–57.

Lemke, Thomas (1997): *Eine Kritik der politischen Vernunft. Foucaults Analyse der modernen Gouvernementalität*, Hamburg/Berlin.

Macherey, Pierre (1991): »Für eine Naturgeschichte der Normen«, in: Ewald, François/Waldenfels, Bernhard (Hg.), *Spiele der Wahrheit. Michel Foucaults Denken*, Frankfurt a. M., 171–192

Magiros, Angelika (1995): *Foucaults Beitrag zur Rassismustheorie*, Berlin/Hamburg.

Mouffe, Chantal (2007): *Über das Politische. Wider die kosmopolitische Illusion*, Frankfurt a. M.

Multitudes (2000): *Biopolitique et biopouvoir*, 1. Jg., Nr. 1.

Negri, Antonio (1998): *Ready-Mix. Vom richtigen Gebrauch der Erinnerung und des Vergessens*, Berlin.

Negri, Antonio (2003): *Rückkehr. Alphabet eines bewegten Lebens*, Frankfurt a. M./New York.

Negri, Antonio (2007): »Zur gesellschaftlichen Ontologie. Materielle Arbeit, immaterielle Arbeit und Biopolitik«, in: Pieper, Marianne/Atzert, Thomas/Karakayalı, Serhat/Tsianos, Vassilis (Hg.), *Empire und die biopolitische Wende. Die internationale Diskussion im Anschluss an Hardt und Negri*, Frankfurt a. M./New York, 17–31.

Negri, Antonio/Hardt, Michael (1997): *Die Arbeit des Dionysos. Materialistische Staatskritik in der Postmoderne*, Berlin

Pieper, Marianne/Atzert, Thomas/Karakayalı, Serhat/Tsianos, Vassilis (Hg.) (2007): *Empire und die biopolitische Wende. Die internationale Diskussion im Anschluss an Hardt und Negri*, Frankfurt a. M./New York

Rabinow, Paul/Rose, Nikolas (2006): »Biopower Today«, in: *Biosocieties*, Vol. 1, No.2, 195–217.

Rancière, Jacques (2000): »Biopolitique ou politique?«, in: *Multitudes*, 1. Jg., Nr. 1, 88–93.
Revel, Judith (2002): Biopolitique, in: Revel, Judith (Hg.), *Le vocabulaire de Foucault*, Paris, 13–15.
Saar, Martin (2007): »Michael Hardt/Antonio Negri, Empire (2000)«, in: Brocker, Manfred (Hg.), *Geschichte des politischen Denkens*. Frankfurt a. M., 807–822.
Schultz, Susanne (2002): Biopolitik und affektive Arbeit bei Hardt/Negri, in: *Das Argument*, H 5/6, Jg.44, , Nr. 248, 698–708.
Somit, Albert/Peterson, Steven A. (1998): »Review Article: Biopolitics After Three Decades – a Balance Sheet«, in: *British Journal of Political Science*, Vol. 28, 559–571.
Stingelin, Martin (Hg.) (2003): *Biopolitik und Rassismus*. Frankfurt a. M.
Stoler, Ann Laura (1995): *Race and the Education of Desire. Foucault's History of Sexuality and the Colonial Order of Things*, Durham/London
Virno, Paolo (2005): *Grammatik der Multitude. Untersuchungen zu gegenwärtigen Lebensformen*, Berlin.

Gegen theoretische Strategien der Ganzheitlichkeit: Eine feministische Kritik an »Empire«

Susanne Schultz

Die Veröffentlichung von *Empire* löste unter linken Intellektuellen und Gruppen heftige Debatten aus – von einer euphorischen Rezeption bis zum »Empire-bashing« und schließlich der Entwicklung verfestigter kontroverser und differenzierter Standpunkte. Demgegenüber war die Rezeption in einer feministischen oder genderpolitisch engagierten Szene inexistent bis verhalten. In Deutschland knüpften feministische Texte und Debatten kaum positiv an *Empire* an (Ausnahme Eichhorn 2004), ebenso waren kaum kritische Stimmen zu vernehmen (Ausnahme Bernhard 2003). In anderen europäischen Kontexten bezogen sich feministische Projekte demgegenüber eher auf bestimmte Konzepte in *Empire*. Zumindest zeugen davon Texte von Cristina Vega, Mitglied eines feministischen militanten Untersuchungsprojektes in Madrid (Vega 2003), und von Francesca Pozzi (Pozzi 2003), feministische Forscherin und Mitherausgeberin der italienischen Zeitschrift *Derive Approdi*. Vega bezieht sich auf das Konzept eines biopolitischen Kontinuums, um Kartographien des Patriarchats zu entwerfen – entlang neuer Verstrickungen zwischen bezahlten und unbezahlten Arbeitsverhältnissen. Pozzi nutzt den Begriff der Multitude, um nach neuen Subjektpositionen von Frauen in der »Bewegung der Bewegungen« zu suchen: Diese agierten heute auf der Basis früherer feministischer Kämpfe, verweigerten sich aber identitätspolitischen Verortungen »als Frauen« in der Bewegung.

Vega und Pozzi geht es um die Effekte früherer feministischer Politik in heutigen Geschlechterarrangements – jenseits von Thesen der Vereinnahmung oder der graduellen Reformen. Beide suchen nach neuen analytischen Perspektiven, um überhaupt aktuelle feministische Einsätze verstehen und sichtbar machen bzw. neu entwickeln zu können. Sie beziehen sich insofern auf ein emphatisches Versprechen von *Empire*, auf ein politisches Anliegen, das sich in der Rezeption von *Empire* zweifellos verdichtet hat. Damit meine ich weniger die Politik der Abgrenzungen – von ökonomistischen, hauptwiderspruchsfixierten, staatsorientierten, befreiungsnationalistischen Linken oder von identitätspolitischen Vereindeutigungen. Denn diese Politik muss sich jenseits von *Empire* auf Bewegungen beziehen, welche diese Abgrenzungen schon lange formuliert haben, um nicht unnötig arrogant und geschichtslos daherzukommen. Das Attraktive an *Empire* waren nicht dies, sondern die Suche nach einer neuen Sprache und einer großen Erzählung, um jenseits aller trockenen Analysen des Postfordismus zu verstehen, wie die vergangenen und unterbrochenen Kämpfe der 1960er, 1970er und 1980er Jahre nicht nur zerrieben und vereinnahmt wurden, sondern inwiefern sie eine neue Ausgangsbasis geschaffen haben und zwar sowohl, indem sie zu neuen Koordinaten der Herrschaft beigetragen haben, als auch, indem Überschüsse dieser Kämpfe noch aufzuspüren sind – wenn auch manchmal nur in der Form individualisierter Wahlfreiheiten oder in der Form pragmatischer Ironie, wie Vega es bezeichnet: »Ich setze darauf, dass die Mädchen heute nicht auf die gleiche Weise mit Barbies spielen, darauf, dass die Repräsentation der Geschlechter stärker geprägt ist von einem Spiel der Parodie, von einer gewissen Skepsis und Entnaturalisierung, sozusagen einer pragmatischen Ironie« (Vega 2003, Übersetzung S.S.). Die Fragen von Vega und Pozzi berühren den Kern der Schwierigkeiten, mit denen es gegenwärtig feministische Suchen nach neuen Perspektiven zu tun haben. Es geht um den Umgang mit einer gleichzeitigen Flexibilisierung und Festschreibung von Geschlechterstereotypen und um die Frage, wie sexistische Arbeitsteilung heute jenseits platter Dichotomien zwischen Lohn- und Hausarbeit zu verstehen sein könnte (vgl. Eichhorn 2004).

Meines Erachtens lösen die Konzepte von *Empire* diese Versprechen für feministische militante Untersuchungen aber bei genauerer Betrachtung nicht ein – ein Grund auch, warum z.B. Vega jenseits dieses Begehrens nach einer Reorganisation der analytischen Landkarte auf andere TheoretikerInnen zurückgreift. Denn obwohl *Empire* wichtige feministische Begrifflichkeiten wie »Biopolitik« oder »affektive Arbeit« ins Zentrum stellt und beansprucht, die Ausbeutung unbezahlter Arbeit zu analysieren und zu integrieren, laufen diese Konzepte ins Leere. Statt den Sinn für eine Veränderung von Grenzziehungen und Hierarchisierungen zu schärfen, lösen Hardt und Negri mit ihrer Emphase des Produktivismus, der Immanenz und der Verschmelzung wichtige analytische Unterscheidungen auf, statt neue theoriepolitische Angebote in diese Richtung zu machen.

Diesen Leerstellen möchte ich im Folgenden nachgehen – eine Perspektive, die sich damit eher auf die »deskriptiv-analytische« Seite und weniger auf die »politisch-konstituierende« Seite des Werkes von Hardt und Negri bezieht, wie etwa die Gruppe *no spoon* in ihrer Lektüre des Begriffs der Multitude unterscheidet (vgl. den Beitrag in diesem Band). Diese Richtung der Analyse schlage ich auch deswegen ein, weil der Begriff der Multitude im zweiten Sinne für mich auch nach reichlicher Lektüre und Vortragsbesuchen nicht greifbarer oder politisch anregender, sondern eher zunehmend ärgerlicher geworden ist. Das Konzept der Multitude hat als politisches Programm die Tendenz, sich der Kritik immer durch den Verweis auf eine auch in ihm angelegte, weitere oder entgegengesetzte Dimension zu entziehen – nicht nur als doppeltes Terrain einerseits der Potenzialität von emanzipatorischen Projekten, andererseits der Einschreibung von Herrschaftsstrategien. Multitude ist auch einerseits dialektisch angelegt mit der Zentralachse Multitude/Empire und durchdrungen von der Idee eines revolutionären Umschlags, andererseits ein antidialektisches Konzept mit Bezug auf eine deleuzianische Positivität des Widerstands und schließlich auch ein operaistisches Projekt, das gesellschaftliche Dynamiken einseitig von der konstituierenden Macht der Multitude aus denkt. Schließlich verweigert das Konzept der Multitude zwar zu Recht universelle oder zentralisierte Antworten auf die Frage, was weltweit vorrangige Konfrontationslinien oder Organisationsformen sein sollten. Als große Erzählung nimmt es aber auch keine partikulare, situierte Perspektive ein, aus der heraus es doch gilt, alltäglich diese Fragen immer wieder neu zu beantworten, ebenso wenig wie eine antirepräsentationspolitische Haltung eine Antwort darauf gibt, wie mit den permanenten Logiken der Repräsentation und Nicht-Repräsentation in der politischen Praxis umzugehen sein könnte.[2] Doch nun zu den problematischen theoriepolitischen Versprechen von *Empire* für eine feministische Analyse und Politik.

Biopolitik ohne historisch-kritischen Lebensbegriff

Hardt und Negri interpretieren in *Empire* den Foucaultschen Begriff der Biopolitik um und etablieren einen ganzheitlichen Lebensbegriff, der inzwischen relativ unhinterfragt in einer an *Empire* anknüpfenden Debatte aufgegriffen wird. Dieser uminterpretierte Begriff macht eine für Herrschaftskritik weiter zentrale Frage unsichtbar – nämlich die Frage, wie der Wissen-Macht-Komplex über das »Leben«, (die Körper, die Bevölkerung, das biologische Geschlecht, die Gene etc.) eine spezifische Verwaltung des Lebens konstituiert, die nicht mit der Verwertung des Lebens in eins gesetzt werden kann (vgl. Diefenbach 2004). Dieser Wissen-Macht-Komplex funktioniert weiter über die Differenz Natur versus Kultur, Bevölkerung versus Gesellschaft oder Gene versus Umwelt, so sehr diese Verhältnisse der Differenz in den letzten Jahrzehnten auch selbst redefiniert und reorganisiert worden sein mögen.

Der folgende Rekurs auf Foucault sei deswegen nicht als die »richtige« Exegese Foucaults misszuverstehen, sondern als das, was für eine antirassistische und feministische Kritik daran wichtig ist und was in dem Begriff der biopolitischen Produktivität bei Hardt und Negri verschwindet. Foucault bezeichnet mit Biopolitik eine seit dem 18. Jahrhunderts auftretende Technologie der Macht, die sich auf Individuen nicht als Rechtspersonen, sondern als Lebewesen richtet. In ihr gewinnen institutionelle Praktiken an Bedeutung, die sich auf ein spezifisches historisches Wissen über das Leben beziehen, sei es auf Biologie, Medizin oder Demographie. Biopolitik ist dabei der Oberbegriff für die Disziplinierung der Körper und die Regulierung der Bevölkerung. Die Bevölkerung als neues Objekt staatlichen Handelns ist somit als Biomasse zu verstehen gerade im Unterschied zu Individuen oder Gesellschaft – sie konstituiert sich über statistische Angaben zur territorialen Verteilung, zu Krankheitshäufigkeiten, Geburtenraten, Sterberaten oder auch zu rassistischen Kategorien und differenziert sich entlang von Korrelationen dieser statistischen Angaben mit vielfältigen sozialen Faktoren aus (vgl. Foucault 1983, 161 f.; 1992, 2001)

Der Begriff der Biopolitik war für eine feministische Analyse von Technologien und Wissensformen über »das Leben« zentral – auch wenn Foucault diese eher entlang der Sexualität und des (biologischen) Rassismus analysiert hat, während Fragen nach der Vergeschlechtlichung von Körpern oder nach Fortpflanzungspolitik eher sekundär blieben. Dennoch ließ sich mit dem Begriff verstehen, wie Biopolitik einerseits konstitutiv für moderne Staatlichkeit ist, gleichzeitig aber das politisch regulierte Terrain entpolitisiert, indem sie dieses als Terrain »objektiver« Fragen des Lebens anordnet – also Fragen, die naturwissenschaftlich, medizinisch oder demographisch behandelt werden müssen. Diese Perspektive auf Biopolitik ermöglichte es so auch zu verstehen, wie Öffentlichkeit und Privatsphäre einerseits über diesen Lebensbegriff getrennt werden, das Private aber gleichzeitig über staatliche Politiken reguliert und die Trennlinie dabei permanent überschritten wird – oder anders gesagt, wie das zu Regulierende permanent im Akt der Regulation hervorgebracht wird, aber als ihm vorausgesetzt, natürlich, erscheint. Diese Perspektive hat so eine Kritik an Körperpolitik, an Biotechnologien, an Bevölkerungspolitik ermöglicht, die sich einem unproblematischen positiven Rekurs auf Natürlichkeit versperrt – und hat Anknüpfungspunkte geschaffen, das Wissen und die Technologien, die sich auf die Körper, die Gesundheit oder die Fortpflanzung richten, ins Zentrum von Herrschaftskritik zu stellen.

Der Bezug von *Empire* auf den Begriff der Biopolitik ist aber ein ganz anderer (vgl. Hardt/Negri 2002, 42 f.; Hardt 2001): Meines Erachtens ist hier ein bestimmter Aspekt von Foucaults Begriff verabsolutiert – nämlich der Aspekt, der sich auf die produktive Dimension der Macht bezieht. Hardt und Negri interessiert die Dimension des Begriffs, welche sich mit der liberalen Problematik des Regierens beschäftigt – nämlich mit der Frage, wie die Vielheit nach der Auflösung ständischer Fesseln regiert werden kann, ohne sie ihrer produktiven Potenziale zu berauben (vgl. Reinfeldt/Schwarz 2001). Sie vereinseitigen in dieser Hinsicht das Verständnis von Biopolitik in Richtung der bei Foucault auch unter dem Stichwort der Gouvernementalität behandelten Fragestellungen, in denen es eher um die individualisierende und nicht die selektiv spezifizierende Dimension liberaler Herrschaft geht. Zudem verengen sie die historische Perspektive der Entwicklung neuer Regierungsformen auf den Übergang vom Fordismus zum Postfordismus, den sie als Übergang von der Disziplinar- zur Kontrollgesellschaft fassen. *Empire* entwickelt letztendlich ein System fast schon synonymer, historisch immer auf die neue Phase der Produktivkräfte ausgerichteter Parallelbegriffe: Der von Deleuze entlehnte Begriff der Kontrollgesellschaft meint dabei eher, dass soziale, kulturelle, politische Institutionen aufgesplittert und entgrenzt werden (vgl. Hardt/

Negri 2002, 340), während Biopolitik eher die Dimension ihrer Verschmelzung in einem Ganzen des sozialen Lebens meint. Dieses Ganze des sozialen Lebens ist es auch, das Hardt und Negri mit »bios«, dem Leben, meinen. Sie verzichten damit auf die bei Foucault angelegte kritisch-historische Perspektive auf Lebensbegriffe und entwerfen stattdessen eine objektiv-ontologische, unkritische Perspektive auf das Leben. Biopolitische Produktivität meint die schöpferische Dynamik der heutigen Produktivkräfte als eine ontologische Substanz der gesellschaftlichen Produktion (Hardt/Negri 2002,43). Hardt und Negri übergehen dabei in ihrer Anlehnung der biopolitischen Produktivität an die Gefüge des Begehrens bei Deleuze auch hier eine Unterscheidung, die Deleuze in seinem Bezug auf Foucault betont. Deleuze ordnet den Begriff der Biopolitik bei Foucault eindeutig Prozessen der Reterritorialisierung zu, während er Prozesse der Deterritorialisierung als (er betont das) nichtnatürliche Positivität fasst, (er sagt auch: »Körper ohne Organe«). Durch diese Unterscheidung, die Hardt und Negri nicht nachvollziehen, hält sich Deleuze einen herrschaftskritischen Blick auf Biopolitik im Sinne einer Kritik von Lebensbegriffen offen (Deleuze 1996, 33 f.).

Wegen des ganzheitlichen Lebensbegriffes bei Hardt und Negri, der diese Differenzierung nicht ermöglicht, ist auch das Konzept des Cyborg in *Empire* ein anderes als das bei Donna Haraway, auch wenn sich *Empire* positiv auf sie bezieht. Haraway entwirft den Cyborg als ironische und nicht unschuldige Form einer situierten Technologiekritik, die in die spezifischen aktuellen Diskurse über Technologien, über das Leben, eingreift (vgl. Haraway 1995). Da in *Empire* aber diese historisch-kritische Perspektive auf Biotechnologien fehlt, kann der Bezug auf den Cyborg die ironische Ebene von Haraway nicht reflektieren, die sich bei ihr aus der Kritik der Engpässe feministischer Technologiekritik ergibt. Vielmehr entwirft *Empire* eine Anthropologie der Postmoderne, in der sich der Mensch auf kybernetische, von den Computertechnologien hergeleitete Weise selbst erschafft. Es entsteht ein Hype der »Hybridisierung des Natürlichen und des Künstlichen«, der aber die Fragen, was denn heute hegemonial als natürlich und künstlich gilt, nicht reflektiert (Hardt/Negri 2002, 395). Hardt und Negri tendieren so dazu, den alten sozialistischen Glauben wenn nicht an die Neutralität, so doch an die einfach mögliche »neue Verwendung der Maschinen und Technologien« wiederzubeleben (ebd., 411). Diese Tendenz wird durch den vorrangigen Bezug auf Informations- und Kommunikationstechnologien bestärkt, während eine Beschäftigung mit Biotechnologien – und deren Verstrickungen in die wissenschaftlichen Annahmen der Genetik und in eugenische Selektionsmechanismen fehlt. Das Problem ist aber meines Erachtens nicht (wie von manchen behauptet wird), dass Hardt und Negri selbst biologistische Konzepte entwerfen (vgl. Hartmann 2002). Das Problem ist, dass sie von der herrschaftskritischen Perspektive auf den Lebensbegriff abstrahieren, um den Begriff der Biopolitik ihrer produktivistischen Zentralperspektive unterzuordnen, nämlich der These der Produktivität des Ganzen des sozialen Lebens in der Postmoderne – der ich mich nun zuwenden möchte.

Affektive Arbeit als »entinstrumentalisierte Kommunikation«

Ähnlich wie bei der Biopolitik treffen LeserInnen aus einer feministisch interessierten Perspektive auch bei der Analyse der neuen Produktivkräfte auf Fragen, die für eine feministische Theoriebildung zentral waren und sind, gleichzeitig aber meines Erachtens eine problematische Wirkung in *Empire* entfalten. Mit dem Begriff der affektiven Arbeit erweitern Hardt und Negri das Konzept der »immateriellen Arbeit«, das zunächst vor allem über die Begriffe der Information und Kommunikation gefasst worden war (vgl. Lazzarato 1998). Affektive Arbeit meint mal die »Herstellung von zwischenmenschlichen Kontakten und Interaktionen« (Hardt/Negri 2002, 304), an anderer Stelle wird sie als Produktion und Handhabung von Gefühlen definiert (ebd., 305). Der Begriff der affektiven Arbeit dient einer Konzeption von Ganzheitlichkeit, die auf dualistische Modelle von Körper und Geist nicht verzichtet: »Gerade dadurch, dass Intelligenz und Affekt (oder genauer der Geist in gleicher Weise wie der Körper) zu primären Produktionskräften werden, fallen Produktion und Leben überall dort, wo sie wirksam werden, zusammen; denn Leben ist nichts anderes als Produktion und Reproduktion eines Sets von Körper und Geist.« (Hardt/Negri 2002, 373)

Meines Erachtens ist der Begriff der affektiven Arbeit in *Empire* aus zwei Gründen problematisch: Erstens sind die Zuordnungen klar dualistisch verteilt, auch wenn beansprucht wird, affektive Arbeit als Aspekt jeder Arbeit zu fassen: Für bestimmte Arbeitsbereiche gilt, dass hier die strategisch-analytische und informatisierte Seite betont und vom Computer hergeleitet wird. In anderen Bereichen (in *Empire* werden sowohl persönliche Dienstleistungen als auch Unterhaltungsindustrie genannt) gilt der Aspekt der affektiven Arbeit mehr. Hier beanspruchen Hardt und Negri zwar, diesen Aspekt von einer Kritik der Frauenarbeit herzuleiten (vgl. Hardt/Negri 2002, 304). Die Arbeitsbereiche erscheinen aber doch dualistisch in emotionale und intellektuelle, man könnte auch sagen, männliche und weibliche Dimensionen aufgeteilt. Dagegen unterbleibt eine Umkehrung der Perspektive – z. B. auf den strategisch-analytischen Aspekt von Hausarbeit zu verweisen etc. Der Begriff der affektiven Arbeit ist so eher ganzheitlich in eine dualistische Konzeption integriert, statt sie kritisch aufzuheben.

Zweitens finde ich es problematisch, wie affektive Arbeit als Kern der Biopolitik vor allem als nicht-verdinglichte, nicht-instrumentalisierte Tätigkeit auftaucht. Denn zwischenmenschliche Kontakte werden von Hardt und Negri als egalitär und nicht-hierarchisch gedacht. »Affektive Arbeit produziert soziale Netzwerke, Formen der Gemeinschaftlichkeit, der Biomacht.« (Hardt/Negri 2002, 304) Und

Hardt erklärt in einem Text, affektive Arbeit sorge gegen die Instrumentalisierung und Verdinglichung kommmunikativen Handelns für eine Umkehrung dieses Prozesses – für eine Entinstrumentalisierung der Kommunikation (Hardt 2001, 3).

Eine solche Konzeption tendiert dazu – gegen alle formulierten Ansprüche – mit affektiver Arbeit einmal mehr den Blick auf Frauen- oder Reproduktionsarbeit als lebensweltliches Außen oder als Ort der Nichtentfremdung zu richten. Andere Fragen können dagegen in einer solchen Perspektive nicht formuliert werden, und zwar insbesondere die Fragen danach, wie Herrschaftsverhältnisse gerade auch in direkten persönlichen Beziehungen reproduziert werden und wie es in personenbezogenen Diensten auch um die Grauzonen körperlicher und emotionaler Verfügbarkeit geht (vgl. Madörin 1999, 140).

Zudem scheint es in der Lektüre der Text-Stellen, die affektive Arbeit beschreiben, als ob sich das Interesse von Hardt und Negri aus der Analyse neuer Sphären der Erwerbsarbeit ableitet, während Beispiele zu affektiver Arbeit in der unbezahlten Arbeit fehlen. Hardt und Negri eine klassische Ausblendung unbezahlter Arbeit vorzuwerfen, wird allerdings dem Projekt *Empire* nicht gerecht. Denn sie beanspruchen es ja gerade, unbezahlte Arbeit nicht auszugrenzen, sondern analytisch zu integrieren.

Zur Ununterscheidbarkeit von bezahlter und unbezahlter Arbeit

Eine zentrale These von *Empire* ist es, dass die aktuellen Produktionsverhältnisse von einer Ununterscheidbarkeit zwischen den klassisch als Produktion und Reproduktion bezeichneten Sphären geprägt seien, da heute alle Tätigkeiten unmittelbar produktiv geworden seien (vgl. Hardt/Negri 2002, 372; 409). Diese Perspektive entspricht zunächst einmal den Forderungen feministischer Ökonomiekritik, unbezahlte, meist Frauen zugeschriebene Tätigkeiten als Teil der Ökonomie zu verstehen – und entspricht auch einer alten feministischen Strategie, den Arbeitsbegriff auszudehnen. Aber eine solche Strategie, unbezahlte Tätigkeiten als produktive sichtbar zumachen, war immer nur ein erster Schritt – abgesehen davon, dass sie in sehr unterschiedliche politische Projekte gemündet ist. Eine radikale feministische Perspektive bedarf gleichzeitig weiterhin einer Kritik der Grenze zwischen bezahlter und unbezahlter Arbeit selbst, der Grenze zwischen Tätigkeiten, die in die Tauschwert-Ökonomie integriert und nicht integriert sind; denn nur so lässt sich verstehen, wie sich Hierarchien entlang dieser Grenze permanent reproduzieren, und nur so ist es überhaupt möglich, aktuelle Verschiebungen dieser Grenzziehungen zu analysieren. Ich halte es daher für ein gravierendes Problem der These der Grenzauflösung, dass sie diese Grenze unsichtbar macht – dass sie so letztendlich eine theoretische Vermeidungsstrategie darstellt, sich mit der gleichzeitigen Reproduktion und Verschiebung dieser Grenzen zu beschäftigen.

Auf welche Analysen greift die These einer Auflösung der Grenzen eigentlich zurück?

In *Empire* finden sich keine Stellen, die erklären, wie sich der Prozess der Auflösung der Grenze zwischen Produktions- und Reproduktionsarbeit genauer ausbuchstabieren ließe. Dies entspricht aktuell üblichen sozialwissenschaftlichen Erklärungen über das Ende der Opposition zwischen Privatheit und Öffentlichkeit, Arbeit und Freizeit etc., mit denen oftmals sehr heterogene Phänomene über einen Kamm geschoren werden. So ist mal die Grenze zwischen Orten gemeint (also dem Zuhause und dem Arbeitsplatz), mal die zwischen Zeiten (Arbeitszeit/Freizeit), mal die zwischen Arbeitsinhalten (also die Inwertsetzung von außerhalb der Erwerbsarbeit entwickelten Fähigkeiten), mal die Integration von Frauen in den Arbeitsmarkt.

Meines Erachtens ist es wichtig, diese Prozesse differenzierter zu betrachten und dabei auch festzustellen, dass die Grenzen in unterschiedliche Richtungen unterschiedlich durchlässig sind. So ist etwa der (sowieso immer nur graduell zu verstehende) steigende Zugang von Frauen zu Erwerbsarbeit nicht begleitet von einem entsprechenden »Zugang« der Männer zur Reproduktionsarbeit – ist die Grenzziehung also in Richtung der Reproduktionsarbeit weiterhin sehr stabil. Nur von der These einer Reproduktion der Reproduktionsarbeit aus kann also eine herrschaftskritische Analyse die unterschiedlichen Verschiebungen in den Blick nehmen und daraus politische Strategien ableiten. Denn sonst reproduziert die These der biopolitischen Produktivität einfach nur affirmativ die Tatsache, dass Reproduktionsarbeit heute in den Nischen des neoliberalen Patchworkalltags als individuell zu managende unsichtbarer geworden ist.

Diese These möchte ich auch vor dem Hintergrund der Kommodifizierung haushaltsnaher und personenbezogener Dienste und deren Delegation an unterprivilegierte Frauen (und auch Männer) betonen. Insbesondere MigrantInnen übernehmen heute zunehmend schlecht bezahlt diejenigen Tätigkeiten, die in den neoliberalen Arbeitsalltag nicht mehr hineinpassen und angesichts des Scheiterns kollektiver aber auch privater Modelle der Umverteilung zwischen den Geschlechtern auch nicht anders organisiert werden (vgl. Geissler/Rerrich/Gather 2002; Anderson 2000). Aber diese Entwicklungen sind nicht als Auflösung unbezahlter Arbeit zu verstehen, sondern es gilt die bezahlte Reproduktionsarbeit in einem Verhältnis zur unbezahlten zu betrachten. Denn erstens ist die bezahlte Hausarbeit deswegen extrem abgewertet, weil sie als nicht qualifizierte und Mädchen/Frauen quasi natürlich ansozialisierte gilt. Zweitens ist es dem System der bezahlten Hausarbeit immanent, dass sie nicht für alle gelten kann, sondern auf hohen Lohndifferenzen aufbaut. Einfach gesagt: eine Hausangestellte kann sich nicht oder nicht im selben Maße selbst eine Hausangestellte leisten.[3] Zudem geschieht die Kommodifizierung von Hausarbeit vor dem Hintergrund ihrer gleichzeitig zunehmenden Reprivatisierung – d. h. einer (Zurück-)delegation dieser Arbeit an die Privathaushalte durch den neoliberalen Abbau von öffentlicher Gesundheitsversorgung oder Kinderbetreuung.

Ich halte es deswegen für wesentlich sinnvoller, statt von einer Auflösung der Grenze zwischen Produktions- und Reproduktionsarbeit von einer Reorganisation der Grenze entlang transnationaler, geschlechts- ebenso wie klassenspezifischer und rassistischer Linien auszugehen. Statt von einer diffusen biopolitischen Produktivität zu sprechen, müssen Konzepte wie das einer zunehmenden Stratifizierung der Reproduktionsarbeit starkgemacht werden (vgl. Colen 1990; Ginsburg/ Rapp 1995). Es geht um die Aufmerksamkeit dafür, wem innerhalb einer internationalen Arbeitsteilung welche Aufgaben zugeschrieben werden: wer soll/darf Kinder bekommen und wer nicht, wer soll seine und/oder die anderer versorgen, wer soll sie erziehen, wer hat über sie Verfügungsrecht etc.

Imperiale Subjektivitäten – Jenseits der Binarität?

Vor diesem Hintergrund halte ich es auch für problematisch, wie Hardt und Negri es vorschlagen, die imperialen Subjektivitäten jenseits binärer Modelle zu analysieren (Hardt/Negri 2002, 152 f.). Stattdessen fände ich es gerade wichtig, die Gleichzeitigkeit der Festschreibung und Flexibilisierung von Geschlechterverhältnissen vor dem Hintergrund neoliberaler Projekte zu verstehen.

Für die Seite der Flexibilisierung bieten Hardt und Negri mit ihrem Bezug auf Étienne Balibar und dessen Analyse des Neorassismus wichtige Hinweise. Sie erklären, dass wir es heute bei Geschlechterverhältnissen ebenso wie beim Neorassismus nicht mehr mit einem klaren Entweder/Oder, nicht mehr einfach mit Ein- und Ausschluss oder mit klaren Linien des Othering zu tun hätten, sondern mit einer kontingenten kulturalisierenden Koordination gradueller Differenzen. Dieses Phänomen könne als Dreischritt gedacht werden: als Leugnen der Differenzen in einem ersten, ihrer Einschließung in einem zweiten und ihrer ausbeutbaren Koordination und Kontrolle in einem dritten Schritt (Hardt/Negri 2002, 166).

Meines Erachtens ist dies ein interessanter Anknüpfungspunkt, um die heutige Reorganisation von Geschlechterverhältnissen zu verstehen. Es ist aber falsch, wie diese Dimension in *Empire* verabsolutiert wird – als neue Phase jenseits der Moderne. Hardt und Negri setzen dabei Hybridisierungsprozesse als die neue Form der Produktion von Subjektivität absolut, indem sie sie sowohl zur neuen herrschaftlichen Anrufung, wie auch zum (besseren) Ausgangspunkt für emanzipatorische Projekte erklären. Stattdessen gilt es, gerade in der flexiblen Ökonomisierung von Differenzen, in deren Verwaltung durch das unternehmerische Individuum, aufzuzeigen, dass diese weiter erstens binär entlang einem System der Heteronormativität organisiert sind: Es geht weiter um männlich oder weiblich kodierte Eigenschaften, die ausgebeutet werden sollen, auch wenn deren Inhalt noch so veränderbar ist (vgl. Teuber 1992).

Zweitens ist es wichtig, bei dem Blick auf die flexible Inwertsetzung von Geschlechterdifferenzen, die auch bei Hardt und Negri von der Erwerbsarbeit, nämlich von Unternehmensstrategien her analysiert wird, gleichzeitig den ausgeblendeten Hintergrund nicht aus dem Blick zu verlieren, also etwa die weiter klare Verteilung der Verantwortung für Reproduktionsarbeit. Nicht nur die Flexibilisierung ist zu analysieren, sondern auch, wie diese einhergeht mit Strategien der Dethematisierung weiter festgeschriebener Ordnungsmuster. Allgemein ließe sich sagen: Geschlechterzuschreibungen sind heute paradoxerweise zugleich flexibel zu verwaltende Ressourcen wie unhinterfragbare »Umweltbedingungen«, die immer schon als Prämisse vorausgesetzt und dabei unsichtbar gemacht werden (vgl. Pühl/Schultz 2001).

Insgesamt möchte ich also resümmieren, dass meines Erachtens die zentralen Konzepte in *Empire*, die auf den ersten Blick einen Beitrag zu feministischer Theoriebildung zu leisten versprechen, diese Erwartungen nicht erfüllen. Sondern sie entpuppen sich in vieler Hinsicht als ganzheitliche Umarmungsstrategien, die aber Leerstellen produzieren: Denn sie machen Herrschaftskritik entlang der Reorganisation ebenso wie Verschiebung von Grenzen unmöglich, weil sie diese dethematisieren.

Deswegen sind diese Konzepte auch für Projekte, die neue Kartographien des Patriarchats entwerfen oder militante Untersuchungen über neue Subjektivitäten entwickeln wollen, eher hinderlich als hilfreich. Auch wenn es *Empire* positiv angerechnet werden muss, gerade das historisch Neue aufspüren zu wollen, brauchen politische Projekte wie die von Vega und Pozzi, die aus situiertem Wissen konfrontative Strategien entwickeln wollen, andere analytische Instrumente. Diese müssen sich sowohl an Prozessen der Hybridisierung und Flexibilisierung abarbeiten, diese aber auch im Zusammenhang mit der Reproduktion von Binaritäten, der Reproduktion von Grenzen untersuchen – seien es Grenzen zwischen »Lebens«-fragen einerseits und politisch/gesellschaftlichen Fragen andererseits, seien es Grenzen zwischen Zuschreibungen von Emotionalität und von Intellekt, seien es Grenzen zwischen bezahlter und unbezahlter Arbeit.

Anmerkungen

1 Dieser Text entstand als Beitrag zu einem Workshop mit Toni Negri in Hamburg Ende 2003 – und somit vor der Veröffentlichung von Multitude (Hardt/Negri 2004). Ausführlicher ist meine Analyse der Konzepte Biopolitik, affektive Arbeit und Produktion/Reproduktion in *Empire* in einem Artikel in der Zeitschrift *Das Argument* (Schultz 2002) nachzulesen.

2 Das sich zunehmend als demokratietheoretisch herausstellende Interesse der AutorInnen bringt es zudem mit sich, dass diese Fragen gegenüber herrschaftskritischen Fragen nach der Konstitution und Besonderung von Staatlichkeit an Gewicht gewinnen (vgl. Baum 2004).
3 Genauer hat Arlie Hochschild dieses hierarchisch ausdifferenzierte Verhältnis der Delegation von Sorgearbeit als »Global Chains of Care« thematisiert (Hochschild 2000).

Literatur

Adolphs, Stephan/Hörbe, Wolfgang/Rau, Alexandra (2002): »Der Begriff des politischen Subjekts hat seinen Gehalt verändert. Passagen der Multitude«, in: *Subtropen*, 16/08, http://www.nadir.org/nadir/periodika/jungle_world/_2002/33/sub04a.htm.

Anderson, Bridget (2000): *Doing the dirty work? The Global Politics of Domestic Labour*, London/New York.

Baum, Felix (2004): »Liebe in Zeiten des Empire«, Rezension in: *iz3w*, Nr. 281., 43.

Bernhard, Claudia (2002): »Das junge, harte Denken«, in: *alaska*, Nr. 240, 2–4

Colen, Shellee (1990): »Workers, the State and Stratified Reproduction in New York«, in: Sanjek, Roger/Colen, Shellee (Hg.): *At work in homes: Household workers in world perspective*, New York, 89–118.

Deleuze, Gilles (1996): *Lust und Begehren*, Berlin.

Diefenbach, Katja (2004): »Wenn ich von sozialen Kräfteverhältnissen ausgehe, dann wird die Frage nach dem Politischen radikal«, Interview in: *Phase 2*, Nr. 12, http://phase2.nadir.org/rechts.php?artikel=209).

Eichhorn, Cornelia (2004): »Geschlechtliche Teilung der Arbeit. Eine kritische Durchsicht der feministischen Ansätze seit der neuen Frauenbewegung«, in: *Jungle World*, Nr. 12, 10.3.2004.

Foucault, Michel (2001): »Vorlesung 17. März 1976«, in: Ders.: *In Verteidigung der Gesellschaft. Vorlesungen am Collège de France 1975–76*, Frankfurt a. M.., 282–311.

Foucault, Michel (1983): *Der Wille zum Wissen. Sexualität und Wahrheit 1*, Frankfurt a. M.

Foucault, Michel (1992): »Leben machen und sterben lassen. Die Geburt des Rassismus«, in: Reinfeldt, Sebastian u. a., *Bio-Macht*, DISS-Texte Nr. 25, Duisburg, 27–50.

Geissler, Birgit/Maria Rerrich/Claudia Gather (2002): *Weltmarkt Haushalt. Bezahlte Hausarbeit im sozialen Wandel*, Forum Frauenforschung Bd. 15, Münster.

Ginsburg, Faye/Rapp, Rayna (1995): »Introduction«, in: Ders. (Hg.): *Conceiving the new world order: the global politics of reproduction*, Berkeley/Los Angeles, 1–18.

Hardt, Michael/Negri, Antonio (2002): *Empire. Die neue Weltordnung*, Frankfurt a. M./ New York.

Hardt, Michael/Negri, Antonio (2004): *Multitude: Krieg und Demokratie im Empire*, Frankfurt a. M./New York.

Hardt, Michael (2001): »Affektive Arbeit. Immaterielle Produktion, Biomacht und Potenziale der Befreiung«, in: *Subtropen*, Nr. 9, 1–4.

Hartmann, Detlef (2002): »Empire: Einladung der Linken in eine neue konservative Revolution«, in: *alaska, Nr.* 240, 10–15.

Hochschild, Arlie Russell (2000): »Global care chains and emotional surplus values«, in: Hutton, Will/Giddens, Anthony (Hg.): *On the Edge. Living with Global Capitalism*, London, 130–146.

Lazzarato, Maurizio (1998): »Immaterielle Arbeit. Gesellschaftliche Tätigkeit unter Bedingungen des Postfordismus«, in: Atzert, Thomas (Hg.): *Umherschweifende Produzenten. Immaterielle Arbeit und Subversion*, Berlin, 39–52.

Madörin, Mascha (1999): »Robinson Crusoe und der Rest der Welt«, in: (Hg.) Boudry, Pauline/Kuster, Brigitta/Lorenz, Renate, *Reproduktionskonten fälschen*, Berlin, 132–155.

Pozzi, Francesca (2003): »In den Differenzen anfangen, also mittendrin. Bewegungen der Klasse, Bewegungen der Frauen« in: *Fantômas. Magazin für linke Debatte und Praxis*, Nr. 4, Winter 03/04, 45–47.

Pühl, Katharina/Schultz, Susanne (2001): »Gouvernementalität und Geschlecht – Über das Paradox der Festschreibung und Flexibilisierung der Geschlechterverhältnisse«, in: Hess, Sabine/Lenz, Ramona (Hg.), *Geschlecht und Globalisierung*, Königstein/Taunus, 102–127.

Reinfeldt, Sebastian/Schwarz, Richard (2001): »Naissance de la Biopolitique. Liberalismus und Biopolitik«, in: *IWK-Mitteilungen*, Nr.2-3, Jg. 56, 51–55.

Schultz, Susanne (2002): »Biopolitik und affektive Arbeit bei Hardt/Negri«, in: *Das Argument*, H 5/6, Jg. 44, Nr.248, 696–709.

Teuber, Ulrike (1992): »Geschlecht und Hierarchie«, in: Wetterer, Angelika (Hg.), *Profession und Geschlecht*, Frankfurt a. M./New York, 45–51.

Vega, Cristina (2003): »Tránsitos feministas«, *Pueblos Revista Pueblos. Revista de Información y debate*, n° 3, II, http://www.sindominio.net/karakola/transitos.htm

Biopolitik und die anti-passive Revolution der Multitude

Stephan Adolphs

Michael Hardts und Antonio Negris *Empire* (2002) ist der Versuch, mit der Verbindung von marxistischer und poststrukturalistischer Theorie eine Perspektive für ein linkes Projekt zu bestimmen. Die Begriffe, in denen die zentralen Thesen in *Empire* zusammenlaufen, sind Empire, Biopolitik und Multitude.

Mit Empire bezeichnen Hardt und Negri eine Konstellation, in der die nationalstaatlich verfasste Regulierung der Gesellschaften in Auflösung begriffen ist und damit ein globaler politischer Raum entsteht (vgl. Hardt/Negri 2002, Teil 1)[1]. Der moderne nationalstaatliche Souveränitätstypus gerät vor allem deshalb in eine Krise, weil die vorher in nationalen Einheiten regulierten biopolitischen Zusammenhänge global werden (vgl. Negri 2004a). Die Herausbildung des Empire vollzieht sich als Übergang von der nationalen Disziplinar- zur globalen Kontrollgesellschaft (vgl. Deleuze 1993), d. h. als Auflösung des fordistischen Akkumulationsregimes, der korporatistischen Kompromissstrukturen und makroökonomischen Regulationsmodi, die die Form des national-sozialen Staats ausmachten.[2]

In diesem Übergang der fordistischen nationalstaatlichen Konstellation zum Empire hin liegt der Einsatzpunkt des von Negri bereits vor einiger Zeit im Zusammenhang seiner Spinoza-Interpretation entwickelten Konzepts der Multitude (vgl. Negri 1982), das – im Gegensatz zu Hobbes' Gebrauch dieses Begriffs – Verbindung und Produktivität der Vielheit bereits vor einer Unterwerfung unter den (souveränen) nationalen Staat als Ausgangspunkt einer demokratischen Politik begründet (vgl. Negri 2004b, 16 f.). Das Konzept der Multitude ermöglicht es, zum Zeitpunkt der Supra- bzw. Transnationalisierung des fordistischen Nationalstaates über die bestehenden institutionellen und konstitutionellen Arrangements (wie z. B. Volkssouveränität und institutionelle Repräsentation) hinauszudenken und über die Verbindung der Marxschen Konzeption mit den pluralen Ansätzen und Praktiken der »Neuen Sozialen Bewegungen« seit 1968 die strategische Frage nach den politisch handelnden Subjekten von der klassenanalytischen Frage zu unterscheiden, ohne sie notwendig davon trennen zu müssen (vgl. Wolf 2004, 76).

An *Empire* sind vor allem ausgehend vom Konzept der Multitude – insbesondere an den Bezügen auf Deleuze und Guattari – verschiedene Kritiken geäußert worden, die im Kern Fragen der Hegemonie betreffen (vgl. bspw. Wolf 2004, 77 f.; Laclau 2004). Alex Demirović (2004) kritisiert zwei Punkte, die aufeinander verweisen: Erstens, dass die Multitude als Konzept der unmittelbaren Demokratie ohne Vermittlung konzipiert sei. Dies führt er auf die spezifische Verwendung des Konzepts der Biopolitik in Empire zurück. Er kritisiert, dass die biopolitischen Kämpfe um eine neue Lebensform als radikale Entdifferenzierung charakterisiert würden, die in einem Raum ohne Vermittlungsinstanzen ausgetragen werden (ebd., 248 ff.). Zweitens werde mit dem Konzept des Empire entgegen den Annahmen der materialistischen Staatstheorie, die den Staat im Anschluss an Poulantzas als Verdichtung von Kräfteverhältnissen fasse, wieder eine essentielle Subjektkonzeption des Staates eingeführt (ebd., 244). Ungeklärt bleibe in Hardts und Negris Konzept, wie politische Prozesse des Übergangs und Prozesse der Institutionalisierung von Konsens in der Multitude organisiert werden.

Jedoch kann Empire durchaus unter einer hegemonietheoretischen Perspektive gelesen werden, und zwar erstens als der Versuch, ein auf die industrielle Arbeiterklasse beschränktes Klassenkonzept zu erweitern und einen umfassenderen Begriff von Arbeit über den Begriff der biopolitischen Produktion zu entwickeln, und zweitens als der Versuch, mit dem Begriff der Multitude ein neues Subjekt der Konstitution der Gemeinschaft zu bestimmen. Ähnlich wie Antonio Gramsci, der in seinen hegemonietheoretischen Überlegungen eine kritische Theorie des Staates bzw. der Politik mit einer Analyse der Geschichte der subalternen Klasse und ihrer hegemonialen Entwicklung verbindet (vgl. Buci-Glucksmann 1975), zielen auch Hardts und Negris Verschränkung einer »kritisch und dekonstruktiv[en]« Perspektive, mit einer »konstruktiv[en] und ethisch-politisch[en]« Perspektive, darauf ab, als »Orientierung für die Produktionsprozesse der Subjektivität, hin zur Konstituierung einer tatsächlichen gesellschaftlichen und politischen Alternative« (Hardt/Negri 2002, 61) zu dienen. Die Frage lautet also, wie man Hegemonie postnational denken könnte, denn in der klassischen und womöglich auch in Gramscis Konzeption von Hegemonie ist sie ein Begriff des Nationalstaats. Mit dessen Krise und dem damit verbundenen Verschwinden der Zivilgesellschaft sind Entwicklungen markiert, die die »Basis« klassischer Hegemonie untergraben. Um einer Beantwortung der mit diesem Problemkomplex verknüpften Fragen näher zu kommen, ist es hilfreich, zunächst einmal einen Schritt zurück zu gehen und die Elemente näher zu betrachten aus denen er besteht. Autoren wie Étienne Balibar, Michel Foucault und Nicos Poulantzas haben Beiträge zu dieser Frage entwickelt, die ich im Folgenden rekonstruieren werde, um Fluchtlinien einer Rekonfiguration jener Elemente zu zeichnen. Während Balibar das Verhältnis von Gesellschaftsinstitution bzw. -formen zu Subjekten und Formen des Politischen untersucht hat, sind Foucault und Poulantzas Autoren, die einzelne Elemente dieser Frage entwickeln. Dabei war bisher kaum bekannt, dass es zwischen ihnen einen »Dialog« um diese Fragen gegeben hat, die schließlich auch Balibar aufgreift (vgl. Balibar 2001). Man kann den skizzierten Problemkomplex mit der Formel der »Biopolitik« als Erweiterung des Marxschen Konzepts der »Produktionsverhältnisse der

Arbeit« fassen. Jedoch wird bei Hardt/Negri alles zur Arbeit und damit alles produktiv, Biopolitik demnach zu einem Ansatzpunkt, der es ebenso ermöglicht, über Ausbeutungsverhältnisse hinauszugehen. Will man heute über Hegemonie sprechen, so muss man die Elemente (Subjekt, Disziplin, Staat, etc.) rekonfigurieren; eine Möglichkeit, eine Fluchtlinie sozusagen, bietet dabei Deleuze' und Guattaris Begriff des Minder-Werdens.

Während Hardt und Negri eine politisch-programmatische Perspektive einnehmen und vor allem (mit dem Begriff der Multitude) nach den Bedingungen einer neuen politischen Subjektivität bzw. Gemeinschaft suchen, setzt sich der Sozialphilosoph Étienne Balibar mit dem gleichen Fragenkomplex auseinander, jedoch eher in der Perspektive einer Suche nach den Möglichkeiten von Demokratie nach dem Ende des fordistischen Nationalstaats. Beide Ansätze stellen also die gleiche Metafrage, nämlich wie gesellschaftliche Apparate bzw. Institutionen zu Subjektformen bzw. politischen Gemeinschaften ins Verhältnis zu setzen wären. Es liegt auf der Hand, dass damit das Problem der Hegemonie berührt ist.

Die in *Empire* nur in Andeutungen sichtbare Problematisierung von postnationaler Hegemonie wird in der Arbeit von Étienne Balibar explizit zum Gegenstand gemacht. Ausgehend von Althussers (anti-humanistischer) Relektüre des Marxismus stellt er eine Verbindung von marxistischen staats- und hegemonietheoretischen Fragen mit den Arbeiten Foucaults zu Biopolitik her (vgl. bspw. seine Überlegungen zur Nation-Form in Balibar 1990 und 2003). Dabei entwickelt Balibar »Ergebnisse« einer in den 1970er Jahren zwischen Nicos Poulantzas und Michel Foucault geführten Diskussion weiter, die Elemente einer Theorie der modernen Regierung (Foucault) bzw. des kapitalistischen Staates (Poulantzas) entwickelt haben (vgl. zum Verhältnis von Poulantzas und Foucault: Jessop 1985, 318–20, 327–31; ders. 1990, 220–245; Lemke 1997, 140f., 151f., Adolphs 2003). In diesem »heimlichen Dialog«[3] zwischen Foucault und Poulantzas, den ich im Weiteren rekonstruieren werde, wird deutlich, wie die Problematik der Biopolitik in einer hegemonietheoretischen Perspektive zu verorten ist.

Foucaults Einsatz (in *Überwachen und Strafen* fr. 1975, dt. 1976) ist zunächst die Einführung der Machttechnologie der Disziplin am Schnittpunkt von Ökonomie und Staat. Die produktiven und unterworfenen Individuen der bürgerlichen Gesellschaft werden nicht nur über »ideologische Anrufung« (wie von der Althusser-Schule, der auch Poulantzas angehört, entwickelt) oder juridische Verfahren der Bestrafung, sondern wesentlich über Normalisierungsprozeduren geschaffen, die sich im Zusammenhang mit der körperlichen Zurichtung mittels Disziplinierung entwickeln.

In seiner »Replik« (in der *Staatstheorie* fr. 1978 und dt. 2002) integriert Poulantzas Disziplin und Normalisierung in seine Überlegungen zur Staatstheorie. Er kritisiert aber, dass Foucault diese Machttechniken nicht im hegemonialen System der Nationalstaaten und in den kapitalistischen Produktionsverhältnissen verorte.

Das als Nation imaginierte und auf einem Territorium zusammengefasste Volk bilde den Ansatzpunkt für den Zugriff des Staates auf die Körper der Individuen. In einem dritten Schritt (in seinen Vorlesungen zur *Geschichte der Gouvernementalität* (dt. 2004), die er zwischen Januar 1978 und April 1979 hält), ergänzt Foucault die disziplinarische Normalisierung um das Konzept der »Regierung der Bevölkerung«. Damit führt Foucault Überlegungen weiter, die er im Zusammenhang mit dem Begriff der Bio-Macht bzw. Biopolitik (vgl. Foucault 1999 und 1977) begonnen hatte. Im Verlauf seiner Vorlesungen zur Gouvernementalität wird deutlich, dass die Steuerung der Bevölkerung nur als normalistische biopolitische Regierung oder Bio-Regulierung durch den Staat zu verstehen ist, also nur im Rahmen einer Genealogie des Staates angemessen behandelt werden kann.

Nachdem ich diese Diskussion nachgezeichnet habe, werde ich dann im zweiten Teil des Textes auf die Frage der Biopolitik der Multitude im Empire zurückkommen.

Foucault und Poulantzas: Ein heimlicher Dialog

Mikrophysik der Macht als Kritik des Souveränismus

Ab Mitte der 1970er Jahre untersucht Foucault aus einer Perspektive der *Mikrophysik der Macht*, wie in sogenannten Einschließungsmilieus, also in Schulen, Fabriken oder Gefängnissen normale Subjektivität produziert wird. Die von Foucault in *Überwachen und Strafen* (1976) untersuchte Disziplinartechnologie ist eine »Kunst des menschlichen Körpers«, die nicht nur seine Fähigkeiten vermehren will, auch nicht bloß eine bessere Art der Unterwerfung konzipiert, sondern ein Verhältnis schafft, das den Körper gleichzeitig um so gefügiger macht, je nützlicher er ist, und umgekehrt. Die Disziplin steigert die Kräfte des Körpers, um die ökonomische Nützlichkeit zu erhöhen, und schwächt gleichzeitig diese Kräfte, um sie politisch fügsam zu machen (vgl. ebd., 176 f.).

Eine juridische Machtkonzeption – worunter er eine Art der Analyse von Machtverhältnissen versteht, die Macht in Rechtsbegriffen analysiert: als Gesetz, Verbot, Zensur, Zwang, etc. – möchte Foucault in seiner Untersuchung vermeiden. Denn in dieser Sichtweise wird ein Dualismus zwischen der Freiheit der Individuen auf der einen und der Instanz der politischen Souveränität auf der anderen Seite konstruiert (vgl. Foucault 1978, 73). In diesem Schema wird Macht nur dann zum Problem, wenn sie illegitim ist, also die durch den Vertrag gesetzten Grenzen überschreitet.

Er nimmt zwei Abgrenzungsbewegungen vor: Die »positive und produktive« Disziplinartechnologie ist zum einen dem »negativen« Staat entgegengesetzt, bildet seine Ergänzung bzw. ist die Voraussetzung für den Erhalt der staatlichen Souveränität nach dem Absolutismus. Die bürgerliche »Gesellschaft« wird durch die Disziplin, die auf die Körper der Individuen wirkt, erst produziert, das Zwangsystem der Disziplinen bildet ihren Zusammenhalt in höchst ungleicher Weise heraus. Denn die Disziplin schafft zwischen den Individuen ein »privates Band«, das wegen seiner Art der Durchsetzung dem Vertrag entgegengesetzt ist. Die Spielregeln seiner Mechanismen sind »eine unumkehrbare Unterordnung der einen unter die anderen, die immer an eine Seite gebundene Übermacht, die ungleichen Positionen der verschiedenen ›Partner‹« (ders. 1976, 286). Die Auseinandersetzungen, die die Gesellschaft grundlegend bestimmen, sind über die Disziplinen in »Verfahren zur individuellen und kollektiven Bezwingung der Körper« transformiert worden. Diese Disziplinierung der Kämpfe bilden die Grundlage für die philosophischen und juridischen Vorstellungen vom Vertrag, als ein »ursprüngliches Modell für den Aufbau oder Wiederaufbau des Gesellschaftskörpers« (ebd., 219). Zum anderen stellt er die Disziplinartechnologie der Vorstellung von einem gegebenen Subjekt entgegen. Das Subjekt besitzt keine grundlegende Substanz, sondern geht aus Machttechnologien hervor, die Raum-Zeit-Anordnung und Körperlichkeit bestimmen (ebd., 207).

Zwei Punkte sind aus einer staats- bzw. hegemonietheoretischen Perspektive an dieser Konzeption problematisch: Erstens betrachtet Foucault nur Macht- und Wissenspraktiken unter technologischen Gesichtspunkten, untersucht demgegenüber aber Subjektivierungsprozesse vor allem als Unterwerfungsverfahren. Aus dieser Perspektive kann aber der Doppelcharakter von Subjektivierungsprozessen als Unterwerfung und Selbstkonstitution nicht erfasst werden. Zweitens kann das Wechselverhältnis von Mikropraktiken und Staat nur als ein äußeres gedacht werden. Die Frage, wie die beiden Ebenen sich gegenseitig determinieren, wird von Foucault nicht bzw. nur in Andeutungen behandelt. Mal verändern sich Teile des Staates aufgrund der Mikropraktiken, die in den Staat eindringen und seine Struktur beeinflussen, wobei jedoch sein Kern, die Kodifizierungsfunktion, unangetastet bleibt, mal werden Teile des Staates, Apparate, von den herrschenden Klassen benutzt, um die Verallgemeinerung bestimmter Machttechnologien durchzusetzen. Wie aber die Funktion des Staates, die Kodifizierung der Mikromachtverhältnisse, zustande kommt, wer ihre genaue Form und die Bereiche, auf die sie sich erstreckt, bestimmt, bleibt unklar. Die Modi des Staates sind nicht eine Folge von Kämpfen, sie sind den Kämpfen negativ entgegengesetzt, der Staat begrenzt die Kämpfe nur (vgl. Lemke 1997, 110 f.; 111–125; Poulantzas 2002, 65).

Nationale Hegemonie und Disziplin

Nicos Poulantzas hat in der *Staatstheorie* im Anschluss und in Auseinandersetzung mit Foucaults Ansatz der »Mikrophysik« der Macht und seine Untersuchung der

Disziplin seinen Ansatz kritisch weiterentwickelt. Hatte er in frühen Arbeiten den Staat noch als eine Strukturebene konzipiert, die den langfristigen Interessen der Bourgeoisie diene, und damit den Staat selbst nicht als ein Element verstanden, das in den sozialen Kämpfen hergestellt wird (vgl. Poulantzas 1975), so geht er Ende der 1970er Jahre davon aus, dass Wissens- und Diskurspraktiken selbst einen Bereich sozialer Machtverhältnisse darstellen. »Staat kann nicht mehr von seiner Struktur her analysiert werden, sondern muss von seinem Konstitutionsprozess in den sozialen und politischen Auseinandersetzungen her gedacht werden, in die Wissenspraktiken konstitutiv einbezogen sind.« (Demirović 1990, 24)

Die Praktiken der Staatlichkeit müssen sich jeweils von neuem in sozialen Auseinandersetzungen und spezifischen Kompromissformen herstellen. Damit verschiebt sich der Gegenstand der (Staats-)Theorie: »Ihr Gegenstand sind diejenigen Kräfteverhältnisse, die sich in der Form des Staates konstituieren. Denn es muss als Möglichkeit unterstellt werden, dass die sozialen Kräfteverhältnisse nicht immer die Form des Staates annehmen. Der ›Staat‹ ist das kontingente Resultat, das Korrelat und die Objektivierung einer Vielzahl heterogener Praktiken.« (ebd.)

Damit überträgt Poulantzas die Foucaultsche Perspektive der Mikrophysik der Macht auf den Staat: Erstens soll die Analyse von einer Perspektive der institutionellen Reproduktion von Machtverhältnissen weggeführt werden; zweitens sollen funktionale Analysen durch eine Bestimmung von Strategien und Taktiken in einem historisch entstandenen Feld von Kräfteverhältnissen ersetzt werden; und drittens soll die mikrophysikalische Analyse der Macht nicht von gegebenen Objekten ausgehen, die als fertige in einer bestimmen Konstellation analysiert werden, sondern es sollen die Bedingungen ihrer Entstehung und die Praktiken, die diese Objekte als Objekte in einem immanenten Macht-Wissen-Feld hervorbringen, untersucht werden (vgl. Lemke 1997, 145 f.).

Foucaults Ausgangspunkt des Macht-Wissens wird von Poulantzas vor dem Hintergrund der Teilung von Hand- und Kopfarbeit (sowohl in der Fabrik, als auch im Staat) interpretiert, d. h. in eine hegemonietheoretische Perspektive eingeordnet. Wissen darf gerade nicht auf Ideologie (als Gegensatz zu Wissenschaft) beschränkt werden, sondern umfasst auch die wissenschaftsbasierten Machttechnologien, die maßgeblich die Lebensweise mitgestalten.

Die Materialität des Staates besteht nicht nur aus Gewalt und Ideologie, »der Staat wirkt auch in positiver Weise, er *schafft, verändert, produziert Reales*« (Poulantzas 2002, 60). Im Laufe der umkämpften Transformation der kapitalistischen Produktionsverhältnisse im Interesse der Bourgeoisie (aber unter Einbeziehung der subalternen Klassen) sind vielfältige organisatorische Wissensformen und Techniken, ökonomische und sozialstaatliche Maßnahmen, Disziplin und Normalisierung Teil der Materialität des Staates geworden.

Aus dieser Perspektive kritisiert Poulantzas Althussers Staatskonzeption, in der der Staat durch repressive und ideologische Staatsapparate gekennzeichnet ist (vgl. Althusser 1973, 111 ff.). Auch wenn Ideologie und falsches Bewusstsein in Althussers Ideologiekonzeption nicht gleichgesetzt werden, Ideologie vielmehr als Ensemble in Apparaten organisierter materieller (Anrufungs-)Praktiken verstanden wird, kann der Aspekt der Organisierung der gesamten Lebensweise durch (nicht-ideologische) Macht-Wissensformen nicht theoretisiert werden (vgl. Poulantzas 2002, 62). Der Staat ist *mehr* als die Instanz, die die ideologische und gewaltförmige *Reproduktion* der Produktionsverhältnisse gewährleistet.[4] Aus diesem Grund kritisiert Poulantzas auch Foucaults Entgegensetzung von produktiven Machttechnologien und juridischem Staat beispielsweise in *Überwachen und Strafen*. Der Staat werde von Foucault auf Recht, Gewalt und Ideologie reduziert, während die produktiven Momente der Macht außerhalb des Staates verortet würden. Damit kann die produktive Dimension des Staates selbst nicht erklärt werden, »die zentrale Rolle des Staates wird unterschätzt« (ebd., 74).[5] Vor allem zwei Argumentationsstränge bringt Poulantzas gegen Foucault vor:

Erstens betont er die »positive« Funktionsweise der von Foucault als »negativ« qualifizierten Machtformen. So fasst er etwa das Gesetz im Gegensatz zu Foucault als eine (von der Normalisierung zunächst einmal unabhängige) diskursive Praxis, die zwei Funktionsweisen kombiniere, die beide aus seinem hohen Abstraktionsgrad resultierten: Als Modus der Regulierung von Unterschieden (der der Festschreibung von Kompromissen dient) und gleichzeitig als Instanz der ideologischen Anrufung von Individuen (ebd., 115–122). Der Staat ist also als eine spezifische Kombination verschiedener Machtformen (Subjektivierung, Gesetz, Disziplin und Normalisierung, Gewalt etc.) zu fassen.

Zweitens verortet er die Machttechnologien, wie z. B. die Disziplin, im (national-)staatlichen Rahmen; diese brächten nicht ihre eigene Raum-Zeit-Struktur hervor, sondern seien immer schon auf einen nationalen Raum und eine nationale Geschichte (die nationale Raum-Zeit-Matrix) bezogen zu denken (ebd., 130 ff.). Die durch die Disziplinartechnologie produzierten normalisierten Individuen sind immer auch Teil der staatlich regulierten »Volk-Nation«, die Disziplinartechnologie ist Teil des staatlichen Feldes und der politischen Praktiken.

Der Staat ist also ein von vielfältigen und widersprüchlichen über ihn hinausgehenden Machtbeziehungen durchzogenes Terrain, auf dem mit Hilfe von verschiedenen Machttechnologien, Steuerungs- und Kontrollverfahren eine asymmetrische aber gleichwohl konsensuale gesellschaftliche Regulation unter Einbeziehung der in ihrer Trennung immer schon auf den Staat bezogenen Bereiche Ökonomie und Kultur erzielt wird. Asymmetrisch ist die Regulation insofern, da in den historisch entstandenen Nationalstaaten die hegemonialen Konstellation immer unter der Führung eines aus den verschiedenen Fraktionen der Bourgeoisie ebenfalls asymmetrisch gebildeten »Blocks an der Macht« entstanden ist, diese den Staat als strategische Ressource zur Transformation der kapitalistischen Produktionsweise nutzen konnten.

Obwohl der Staat ständig von den Kämpfen überflutet wird, wirkt er jedoch gleichzeitig auch maßgeblich an der Strukturierung des gesamten gesellschaftlichen Feldes mit. Wenngleich der Staat in Poulantzas' Konzeption den Kämpfen nicht entgegengesetzt ist, diese also nicht von außen begrenzt, so scheint er doch gleichwohl immer eine disziplinär-bürokratische Verdichtung der Kämpfe vornehmen zu können, diese werden verstaatlicht bzw. bürokratisch umgeformt. Diese Form der Verdichtung bewirkt eine ständige Desorganisation der Subalternen und gleichzeitig die Organisation der herrschenden Klassen.

Gouvernementalität und Bevölkerung

In verschobener Weise wird Foucault an die zwei von Poulantzas geäußerten Kritiksträngen mit den Konzepten der auf die Bevölkerung bezogenen Sicherheitstechnologien und der Gouvernementalität anknüpfen. Den Ausgangspunkt seiner Überlegungen in den zwischen 1978 und 1979 gehaltenen Vorlesungen zur *Geschichte der Gouvernementalität* (2004a u. b) bildet das Problem der Biopolitik. Diese wird Foucault nun als eine auf die Bevölkerung bezogene Sicherheitstechnologie untersuchen, die sich von der auf die Körper der Individuen bezogenen Disziplinartechnologie unterscheidet.[6] Während Poulantzas das Verhältnis von Staat und Volk vor allem durch den direkten bürokratisch-staatlichen Zugriff auf die disziplinierten Individuen charakterisiert, zeigt Foucault, dass sich im Rahmen der modernen Regierung seit Mitte des 18. Jahrhunderts zunehmend biopolitische Sicherheitsdispositive ausbilden, die das Leben der Bevölkerung normalisieren.

Dieser Einsatz der auf die Bevölkerung bezogenen Sicherheitstechnologie impliziert jedoch – im Gegensatz zu den im Rahmen begrenzter Institutionen eingesetzten Disziplinen – die Verwaltung der biosozialen Prozesse durch den Staatsapparat. Biopolitik kann nur begriffen werden als eine »Bio-Regulierung durch den Staat« (Foucault 1999, 289). In diesem Zusammenhang nimmt Foucault mit dem Konzept der Gouvernementalität eine Erweiterung seiner früheren negativen Staatskonzeption vor, da die Regierung eine Machtform darstellt, die es ermöglicht Subjektpraktiken und Herrschaftspraktiken zusammenzubinden. So wird es möglich, die Analyse in Begriffen von Mikromächten mit der Analyse von Problemen wie dem der Regierung und des Staates zu verknüpfen. Auch Foucault geht nun wie Poulantzas davon aus, dass die Freiheit der Subjekte und die Macht des Staates einander nicht äußerlich, sondern konstitutiv aufeinander bezogen sind (vgl. Foucault 1987, 247–50).

Gouvernementalität

Die Entstehung der modernen Regierungskunst siedelt Foucault in den politischen und religiösen Auseinandersetzungen des 15. und 16. Jahrhunderts in Europa an. In Folge der reformatorischen und gegenreformatorischen Bewegungen kommt es zu einer allmählichen Verbreitung des Pastorats außerhalb der religiösen Institutionen, Fragen der Lebensführung in Bezug auf Ehe, Kinder, Beruf, etc. verallgemeinern sich. In diesem Zusammenhang taucht das Problem der Regierung des Staates auf, da die politische Souveränität sich nicht mehr von selbst versteht, nicht mehr Teil eines politisch-kosmologischen Kontinuums ist. Die Gouvernementalität problematisiert nun den Bereich und den Gegenstand der Regierung und fragt nach dem Rationalitätstyp, nach dem regiert werden soll (vgl. Foucault 1994; Lemke 1997, 157 f.). Die moderne Gouvernementalität bildet sich ausgehend von der Staatsräson im 16. Jahrhundert, die die dem Staat eigene Rationalität jenseits der Gesetze der Natur oder Gottes zu bestimmen versucht, über die Polizeiwissenschaft im 17. und 18. Jahrhundert, die gewährleisten soll, dass das menschliche Zusammenleben der Vermehrung und Verbesserung der Kräfte des Staates dient, bis zur liberalen Regierungskunst ab Mitte des 18. Jahrhunderts heraus, die die Rationalisierung der Regierungstätigkeit an die Rationalität des interessenmotivierten Handelns der regierten Individuen koppelt (vgl. Foucault 2004a, Vorl. 4–13).

Erst die liberale Gouvernementalität, die von einer vom Staat unabhängigen ökonomischen Rationalität der Individuen ausgeht, bricht mit der einfachen Anwendung von Herrschaftstechniken auf Individuen, die noch die Staatsräson und die Polizei gekennzeichnet hatten: Nun wird der externe Gegensatz von Macht und Subjektivität durch eine interne Regulation ersetzt. Die Regierungspraktiken werden nicht mehr vom Standpunkt des Rechts oder der Souveränität aus analysiert, sondern es wird nach ihren Effekten gefragt. Im Rahmen dieser Problematik ist es zum ersten mal möglich, nach der Notwendigkeit und den Zielen der Regierung zu fragen, da die Regierungspraktiken als vom Staat unabhängig angesehen werden, ihre Rationalität nun vielmehr an der Entwicklung der Bevölkerung gemessen wird, über die der Staat jedoch kein vollständiges Wissen besitzt.

Sicherheit der Bevölkerung

Das Aufkommen der liberalen Regierungskunst geht einher mit einer neuen Machtform, der auf die Bevölkerung bezogenen Biopolitik. Unter Bevölkerung versteht Foucault nicht einen rechtlich-politischen Gesellschaftskörper, sondern eine eigenständige biologisch-politische Entität. Der Gesellschaftskörper der Bevölkerung definiert sich über die Besonderheit der ihm eignen Prozesse und Phänomene wie Geburten- und Sterblichkeitsrate, Gesundheitsniveau, Lebensdauer der Gesamtheit der Individuen, die Produktion der Reichtümer und ihre Zirkulation etc. Der Gegenstand der Biopolitik ist die Gesamtheit der konkreten Lebensäußerungen einer Bevölkerung (Foucault 1977, 166–173; ders. 1999, 276–294). Die Problematik der Bevölkerung umfasst ausgehend vom Menschen als (biologische) Gattung die Ökonomie und die Öffentlichkeit, ist also ein biologisch-ökonomisch-diskursiver Komplex (vgl. Foucault 2004a, 114–120).

Foucault unterscheidet nun zwischen rechtlicher Norm, disziplinärer Normierung und Normalisierung durch Sicherheitstechniken. Während bei der rechtlichen Normierung über Gesetze Normen gesetzt und kodifiziert werden, geht die Disziplinartechnologie vom Entwurf eines optimalen Modells und seiner Operationalisierung aus. Im Unterschied dazu dient der Sicherheitstechnologie die durchschnittliche Realität selbst als Norm. Während die Disziplin zur ständigen Anpassung der Realität an ihr Modell gezwungen ist, arbeiten die Sicherheitsdispositive nicht mit absoluten Grenzziehungen, sondern optimale Mittelwerte sollen innerhalb eines Feldes von Variationen bestimmt werden (vgl. Foucault 2004a, 87–103, ebd. 73–79, Lemke 1997, 190 f.).

Regierung von der Gesellschaft aus

Foucault vollzieht ausgehend vom Problem der Biopolitik am Gegenstand der Bevölkerung, die über Sicherheitsmechanismen regiert wird, die Trennung von Staat und Gesellschaft nach. Während im Zusammenhang mit der Staatsräson und der Polizeiwissenschaft ein Wissen des Staates und über den Staat entsteht, das diesen als Einheit mit-konstituiert, ermöglicht umgekehrt die liberale Regierung, die als Kritik der staatlichen Regierung in Abgrenzung zum Staat entsteht, die Herausbildung des Gegenstands »Gesellschaft«. Das politisch-epistemologische Objekt »bürgerliche Gesellschaft« taucht nach Foucault in dem Moment auf, in dem die liberale Regierung die Vielfalt der ökonomischen Subjekte mit der totalisierten Einheit eines rechtlich-politischen Raumes der Souveränität in Übereinstimmung bringen muss (vgl. Foucault 2004b, 406–426). Die Bevölkerung, die sich parallel zum Auftauchen der kapitalistischen Ökonomie und zum ökonomischen Wissen entwickelt, bildet das Innere der bürgerlichen Gesellschaft. Diese »natürlichen« Mechanismen auf der Ebene der Bevölkerung sind nun so zu regieren, dass das Spiel ihrer »Natürlichkeit« möglichst umfassend zur Geltung kommt, ohne Schaden zu nehmen. Obwohl die liberale Regierung sich von einer Kritik an staatlicher Regierung aus entwickelt (Warum muss überhaupt regiert werden? Wird nicht zuviel regiert?), definiert sie trotzdem den Bereich und die Aufgaben des Staates, diese werden allerdings von der Gesellschaft aus bestimmt (vgl. Foucault 2004b, 435–41). Der Verweis auf die vom souveränen Staat zu unterscheidende Bevölkerung ermöglicht deren Freiheit von willkürlichen staatlichen Eingriffen, die Bevölkerung soll sich vielmehr nach ihren eigenen Gesetzmäßigkeiten entwickeln. Sind diese aber erkannt, d. h. hat sich eine bestimmte »Rationalität« der Bevölkerung entwickelt, können staatliche Maßnahmen an dieser Rationalität andocken, zur Bevölkerung in Beziehung gesetzt werden, um deren »natürliche« Selbstregulierung »künstlich« zu erhalten.

Normalisierungsgesellschaft

Jürgen Link hat die Funktionsweise der modernen Sicherheitsdispositive als »Normalismus« beschrieben. Normalismus ist eine spezifische Bearbeitung der exponentiellen Dynamik, die mit der »biologischen Modernitätsschwelle« (Foucault 1977, 170) des modernen Wachstums bzw. Fortschritts (von Wissen, Kapital, Körpern) eine »dynamische[r] ›Regulierung‹/›Stabilisierung‹ des konstitutiven produktiven Chaos der Moderne« (Link 1997, 313) erzeugt, die unkontrollierte Deterritorialisierung verhindern soll.

Link geht davon aus, dass die Voraussetzung einer normalistischen Regulierung die Etablierung eines »Normalfeldes« ist, das eine bestimmte Menge von Erscheinungen homogenisiert und kontinuiert, wodurch die Erscheinungen als untereinander vergleichbare Einheiten konstituiert werden. Auf diesem Feld können nun Skalierungen und Skalen errichtet werden, die quantitativ und linear gerichtet sind und die vergleichende Anordnung der Normaleinheiten in einer Leistungskonkurrenz, sowie die Zusammenfassung in einer statistischen Kurve mit Durchschnittswert, Normalspektrum, Grenzwerten und Anormalitätszonen erlauben. Ein Normalfeld kann so zur Aufrechterhaltung eines normalen Gleichgewichts, das innerhalb bestimmter Grenzwerte schwankt, genutzt werden (vgl. Link 1997, 75 f.).

Aus dem Gegensatz von moderner Dynamik und den am Gleichgewicht ausgerichteten Normalitätsmodellen leitet Link »zwei fundamental verschiedene normalistische Strategien« (ebd., 77) ab, die aber, da sie beide auf dem Feld der Normalisierung operieren, voneinander abhängig sind. Während die *»protonormalistische Strategie«* eine »maximale Komprimierung der Normalitäts-Zone vornimmt, die mit ihrer tendenziellen Fixierung und Stabilisierung einhergeht«, zielt die *»flexibel-normalistische«* Strategie auf eine »maximale Expandierung und Dynamisierung der Normalitäts-Zone« (ebd., 78). Die protonormalistischen Strategien sind in »Disziplinargesellschaften« vorherrschend. Diese Strategien nehmen Grenzziehungen tendenziell über die Anlehnung der Normalität an Normativität vor, woraus sich die Stigmatisierung aller Auffälligen und die Bildung fixer biographischer Abstammungs-Identitäten ergeben. Die Regulierung des Gleichgewichts wird über den Staat vorgenommen, der die verschiedenen Normalitätsfelder formiert; die

Subjektbildung beruht auf Außenlenkung, Dressur und Konformismus; die Vergesellschaftung erfolgt über regulierte Formen der Konkurrenz und Versicherung.

Demgegenüber sind die flexibel-normalistischen Strategien in »Kontrollgesellschaften« vorherrschend. Hier tendiert die Grenzziehung zur Entfernung von Normalität und Normativität, woraus sich Taktiken der inkludierenden Exklusion ergeben und Statuswechsel von »normal« zu »anormal« in Biographie und Generationenfolge vorgesehen sind. Die Regulierung des Gleichgewichts wird tendenziell eher als spontane Kombination in der Gesellschaft gedacht; die Subjektbildung beruht auf Selbst-Normalisierung, Selbst-Adjustierung und auf einem selbstständigen Risiko- und Kompensationskalkül. Die Vergesellschaftung erfolgt über flexible Formen von Konkurrenz und Versicherung (vgl. ebd. 79–82).

Die modernen kapitalistischen Gesellschaften produzieren also gleichzeitig mit ihrer Dynamik in Normalisierungsdispositiven eine Signal-, Orientierungs- und Kontrollebene, auf die sich wie auf einen Bildschirm der gesellschaftliche Blick konzentriert. Diese Ebene bildet eine eigenständige kulturelle Wirklichkeit, sie ist eine besondere Lesart der Streuung und Verteilung der gesellschaftlich produzierten Gegenstände als Fakten. Mit Hilfe der Normalität regeln moderne Gesellschaften ihre Spontaneität, mittels der auf der Kontroll- und Signalebene angezeigten Kurven erfolgt die (Selbst-)Regulierung der individuellen und kollektiven Subjekte. Mit der Signal- und Kontrollebene sind im Normalismus alle wichtigen subjektiven Funktionen verbunden, jedes dieser Signale versichert oder verunsichert die Subjekte und koppelt dadurch Individuum und Gesellschaft positiv oder negativ (vgl. ebd., 426).

»Der normalistische ›Archipel‹ in der Moderne konstituiert Geschichte (...) als einen permanenten *Go-and-Stop*-Prozess, bei dem die Gesellschaft (die Kultur) sich gleichzeitig (...) in eine (...) Zukunft hinein ent*wirft* wie auch über die normalistische Signal- und Kontrollebene kybernetisch reguliert (...) Empirisch entspricht dem die Tendenz, dass diese Subjekte tatsächlich zunehmend große Teile ihrer Lebenszeit vor realen Bildschirmen (Computer, TV, Video) sitzen.« (ebd., 426) Der Normalismus bildet ein hegemoniales gesellschaftliches Netz, in dem normalistische Subjekte spontan spüren, was zu tun und was zu lassen ist.

National-sozialer Staat

Die von Poulantzas zu Beginn der Krise des Fordismus erarbeitete Staatstheorie wird von Étienne Balibar aufgenommen und weitergeführt. Er beschreibt den modernen Nationalstaat – vor dem Hintergrund seiner Erosion – als eine historisch aus Kämpfen hervorgegangene Möglichkeit, »die durch den Kapitalismus geschaffenen Widersprüche zu lösen (...), weil ein national-sozialer Staat geschaffen wurde, d. h. ein Staat, der in der Reproduktion der Wirtschaft und vor allem in der Bildung und Ausbildung der Menschen, in die Strukturen der Familie, des Gesundheitswesens und allgemeiner gesagt, in den gesamten Raum des Privatlebens eingegriffen hat« (Balibar 1990, 114, vgl. auch ders. 2003, 33–61). Mit dem Begriff des national-sozialen Staates setzt Balibar Foucaults Konzepte der (Selbst-) Führung und biopolitischen Regulierung-Normalisierung über Sicherheitsdispositive mit der nationalen Vergemeinschaftung und der (Volks-)Souveränität, die das Terrain der Politik konstituiert, in Beziehung. Die normalistische Signalebene der Sicherheitsdispositive wird die gesellschaftlich letzte Instanz für ändernde Interventionen (Link 1997, 426). Der Normalismus ersetzt jedoch nicht die national-staatliche Vergesellschaftung, sondern wird kompensierend an vorhandene nicht-normalistische Strukturen angekoppelt und ist zu seinem Funktionieren auf diese angewiesen (vgl. ebd., 417). Die biopolitische Gouvernementalität ist über die Nation auf eine imaginäre Gemeinschaft bezogen, die neben der nationalen Sprache immer auch auf einer fiktiven Ethnizität beruht, also eine Sprachgemeinschaft mit einer gemeinsamen Herkunft bzw. Abstammung verbindet, die zugleich als Folie der Exklusion nach außen dient (vgl. Balibar 1990, 118 ff.). Diese normalistische Erweiterung des Staates wird zur Grundlage der nationalstaatlich verfassten Sozialstaaten und ermöglicht auf diese Weise eine Regulierung des Konflikts zwischen Volkssouveränität und staatlicher Souveränität (vgl. ders. 2003, 247–249). Die auf den Gegenstand der nationalen Bevölkerung bezogene Normalisierung erlaubt über die Homogenisierung und Kontinuierung von Normalfeldern – die Umwandlung von qualitativen Differenzen in quantitative – die Entwicklung fundamentaler Diskontinuitäten zu Brüchen oder Antagonismen zu verhindern und ein auf der »Produktivität« der Bevölkerung beruhendes »normales« Gleichgewicht der Kräfte zu schaffen. Insofern ermöglichen normalisierende Sicherheitstechnologien es dem Staat, im Sinne einer »Verdichtung von Kräfteverhältnissen« (Poulantzas) zu funktionieren.

Gleichzeitig ist Normalisierung jedoch prinzipiell nur durch das Ausklammern und Auslagern aller »sperrigen« Daten und Faktoren zu erreichen, um eine durchgehende immanente Vergleichbarkeit der normalisierten Elemente zu gewährleisten. Durch diese Ausklammerung kann zwar die Funktionalität normalistischer Dispositive zeitweise gesichert werden, die ausgelagerten Bereiche bilden aber ein unkalkulierbares und verunsicherndes »Risiko«. Es kommt also regelmäßig – in Poulantzas' Worten – zu einem »Überfluten« der Institutionen durch die Kämpfe, auf die (flexibel-)normalistisch mit der Rekuperation, dem Wiedereinfangen von möglichen politischen und sozialen Diskontinuitäten, die ein Normalitätskontinuum zu sprengen drohen, durch ein Spiel des teilweisen Hereinlassens der Oppositionellen bzw. durch das teilweise Zulassen von Macht der Oppositionellen reagiert werden kann. Nach einer Periode des kontrollierten Floating kann so ein neues Normalitätskontinuum mit einem neuen normalen Gleichgewicht geschaffen werden.

Genau an diese Problematik knüpfen Hardt und Negri mit dem Konzept der Multitude an, mit dem sie diese produktive normalistische bio-politische Regulierung der Gesellschaft in eine andere Form von Hegemonie überführen wollen. Denn sowohl das Überschießen der Kämpfe als auch die Produktivität der Bevölkerung werden zwar immer wieder über das Netz der normalisierenden Sicherheitstechnologien in den Nationalstaat rekuperiert, es wird aber auch beständig gesellschaftliches »Material« erzeugt, für das keine Artikulation jenseits der Form des national-sozialen Staates existiert.

Bio-Politik und Hegemonie

Passive Revolution und Normalismus

Auf den Überlegungen von Poulantzas, Foucault, Balibar und Link aufbauend, will ich nun eine Lesart des Empire stark machen, die davon ausgeht, dass der von Hardt und Negri verfolgte Ansatz grundsätzlich nicht nur mit staats- und hegemonietheoretischen Überlegungen und Ansätzen kompatibel ist, sondern diese über die Verbindung mit Foucaults Überlegungen zu Gouvernementalität, Bio-Politik und Normalismus sogar erweitert werden. Man kann – so meine These – die Begriffskonstellation von Empire, Bio-Politik und Multitude auch gramscianisch lesen, d. h. sie mit den hegemonietheoretischen Begriffen des »erweiterten Staates« und der Problematik der »passiven Revolution« reformulieren.

Gramsci entwickelt das Konzept des erweiterten Staates im Zusammenhang der Problematik der »passiven Revolution« (vgl. Buci-Glucksmann 1977). Passive Revolution meint dabei einmal die Übernahme des Staatsapparates ohne Hegemonie im ökonomisch-gesellschaftlichen Bereich (Diktatur ohne Hegemonie). Zum anderen zielt der Begriff auf die »ökonomistische« Verwirklichung einer Hegemonie der führenden Klassen, d. h. deren Neustrukturierung der Produktivkräfte und damit verbunden des Staates, die eine Autonomisierung der Subalternen hemmt. Der Stellungskrieg der Subalternen muss also in zweifacher Weise gegen »undemokratische« Führungen, die Erweiterung des Staates auf höherem Niveau, gerichtet sein. Die Subalternen müssen in Form einer »passiven Anti-Revolution« (Buci-Glucksmann 1977, 29, 31–35), d. h. einer Ausweitung der Demokratie »von unten«, gegen eine ihre Autonomisierung hemmende Modernisierung »von oben«, sowohl vom Staat als auch von der Gesellschaft aus, vorgehen. Diese zweifache passive Revolution findet sich bei Foucault auf den Gegenstand der Bevölkerung bezogen in der polizeilichen und der liberalen Form der Regierung wieder, als Regierung der Bevölkerung vom Staat aus und einer Regierung der Bevölkerung und des Staates von der Gesellschaft aus (s. o.). Die normalistische (Selbst-)Regulierung der Bevölkerung durch Sicherheitstechnologien lässt sich als eine *permanente passive Revolution von der Gesellschaft aus* verstehen.

Empire und Multitude sind also nicht als sich gegenüberstehende Einheiten zu lesen, sondern als ineinander verschränkte Perspektiven bzw. Strategien (vgl. Adolphs/Hörbe/Rau 2002). Dementsprechend ist die Produktivität der Multitude also nicht als etwas dem Empire äußerlich Entgegengesetztes zu verstehen, sondern als über Sicherheitsdispositive normalisierte Bevölkerung. Sie ist nichts Unvermitteltes, sondern immer schon Teil eines bio-politischen und damit staatlichen Zusammenhangs. Insofern die Hegemoniestrategie der Multitude zwei Arten der passiven Revolution vermeiden muss, sind zwei Ebenen zu unterscheiden: Einerseits die Kritik bestehender politischer Rationalitäten bzw. einer Modernisierung von oben, andererseits der Versuch, eine dem Ausgangspunkt Vielheit angemessene (politische) Rationalität zu entwickeln und umzusetzen, die mehr ist als eine neue normalisierende Hegemonie einer vormals subalternen Gruppe. Die Ambivalenz des Textes von Hardt und Negri resultiert daher, dass sie eine transnormalistische Alternative zum Empire ausgehend vom flexiblen Normalismus der Kontrollgesellschaft »immanent« zu entwickeln versuchen. Dabei kommt dem Begriff der Biopolitik eine Schlüsselfunktion zu. Er dient einerseits als Grundlage der Analyse der Erweiterung der Macht- und Herrschaftsverhältnisse vom System der Nationalstaaten im Übergang zum Empire (Übergang von der nationalen Disziplinar- zur post-nationalen Kontrollgesellschaft), andererseits zur Bestimmung einer alternativen post-nationalen und post-kontrollgesellschaftlichen Vergesellschaftung, die nicht auf Homogenisierung und Normalisierung beruht. Hardt und Negris Vorschlag besteht darin, dem Übergang vom disziplinargesellschaftlich normalisierenden national-sozialen Staat zum kontrollgesellschaftlich Empire, der durch das »Verschwinden der Zivilgesellschaft« gekennzeichnet ist, mit einer »Biopolitik von unten« (Hardt/Negri) zu begegnen.[7]

Die von Alex Demirović (s. o.) kritisierten Passagen in *Empire*, in denen die biopolitischen Kämpfe um eine neue Lebensform als radikale Entdifferenzierung charakterisiert bzw. in einem Raum ohne Vermittlungsinstanzen ausgetragen würden, verweisen auf die Schwierigkeit, transnormalistische Alternativen ausgehend von flexibel-normalistischen Kontrollgesellschaften zu schaffen, in denen die Regulierung des normalen Gleichgewichts als spontane Kombination in der Gesellschaft gedacht wird und die Subjektbildung auf Selbst-Normalisierung und auf einem selbstständigen Risiko- und Kompensationskalkül beruht. Transnormalistische »Alternativen« lassen sich nicht von soliden eigenen Terrains aus entwickeln, sondern ausschließlich aus dem Spiel der normalistischen Prozesse selber.

Das Minder-Werden der Multitude

Die Multitude ist als produktive biopolitische Vielheit im Prozess des »Minder-Werdens« konzipiert. Das Konzept des Minder-Werdens von Deleuze und Guattari (vgl. Deleuze 1994) kann parallel zum Problem der *passiven Anti-Revolution* gelesen werden. Ausgangspunkt des Minder-Werdens ist die Frage, wie man eine nicht normalisierte Vielheit denken kann, d. h. vermeiden, dass sich politische Prozesse an der Mehrheit orientieren, ohne die eigene Marginalisierung in Kauf zu nehmen. Mehrheit meint kein quantitatives Maß, sondern ein normalisierendes Sicherheitsdispositiv, Marginalisierung verweist auf die Randbereiche eines Normalitätskontinuums. Während es aus der Perspektive des Empire um eine Entfaltung der produktiven Potentiale der Multitude im Rahmen einer Strategie der Mehrheit geht, muss die Strategie der Multitude sowohl die Konstruktion einer neuen Mehrheit, als auch die eigene Marginalisierung durch die Strategie des Empire durch eine »Bio-Politik von unten« vermeiden. Insofern ist Hardts und Negris Verweis auf die Potentialität der komplexen biopolitischen Vielheit, die die bestehenden Normierungen und Normalisierungen übersteigt, als Kritik an einem Politikverständnis zu lesen, dass die vielfältigen auf die Veränderung der gesamten Lebensweise abzielenden Kämpfe normalistisch zu regulieren bzw. zu marginalisieren versucht (vgl. Deleuze/Guattari 1992, 653 f.), anstatt diese als Ausgangspunkte für eine passive Anti-Revolution, also den Übergang zu einer transnormalistischen (Selbst-) Regulierung der Gesellschaft zu nutzen. Daher ist ihr Ausgangspunkt die Dekonstruktion der vorherrschenden Subjektivierungsweise: Diese betrachten Deleuze und Guattari – in kritischer Distanz zur um das Individuum zentrierten Ich-Psychologie, aber auch jeder Vorstellung eines ursprünglichen Subjekts – unter einem maschinellen Blickwinkel, der quer zu den gängigen Subjektivierungs- und Objektivierungsformen die »maschinellen Systeme« einer Gesellschaft als »Produktion, die die Semiotisierungskomponenten mit den produktiven Komponenten verbindet« (Guattari 1978, 73) untersucht und »die Kontinuität der Funktionen, der Organe, der geistigen und affektiven Mechanismen des Menschen mit den Maschinen« (ebd., 81) hervorhebt. Gegen eine Wünschökonomie »die dazu neigt, das Begehren zu individualisieren und zu unterdrücken«, wird das Werden einer Wunschökonomie gesetzt, die nicht »um das Individuum zentriert [ist], sondern um Verkettungen, Gruppen, Kollektive, die nicht von einem auf ewig festgelegten Rahmen abhängen« (ebd., 77, vgl. auch Deleuze/Guattari 1977). Dabei wird die molekulare Perspektive nicht als einfacher Gegensatz zum »System der Totalisierung« bzw. zum »molaren System« gesehen – diese Sichtweise würde zur Marginalisierung führen, man befindet sich immer gleichzeitig im molekularen und im molaren System –, sondern als Ausgangspunkt für die Schaffung einer anderen politischen Rationalität (vgl. Guattari 1978, 39–42; Guattari 1994, 39).[8] Eine solche transnormalistische

Alternative müsste statt der normalisierten Arbeitsteilung »polyeurhythmische« (Link)[9] Formen von Spezialisierung entwickeln, die die Arbeitsteilung zwischen fundamentalen Bereichen von Normalfeldern wie körperliche Arbeit/Intelligenz, Reproduktionsarbeit/Politik, Arbeit/Freizeit usw. aufheben.

Ein politisches Projekt jenseits des Nationalstaats

Die im Zusammenhang mit den Transformationsprozessen der Globalisierung stehende gegenwärtigen Relativierung des national-sozialen Staates durch die supra-nationalen politisch-ökonomischen Einheiten, die gleichzeitig die staatlichen Integrationsmechanismen der sozialen Konflikte auf erweiterter Ebene reproduzieren und dabei systematisch die Mechanismen der Ungleichheit und internen Exklusion verstärken, macht eine Weiterentwicklung bzw. Überschreitung der gegenwärtigen sozialen Staatsbürgerschaft in mindestens drei Dimensionen nötig. Das ist aber nur im Rahmen der Neuerfindung einer Politik von unten möglich, die *jenseits* des national-sozialen Staates operiert[10], denn es genügt weder, die sozialen Rechte auf nationaler Ebene zu verteidigen, noch die bereits vorhandenen Institutionen unverändert auf die supranationale Ebene zu übertragen, um die grundlegenden Widersprüche des national-sozialen Staates zu überwinden bzw. diese nicht auf höherer Ebene zu reproduzieren (vgl. Balibar 2005). Dabei scheinen die Überlegungen Balibars zu den »Baustellen« der europäischen Demokratie und die von Hardt und Negri formulierten drei »Rechte der Multitude« in dieselbe Richtung zu zielen (vgl. Hardt und Negri 2002, 403–413, Balibar 2003, 279–290).

Erstens gilt es im Anschluss an die Kritiken der »Neuen sozialen Bewegungen« – aber auch vor dem Hintergrund von Massenarbeitslosigkeit und Prekarität – die mit dem national-sozialen Staat verbundene begrenzte Definition der Arbeit und des Arbeitens zu erweitern und in einen neuen Zusammenhang zu stellen (vgl. Balibar 2003, 284). Hardt und Negri nehmen in ihrem erweiterten Arbeitsbegriff transindividuelle geistige Arbeit, die Produktion von Haltungen, Bedürfnissen, Werten, Affekten und emotionale Arbeit auf. »Biopolitischen Produktion« beinhaltet die Ausweitung des Begriffs der produktiven Arbeit auf die Produktion von Gesellschaftlichkeit. Daraus folgt das »Recht auf einen sozialen Lohn«, der in Form eines »garantiertes Bürgereinkommens« ausgezahlt werden sollte (Hardt/Negri 2002, 409 f.).

Zweitens gilt es die Institutionen der sozialen Sicherung von den ihnen »eigenen Soziologism[en] und (...) bürokratischen Tendenzen zu befreien, die die Kategorien sozialer Teilhabe reifizieren« (Balibar 2005). Das »Recht auf Wiederaneignung der biopolitischen Produktion« (Hardt/Negri 2002, 413) müsste mit der Entwicklung von trans-normalistischen Alternativen zu den auf das Leben der Bevölkerung bezogenen normalisierenden Sicherheitstechnologien einhergehen.

Drittens wäre die auf den Nationalstaat bezogene Form der Staatsbürgerschaft, die politische und soziale Ausschließungsprozesse zur Folge hat und mit dem Zwang zur kulturelle Vereinheitlichung einhergeht, durch ein Recht auf »Weltbürgerschaft« (Hardt/Negri 2002, 406) bzw. eine »transnationale Staatsbürgerschaft« (Balibar 2003, 205) zu erweitern, die mit einer »Demokratisierung der Grenzen« und der »Anerkennung der zivilen und politischen Rechte der Immigranten in jedem Land« einhergehen müsste (ders. 2005). Es gilt gegen eine exklusive Staatsbürgerschaft den kollektiven Zugang zu einer Bürgerschaft zu generieren, »die immer im Werden ist« (Balibar 2003, 280 f.).

Die kollektive politische Praxis der Multitude wäre ausgehend von der biopolitischen Produktion die Schaffung einer neuen gesellschaftlichen Regulation und die Konstitution eines neuen »Staates« oder »öffentlichen Raumes«, die Rücknahme des Staates in die Gesellschaft.

Anmerkungen

1 Das Konzept des Empire verweist auf grundlegende Unterschiede zwischen der jetzigen globalen Herrschaftskonfiguration und den alten globalen Herrschaftsverhältnissen des klassischen Imperialismus der europäischen Mächte und dem Neoimperialismus der USA in der Periode des Kalten Krieges (vgl. Wolf 2004, 72 ff. und Seibert 2003)

2 Luciano Ferrari Bravo weist darauf hin, dass der Übergang vom Disziplinar- zum Kontrollregime nicht unabhängig von den Transformationsprozessen der Globalisierung betrachtet werden kann. Globalisierung »ist nichts, das unabhängig von den skizzierten Veränderungen ›passierte‹, noch tritt die Globalisierung einfach hinzu. Im Gegenteil, die Globalisierung ist die Form – die einzig mögliche Form – in der das postfordistische Regime der ›Kontrolle‹ existieren kann.« (Ferrari Bravo 2004, 215)

3 Ein heimlicher Dialog deshalb, da nur Poulantzas explizit auf Foucaults Konzeption bezug nimmt. Erst mit den jüngst veröffentlichten Vorlesungen Foucaults zur Geschichte der Gouvernementalität (Foucault 2004a u. b) wird deutlich, dass es über die Kritik von Poulantzas an Foucault hinaus überhaupt einen Dialog gegeben hat.

4 Christine Buci-Glucksmann (1975, 70–75) hatte gegen Poulantzas' frühe Staatskonzeption (vgl. Poulantzas 1975) und Althussers Theorie der ideologischen Staatsapparate eingewendet, dass der Hegemonieapparat nicht auf die Ideologischen Apparate beschränkt werden dürfe, da eine solche Theorie Gefahr laufe, passiven Revolutionen Vorschub zu leisten. Diese Kritik hat Poulantzas augenscheinlich übernommen, wenn er gegen Althusser ins Feld führt, dass der Konsens mit den Massen »stets ein materielles Substrat« besitze, der Staat also »beständig positive materielle Maßnahmen für die Volksmassen« durchführe (Poulantzas 2002, 60).

5 Poulantzas' Auseinandersetzung mit Foucault, auf die hier nicht im einzelnen eingegangen werden kann, zieht sich durch die beiden ersten Teile der *Staatstheorie*: Vgl.

Poulantzas 2002, 64–75 zu Staat und Macht; 93–96 zu Individualisierung, Disziplin, Normalisierung; 97–103 zum Problem des modernen Totalitarismus; 104–115 zu Gesetz und Repression; 129–130 zu Foucaults Diagramm und 176–185 zur Frage einer allgemeinen Machttheorie.

6   Foucault ordnet nun die Disziplin in das Konzept der Bio-Macht ein. Die Disziplin versteht er als eine Machttechnologie der Bio-Macht, die sowohl individuelle Disziplinierung und als auch Regulierung der Bevölkerung umfasst (vgl. Lemke 1997, 139).

7   Dabei muss Hardts und Negris Formulierung vom »Verschwinden der Zivilgesellschaft« meiner Meinung nach nicht als Wegfall jeder »Vermittlung« gelesen werden, sondern eher als Effekt der flexibel-normalistischen Regulierung-Normalisierung in Kontrollgesellschaften, die mit der Relativierung des national-sozialen Staates durch supra-nationale ökonomisch-politische Einheiten einhergeht (vgl. auch Hardt/Negri 2002, 200).

8   Während Deleuze und Guattari im Anschluss an die Kämpfe der »Neuen sozialen Bewegungen« die vielfältigen molekularen Revolutionen gegen die vereinheitlichende Tendenz des proletarischen Klassenkampfes stark machen (vgl. Deleuze/Guattari 1992, 653 f.), hält Poulantzas in der *Staatstheorie* – obwohl er die neuen Kämpfe bereits reflektiert – an der Zentralität des Klassenkampfs fest, da dieser alle anderen Praktiken maßgeblich forme (vgl. Poulantzas 2002, 179). Insofern aber die Praktiken und Kämpfe der Arbeiterbewegung Teil der fordistischen Regulierungsweise und Staatlichkeit geworden sind, kann die Unterordnung anderer Praktiken unter die »biopolare[n] homogene[n] Subjektivitätsfelder« (Guattari 1994, 15) des normalisierten Klassenkompromisses selbst als ein durch diese spezifische Regierungs- und Regulierungsweise bewirkter Machteffekt gelesen werden.

9   Link bezeichnet »solche transnormalistischen Explorationen als ›polyeurhythmisch‹ (...) Dabei meint ›rhythmisch‹ die Möglichkeit längerer Reproduktion, ›eu‹ meint die funktionale Anschließbarkeit an andere Zyklen, während ›poly‹ darauf hinweisen soll, dass es nicht um einen Rückfall in vormoderne, vorarbeitsteilige Barbarei geht, sondern um eine alternative, nicht normalistische Art der Arbeitsteilung.« (Link 1997, 33)

10 Um keine Missverständnisse aufkommen zu lassen: die Kämpfe für ein solches politisches Projekt wären nicht *jenseits* des Nationalstaates angesiedelt, weil dieser keine politische Relevanz mehr hätte; es geht vielmehr um eine Politik, die eine Öffnung und Überschreitung der Form des national-sozialen Staates anstrebt.

Literatur

Adolphs, Stephan (2003): *Der Staat nach der Krise des Fordismus – Nicos Poulantzas und Michel Foucault im Vergleich*, Diplomarbeit am Fachbereich Gesellschaftswissenschaften der J. W. Goethe-Universität, Frankfurt a. M.

Adolphs, Stephan/Wolfgang Hörbe/Alexandra Rau (2002): »Der Begriff des politischen Subjekts hat seinen Gehalt verändert. Passagen der Multitude«, in: *Subtropen* 16/08, 4–5, http://www.nadir.org/nadir/periodika/jungle_world/_2002/33/sub04a.htm

Althusser, Louis (1973): »Ideologie und ideologische Staatsapparate«, in: Ders., *Marxismus und Ideologie. Probleme der Marx-Interpretation*, Westberlin, 113–172.

Atzert, Thomas/Jost Müller (2004): *Immaterielle Arbeit und imperiale Souveränität. Analysen und Diskussionen zu Empire*, Münster.

Balibar, Étienne (1990): »Die Nation-Form. Geschichte und Ideologie«, in: Ders./Wallerstein, Immanuel, *Klasse, Rasse, Nation. Ambivalente Identitäten*, Hamburg/Berlin, 107–130.

Balibar, Étienne (1991): »Foucault und Marx. Der Einsatz des Nominalismus«, in: Ewald, François/Waldenfels, Bernhard (Hg.), *Spiele der Wahrheit. Michel Foucaults Denken*, Frankfurt a. M, 39–65.

Balibar, Étienne (2003): *Sind wir Bürger Europas? Politische Integration, soziale Ausgrenzung und die Zukunft des Nationalen*, Hamburg.

Balibar, Étienne (2001), »Kommunismus und Staatsbürgerschaft. Überlegungen zur Emanzipatorischen Politik am Ende des 20. Jahrhunderts«, in: *Diskus*, H 2/01, 50. Jg., Nr. 2.

Buci-Glucksmann, Christine (1975): *Gramsci und der Staat. Für eine materialistische Theorie der Philosophie*, Köln.

Buci-Glucksmann, Christine (1977): Über die politischen Probleme des Übergangs: Arbeiterklasse, Staat und passive Revolution, in: *SOPO*, H. 41, 13–35.

Deleuze, Gilles (1993): Postskriptum über die Kontrollgesellschaften, in: Ders., *Unterhandlungen 1972–1990*, Frankfurt a. M., 254–261.

Deleuze, Gilles (1994): »Philosophie und Minorität«, in: Vogel, Joseph (Hg.), *Gemeinschaften. Positionen zu einer Philosophie des Politischen*, Frankfurt a. M., 205–207.

Deleuze, Gilles/Guattari, Félix (1977): *Anti-Ödipus. Kapitalismus und Schizophrenie 1*, Frankfurt a. M.

Deleuze, Gilles/Guattari, Félix (1992): *Tausend Plateaus: Kapitalismus und Schizophrenie II*, Berlin.

Demirović, Alex (1990): Der Staat als Wissenspraxis, in: *kultuRRevolution*, Nr. 22.

Demirović, Alex (2004): »Vermittlung und Hegemonie«, in: Atzert, Thomas/Müller, Jost (Hg.), *Immaterielle Arbeit und imperiale Souveränität. Analysen und Diskussionen zu Empire*, Münster , 235–254.

Ferrari Bravo, Luciano (2004): »Neue Souveränität?«, in: Atzert, Thomas/Müller, Jost (Hg.), *Immaterielle Arbeit und imperiale Souveränität. Analysen und Diskussionen zu Empire*, Münster, 212–217.

Foucault, Michel (1976): *Überwachen und Strafen. Die Geburt des Gefängnisses*, Frankfurt a. M.

Foucault, Michel (1977): *Der Wille zum Wissen. Sexualität und Wahrheit 1*, Frankfurt a. M.

Foucault, Michel (1978): *Dispositive der Macht. Über Sexualität, Wissen und Wahrheit*, Berlin.

Foucault, Michel (1987): »Warum ich die Macht untersuche: Die Frage des Subjekts«, in: Dreyfus, Hubert L./Rabinow, Paul, *Michel Foucault. Jenseits von Strukturalismus und Hermeneutik*, Frankfurt a. M, 243–250.

Foucault, Michel (1994): »Omnes et singulatim. Zu einer Kritik der politischen Vernunft«, in: Vogel, Joseph (Hg.), *Gemeinschaften. Positionen zu einer Philosophie des Politischen*, Frankfurt a. M., 65–93.

Foucault, Michel (1999): *In Verteidigung der Gesellschaft. Vorlesungen am Collège de France 1975–76*, Frankfurt a. M.
Foucault, Michel (2004a): *Geschichte der Gouvernementalität I: Sicherheit, Territorium, Bevölkerung. Vorlesung am Collège de France 1977–1978*, Frankfurt a. M.
Foucault, Michel (2004b): *Geschichte der Gouvernementalität II: Die Geburt der Biopolitik, Vorlesung am Collège de France 1978–1979*, Frankfurt a. M.
Guattari, Félix (1978): *Wunsch und Revolution. Ein Gespräch mit Franco Berardi (Bifo) und Paolo Bertetto*, Heidelberg.
Guattari, Félix (1994): *Die drei Ökologien*, Wien.
Hardt, Michael/Negri, Antonio (2002): *Empire. Die neue Weltordnung*, Frankfurt a. M./New York.
Jessop, Bob (1985): *Nicos Poulantzas. Marxist theory and political strategy*, New York.
Jessop, Bob (1990): *State Theory. Putting the capitalist state in its place*, Cambridge.
Laclau, Ernesto (2004): »Can Immanence Explain Social Struggles«, in: Passavant, Paul A./Dean, Jodi (Ed.), *Empire's New Clothes*, New York/London, 21–30.
Link, Jürgen (1997): *Versuch über den Normalismus. Wie Normalität produziert wird*, Opladen.
Lemke, Thomas (1997): *Eine Kritik der politischen Vernunft. Foucaults Analyse der modernen Gouvernementalität*, Berlin/Hamburg.
Negri, Antonio (1982): *Die wilde Anomalie. Spinozas Entwurf einer freien Gesellschaft*, Berlin.
Negri, Antonio (2004a): »Europa ist keine Insel. Vision für eine Außenpolitik der Europäischen Union unter den Bedingungen der weltweiten Globalisierung«, Langfassung, in: *Frankfurter Rundschau*, 13.04.2004, http://www.fr-aktuell.de/ressorts/nachrichten_und_politik/dokumentation/?cnt=419643.
Negri, Antonio (2004b): »Politische Subjekte. Multitude und konstituierende Macht, Vorlesung«, in: Atzert, Thomas/Müller, Jost (Hg.), *Immaterielle Arbeit und imperiale Souveränität. Analysen und Diskussionen zu Empire*, Münster 14–28.
Poulantzas, Nicos (1975): *Politische Macht und gesellschaftliche Klassen* (2. überarbeitete Aufl.), Frankfurt a. M.
Poulantzas, Nicos (2002): *Staatstheorie. Politischer Überbau, Ideologie, Autoritärer Etatismus*, Hamburg.
Seibert, Thomas (2003): »Die Neue Weltordnung – Globalisierung, Imperialismus und Empire«. Vortrag auf der Veranstaltung 11/9-73, 11/9-01: *Vom Beschuss der Moneda zu den Kriegen des 21. Jahrhunderts*, Thüringer Forum für Bildung & Wissenschaft, Jena, 6. September 2003, http://www.rosa-luxemburg-stiftung-thueringen.de/archiv/2003/0909.html.
Wolf, Frieder Otto (2004): »Empire oder was? Versuch einer Neuordnung der Debatte«, in: Atzert, Thomas/Müller, Jost (Hg.), *Immaterielle Arbeit und imperiale Souveränität. Analysen und Diskussionen zu Empire*, Münster, 70–90.

Die Abenteuer der Ontologie
Zwischenbilanz einer laufenden Auseinandersetzung
um das biopolitische Sein

Thomas Seibert

Schon in ihrem ersten gemeinsamen Buch, *Die Arbeit des Dionysos*, stellen Michael Hardt und Toni Negri ihr Denken unter den Titel einer »politischen Ontologie« und berufen sich dabei auf eine »Gegenströmung« in der abendländischen Philosophie, die in einer ersten Linie »von Machiavelli über Spinoza zu Marx« und in einer zweiten Linie »schließlich von Nietzsche und Heidegger bis Foucault und Deleuze« führe (Hardt/Negri 1997, 22 f.).[1] In der Wahl des Titels folgen sie Heideggers »Kehre«, in Begriff und Sache ontologischen Denkens, nach der Ontologie, im Bruch mit ihrem traditionell-metaphysischen Gebrauch, »keine Theorie der Begründung« mehr ist, sondern »eine Theorie über unsere Immanenz und Immersion im Sein und über die fortwährende Konstruktion des Seins« (150). Ontologie ist deshalb, wie Hardt und Negri mit einem Foucault entlehnten Begriff unterstreichen, eine »Anarchäologie« (157) – eine Ausgrabung unter den eigenen Füßen, die am Leitfaden der Frage nach dem Sein nicht auf einen ersten Grund oder Ursprung der Welt, nicht auf ein unbedingtes Prinzip des Denkens, Wollens und Handelns und deshalb auch nicht auf einen letzten Zweck aller Geschichte, sondern auf das Fehlen einer jeden *archē*[2] stößt. Solche Ontologie aber denkt, in einem Satz gesagt, nicht das Sein als unseren ewigen Grund, sondern die Abgründigkeit unseres zeitlichen Seins, das heißt unseres Lebens.

»Gegenströmung«: Differenzierungen im Begriff der biopolitischen Wende

Politisch ist diese Ontologie, weil sie einen inneren Zusammenhang der metaphysischen Geschichte des Seins mit der Geschichte bürgerlich-kapitalistischer Vergesellschaftung herstellt. Indem Hardt und Negri dabei »eine Position der absoluten Immanenz und des Kommunismus« (24) beziehen, wollen sie die beiden Linien der »Gegenströmung« so zusammenführen, dass sie die ihren Autoren gemeinsame These unserer Immanenz im Sein zur theoretischen und praktischen Bedingung der Erneuerung einer materialistischen Gesellschaftskritik in der biopolitischen Wende des späten 20. und beginnenden 21. Jahrhunderts machen. Deren Weite und Tiefe soll hier in der Kontextualität bestimmt werden, die die politische Ontologie

Hardts und Negris mit jedenfalls im Ansatz gleichgerichteten Versuchen verbindet. Ein erster ist im Verweis auf Gilles Deleuze und Michel Foucault schon benannt, an zweiter Stelle ist der von Louis Althusser zu nennen. Tatsächlich erscheint *Die Arbeit des Dionysos* zeitgleich mit Nachlassschriften des marxistischen Philosophen, die sich explizit auf dieselbe »Gegenströmung« beziehen und ihr in bewusster Absetzung von der Tradition des dialektischen Materialismus den erstmals in den 1980er Jahren gebrauchten Namen eines »aleatorischen Materialismus« verleihen (Althusser 1994a; 1994b; 1995). Darunter versteht Althusser ein Denken, für das die Geschichte nach der Zersetzung jeder Vorstellung einer sie in »letzter Instanz« prägenden Determinante zu einem »Würfelspiel« (von lat. *alea* – Würfel) geworden ist, in dem die Kontingenz allen Geschehens nur noch von den unbeherrschbaren Ereignissen eines unaufhörlichen Klassenkampfs abhängt. In seiner Auseinandersetzung mit Althusser hat Negri dessen Begriff eines aleatorischen Materialismus ausdrücklich für sein eigenes Denken reklamiert (Negri 1993).[3]

Zu nennen ist aber auch Jacques Derrida, der sich in seinem ein Jahr vor *Die Arbeit des Dionysos* erschienenen Buch *Marx' Gespenster* in seiner Weise auf dieselbe »Gegenströmung« einlässt und seiner bis dahin eher von Nietzsche und Heidegger inspirierten Dekonstruktion jetzt nur noch insoweit »Sinn und Interesse« zuspricht, als sie zugleich eine »Radikalisierung des Marxismus«, genauer gesprochen: »eines gewissen Geist des Marxismus« sei (Derrida 1995, 149; vgl. ebd., 142 ff.). An dem Buch entzündet sich unter marxistischen Intellektuellen eine breite Diskussion, an der sich neben Fredric Jameson, Warren Montag, Terry Eagleton, Aijaz Ahmad und anderen auch Toni Negri beteiligt. Derrida beschließt seine Antwort auf diese Debatte wohl nicht zufällig mit der Replik auf Negris Beitrag.[4]

Den Tiefen und Untiefen eines aleatorischen Materialismus widmet sich schließlich auch die Philosophie Alain Badious, von dem erst in den letzten Jahren einige Arbeiten in deutscher Übersetzung zugänglich geworden sind (Badiou 1997; 2002; 2003a; 2003b; 2003c). Wie Althusser, dessen Schüler er war, führt die nicht mehr aufzuhaltende Agonie der Dialektik auch Badiou dazu, die von Marx auf Mao fortgeschriebene Linie eines Denkens des determinierenden Widerspruchs in ein Denken aleatorisch zugespielter Ereignisse – und des Subjekts zu verwandeln, das sich erst in der Treue zu diesem Zuspiel konstituiert.

Differenzierungen im Begriff der biopolitischen Wende: Kon-Texte

Die Nennung fast ausschließlich nicht-deutscher Autoren – die Reihe wäre fortzusetzen – zeigt an, dass es eine entsprechende Diskussion in Deutschland noch immer nicht gibt. Diesen Rückstand ausgleichen zu wollen – nur vorbereitend ausgespielter Einsatz dieses Textes – setzt allerdings die Einsicht voraus, dass er gerade mit den Denkern deutscher Herkunft zu tun hat, die für die untergründige Tradition eines aleatorischen und ontologischen Materialismus in Anspruch genommen werden und doch nicht nur auf den ersten Blick miteinander kaum vereinbar zu sein scheinen: Marx, Nietzsche, Heidegger. Sie in einem Zug zu nennen, fällt gerade hier nicht leicht, genauer und richtiger: kann und darf hier wohl auch nicht leicht fallen. Mehr noch: Eher als anderswo drängt sich hier erst einmal das Prekäre ihrer Zusammenstellung auf. So hat Jens Rehmann (2004) zeigen können, um den Preis welcher – oft verdeckten – Verschiebungen Deleuze und Foucault ihren »Links-Nietzscheanismus« entworfen haben. Deutlich wird so immerhin, dass die Ontologie eines aleatorischen Materialismus nicht in die formale Einheit einer geschlossenen philosophischen oder wissenschaftlichen Disziplin eingegrenzt werden kann und insofern stets mit den Namen der einzelnen Autoren aufgerufen werden muss, die für sie einstehen sollen.

In *Die Arbeit des Dionysos* zeigen Hardt und Negri dies erst im Titel, dann in einer Marx und Nietzsche ausdrücklich zusammenführenden Bestimmung der biopolitischen Wende (7 ff.) und in dichter Form schließlich in einem »Ontologie und Konstitution« überschriebenen, knapp fünf Seiten langen Kapitel (149 ff.), das die erste Ausarbeitung eines ebenfalls der kontextuellen Selbstverortung gewidmeten Kapitels in *Empire* darstellt (Hardt/Negri 2002, 37 ff.). In *Die Arbeit des Dionysos* bestimmen sie ihren Ontologiebegriff erst im Verhältnis zu ihren postmodernistischen, liberalen und orthodox marxistischen Gegnern und dann zu den genannten Denkern der »Gegenströmung«. Auf die beziehen sie sich an dieser Stelle nur affirmativ, weil es ihnen erst um eine »Bestandsaufnahme« ihrer »methodischen und theoretischen Grundlagen« geht (149). Der Text von Hardt und Negri wird im Folgenden demgegenüber gerade den Differenzen ausgesetzt, die zu überschreiten er beansprucht. Damit sollen Möglichkeit und Wahrheit eines aleatorisch-ontologischen Materialismus nicht bestritten werden, im Gegenteil. Deutlich werden soll allerdings, dass sie nie in einem systematischen Abschluss, sondern immer nur in dessen Aufschub, das heißt in Brüchen und Übergängen, mithin: je nur im Kontext liegen können. Die Probe dafür werden hier die Begriffe der »konstituierenden Macht« und des »anthropologischen Exodus« sein, in denen Hardt und Negri die nietzscheanischen Begriffe des »Willens zur Macht« und des »Übermenschen« vom »Standpunkt des Kommunismus« (8) reformulieren. Dabei versuchen sie die, übrigens nicht nur zwischen, sondern auch in den beiden Linien der »Gegenströmung« wirkende Ambivalenz aufzulösen, unter der Losung »Ni Dieu, ni maître, ni l'homme«, einerseits mit der humanistischen und subjektphilosophischen Tradition zu brechen und sie andererseits gerade dadurch fortschreiben zu wollen (Hardt/Negri 2002, 104 ff.).

Differenzierungen im Begriff der biopolitischen Wende: Lebendige Arbeit und Wille zur Macht

Der erste Satz in *Die Arbeit des Dionysos* führt den im Titel aufgerufenen Begriff der Arbeit mit einem Zitat aus den Grundrissen auf Marx zurück: »Die Arbeit ist das lebendige, gestaltende Feuer; die Vergänglichkeit der Dinge, ihre Zeitlichkeit, als ihre Formung durch die lebendige Zeit.« (5; vgl. MEW 42, 278) Die Bestimmung der Arbeit durch den antiken Gott des Rausches verweist dann aber auf Nietzsche, der den Namen des Dionysos nicht theologisch, sondern im angerissenen Sinn des Begriffs ontologisch gebraucht: als Name des sich selbst konstituierenden Lebens und Seins, der für die in eben diesem Sinn »biopolitische« Selbstbejahung dieses Lebens als eines Seins steht, das seinen Grund in der Immanenz seiner Selbstkonstitution findet. Die ontologischen Intuitionen Marx' und Nietzsches zusammenführend ist Dionysos im biopolitischen Zusammenhang von Leben, Sein und Zeit der »Gott der lebendigen Arbeit, schöpferische Kraft in ihrer eigenen Zeit« (5).

Realhistorisch aber bricht sich die Zeitlichkeit lebendiger Arbeit im Zeitregime des Kapitals, das ihr die Ordnung des Arbeitstags und damit des Lohnverhältnisses aufprägt und ihren Zusammenhang nach den Sphären verwerteter Arbeit (Produktion) und nicht-verwerteter Nicht-Arbeit (Reproduktion) aufspaltet. Deshalb definieren Hardt und Negri die biopolitische Wende in einem ersten Schritt unter Rückgriff auf die berühmte Formulierung des ersten Kapitels der *Deutschen Ideologie*, der zufolge der Kommunismus weder eine Utopie noch ein normatives Postulat ist, sondern sich schon im Kapitalverhältnis als die »*wirkliche* Bewegung« entwickelt, die den »jetzigen Zustand aufhebt« (MEW 3, 35). Die biopolitische Wende kann methodisch aber nur dann als immanente und insofern ontologische Kritik von Staat und Kapital verstanden werden, wenn sie – darin eben Marx' und Engels' Kommunismus vergleichbar – tatsächlich zugleich immanente Bestimmung des »jetzigen Zustands« wie der ihn überschreitenden »wirklichen Bewegung« ist. Die politische Ontologie muss folglich »die wirklich handelnden gesellschaftlichen Kräfte begreifen, die die Strukturen und Mechanismen der Herrschaft sabotieren und unterwandern«, um aus deren Perspektive und Partei die besonderen »Anordnungen des Rechts und des Staates« zu bestimmen, in denen die lebendige Arbeit der Kapitalverwertung immer wieder neu unterworfen werden soll (9 f.). Im Ausgriff auf die Kräfte der Sabotage und Unterwanderung aber bringen Hardt und Negri Nietzsche ins Spiel, indem sie der rebellischen Negativität der lebendigen Arbeit eine ursprüngliche Bejahung einschreiben, der zufolge sie den »jetzigen Zustand« nur insoweit negiert, als sie darin ihre von der Verwertung des Werts befreiten schöpferischen Vermögen und in ihnen die Welt bejaht, die sie dabei erschließt. Hardt und Negri fassen die Selbst-Verwertung und Selbst-Bejahung der lebendigen Arbeit darum als »totale Kritik im Nietzscheanischen Sinn« (10), die sich in den Begriffen der *Separation*, der

Autonomie und der *Konstitution* artikuliert: Sich selbst verwertend, separiert sich die Arbeit vom Kapital wie vom Staat und wird autonom, wird »konstituierende Macht« (10) oder, mit Nietzsche selbst gesprochen, Wille zur Macht. Darin folgen sie Foucault, der die biopolitische Wende in einer aus dem Jahr 1971 stammenden Formulierung ebenfalls im doppelten Rückgriff auf Nietzsche und Marx als »Ent-Unterwerfung des Willens zur Macht, d.h. politische(n) Kampf als Klassenkampf« bezeichnet hatte (Foucault 1971, 114). Wille zur Macht ist die lebendige Arbeit dabei – daran hängt nun alles – aber nicht als Wunsch nach Herrschaft (als Wille, der Macht will), sondern in der Bejahung der »wert-schaffenden Praxis« (12) als der konstituierenden Macht selbst – als Wille, der in seiner Macht sich selbst will (10 u. pass.) und darin unausgesetzt neue Subjektivitäten und mit ihnen das Sein konstituiert (22 u. pass.).

Bei Hardt und Negri wie bei Foucault artikuliert sich in der Einschreibung einer nietzscheanisch gedachten Freisetzung des Willens zur Macht in eine im Ansatz marxistisch artikulierte Klassenpolitik die historische Erfahrung der mit den Mai-Revolten des Jahres 1968 hervortretenden autonomen Linken. Foucault nähert sich damals zusammen mit Deleuze und Félix Guattari der undogmatisch-maoistischen *Gauche Prolétarienne* an, Negri ist einer der Sprecher der italienischen *Autonomia operaia*. Um diese und ähnliche Avantgarden herum, vermitteln sich vor und nach dem Mai die kulturrevolutionäre Dissidenz der »Neuen Sozialen Bewegungen« mit sich aus ihrer bürokratischen Einhegung lösenden proletarischen Revolten. Der damit eröffnete Möglichkeitsspielraum bildet noch jetzt das Realimaginäre der biopolitischen Wende: »Imaginär meint hier nicht un-wirklich, sondern bezeichnet ein Ensemble von Bildern und Projektionen, in denen Wirklichkeitsbedingungen wahrgenommen und Lösungen vorgestellt werden.« (Rehmann 2004, 168) Den darin ausgespielten Einsatz bringt ein Aphorismus Nietzsches auf den Punkt – dann jedenfalls, wenn man in der Logik der Zusammenstellung beider Autoren seinen Begriff des christlichen Gottes mit Marx' Begriff des Werts zusammenbringt: »Was kann allein unsere Lehre sein? Dass niemand dem Menschen seine Eigenschaften gibt, weder Gott, noch die Gesellschaft, noch seine Eltern und Vorfahren, noch er selbst (...). Es gibt nichts, was unser Sein richten, messen, vergleichen, verurteilen könnte, denn das hieße das Ganze richten, messen, vergleichen, verurteilen... Aber es gibt nichts außer dem Ganzen! Dass niemand mehr verantwortlich gemacht wird, dass die Art des Seins nicht mehr auf eine causa prima zurückgeführt werden darf, dass die Welt weder als Sensorium, noch als ›Geist‹ eine Einheit ist, dies erst ist die große Befreiung – damit erst ist die Unschuld des Werdens wiederhergestellt... Der Begriff ›Gott‹ war bisher der größte Einwand gegen das Dasein... Wir leugnen Gott, wir leugnen die Verantwortlichkeit in Gott: damit erst erlösen wir die Welt.« (*Götzendämmerung*: Die vier großen Irrtümer, Aph. 8)

Differenzierungen im Begriff der biopolitischen Wende: Reale Subsumtion

Als realhistorisches wie realimaginäres Element des aleatorischen Materialismus markieren der Mai 68 und seine Folgen zugleich die finale Agonie seines dialektischen Widerparts: 1968 unfähig, die »wirkliche Bewegung« der weltweiten Sozial- und Kulturrevolten auch nur zu verstehen, implodieren die Staats- und Parteiapparate des dialektischen Materialismus 1989 unter dem doppelten Druck eines Hunderttausende zählenden Massenexodus und der auf die Revolten von 68 antwortenden Restrukturierung kapitalistischer Herrschaft. Die wiederum ist das wesentliche Merkmal des unter der Bedingung der »Bio-Macht« stehenden Seins und wird von Hardt und Negri im Marx entlehnten Begriff der »realen Subsumtion« der Gesellschaft unter das Kapital gefasst. Im Unterschied zur vorangehenden Phase der bloß »formellen« Subsumtion, in der die kapitalistische Produktionsweise zwar bereits hegemonial, doch stets in Koexistenz mit nicht-kapitalistischen Produktionsweisen fungierte, gibt es in der Phase der realen Subsumtion jedenfalls tendenziell kein wie auch immer bestimmtes Außen des Kapitalverhältnisses mehr. Die spezifischen Regime kapitalistischer Verwertung, die sich zunächst in und mit der Fabrik ausbildeten, durchdringen jetzt alle gesellschaftlichen Verhältnisse und lassen das Sein bis in die letzten Verästelungen des Lebens zu einer netzwerkförmig sich ausdehnenden »gesellschaftlichen Fabrik« werden (20 f.). Sind alle Vollzüge dieses Lebens dem Kapitalverhältnis immanent, zersetzen sich zentrale Kategorien der bisherigen Kritik der politischen Ökonomie: beginnend mit der metaphorischen Scheidung von Basis und Überbau über die von produktiver und unproduktiver Arbeit bis hin zu der von Produktion und Reproduktion selbst. Politisch fällt zugleich die Möglichkeit, die lebendige Arbeit in der Formation der industriellen Arbeiterklasse als mit sich identisches Subjekt der Revolution zu denken, das im dialektischen Fortschritt von der »Klasse an sich« zur »Klasse für sich« zur Garantiemacht einer sich im Stufengang von Kapitalismus, Sozialismus und Kommunismus vollendenden Geschichte werden könnte.

Mit ihrem Gebrauch des Begriffs der realen Subsumtion intervenieren Hardt und Negri in die Debatten um die Postmoderne, in denen das Ende des dialektischen Materialismus mit dem Ende der Geschichte und das Verschwinden des vom Industrieproletariat repräsentierten Subjekts der Revolution mit dem Verschwinden geschichtskonstitutiver Subjektivität überhaupt identifiziert werden sollte. Ihre politische Ontologie antwortet darauf mit dem ebenso simplen wie brisanten Verweis, dass die Arbeit mit ihrer Verallgemeinerung zur gesellschaftlichen Tätigkeit schlechthin gerade nicht verschwindet, sondern umgekehrt alle gesellschaftliche Tätigkeit Arbeit, Leben überhaupt gar nichts anderes als Eingelassensein in Arbeit und der Antagonismus von Arbeit und Kapital zum immanenten Antagonismus des deshalb wortwörtlich biopolitischen Seins wird: »Hier stößt man auf ein Paradox. Im gleichen Moment, da Arbeit theoretisch nicht mehr wahrgenommen wird, ist sie allgegenwärtig und wird die allgemeine Substanz. (...) Die Welt ist Arbeit. Wenn Marx davon ausging, dass Arbeit die Grundlage aller menschlichen Geschichte sei, dann irrte er vielleicht, nicht indem er zu weit ging, sondern indem er nicht weit genug ging.« (15 f.) Der theoretische und politische Einsatz einer Ontologie des aleatorischen Materialismus besteht dann darin, sich ohne jede Reserve der »Ödnis der realen Subsumtion« (19) hinzugeben, um dort – wo sonst? – den Spuren eines universal gewordenen Antagonismus zu folgen, der nicht mehr auf ein identisches Subjekt, sondern eine unabzählbare Menge möglicher Subjektivierungen verweist.

Differenzierungen im Begriff der Ontologie: Konstitution

An dieser Stelle umgrenzen Hardt und Negri die theoretische und die politische Relevanz ihrer Ontologie zunächst in der Anerkennung ihrer Gemeinsamkeiten mit explizit postmodernistischen und liberalen Theorien. Ausgangspunkt ist dabei wieder die Zusammenstellung des Marxschen Begriffs lebendiger Arbeit mit Nietzsches Begriff eines Willens zur Macht zum Begriff der konstituierenden Macht und damit einem »Denken der Konstitution« (149).[5] Tatsächlich kommen Postmodernismus, Liberalismus und die Ontologie konstituierender Macht in ihrer Kritik jeder Metaphysik zusammen, die Geschichte als einen in einem ersten Ursprung gegründeten und von dort auf einen letzten Zweck gerichteten Prozess denkt, der sich mit der Wiederkehr seines Anfangs im Ende zur Totalität schließt. Den Begriffen der Konstitution wie der konstituierenden Macht ist im Gegensatz dazu ontologisch einbeschrieben, dass es vor ihrem jeweiligen Ereignis Konstitution und konstituierende Macht gar nicht gibt, die Konstitution also in den zwar stets historisch situierten, dennoch ereignishaften, das heißt unableitbaren und darin eben aleatorischen Vollzügen des Konstituierens selbst liegt. Die strukturelle Offenheit der Konstitution ist allerdings nicht notwendig schon ein emanzipatorischer Sachverhalt. Im Gegenteil, ihre ethische und politische Unbestimmtheit lässt sich ontologisch in einem Aphorismus Nietzsches fassen, der nach links wie nach rechts zu den deutungsoffensten Passagen seines Werks gehört und »Deutung« selbst zum Thema hat. Aus der Geschichte der Strafe zieht Nietzsche dort den ontologischen Schluss, dass gegebene Zwecke gesellschaftlicher Einrichtungen nichts über ihre Entstehung sagen, weil beide nicht nur zeitlich auseinander; – sondern darin einem unaufhörlichen Prozess der Konstitution unterliegen, in dem alles »irgendwie Zustande-Gekommene immer wieder von einer ihm überlegenen Macht auf neue Absichten ausgelegt, neu in Beschlag genommen, zu einem neuen Nutzen umgebildet und umgerichtet wird«, das historische Werden folglich nur und gerade insoweit offen ist, als es jederzeit von einer überlegenen Macht abgelenkt, umgelenkt, gegen sich verkehrt, auch abgebrochen werden kann: »›Entwicklung‹ eines Dings, eines Brauchs, eines Organs ist dem gemäß nichts weniger als sein *progressus* auf ein

Ziel hin (...) – sondern nur die Aufeinanderfolge von mehr oder weniger tiefgehenden, mehr oder minder voneinander unabhängigen, in ihm sich abspielenden Überwältigungsprozessen, hinzugerechnet die dagegen jedes Mal aufgewendeten Widerstände, die versuchten Form-Verwandlungen zum Zweck der Verteidigung und Reaktion, auch die Resultate gelungener Gegenaktionen. Die Form ist flüssig, der ›Sinn‹ ist es aber noch mehr... .« (*Genealogie der Moral*: II. Abh., Aph. 12) Die in der Unabschließbarkeit der Konstitution erfahrene »Flüssigkeit« von Sinn und Form alles Konstituierten kann selbst ganz unterschiedlich ausgelegt werden. So finden Liberale wie Postmodernisten in der parlamentarischen Demokratie und im kapitalistischen Weltmarkt die angemessene institutionelle Rahmung eines solchen Werdens und im Primat der Demokratie vor der Philosophie und des Rechts vor dem Guten dessen theoretische und politische Anerkennung. Wiederum Marx und Nietzsche folgend setzen Hardt und Negri dem pessimistischen Schluss von der Unabschließbarkeit der Konstitution auf die Notwendigkeit ihrer Befriedung und Einhegung die schöpferische Lust an der Konstruktion des Seins entgegen. Sie verbinden damit die Wette, dass die Philosophie darin einen universalen oder, wie Negri zu sagen vorzieht, »kommunen« Begriff des Guten und der Wahrheit erschaffen wird, der das Recht ebenso übersteigt wie den Konsens.

Differenzierungen im Begriff der Ontologie: Heidegger

Die Zweideutigkeit der postmodernen Rede vom »Verschwinden des Subjekts« und vom »Tod des Menschen« führt nicht zufällig auch auf Heidegger zurück, der die ontologische Frage nach dem Sinn des Seins gerade an die »Destruktion« der Geschichte der Ontologie und besonders der cartesianischen Ontologie des Subjekts gebunden hatte. Dass er sein eigenes Unternehmen »Fundamentalontologie« nennt, darf nicht als Suche nach einem »Grund hinter dem Grund« missdeutet werden. Vielmehr sucht Heidegger in der destruierenden »Ablösung« der metaphysischen »Verdeckungen« nach den »ursprünglichen Erfahrungen, in denen die ersten und fortan leitenden Bestimmungen des Seins gewonnen wurden«. Deshalb fragt er auch nicht wie die philosophische Tradition direkt nach dem Sein, sondern nach dem »Sinn von Sein« als »nach dem, was wir mit dem Wort ›seiend‹ eigentlich meinen« (Heidegger 1927, 22; unpagin. Vorw.). Was dann im Wortlaut wie im Tonfall oft als Löschung der Position von Subjektivität überhaupt erschien, ist ein begrifflich weitreichender Versuch, die Subjektivität eines Seins freizusetzen, das weder cartesianisches Subjekt noch »Sein« im von Platon begründeten Sinn des Begriffs ist, das heißt nicht mehr das Eine jenseits des oder über dem Vielen, der Grund vor dem Gegründeten, das Wesen hinter der Erscheinung, der Geist über dem Leben. Sein, Seiendes und menschliches Dasein denkt Heidegger statt dessen aus den historischen »Konstellationen« des Entbergens und Verbergens einer nie positiv gegebenen »ontologischen Differenz«. In der sind das Sein, die menschlichen Wesen (Dasein) und die Sachverhalte der Welt (Seiendes) immer nur aus der Singularität ihres ereignishaft sich wandelnden Bezuges aufeinander, was und wie sie sind. Dabei gehen weder die Relata ihrer Relation, noch die Relation ihren Relata voraus:

> »Der Bezug von Da-sein & Seyn schließt in sich die Er-eignung des Daseins. Demnach ist streng genommen die Rede vom Bezug des Daseins zum Seyn irreführend, sofern die Meinung nahegelegt wird, als wese das Seyn ›für sich‹ und das Da-sein nehme Beziehung zum Seyn auf. Der Bezug des Da-seins zum Seyn gehört in die Wesung des Seyns selbst, was auch so gesagt werden kann: das Seyn braucht das Da-sein, es west gar nicht ohne diese Ereignung. (...) Rettet man sich nicht in eine Erklärung des Seins (der Seiendheit) durch Ansetzung der ersten Ursache alles Seienden, die sich selbst verursacht, löst man nicht das Seiende als solches in die Gegenständlichkeit auf und erklärt man nicht wiederum die Seiendheit jetzt aus dem Vorstellen des Gegenstandes und seinem a priori, soll das Seyn selbst zur Wesung kommen und doch jede Art von Seiendem an sich ihm ferngehalten werden, dann glückt dieses nur aus einer notwendigen (...) Besinnung, der dieses einsichtig wird: Die Wahrheit des Seins und so dieses selbst west nur dort, wo und wann Da-sein. Da-sein ›ist‹ nur, wo und wann das Sein der Wahrheit. Eine, ja die Kehre, die eben das Wesen des Seins als das in sich gegenschwingende Ereignis anzeigt. Das Ereignis gründet in sich das Da-sein (I). Das Dasein gründet das Ereignis (II). Gründen ist hier kehrig: I. tragend-durchragend. II. stiftend-entwerfend.« (Heidegger 1994, 254; 261)

Deshalb kann nach dem stets verbal zu denkenden »Wesen« von Sein-Seiendem-Dasein nur aus ihrer jeweiligen seinsgeschichtlichen Konstellation gefragt werden, und auch das nur so, dass dabei zugleich nach dem Ereignis gefragt wird, in dem sich diese Konstellation in eine andere ver-kehrt. Die zeitgenössische Konstellation bezeichnet Heidegger als die der »Technik« (vgl. Heidegger 1946b; 1962). Diese seinsgeschichtliche Formbestimmung fasst er auch im Begriff des »Gestells« und meint damit die Relationalität gegenseitigen »Sich-Stellens«, in dem der Wille zur Macht das, was »ist« – Sein-Seiendes-Dasein – als »Material der Arbeit« setzt (Heidegger 1946a, 340). Diese wiederum betreibt unter stetig intensivierter Vernutzung ihres Materials die »unbedingte Vergegenständlichung alles Anwesenden« und sichert dabei ihren eigenen »Bestand« im Regime der alles Lebendige durchdringenden Bio-Macht als der realen Subsumtion allen Lebens unter das Kapital (vgl. Heidegger 1946b, 68, 90 f.).

Die Schwäche der Heideggerschen Konzeption einer konstellativen Geschichte des Seins liegen in seinem Entwurf einer ontologischen Politik – die ins politische Desaster führt. Denn sie ist der Grund für seine Überzeugung, als Intellektueller aufgefordert zu sein, die NS-Führung zu führen, und die entsprechenden Vorschläge zur nationalsozialistischen Hochschulreform zu machen. Hölderlin, Nietzsche, der späten Romantik wie der »Konservativen Revolution« der 1920er Jahre folgend, erhebt Heidegger sich rigoros singularisierende »Dichterphilosophen« zur maßgeblichen Subjektivität im revolutionären Konstitutionsprozess eines durch seine Sprache wie durch seine Stellung in der abendländischen Seinsgeschichte nationalisierten, aktuell allerdings fehlenden und deshalb von den Dichtern erst herbei zu rufenden »Volkes« (vgl. Heidegger 1946c, 265 ff.). Das Fatale dieser Konstruktion hängt weniger am Rückgang auf singuläre ästhetisch-ontologische Erfahrungen und dem Anspruch ihrer kulturrevolutionären Kommunikation als vielmehr an der Unfähigkeit Heideggers, »die wirklich handelnden gesellschaftlichen Kräfte (zu) begreifen, die die Strukturen und Mechanismen der Herrschaft sabotieren und unterwandern«. (9 f.). Er hat deshalb »Wille zur Macht« und lebendige Arbeit immer nur als Wesensbestimmungen der Technik, Marx und Nietzsche nur als Denker ihrer herrschaftlichen Durchsetzung, nie als solche ihrer Überwindung denken können. So sehr sein Begriff des Gestells beziehungsweise der Technik auch Foucaults Begriff der Bio-Macht und Hardts und Negris Begriff der realen Subsumtion präfiguriert: Die Immanenz der biopolitischen Wende – in seinen Worten: der »Kehre« – hat er immer nur beschwören, nie strategisch entwickeln können. Dazu hätte er nämlich deren inneren Antagonismus – die sozialen Kämpfe – als das produktive Moment des ontologischen Geschehens erkennen müssen, das er stattdessen der Singularisierung seinsgeschichtlich inspirierter Dichter zugeschrieben hat. Seiner düsteren Beschreibung der »Fest-Stellung« des Menschen zum »arbeitenden Tier« und der »Verwüstung der Erde« unter der Bio-Macht kann man sich dennoch für eine Zeit überlassen, sind sie doch das Negativ seiner Feier der »Deutschen Arbeit« vom Beginn der 1930er Jahre und zugleich jeder anderen – sozialdemokratischen, marxistisch-leninistischen, auch der neoliberalen – Arbeitsmetaphysik (vgl. erneut Heidegger 1946b, 68 u. pass.). Die radikale Negativität der Diagnose verweist auf die Notwendigkeit, die Befreiung der lebendigen Arbeit und die Ent-Unterwerfung des Willens zur Macht als Separation von den Formen der Arbeit und des Willens zu denken, die im Gestell der Bio-Macht mobilisiert, kontrolliert, diszipliniert und – wie Hardt und Negri sagen – »korrumpiert« werden.

Differenzierungen im Begriff der Ontologie:
Deleuze, Guattari und Foucault

In seiner Kritik des deutschen »Irrationalismus« hatte Georg Lukács die herausragende Bedeutung Nietzsches und Heideggers darin gesehen, gegenüber jeder realpolitisch am Status quo bürgerlicher Vergesellschaftung orientierten Position der Rechten eine »große Politik« der »äußersten Reaktion« entworfen zu haben.

Deren Besonderheit liege darin, das eigene ideologische Projekt aus der sozialen Lage einer »parasitären Intelligenz« als »hyperrevolutionäre« Überbietung des proletarischen Antagonismus darzustellen (Lukács 1962, pass.). Tatsächlich hat die von Deleuze, Guattari und Foucault noch einmal radikalisierte linke Rezeption Nietzsches und Heideggers gerade an den »hyperrevolutionären« Momenten ihres Denkens, vor allem an ihrer Kritik der bürgerlich-humanistischen Subjektkonstitution angeknüpft. Nach dem realimaginär den Mai-Revolten einbeschriebenen Vorbild von Nietzsches Übermenschen und der ins Ereignis gekehrten Dichter Heideggers haben sie dabei aus der strukturell zweideutigen De-Konstitution des bürgerlich-humanistischen wie überhaupt des christlich-abendländischen Subjekts – im 1972 erstveröffentlichten *Anti-Ödipus* im Prozess der »Schizophrenie« gefasst – ihren emphatischen Begriff einer aus jeder dialektischen Dienstbarkeit freigesetzten Subjektivität gewonnen: die Subjektivität der biopolitischen Wende (vgl. Deleuze/Guattari 1977; 1992; 2000).

So gelang es Foucault in der Konzentration auf ein a-subjektives Prozessieren des Lebens, der Arbeit und der Sprache, den der abendländischen Moderne konstitutiven »Eintritt des Lebens in die Geschichte« in seinem Begriff der Bio-Macht so zu fassen, dass Marx' Kritik der politischen Ökonomie jedenfalls programmatisch einer seinsgeschichtlichen Ontologie des Gestells integriert werden konnte – und umgekehrt:

»Was sich aber im 18. Jahrhundert im Zusammenhang mit der Entwicklung des Kapitalismus in einigen Ländern des Okzidents abgespielt hat, ist (...) nichts geringeres als der Eintritt des Lebens in die Geschichte – der Eintritt der Phänomene, die dem Leben der menschlichen Gattung eigen sind, in die Ordnungen des Wissens und der Macht, in das Feld der politischen Techniken. (...) Wenn sich die Frage des Menschen – in seiner Eigenart als Lebewesen und in seiner Eigenart gegenüber den Lebewesen – gestellt hat, so liegt der Grund dafür in dem neuen Verhältnis zwischen der Geschichte und dem Leben: in der Doppelstellung des Lebens zum einen außerhalb der Geschichte als ihr biologisches Umfeld und zum anderen innerhalb der menschlichen Geschichtlichkeit, von deren Wissens- und Machttechniken sie durchdrungen wird.« (Foucault 1977, 169, 171)

Macht bezeichnet dabei »die Vielfältigkeit von Kräfteverhältnissen, die ein Gebiet bevölkern und organisieren; das Spiel, das in unaufhörlichen Kämpfen und Auseinandersetzungen diese Kräfteverhältnisse verwandelt, verstärkt, verkehrt; die Stützen, die diese Kräfteverhältnisse aneinander finden, indem sie sich zu Systemen verketten – oder die Verschiebungen und Widersprüche, die sie gegeneinander isolieren; und schließlich die Strategien, in denen sie zur Wirkung gelangen und deren große Linien und institutionelle Kristallisierungen sich in den Staatsapparaten, in der Gesetzgebung und in den gesellschaftlichen Hegemonien verkörpern« (ebd., 113 f.). Dabei ist die Macht nichts als der augenblickliche Effekt der in ihr verketteten und einander entgegengesetzten Kräfte und deshalb nie der Besitz eines Individuums, einer Gruppe oder Klasse, sondern Resultante und Milieu ihrer Konfrontation sowie der diese konstituierenden und zugleich auch immer schon durchkreuzenden Antriebe, Intentionen und Motive, mithin nichts als »der Name, den man einer komplexen strategischen Situation in einer Gesellschaft gibt« (ebd., 114). Machtverhältnisse regulieren sich – Heideggers seinsgeschichtlichen Konstellationen formal entsprechend – in »Dispositiven«, denen Macht als Herrschaft und Macht als Widerstand gegen Herrschaft gleichermaßen immanent sind: »Wo es Macht gibt, gibt es Widerstand. Und doch oder vielmehr gerade deswegen liegt der Widerstand niemals außerhalb der Macht. (...) Das hieße, den strikt relationalen Charakter der Machtverhältnisse verkennen. (...) Die Widerstände (...) sind in den Machtbeziehungen die andere Seite, das nicht wegzudenkende Gegenüber.« (ebd., 116 f.)

Nochmals: Dichter des anthropologischen Exodus

In seinem Versuch einer strategischen Differenzierung von herrschaftlicher Bio-Macht und widerständiger Biopolitik integrierte Foucault seine einzelnen Anarchäologien retrospektiv in eine »historische Ontologie unserer selbst« (Dreyfus/Rabinow 1987, 275).[6] Zu deren Achse wurde jetzt eine Subjektivität, die nicht mehr nur durch Herrschaft konstituiert wird, sondern sich in einer singulär wie kollektiv praktizierten »Ästhetik der Existenz« selbst konstituiert. Die jüngsten Spuren solcher Selbstkonstitution von Subjektivität fand Foucault wie erwähnt in den auf den Mai 68 folgenden Revolten, die er deshalb primär als Kämpfe deutete, in denen die in den Disziplinen der Bio-Macht konstituierten Subjektivitäten durch die Konstitution autonomer »Weisen der Subjektivierung« verwandelt wurden. Dabei vergleicht er deren historische Dynamik und folglich Dauer eher mit der der Reformation als der der modernen Revolutionen (vgl. Foucault 1982, 247).

Deleuze und Guattari sind dieser letzten Kehre ihres langjährigen philosophischen Weggefährten gefolgt, haben sie aber ausdrücklicher als Foucault an Nietzsches Projekt eines die Menschen-Form sprengenden Übermenschen gebunden: »Der Mensch strebt danach, in sich selbst das Leben, die Arbeit und die Sprache zu befreien. Der Übermensch ist, nach einer Formel von Rimbaud, der Mensch, dem alle Lebewesen aufgegeben sind. (...) Foucault würde sagen, dass der Übermensch viel weniger ist als das Verschwinden des existierenden Menschen und sehr viel mehr als die Veränderung eines Begriffs: er ist die Ankunft einer neuen Form, weder Gott noch Mensch, von der man hoffen mag, dass sie nicht schlimmer wird als die beiden vorausgegangenen.« (Deleuze 1992, 188 f.) Dabei greifen auch Deleuze und Guattari die Nietzsche und Heidegger leitende spätromantische Idee eines dichterphilosophischen Vorgriffs auf die revolutionäre Selbstkonstitution eines »Volkes« auf, kehren deren Anti-Demokratismus aber plebejisch um und schreiben den ästhetisch-ontologischen Vorgriff auf eine zu rettende Erde und ein fehlendes Volk in die Klassenkämpfe und die transversalen Revolten des Mai 68 ein: »Heidegger (...) hat sich im Volk, im Boden, im Blut getäuscht. Denn die Rasse, an die Kunst und Philosophie appellieren, ist nicht jene, die den Anspruch erhebt, rein zu sein, sondern eine unterdrückte, inferiore, anarchische, nomadische, eine unwiderruflich kleine, mindere Mischrasse.« (Deleuze/Guattari 2000, 127)[7] Dabei trennen sie das Projekt einer Überwindung des Gestells der Bio-Macht in ihrem Begriff der »Wunschmaschine« beziehungsweise der »Wunschproduktion« ausdrücklich von den humanistischen Dichotomien ab, die den Organismus der Maschine und die Natur der Technik entgegensetzen. Zugleich ankern sie im wesentlichen Unterschied zu Nietzsche und Heidegger das Hervortreten der kulturrevolutionären Dichter und ihres minderen, minoritären Volks in einer marxistisch geführten Analyse aktueller Produktionsverhältnisse, die Hardts und Negris Begriff der »Multituden« präfiguriert und dabei auch Sartres *Kritik der dialektischen Vernunft* aufgreift (vgl. Deleuze/Guattari 1977, 324 ff.).[8]

Differenzierungen im Begriff der Ontologie: Spinoza

Genau an diesem Punkt schließen Hardt und Negri an, indem sie die Einschreibung der anti- beziehungsweise posthumanistischen Problematik des Übermenschen und der Verwandlung der Erde in die biopolitische Problematik der »wirklichen« sozialen Antagonismen weiter vertiefen und in *Empire* dazu den wohl weder für Foucault noch für Deleuze und Guattari akzeptablen Begriff einer »materialistischen Teleologie« ins Spiel bringen.[9] Tatsächlich setzen sie sich damit von dem untergründigen Pessimismus in Foucaults wie Deleuze' und Guattaris Machtbegriff ab, der die Separation aus Staat und Kapital nie als definitive, sondern immer nur als transitorische Möglichkeit zulässt und die Immanenz von Macht und Gegenmacht unter der Hand mit einer Immanenz von Herrschaft und Widerstand gegen Herrschaft in eins setzt. Dabei beziehen sie sich zunächst auf Machiavelli, dann auf Spinoza und schließlich auf Marx.

In der Geschichte der europäischen Ontologie ist Spinoza der erste, der sich explizit weigert, die Frage nach dem Sein als Frage nach dem transzendenten Einen über dem und jenseits des Vielen zu stellen. Innerhalb eines theologischen Vokabulars erreicht er das durch eine Verschiebung der Theorie göttlicher Schöpfung, nach der Gott nur insoweit die Ursache allen Seienden ist, als er in dessen Schöpfung gar nicht aus sich heraustritt, sein Sein selbst also nur in der Immanenz seiner Wirkungen »hat«, das Eine mithin gar nichts anderes als die Selbst-Konstitution des Vielen ist.

Spinoza griff dabei zugleich den Republikanismus Machiavellis auf und zog aus der Destruktion der Ontologien des Einen die politische Konsequenz, das menschliche Dasein als »Multitude«, d. h. als die immer schon dem Sein immanente und darin für alle offene Kommune der menschlichen Singularitäten zu denken. Dabei beruft er sich ontologisch auf die allem Seienden zukommende Begierde, im Sein zu verharren (*conatus*). Diese Begierde speist sich immanent aus der zu ihrem Vollzug notwendigen Macht, die er *potentia* nennt. Das kontingente Mehr oder Minder der Begierde wird zum zentralen Problem seiner *Ethik*, der es darum geht, die Bedingungen und Verhältnisse kritisieren zu können, die die konstituierende Macht des Schöpfungsprozesses vermehren oder vermindern. Sofern »die Ordnung und Verknüpfung der Ideen (…) dieselbe wie die Ordnung und Verknüpfung der Dinge« ist (*Ethik*, II. VII), kann er die Maxime seiner *Ethik* in dem Satz formulieren: »Je fähiger vor anderen irgendein Körper ist, vieles zugleich zu tun und zu leiden, um so fähiger ist auch sein Geist vor anderen, vieles zugleich zu erfassen.« (*Ethik*, II. XIII) In der Kommunikation der ethisch und politisch, das heißt singulär und kommun vollzogenen Einheit von wahrer und leibhaftiger Erkenntnis werden *conatus* und *potentia* zur *cupiditas*, zur Begierde als einem »Trieb mit dem Bewusstsein des Triebes« (*Ethik*, III. IX). Aus der Bewusstwerdung der Begierde resultiert ihre Tendenz, sich im Leben der Multitude und ihrer Singularitäten leibhaftig-denkend zu vervollkommnen und deren konstituierende Macht zur höchsten Potenz zu entfalten.

Eine materialistische Teleologie

Obwohl die Verwandtschaft zwischen der Vervollkommnungstendenz der spinozistischen Begierde und der Steigerungs- und Verausgabungstendenz des nietzscheanischen Willens zur Macht mit Händen zu greifen und von Foucault, Deleuze und Guattari sowie Hardt und Negri im realimaginären Bezug auf das Ereignis Mai 68 auch ausdrücklich behauptet wird, hat Jan Rehmann (2004) zu Recht eingewandt, dass und wie dabei übersprungen wird, was Spinoza radikal von Nietzsche trennt: der Umstand nämlich, dass Spinozas Multitudenmacht mit Nietzsches Herrenmacht im Kern unvereinbar sind. Gegen Rehmann aber ist im realimaginären Verweis auf den Mai und seine Folgen festzuhalten, dass die Nietzsche-Aneignung der genannten Autoren auch dort eine spinozistische Umdeutung Nietzsches artikuliert, wo sie in dessen Worten ausgeführt wird. Das mag philologisch bedenklich sein, entspricht aber der Treue zu einem unabweislichen historischen Zuspiel.

Für Hardt und Negri ist die ethisch-politische Vervollkommungstendenz der spinozistischen Begierde dabei der Punkt, von dem aus sie der nicht zu dialektisierenden Unabschließbarkeit der biopolitischen Konstitution dennoch eine Teleologie einschreiben können. In dichtester Form artikulieren sie das in dem Passus von *Empire*, der den anthropologischen Exodus eben nicht mehr als singuläre und transitorische Erfahrung in Kunst und Philosophie, sondern in einer eng wie nirgends sonst Marx verbundenen Wendung als kommune, alltägliche, vor allem aber als sich anreichernde Erfahrung der zum »General Intellect« assoziierten Produktivkräfte fasst:

> »Im Bereich der Produktion werden wir erkennen können, dass diese Mobilität und Künstlichkeit nicht nur Ausnahmeerfahrungen kleiner, privilegierter Gruppen darstellen, sondern auf die gemeinsame Produktionserfahrung der Menge verweisen. (…) Die anthropologischen Metamorphosen der Körper ergeben sich aus der gemeinsamen Arbeitserfahrung und den neuen Technologien, die konstitutive Auswirkungen und ontologische Implikationen besitzen. (…) Die gegenwärtige Form des Exodus und das neue barbarische Leben verlangen, das Werkzeuge zu poietischen Prothesen werden, die uns von der modernen conditio humana befreien. (…) Diese Aufgabe wird vor allem durch die neuen und zunehmend immateriellen Formen affektiver und intellektueller Arbeitskraft bewältigt werden, und zwar in der Gemeinschaft, die sie konstruieren, und in der Künstlichkeit, die sie als Projekt präsentieren (…) – eine mächtige Künstlichkeit des Seins.« (Hardt/Negri 2002, 229 f.)

Nichts anderes aber ist im Begriff wie der Sache der biopolitischen Wende gemeint, besser gesagt: wäre realhistorisch wie realimaginär die gemeinte Sache selbst.

Differenzierungen im Begriff der materialistischen Teleologie: Badiou und Derrida

Das Schlusskapitel von *Empire* subjektiviert den nicht-dialektischen und dennoch teleologischen Charakter historischer Erfahrung in der Figur des »Militanten«, der »das Leben der Menge am besten zum Ausdruck bringt«. Im Unterschied zu den Militanten der III. Internationale üben die Militanten der Multitude keine repräsentative, sondern eine konstituierende Tätigkeit aus, die »Widerstand in Gegenmacht und Rebellion in ein Projekt der Liebe« verwandelt. Letzteres darf – wie übrigens die überraschende Nennung Franz von Assisis – nicht einfach alltagssprachlich, sondern muss noch einmal spinozistisch verstanden werden, als amor Dei intellectualis, der höchsten Form der dem Sein selbst konstitutiven Begierde, im Sein zu verharren (vgl. Hardt/Negri 2002, 418 ff.).

In der Heraushebung der Subjektposition des dem Telos der »wirklichen Bewegung« verpflichteten Militanten stimmen Hardt und Negri mit dem eingangs genannten Alain Badiou überein. Für Badiou aber ist Militanz gerade nicht höchster Ausdruck des Begehrens, sondern setzt umgekehrt einen ereignishaften und deshalb unverfügbaren Bruch mit dessen spontaner Tendenz voraus (vgl. Badiou

2003a, 22 ff.). Das bringt ihn in Gegensatz zu jedem »frommen Diskurs des Lebens« (Badiou 1996, 245) und lässt ihn die Maxime seiner *Ethik* in einer explizit anti-spinozistischen Wendung formulieren: »Tue alles, was du kannst, um das ausharren zu lassen, was über dein Ausharren hinausgeschritten ist. Harre in der Unterbrechung aus. Ergreif in deinem Sein, was dich ergriffen und gebrochen hat.« (Badiou 2003a, 69)

Das ist keine idealistische Rücknahme der Bejahung der konstituierenden Macht der Begierde und schon gar nicht ein entpolitisierender Rückzug aus ihrer Ent-Unterwerfung in der biopolitischen Wende. Es ist die Weigerung, die politische Ontologie zuletzt doch an eine Garantie zu binden, die die menschlichen Wesen um die Abgründigkeit ihres singulären Einsatzes bringen könnte. Indem Badiou Begierde, Willen zur Macht und lebendige Arbeit zwar als historisch-materiale Bedingung des aleatorischen Ereignisses, aber eben nur als Bedingung denkt, befreit er die unbedingte Militanz des Subjekts der ontologischen Wahrheit von ihrer optimistischen oder pessimistischen Verrechnung in einer Ökonomie des Wunsches. Er erhöht damit noch einmal die Verbindlichkeit eines Denkens, dem es nicht um Synthese, sondern um Separation und Autonomie – in Badious Worten: um *déliaison*, Ent-Bindung – geht.

Darin berührt sich sein Denken mit dem Jacques Derridas, der ihm in der aktuellen Kontextualität des aleatorischen Materialismus sicherlich am wenigsten nah steht.[10] Derrida warnt Negri vor der Gefahr, mit dem Rückgriff auf Ontologie unversehens in eine klassische Metaphysik zurückzufallen, die in der Positivität der Begierde und ihrer biopolitischen Wende zuletzt die Garantiemacht einer »letzten Instanz« wiederherzustellen droht. Das ist nicht gegen die Begierde gesprochen. Doch fasst auch Derrida den teleologischen Fixpunkt einer Subjektivität der biopolitischen Wende flüchtiger, als ein »Messianisches ohne Messianismus«, das zwar »universelle Struktur«, doch nie Gegenstand einer positiv verfahrenden Ontologie sein kann (vgl. Derrida 2004, 97 ff.).[11] In der hier eröffneten Differenz im Begriff einer materialistischen Teleologie ist nicht weniger als die Probe des Aleatorischen, des Würfelwurfs selbst benannt, die immer nur, um mit einer vorläufigen Übereinkunft zu enden, die Sache eines unberechenbaren Zuspiels und der ihm antwortenden Militanz ist.

Anmerkungen

1 Die im Text nur unter Nennung der Seitenzahl in Klammern nachgewiesenen Zitate sind dem Buch *Die Arbeit des Dionysos* (Hardt/Negri 1997) entnommen.
2 *Archē* (griech.), Anfang, Grund, Prinzip; das, wovon her etwas ist und erkannt werden kann, zugleich Herrschaft, zu *archein*, anfangen und herrschen.
3 Vgl. auch Schwarz/Reinfeldt (o. J.)

4   Vgl. Sprinker (1999), darin besonders Antonio Negris Beitrag »The Specter's Smile« (ebd., 5–16) sowie Derridas Antwort (Derrida 2004, zu Negri: 94–102).
5   *konstituieren*, 1. bilden, gründen, einrichten, zur festen Einrichtung machen; 2. *~de Versammlung*, verfassungsgebende Versammlung; lat. *constituere*, feststellen, einrichten, zu *statuere*, aufstellen.
6   Vgl. auch Foucault 1982 u. 1984, bes. 49, 52.
7   Vgl. auch Deleuze/Guattari (2000, 114, 203, 208 ff, 260); Deleuze/Guattari (1992, 471, 518); Deleuze (1997, 205 ff., 277–288).
8   Vgl. auch Sartres Theorie der Klassen, Serien und Gruppen, die sich in der *Kritik der dialektischen Vernunft* findet.
9   *Teleologie*, Lehre, dass die Entwicklung von vornherein zweckmäßig und zielgerichtet angelegt sei; von griech. *telos*, Ziel, Zweck. – Vgl. Hardt/Negri (2002, 76 ff., 375, 410 ff.; zum Unterschied materialistischer und idealistischer bzw. dialektischer Teleologie vgl. ebd., 61, 96, 437).
10   Das gilt nicht zuletzt für ihren Bezug auf das aleatorische Ereignis: steht dies bei Derrida in seiner Zu-Künftigkeit aus, geht es bei Badiou seinem Subjekt vorweg.
11   Vgl. auch Derrida (1995, 100 f., 109 ff., 261 ff.); zum Zusammenhang des abstrakten Messianismus mit der Gerechtigkeit vgl. auch Derrida (1991, 56 u. pass)

Literatur

Althusser, Louis (1994a): *Écrits philosophiques et politiques*, Bd. 1, Paris.
Althusser, Louis (1994b): *Sur la philosophie*, Paris.
Althusser, Louis (1995): *Écrits philosophiques et politiques*, Bd. 2, Paris.
Badiou, Alain (1996): »Zwei Briefe an Gilles Deleuze«, in: Balke, Friedrich (Hg.), *Gilles Deleuze: Fluchtlinien der Philosophie*, München.
Badiou, Alain (1997): *Manifest für die Philosophie*, Wien.
Badiou, Alain (2002): *Paulus. Die Begründung des Universalismus*, München.
Badiou, Alain (2003a): *Ethik*, Wien.
Badiou, Alain (2003b): *Über Metapolitik*, Zürich/Berlin.
Badiou, Alain (2003c): *Deleuze. Das Geschrei des Seins*, Zürich/Berlin.
Deleuze, Gilles (1992): *Michel Foucault*, Frankfurt a. M.
Deleuze, Gilles (1997): *Das Zeit-Bild. Kino 2*, Frankfurt a. M.
Deleuze, Gilles/Guattari, Félix (1977): *Anti-Ödipus. Kapitalismus und Schizophrenie I*, Frankfurt a. M.
Deleuze, Gilles/Guattari, Félix (1992): *Tausend Plateaus. Kapitalismus und Schizophrenie II*, Berlin
Deleuze, Gilles/Guattari, Félix (2000): *Was ist Philosophie?*, Frankfurt a. M.
Derrida, Jacques (1991): *Gesetzeskraft. Der »mystische Grund der Autorität«*, Frankfurt a. M.
Derrida, Jacques (1995): *Marx' Gespenster*, Frankfurt a. M.
Derrida, Jacques (2004): *Marx & Sons*, Frankfurt a. M.

Dreyfus, Huber L./Rabinow, Paul (1987): *Michel Foucault. Jenseits von Strukturalismus und Hermeneutik*, Frankfurt a. M.
Foucault, Michel (1971): Jenseits von Gut und Böse. Gespräch, in: Ders., *Von der Subversion des Wissens*, Frankfurt a. M./Berlin/Wien: 1978.
Foucault, Michel (1977): *Sexualität und Wahrheit I. Der Wille zum Wissen*, Frankfurt a. M.
Foucault, Michel (1982): Das Subjekt und die Macht, in: Dreyfus, Hubert L./Rabinow, Paul (Hg.), *Michel Foucault. Jenseits von Strukturalismus und Hermeneutik*: 1987
Foucault, Michel (1984): »Was ist Aufklärung?«, in: Erdmann, Eva u. a. (Hg.), *Ethos der Moderne. Foucaults Kritik der Aufklärung*, Frankfurt a. M./New York: 1990
Hardt, Michael/Negri, Antonio (1997): *Die Arbeit des Dionysos. Materialistische Staatskritik in der Postmoderne*, Berlin/Amsterdam.
Hardt, Michael/Negri, Antonio (2002): *Empire. Die neue Weltordnung*, Frankfurt a. M./New York.
Heidegger, Martin (1927): *Sein und Zeit*, Tübingen: 1957.
Heidegger, Martin (1946a): Brief über den Humanismus, in: *Wegmarken*, Frankfurt a. M.: 1996.
Heidegger, Martin (1946b): Überwindung der Metaphysik, in: *Vorträge und Aufsätze*, Pfullingen: 1954.
Heidegger, Martin (1946c): »Wozu Dichter?«, in: *Holzwege*, Frankfurt a. M.: 1980.
Heidegger, Martin (1962): *Die Technik und die Kehre*, Pfullingen.
Heidegger, Martin (1994): *Vom Ereignis. Beiträge zur Philosophie*, Frankfurt a. M.
Lukács, Georg (1962): *Die Zerstörung der Vernunft* (Werke, Bd. 9), Neuwied/Berlin.
Marx, Karl (1857/58): Grundrisse der Kritik der politischen Ökonomie, in: *Marx/Engels-Werke (MEW)*, Bd. 42, Berlin: 1983, 15–768.
Marx, Karl/Engel, Friedrich (1845/46): Die deutsche Ideologie, in: *Marx/Engels-Werke (MEW)*, Bd. 3, Berlin: 1981, 9–530.
Negri, Antonio (1993): »Pour Althusser. Notes sur l'évolution de la pensée du dernier Althusser«, in: *Futur antérieur. Sur Althusser, Passages*, Paris, 73–96. (dt.: Anmerkungen über die Entwicklung des Denkens beim späten Althusser, in: *episteme. Online-Magazin für eine Philosophie der Praxis 1*, (o. J.): www.episteme.de)
Nietzsche, Friedrich (1969): Götzendämmerung, in: Ders.: *Werke. Kritische Gesamtausgabe*, Abt. 6.3, Berlin.
Nietzsche, Friedrich (1887): Zur Genealogie der Moral, in: Ders.: *Werke. Kritische Gesamtausgabe*, Abt. 6.2, Berlin 1968.
Rehmann, Jan (2004): *Postmoderner Links-Nietzscheanismus: Deleuze und Foucault. Eine Dekonstruktion*, Berlin.
Reinfeldt, Sebastian/Schwarz, Richard (o. J.): »Eine ›untergründige Strömung im Denken des Politischen. Der aleatorische Materialismus von Louis Althusser«, in: *episteme* 1 (o. J.), www.episteme.de
Spinoza, Baruch de (1976): *Die Ethik nach geometrischer Methode dargestellt*, Hamburg.
Sprinker, Michael (Hg.) (1999): *Ghostly Demarcations: A Symposium on Jacques Derrida's Specters of Marx*, London

Das Unbehagen an der Biopolitik

no spoon

In linken Debatten um die Thesen von *Empire* kehrt der Einwand immer wieder, dass die Beschreibung der post-fordistischen Konstellation mit dem Konzept der Biopolitik in letzter Konsequenz politisches Handeln suspendiere. So sympathisch die eingenommene Immanzperspektive auch sei, wenn sie unter dem Label Biopolitik die Felder von Politik, Produktion, Leben, Sprache, Wissen und Affekten zusammenführe, so problematisch sei sie zugleich. Dabei lassen sich zwei Typen von Argumentationen unterscheiden. Die einen fürchten um die *Grundlagen* der linken Politik: So argumentiert etwa Susanne Schultz in ihrer Auseinandersetzung mit *Empire*, wenn »alles produktiv« werde, so mache dies jede Kritik an den bestehenden Verhältnissen unmöglich, da bestehende Unterschiede und Hierarchien nicht mehr benannt und damit zum Ausgangspunkt von politischen Kämpfen werden könnten. Wird strukturell nicht mehr zwischen Reproduktions- und Produktionsarbeit differenziert, so wird verleugnet, dass auf sozial praktische Weise diese Arbeiten gesellschaftlich unterschiedlich gewichtet und anerkannt werden und genau diese Trennung einem Genderbias folgt. Die geschlechterpolitische Dimension des Kampfplatzes Arbeit respektive Produktion werde somit, so Schultz, unsichtbar gemacht. Während also Hardt und Negri aus einer Perspektive der Deterritorialisierung diejenigen Elemente der Konstellation betonen, die nicht eine eindeutige Deckungsgleichheit zwischen der binären Spaltung des Geschlechts und der Unterscheidung zwischen Produktion und Reproduktion nahe legen, betont Schulz gerade umgekehrt den Aspekt der Binarität, nämlich dass, so könnte man auch sagen, die binäre Geschlechterspaltung »trotz allen« Veränderungen weiterbesteht. In diesem Sinne schreibt sie etwa, dass es »ein bestimmtes, zunehmend hegemoniales Bild weiblicher Subjektivität [gibt], in dem die Reproduktionsarbeit in den Nischen des neoliberalen Patchworkalltags als individuell zu managende verschwindet und noch unsichtbarer wird, als sie im Modell der Hausfrau war« (Schultz 2002, 704).[1]

Das Problem, das hier definiert wird, ist demnach nicht eine scheinbar fehlende analytische Schärfe des Immanenzansatzes; kennzeichnend für den ersten Argumentationstyp des »Unbehagens an der Biopolitik« ist vielmehr, dass er die Einebnung zweifelsfreier sozialer Differenzen problematisiert. Die Benennbarkeit von Spaltungen und Exklusionen gilt ihm als einzig sichere, weil objektive Grundlage emanzipatorischer Politik. Die Vervielfältigung von Differenz wird hier mit einer Ent-Differenzierung gleichgesetzt und muss in der Folge unweigerlich als Ent-Politisierung gedacht werden.

Im zweiten Argumentationstyp wird behauptet, der Immanenzgedanke verunmögliche Politik per se: Ernesto Laclau etwa kann diesem Typus zugeordnet werden (vgl. Laclau 2004). Er geht davon aus, dass der soziale Antagonismus notwendig dazu führt, dass die *volonté générale* stets hegemonial konstruiert werden muss. Das Politische wird als performativer Akt gedeutet, in dem das Universale erst hergestellt wird. Folgt man einer Immanenzperspektive, kann dieser Akt der Konstruktion nicht mehr re-konstruiert werden, da die »Kluft« zwischen Repräsentation und sozialem Antagonismus nicht gedacht werden kann. Immanenz präsupponiere eine Einheit, die in Wirklichkeit fragil und prekär sei, so Laclau. Brüche, Instabilitäten und die Gleichzeitigkeit unterschiedlicher Kräfte, die stets produktive Ansatzpunkte linker Politiken sind, geraten in dieser Sichtweise aus dem Blick. Damit scheint Laclau einen wichtigen Punkt zu benennen: Biopolitik, Empire und Multitude seien bestenfalls unpolitisch, schlimmstenfalls jedoch reaktionär.[2]

Prinzipiell hängen diese Kritiken mit spezifischen Politikkonzeptionen zusammen, die in der Linken dominant sind, die aber gleichzeitig seit einigen Dekaden in der Krise stecken. Damit finden wir uns auf einer Baustelle wieder, die seit knapp dreißig Jahren *under construction* ist, um eine »andere« Politik wirklich werden zu lassen. Mal unter dem Namen einer »Neuen Linken«, mal als Alternativbewegung, als (sozialistischer oder radikaler) Feminismus und westlicher Marxismus wurde immer wieder um die Frage gekreist, wie man mit den seit 1968 auf die Tagesordnung gesetzten neuen Achsen von Kämpfen umgehen kann. Was diese Ansätze eint und innerhalb der Linken heute noch immer – trotz aller Versuche daraus auszubrechen – dominiert, ist das fordistische Politikparadigma, dessen Effekt im Kern aus einer künstlichen Verknappung des Diskurses des Politischen besteht. Dieses vorausgesetzte Denkmuster ist es auch, das sich unserer Meinung nach implizit in der Rede vom Unpolitischen der Immanenz widerspiegelt. Genau hier wollen wir mit unserem Beitrag nachhaken, denn es scheint in der Tat darum zu gehen, die Grenzen und das Terrain dessen, was als das Politische gilt, aufs Spiel zu setzen und neu auszuloten. Zumindest wollen wir eher produktiv an das Phänomen anknüpfen, dass der Status quo des fordistischen Politikmodells erodiert, und diskutieren, warum das »Politische« heute anders gedacht werden sollte, da der Verdacht der »Abweichung vom Politischen« auf Annahmen beruht, die einer gesellschaftlichen Konstellation angehören, die es als historisches Projekt zu kennzeichnen gilt. Für ein »anderes« Politikverständnis fehlen uns jedoch die geeigneten Begriffe; sie gibt es eben noch nicht und müssen noch erfunden werden. Dabei, so denken wir, kann das biopolitische Paradigma dienlich sein und sehr wohl für eine politische Praxis heute nutzbar gemacht werden.

Wir möchten somit die formulierte Kritik an der Immanenz aufnehmen, beziehungsweise die sie motivierende Frage nach kollektiven emanzipativen Praktiken diskutieren. Es geht uns dabei auch darum, Ansätze für eine biopolitische »Politik« zu entwickeln, die das leistet, was innerhalb des fordistischen (oder: sozialistischen) Paradigmas die Herrschafts- bzw. Ideologiekritik ermöglicht hat, nämlich ein Set von Kriterien zur Verfügung zu stellen, das im historischen Kontext Geltung hatte und politische Praxis ordnete.

Im Folgenden wollen wir also versuchen, anhand dreier Begriffe die Konturen eines immanenten, biopolitischen Politikbegriffs nachzuzeichnen.

Souveränismus/Igel und Hase

Das Unbehagen an der Biopolitik erinnert, darauf hat zu Recht unter anderem die Zeitschrift *Fantômas* mit ihrem Schwerpunktheft »Biopolitik. Macht – Leben – Widerstand«[3] hingewiesen, an die altbekannte Furcht »Postmoderne essen Linke auf«. Schon bei Michel Foucault und Judith Butler gab es vor zehn und zwanzig Jahren einen Aufschrei, sie würden kritische und damit linke Theoriebildung unterminieren, indem sie deren fundamentale Kategorien dekonstruierten. Die Mehrheit der Diskussionsbeiträge zu *Empire* ist sich einig darin, dass »Kritik« und damit politisches Handeln mit der These von der biopolitischen Produktion unmöglich werde. Welches Verständnis von Kritik liegt dem zugrunde?

Der Kritische Modus, wie wir ihn hier mangels besserer Begriffe nennen wollen, tritt stets als »Kritik der gesellschaftlichen Verhältnisse« auf, wobei die Subjekte methodisch auf der einen Seite (nämlich der Seite der Unterworfenen) und die schlechten Verhältnisse immer auf der anderen Seite stehen – als Staat, Patriarchat oder Kapital. Wenn etwa die biopolitische These darin besteht, dass die Grenzen zwischen Produktion und Reproduktion zunehmend verschwimmen, so wird der kritische Einwand dagegen als eine Art empirischer Gegenbefund gefasst, aus dem folgt, dass sich »im Kern« nichts geändert habe. Das heißt, die Kritik unterstellt verschiedene »Härtegrade« von gesellschaftlichen Verhältnissen, wonach Veränderungen zwar möglich, aber tendenziell oberflächlich bleiben. So kann es zwar zu einer Umwälzung der Arbeits- oder Geschlechterverhältnisse kommen, aber immer bleibt die Arbeit Lohnarbeit, immer bleibt die Zentralität der binären Geschlechtermatrix bestehen. Das Problem an einer solchen Konzeption ist nicht, dass diese Aussage nicht stimmen würde, jedoch erscheinen etwa Binaritäten der Subjekte immer als von »der Herrschaft« oktroyiert, sie setzen insofern eine Herrschaftskonzeption voraus, die Souveränität beansprucht. Was damit impliziert wird, ist ein externalistisches Konzept von Politik. Selbst wenn es als »Negativ des Subjekts« auf es bezogen ist, so bleibt es doch stets das »Andere« und ist stets schon da, insofern von ihm aus gedacht wird. Der Souverän bzw. Hegemon (zum

Beispiel der Geschlechterordnung) ist daher wie der Igel, der »da« ist am Start des Wettlaufs und »schon da« im Ziel.

Wir denken, dass dieser »kritische Modus« tendenziell zu einer Spaltung des politischen Subjekts führt: In das kritische Subjekt, das außerhalb von Kämpfen, ihren Effekten und Verstrickungen mit den Verhältnissen, steht, und in das praktisch-pragmatische Subjekt, das politisch-gesellschaftlich handelt. Das so entworfene politische Subjekt kann seine Politik nur als Reaktion auf Strukturen denken, weil seine andere Hälfte, das kritische Subjekt, Gesellschaft äußerlich als Objekt, also als Struktur ansehen muss. In der Folge kann die souveränistische Perspektive scheinbar leicht erklären, woher »die Herrschaft« oder der Neoliberalismus kommen (nämlich »von oben«) und Patentrezepte für politische Praxis formulieren (»Den Kapitalismus abschaffen!«), jedoch nur um den Preis des Souveränismus. Der Souveränismus ist eine Haltung, die daran glaubt, dass man nur – oder in erster Linie – den Staat erobern, die Macht ergreifen oder auch nur die letzte Schlacht gewinnen muss, um die Verhältnisse endlich zum Besseren zu wenden. Eine Haltung, die an den Hebel glaubt, mit dem man die gesellschaftlichen Verhältnisse endlich vernünftig einrichten kann, den einen archimedischen Punkt, der, wenn es kritisch zugeht, auch mal aus einem ganzen Dutzend archimedischer Punkte bestehen darf. Mit anderen Worten: Eine Haltung, die an eine Autonomie des Politischen glaubt. Das prominenteste souveränistische Projekt der Moderne ist freilich der (National-)Staat.[4] Man kann historisch zeigen, wie das, was zunächst nur eine Fiktion von Souveränität war, durch die permanente Inkorporierung dessen, was sich der Souveränität entzieht, in das Feld des Politischen beziehungsweise des Staates »wahr« gemacht wird (also Regulierung der ökonomischen Prozesse, Regulierung des Glaubens, die Laisierung der Erziehung, des gesamten Bereichs der Kultur).

Im Souveränismus wird so getan, als sei Souveränität der erste Beweger; dabei werden die Bedingungen, unter denen dieses Phantasma tendenziell – wenn überhaupt – realisierbar wird, beständig hergestellt, denn im Inneren der Souveränität befindet sich das Dispositiv der bio-politischen Produktion. Die Souveränität setzt sich als transzendent über Gewaltmonopol, Territorium, Rechtssetzung etc., muss aber faktisch auf die Kooperation und die Produktion zurückgreifen, um zu »funktionieren«; hier liegen die Grundlagen ihrer Macht. Étienne Balibar merkt dazu an: »Wohlgemerkt, in dem Maße, wie die Institution eines solchen Primats des Politischen immer nur ein tendenzieller Prozess ist, muss man zugeben, dass Souveränität selbst eine unerreichte, ja ›unmögliche‹ Aufgabe ist. Oder dass sie – was auf dasselbe hinausläuft – mit ihren Vorhaben scheitert, die Individuen in Untertanen zu verwandeln.« (Balibar 2003, 242)

Um dieses Problem geht es auch Gramsci, der (in den 1930er Jahren) eine Perspektive der immanenten Produktion von (nationaler) Souveränität entwickelt hat. Hegemonie muss darin als integraler Staat, d.h. als politische und zivile Gesellschaft, oder »Hegemonie, gepanzert mit Zwang« gedacht werden. Der Begriff der Hegemonie verweist dabei auf organisatorische Mechanismen in der Zivilgesellschaft, also zwischen Ökonomie und dem Staat im engen Sinne. Staat ist nicht auf ein Instrument oder die Regierung zu reduzieren, sondern ist die Synthese eines hegemonialen Systems, das die gesamte Gesellschaft durchzieht, gedacht als Gesamtheit von Institutionen, privaten und öffentlichen Organisationen, in denen eine Gruppe oder Klasse ihre Führung über andere ausübt. In dieser Sichtweise werden alle Beziehungen zwischen Führern und Geführten, ob sie nun in der Schule, der Familie, der Gewerkschaft oder der Partei ausgeübt werden, zu politischen Beziehungen.[5] Diese hegemonietheoretische Perspektive bietet den Vorteil, alle Aspekte des Lebens (nicht nur einzelne Bereiche wie zum Beispiel die Arbeit) als politische zu begreifen, es hat jedoch den Nachteil, dass das Politische auf den Staat zentriert ist, der historisch-konkret Nationalstaat war und ist. Es gibt zwar kein Außen, das politische Handeln muss aber im Souveränismus, dem Gramsci sich auch nicht entziehen kann – Souverän ist nämlich die Arbeiterklasse und deren Partei –, beständig eines erzeugen.

Zivilgesellschaft

Das Terrain, auf dem Lebensweisen hegemonialisiert werden, ist also die Zivilgesellschaft. Diese, so lautet eine weitere biopolitische These, ist im Verschwinden begriffen (vgl. Hardt/Negri 1997, 114–120). Angesichts der offensichtlichen Zunahme der Bedeutung und Anzahl von NGOs und anderen nicht im engeren Sinne staatlichen Institutionen, die eine immer wichtigere Rolle bei der Verwaltung und Organisation gesellschaftlicher Prozesse einnehmen, scheint dies eine geradezu lächerlich kontrafaktische Behauptung zu sein.[6] Es wäre demnach präziser, vom Verschwinden eines spezifischen, nämlich fordistischen Typus von Zivilgesellschaft, zu sprechen.

Was verschwindet, ist also ein Ort der Vermittlung antagonistischer Interessen beziehungsweise ihrer kompromisshaften Einschreibung in eine einheitliche Fläche, den national-sozialen Staat (vgl. Balibar 2005). Wie konnte es dazu kommen?

Was während des Fordismus, also für eine nicht sehr lange Zeit, plausibel funktionierte, ist nicht erst seit gestern in der Krise. Mit dem Fordismus hat ein enormer Kommodifizierungs- und Durchstaatlichungsschub stattgefunden, mit dem die alltägliche Lebensweise der Abhängigen und Beschäftigten, ihre Konsumgewohnheiten, ihr Sozialverhalten und ihre Freizeitbeschäftigungen, selbst zum Moment der Kapitalverwertung wurden; der unmittelbare Effekt der Kommodifizierung, der »inneren Landnahme«, wie das die Fordismusforschung kriegerisch nannte, waren hohe Wachstumsraten und *in terms of* Warenkonsumtion steigender Wohlstand breiter Bevölkerungsschichten. Der mittelbare Effekt aber war eine gesteigerte Abhängigkeit der Akkumulationsdynamik vom privaten Konsum der Massengüter, der berühmten Abteilung II in den Marxschen Reproduktionsschemata.

Es ist nun nicht gelungen, die mit dieser Entwicklung verbundene Verkettung der Lebensweise mit der Kapitalakkumulation für ein emanzipatorisches Projekt fruchtbar zu machen. Die einzige Form, in der dieser Zusammenhang als »politisch« artikulierbar schien, war »Konsumverzicht« beziehungsweise umgekehrt die Aufforderung, bitteschön mehr einkaufen zu gehen, um die Konjunktur anzukurbeln. Im Zuge von 1968 ist dieser Immanenzzusammenhang noch einmal potenziert worden. Zum einen haben die Kritik am Fordismus und die damit entstehenden neuen Konsumtions- und Lebensweisen unmittelbar nachhaltige Effekte auf die Produktions- und Arbeitsorganisation (flexible Spezialisierung statt Massenproduktion) sowie auf die Institutionen (*governance* statt *government*). Zum anderen wurden die Kritiken der standardisierten Lebensweisen, die Erfindung immer neuer Lebensstile, die Wünsche und Affekte schließlich selbst zum Träger neuer Verwertungsstrategien. Diese Erfahrung der untergeordneten Einschreibung ist der Kern der postmodernen Irritation. Während die, die sich für die »Radikalen« hielten, meinten, nur mit einer strengen Parteidisziplin (oder anderen Formen der Enthaltung) entkomme man diesem teuflischen Mechanismus, glaubten andere, nicht weniger souveränistisch, dass Politik entweder totalitär oder gar nicht möglich sei.

Was also nicht gelang, war, die generativen, d.h. Potentiale freisetzenden und nicht verschließenden Aspekte der zunächst abweichenden Lebensweisen als Terrain der Politik zu organisieren. Postmoderne und Empire heißen, um mit Hardt und Negri zu sprechen, eine »wirkliche Konvergenz der Bereiche, die man üblicherweise als Basis und Überbau zu bezeichnen pflegte« (Hardt/Negri 2002, 391). Anstatt sich diesem Problem in seiner ganzen Tragweite zu stellen, hielten die Linken in Europa und anderswo daran fest, dass es weiterhin Objekte (Gesellschaft, Ökonomie) und Subjekte (Staat, Bewegung oder Partei) in der Politik geben müsse. Allenfalls eine »Dialektik« zwischen beiden ließ man gelten.[7]

Da sich die Veränderung nicht leugnen ließ, entwickelten die Linken eine Reihe von Begriffen, mit denen versucht werden sollte, die Sache in den Griff zu bekommen. Begriffe wie »Konterrevolution«, »*backlash*« oder »Vereinnahmung« spiegelten jedoch eher die Sehnsucht nach der klaren Linie, die man »zwischen sich und dem Feind ziehen« (Mao Tse-Tung) müsse. Retrospektiv erscheint es dann, als seien die »alternativen« Ideen, Praktiken und Lebensstile die eigentlichen Wegbereiter des Neoliberalismus, was gewöhnlich darauf hinausläuft, dem »goldenen Zeitalter« des Fordismus zu einer Renaissance verhelfen zu wollen.

Eine historisch-materialistische Herangehensweise könnte jedoch darin bestehen, die Unmöglichkeit, diese Subjektivitäts- und Praxisformen im Staat zu repräsentieren, zu untersuchen. Um zu verstehen, warum sie vor allem als neoliberale in Erscheinung treten, könnte man etwa die Subjektivitätsformen näher in den Blick nehmen, die ein auf disziplinargesellschaftlicher Matrix basierender fordistischer Staat in sich einzuschreiben überhaupt ermöglichte.

Die Rede ist von der Disziplinargesellschaft, der sozialisatorischen Produktion normierter Subjektivitäten, die in den ihnen zugeordneten gesellschaftlichen Institutionen einheitlich und damit funktional handeln. In bisherigen Biomachtmodellen wurde dieser Zusammenhang stets als bevölkerungspolitische Strategie der »Herrschaft«, des Staates oder irgendeines anderen Subjekts konzipiert. Entweder ist ein genialer Plan der Herrschenden am Werk oder ein automatisches Subjekt der immer wiederkehrenden Rekuperation.

Es kommt darauf an, diese Konzeption der Biomacht selbst als souveränistisch zurückzuweisen, die Disziplinierung der Subjekte nicht als funktionale und sinnhafte Handlungen zu verstehen, sondern als Effekte von sozialen und politischen Kompromissen. Zur disziplinarischen Ordnung kommt es nicht, weil Friedrich II. das Preußentum erfindet oder es irgendwie passt, dass in einer Fabrik eben Disziplin gefragt ist, sondern weil der national-soziale Staat nur als die Verdichtung von Kräfteverhältnissen mit spezifischen Effekten auf der Ebene der biopolitischen Anordnung verstanden werden kann. Die Disziplinierung ist damit Effekt einer untergeordneten Einschreibung der Subalternen, genauer: einer spezifischen Gruppe innerhalb der Subalternen (nämlich der fordistischen Arbeiterklasse) in den Staat. Dadurch war eine spezifische Regulierung der ökonomischen und sozialen Lebensweise möglich und zwar solange dieser Prozess eine gewisse Akkumulationsdynamik in Gang bringen und halten konnte.

Biopolitische Produktion und Immanenz

Was aber bedeutet es, von einer souveränistischen Konzeption der Biomacht Abschied zu nehmen? Geht es nur darum, ein wenig weiter an der Schraube des Radikalismus zu drehen, noch einen Schritt weiter zu gehen als bisher, noch antietatistischer zu sein?

Ein nicht-souveränistisches Politikverständnis entzieht sich gerade solchen Logiken und besteht eher in einem grundlegenden Perspektivwechsel. Die Kritik, ein solcher Perspektivwechsel hin zur Immanenz verunmögliche Politik, ist unbegründet.

Immanenz verhindert nicht, Hierarchien zu benennen, legt es aber nahe, sie anders zu denken. Die biopolitische These ist, dass den Spaltungen, Exklusionen und Ungleichheiten keine gleichsam negative Zentralität zukommt, die durch ihre Beziehung zur Zentralität etwa der Lohnarbeit verbürgt wäre. Die Exklusion von Frauen in die Hausarbeit etwa – und damit ihre Verbannung ins gesellschaftlich-politische Abseits – kann man nicht mehr als das negative Gegenstück zur Zentralität der fordistisch organisierten Lohnarbeit, dessen Resultat sie war, kennzeichnen.

Dabei gilt es empiristische von strategischen Argumenten zu unterscheiden. Während die empiristischen darin bestehen, die biopolitische These mit empirischem Material zu konfrontieren und sich in einen Streit darüber zu verwickeln, welche Signifikanz solche Daten haben[8], besteht die strategische Ebene darin, zu fragen, welche Theorie welche Politik ermöglicht.

Immanenz scheint auch deshalb politikuntauglich zu sein, weil mit ihr Politik als Repräsentation nicht denkbar zu sein scheint. Die klassische linke Utopie der Politik ist das Absterben des Staates. Und damit, wie Laclau zurecht kritisiert, die Vorstellung vom Ende der Repräsentation. Die Lösung scheint in einer Art »Kommunismus des Unmittelbaren« zu liegen. Die aber führe, wie Nicos Poulantzas am Schluss seines Buches *Staatstheorie* argumentiert, nur vermeintlich zur Abschaffung des Staates, in Wirklichkeit aber »unvermeidlich zum statistischen Despotismus oder einer Diktatur der Experten« (Poulantzas 2002, 283), mithin zum Stalinismus. Denn sobald man die Elemente der Selbstverwaltung oder der Bewegung zentralisiert, etabliert sich eine zweite, eine Gegen-Macht, bereit, die Staatsgeschäfte zu übernehmen.

Wie aber lässt sich das organisieren? Kann man sich dem Staat entziehen, indem man einfach den Institutionen fernbleibt? Indem man keine positiven Vorschläge bringt, sich für den Staat keinen Kopf macht, nur Kritik übt? Heißt Politik machen immer auch, Staat zu machen?

Mit Hilfe des Konzepts »Souveränismus« kann man das Absterben des Staates vielleicht anders denken: Als Absterben des Souveränismus (oder vielleicht genauer als das Absterben souveränistischer Gouvernementalität). Dies wäre nicht mit dem Ende von Politik identisch, sondern nur mit dem Ende souveränistischer Politik.

Souveränismus ist die Behauptung der Autonomie des Politischen, was nicht nur impliziert, dass der Staat machen kann, was er will, sondern auch, dass das Politische einen bestimmten Ort hat. Antonio Gramsci und Étienne Balibar zeigen aber auf unterschiedliche Weise, dass von einer solchen Autonomie nicht die Rede sein kann. Die Autonomie des Politischen kann immer nur durch die Inkorporierung bestimmter Praktiken in den Souverän für eine bestimmte historische Phase erreicht werden, die Autonomie des Politischen ist also immer nur eine relative Autonomie, die auf einer bestimmten Anordnung und Verknüpfung von Praktiken zum Staat hin basiert.

Es kommt nicht nur darauf an, diesen (einen) Ort in Frage zu stellen, sondern auch, topologische Bezeichnungen selbst als Metaphern für bestimmte Anordnungen, also Dispositive von Praktiken zu begreifen. Von Biopolitik zu sprechen, heißt daher nicht, eine Kategorie zu erfinden, die ähnlich hypostasiert wäre wie der Begriff des »Staates«, sondern, nach unserem Verständnis, eine Immanenzperspektive einzunehmen.

Etwas Anderes

Die postmoderne Erfahrung kommt im Empire zu sich. Die Logik der Herrschaft, wie es noch die kritische Theorie formuliert hätte, hat sich verändert. Nicht mehr die einheitliche Zuschreibung und Fixation von Identitäten steht auf dem Spiel, sondern diese werden nicht mehr als gegeben oder als reproduzierbar angesehen, sondern als kontingentes, sich im ständigen Fluss befindliches Material der Souveränität, das einverleibt werden muss. Es geht also nicht um die Schaffung von hierarchischen aber in ihrer Schichtung homogenen Projekten, sondern um die ständige Auflösung von Identitäten, die damit zur ständigen und unaufhörlichen Produktivität getrieben werden. Der postmoderne Herrschaftstypus arbeitet mit der Anerkennung der Unterschiede: »In den meisten Fällen schafft das Empire keine Teilungen, sondern es erkennt bestehende oder potentielle Differenzen an, hebt sie hervor und koordiniert sie im Rahmen einer allgemeinen Kommandoökonomie. Der dreifache Imperativ des Empire lautet deshalb: inkorporiere, differenziere, koordiniere.« (Hardt/Negri 2002, 212)

Auf diese Situation reagieren GlobalisierungskritikerInnen allzu oft beispielsweise mit der Verteidigung von Identitäten, nationalen oder lokalen Kulturen und etablierten Sozialstrukturen. Nicht nur ist eine solche Haltung rückwärtsgewandt, sie handelt mehr noch auf der Grundlage einer längst in Auflösung befindlichen politischen Grammatik. Genau diese Spalte ermöglicht die zahlreichen Vorwürfe, die Globalisierungskritik sei nationalistisch oder gar antisemitisch.

Während im klassischen Modell der Souveränität der (gedachte) Anfangspunkt durch den Souverän gebildet wird, der selbst produktiv sein Volk als Nation hervorbringt, wird in der biopolitischen Konzeption der Anfangspunkt bei den produktiven Individuen gesetzt, deren Ausrichtung ständig strategisch durch den Souveränismus verändert werden muss (vgl. Hardt/Negri 2002, 209–212). Das gilt auch auf der Ebene der Produktion. Der tayloristisch rigiden Trennung von Hand- und Kopfarbeit korrespondierte ein politisches Modell der Unterwerfung der Arbeit. Nicht nur in der Fabrik, sondern auch in der Gesellschaft. Dadurch aber, dass immaterielle Aspekte der Arbeit für die In-Wert-Setzung immer wichtiger werden, werden die intellektuellen Funktionen, die für die Erzeugung hegemonialer Konstellationen wichtig sind, selbst Teil des Produktionsprozesses. Das Fabrik-Werden der Gesellschaft heißt umgekehrt nichts anderes, als dass zunehmend nicht nur die intellektuellen, sondern alle Äußerungen gesellschaftlichen Lebens zur In-Wert-Setzung beitragen. Folglich ist der imperiale Modus des Koordinierens nicht so sehr Ausdruck der Macht des Empires, sondern der Macht der Multitude, auch wenn es ihr nicht gelingt, manifest zu werden.

Das Empire springt auf Mikro-Projekte koordinierend auf, schafft sie aber nicht selbst. Hegemonietheoretisch reformuliert, könnte man auch von permanenten passiven Mikro-Revolutionen ohne Projekt sprechen. Diese formelle Subsumtion, die charakteristisch für die imperiale Hegemonie ist, verweist auf die Frage, wie eine »demokratische« Artikulation dieser Verhältnisse zu organisieren wäre. Das Festhalten an den überkommenen fordistischen Begriffen des Politischen trägt aber dazu bei, dass eine Anerkennung der Potenzialität der Multitude nicht möglich wird.

Wenn die Hegemonie des Empire auf einer kompromisshaften Anerkennung differenter Lebensweisen beruht, deren korrumpierender Effekt deren Hierarchisierung ist, dann könnte ein strategischer Einsatz darin bestehen, dieser Hierarchisierung den Boden zu entziehen. Das könnte zum Beispiel heißen, darauf zu verzichten das Normalarbeitsverhältnis retten zu wollen, und stattdessen die gesellschaftliche Produktivität anzuerkennen und ein Grundeinkommen für alle zu fordern. Es könnte heißen, die globale Mobilität von Menschen anzuerkennen und rechtlich abzusichern, anstatt nationale Arbeitsmärkte abzuschotten. Es bedeutet schließlich, die Versprechen, die sich mit dem Empire verbinden, äußerst ernst zu nehmen (Seid produktiv, denn ihr seid produktiv – seid frei, denn ihr seid frei – seid mobil, denn ihr seid mobil – seid subjektiv, denn ihr seid Subjekte) – und sie zu demokratisieren. Wenn die Versprechen an alle gleichermaßen gegeben sind, dann müssen die Alltagsbedingungen eben diesen Versprechungen entsprechend verändert werden. Nicht mehr aber auch nicht weniger hieße es »auf der Höhe des Empire« Politik zu machen.

Anmerkungen

1 Susanne Schultz' Artikel, der in einem Heft der Zeitschrift Argument zum Thema »immaterielle Arbeit« erschien, ist einer der wenigen Beiträge, die sich kritisch aber produktiv auf den Ansatz von Hardt und Negri in *Empire* beziehen.
2 Einen Überblick über Besprechungen, Debatten und Interviews im Zusammenhang mit *Empire* findet sich auf der Website der Rosa-Luxemburg-Stiftung (www.rosaluxemburgstiftung.de/Einzel/empire/deutsch.htm). Als repräsentativ dürften gelten: Georg Fülberth, Bluff, Kitsch und Affirmation *(konkret*, Juni 2002) und Rudolf Walther, Gutgemeint und voll daneben *(linksnetz*, Juni 2002).
3 *Fantômas* 2, Winter 2002.
4 Damit keine Missverständnisse entstehen: Souveränismus ist mehr als die Überhöhung des Staates zum allmächtigen Akteur. Souveränismus bezeichnet ein Dispositiv, eine spezifische Art und Weise, das Politische zu konzipieren. Souveränismus findet sich also auch (und manchmal gerade) bei Linken. Ein Begriff wie Imperialismus ermöglicht uns scheinbar, den einen Punkt, den Willen des imperialistischen Staates etwa, zu fokussieren, der zum Ort und Nexus des politischen Kampfes wird. Der Souveränitätsidee im Anti-Imperialismus wiederum korreliert eine ebenso zentralisierte und zentralisierende Vorstellung davon, wie die »Gegenmacht« zu organisieren sei.

5   Da bereits die Zivilgesellschaft als Ort der Organisation von Klassen und Gruppen und damit auch von gesellschaftlichen Kämpfen angesehen wird, sind gesellschaftstransformierende Prozesse nicht in erster Linie als politisch-staatliche anzusehen, sondern vor allem als soziale und kulturelle. Damit steht aber auch schon Gramsci vor dem Problem der Immanenz. Die Politik der Subalternen findet immer auf einem vor-strukturierten Terrain statt, das diese selbst (mit-) produzieren.

6   Vielleicht ist gerade der zivilgesellschaftliche »Reichtum«, also die Vielfalt der repräsentationalen Kämpfe, eine Ursache für die Krise der Zivilgesellschaft als Terrain des Politischen.

7   Ironischerweise blieb gerade der Begriff der Dialektik stets unklar und wirkt noch heute in Diskussionen eher als eine mystische Formel mit auratischen Eigenschaften.

8   Anhand der Besprechungen zu Marx' *Kapital* Ende des neunzehnten Jahrhunderts ließe sich zeigen, dass eine Reihe von Kritikern dem Autor nachgewiesen haben, die angebliche »kapitalistische Produktionsweise« lasse sich nur in einem winzigen Teil der Welt auffinden und Proletarier machten nicht einmal 10 Prozent der Bevölkerung aus.

Literatur

Balibar, Étienne (2003): *Sind wir Bürger Europas? Politische Integration, soziale Ausgrenzung und die Zukunft des Nationalen*, Hamburg.

Balibar, Étienne (2001): »Kommunismus und Staatsbürgerschaft. Überlegungen zur Emanzipatorischen Politik am Ende des 20. Jahrhunderts«, in: *Diskus*, H 2/01, 50. Jg., Nr. 2

Hardt, Michael/Negri, Antonio (1997): *Die Arbeit des Dionysos. Materialistische Staatskritik in der Postmoderne*, Berlin/Amsterdam.

Hardt, Michael/Negri, Antonio (2002): *Empire. Die neue Weltordnung*, Frankfurt a. M./New York.

Laclau, Ernesto (2004): »Can Immanence Explain Social Struggles«, in: Passavant, Paul A./Dean, Jodi (Hg.), *Empire's New Clothes. Reading Hardt and Negri*, New York/London, 21–30.

Poulantzas, Nicos (2002): *Staatstheorie. Politischer Überbau, Ideologie, Autoritärer Etatismus*, Hamburg.

Schultz, Susanne (2002): »Biopolitik und affektive Arbeit bei Hardt/Negri«, in: *Das Argument*, H. 5/6, 44. Jg., Nr. 248, 696–708.

Konjunkturen der egalitären Exklusion: Postliberaler Rassismus und verkörperte Erfahrung in der Prekarität

Marianne Pieper, Efthimia Panagiotidis, Vassilis Tsianos

Murat Kurnaz, ein gebürtiger Bremer mit türkischem Pass, ist ein bekanntes Gesicht in Deutschland, sicherlich auch wegen seines voluminösen Vollbartes. Dieser könnte in rassialisierender Manier als Chiffre für die Zugehörigkeit zu einer islamistischen Gruppe gedeutet werden.[1] Das Rätsel seines Bartes nach seiner unerwarteten Entlassung aus dem Guantamo-Camp interessierte die deutsche Öffentlichkeit offensichtlich mehr als die dubiosen Modalitäten seiner Entführung von US-Streitkräften und die noch dubioseren Manöver gegen seine Entlassung seitens des deutschen Außenministeriums. Deutsche Behörden wussten spätestens Anfang Januar 2002 von der Inhaftierung Kurnaz durch die USA. Obwohl die deutschen Guantanamo-Vernehmer von Kurnaz Unschuld überzeugt waren und festgestellt hatten, dass er keinerlei Kontakte ins terroristische Milieu hatte, verweigerten ihm das BKA und das Bundeskanzleramt die von der USA im Herbst 2002 in Aussicht gestellte Freilassung nach Deutschland. Mit der vagen Begründung des Sicherheitsrisikos und der völkerrechtlichen Nichtzuständigkeit Deutschlands wegen Murats Kurnaz türkischem Passes, offenbart sich die Produktivität eines antimuslimischen Rassismus[2], der darin besteht, die aus der Einwanderungsgeschichte resultierenden Niederlassungsrechte postnationaler Subjekte einzuschränken, indem sie mit der Praxis des generellen Terrorismusverdachtes flankiert werden. Murat Kurnaz ist inzwischen rehabilitiert, seinen verdächtigen Bart hat er noch eine Weile behalten[3]. Kann es sein, dass der rätselhafte Bart etwas mehr als eine subalterne Mimikry performierte? Murat Kurnaz machte mit der Materialität des rassistischen Verdachtes etwas, er verkörperte ihn.

Im vorliegenden Beitrag[4] folgen wir den Spuren weiterer Verkörperungen aus zwei Perspektiven: Im ersten Kapitel führen wir zunächst gegenwärtige Rassismen als flexibles Gefüge unterschiedlich rekombinierbarer rassistischer Formationen ein. Mit Rekurs auf Stuart Hall (2000) erörtern wir im nächsten Schritt das bisherige (forschungs-)theoretische Dilemma der *race-studies*, welche entweder von diskursanalytischen Arbeiten dominiert oder von empiristischen Reduktionismen geprägt werden. Eine Möglichkeit diesen konzeptionellen Engpässen zu entkommen, verspricht unseres Erachtens ein theoretisch-analytisches Instrumentarium, das im zweiten Kapitel die dynamischen Prozesse von Subjektivierung als verkörperte Erfahrungen in Gefügen oder »Assemblagen des Rassismus«[5] berücksichtigt. Hier stellt das Konzept von »Biopolitik« (Foucault 2001; Hardt/Negri 2003; Pieper/Atzert/Karakayalı/Tsianos 2007) einen theoretischen Einsatz dar, der Subjektivierung nicht nur als Effekt rassialisierender oder prekarisierender Praxen begreift, sondern die exzessive und indeterminierte Produktivität von Subjektivierungsprozessen beleuchtet, die sich den Bedingungen immer wieder zu entziehen versuchen, um ihnen zu entfliehen. Vor diesem Hintergrund entwickeln wir im dritten Kapitel auf der Basis von Interviews verschiedene Lesarten, die sich auf kontextspezifische Arrangements von Akteur_innen und Praxen der »Durchquerung« (Lorenz/Kuster 2007: 89) beziehen, welche über die normativen Wirkungseffekte symbolischer Ordnungen hinausweisen.

I   Postliberaler Rassismus

In zahlreichen geopolitischen Kontexten sind Konturen von Rassismen zu beobachten, die sich gegen die Rechte von Migrant_innen und deren postmigrantischen Nachfahren richten. Wir sprechen in diesem Zusammenhang von »postnationalen Subjekten« und wollen mit dieser Figur auf eine dynamische Ambivalenz hinweisen, die in die Politiken der Staatsbürgerschaft von Einwanderungsgesellschaften eingeschrieben ist (Mezzadra 2009). Ein postnationales Subjekt bezieht einerseits seine Rechte auf die Verrechtlichungsfolgen einer migrantischen oder postkolonialen Erfahrung. Andererseits verkörpert es die Entkopplung der Zuordnung eines Körpers zu einem singulären Rechtssubjekt einer Nation. Postnationale Subjektivität entsteht vielmehr in der verkörperten und verrechtlichten Vervielfältigung dieser Zuordnung.[6]

Die Geschichte und die »Konjunkturen des Rassismus« (Demirović/Bojadzijev 2002) differieren innerhalb der einzelnen europäischen Staaten. Im Vergleich zur monistischen Struktur des biologischen Rassismus im 19. Jahrhundert vervielfältigten und transformierten sich seine Erscheinungsformen und Strategien (Solomos 2002)[7]. »Novel frames have emerged« stellt Rattansi (2007: 173) fest, während Balibar (2008) in seinen aktuellen Arbeiten vor der Rückkehr des Konzeptes der »Rasse« warnt. Trotz aller geopolitischen Besonderheiten sind jedoch mehr oder weniger deutlich vier diskursive Formationen zu dechiffrieren, auf deren Basis Rassismus mit seinen inhärenten Logiken und Praktiken operiert: Es handelt sich um (post-) koloniale, antisemitische, antimigrantische und antimuslimische diskursive Konfigurationen. Rassismus präsentiert sich in den postkolonialen und postmigrantischen Einwanderungsgesellschaften Europas als erratischer Archipel verschiedener, einander zum Teil überlagernder Formationen von offen rassistischer Gewalt bis hin zu subtilen Varianten eines institutionalisierten Rassismus – wie beispielsweise dem laizistisch legitimierten Kopftuchverbot. Es handelt sich hierbei um Diskurse, Politiken und Praktiken von staatlichen und zivilgesellschaftlichen Institutionen, die systematisch Ausgrenzung und Diskriminierung produzieren, ohne sich explizit und vorsätzlich rassistischer Begründungs- und Deutungsmuster zu bedienen. Die Hegemonie von Dominanzgesellschaften wird sichergestellt, obwohl die Zuschreibungen und Verfahrensweisen als angemessen oder wertneutral erscheinen (Gomolla/Radtke 2002: 45). Der anti-migrantische Rassismus wurde mit Etienne Balibar (1990: 23) überwiegend als »Neo-Rassismus« oder »differentieller Rassismus« bezeichnet. Postliberaler Rassismus tritt das Erbe sowohl der Krise des »differentiellen Rassismus« als auch die des gegen ihn artikulierten Antirassismus an. Die neuerlich endemisch beschworenen »Grenzen der Toleranz« bzw. das »Scheitern des Multikulturalismus« tragen das unmissverständliche Signum der Transformation des Rassismus der Gegenwart. War das corpus delicti des »Neo-Rassismus«, die kulturalistische Trope der Unvereinbarkeit von Kulturen, so ist es für den postliberalen Rassismus die proaktive »Vervielfältigung der Grenzen«[8] innerhalb der liberalen Politiken der Bürgerschaft.[9] In Anlehnung an Etienne Balibar (1991) bezeichnen wir diese Formationen als Belege für eine postliberale Variante des »modernen institutionellen Rassismus«. Dieser vereinigt zwei einander entgegen gesetzte Denkweisen, »wo auf der einen Seite die Nation oder der politische Nationalismus steht, der sich auf die Vorstellung einer ›essenziellen Gemeinschaft‹ und deren einzigartigem Schicksal gründe, und auf der anderen Seite der auf Konkurrenz beruhende Markt, der – im Unterschied zur Nation- weder einen inneren noch einen äußeren »Feind« zu haben und niemand auszuschließen scheint, der aber eine allgemeine individuelle Selektion institutionalisiert, deren untere Grenze die soziale Eliminierung der ›Unfähigen‹ und ›Unnützen‹ darstellt« (Balibar 2008: 23).

Postliberale rassistische Strategien operieren wesentlich fluider als jene des traditionellen Rassismus, der sich auf solche naturalisierenden Kategorien wie den biologistischen »Rassebegriff« berief und über die offene und strukturelle Gewalt der Segregation und der Exklusion operierte (Weingart/Kroll/Bayertz 1992). Die Rassismen der Gegenwart fluktuieren vielmehr auf eine spezifische Weise zwischen biologistischen und kulturalistischen Markierungen von Überlegenheit und Inferiorität. Sie operieren mittels der Rekombination »egalitärer Ideologeme«[10] der »feministischen Disziplinierung des migrantischen Subjekts« (Erdem, 2009), der »Queer-Imperialismen«[11] (Harittaworn/Tauquir/Erdem 2007) bzw. eines »homonormativen Nationalismus«, (Puar 2007) neolaizistischer Anti-Religiosität (Balibar 2008) und durch »urbane Paniken« (Ronneberger/Tsianos 2009) mit neuen Überwachungstechnologien der »digitalen Epidermalisierung«[12]. Die flexible Rekombination und/oder die konjunkturelle Überschneidung dieser Disziplinierungstechniken postnationaler Subjekte und deren minorisierter Körper sind ein konstituierender Bestandteil der beweglichen Struktur der Rassismen der

Gegenwart. Diese rassistischen Praxen lassen sich nicht nur über binäre Differenzierung und Prozesse der Exklusion bestimmen, sondern primär über neuartige Prozesse einer limitierten Inklusion bzw. einer egalitären Exklusion, d. h. über Politiken einer reversiblen Staatsbürgerschaft postnationaler Subjekte. Die Geschichte und die Konjunkturen von Rassismen lassen sich jedoch nicht im Sinne von Machttechnologien – wie der Disziplinierung – beschreiben, sondern sind schon immer eine Antwort auf die Kämpfe der rassialisierten Subjekte (Allen 1998; Moulier Boutang 1998; Bojadzijev 2007) und auf die aleatorischen Turbulenzen der Migrationsprojekte (Papastergiadis 2000; Gilroy 2004). Mit den neuen Erscheinungsformen des Rassismus stellt sich die Frage nach theoretischen Konzepten zur empirischen Analyse von Rassifizierungs- und Minorisierungsprozessen neu.

Zur Dematerialisierung kritischer Rassismusanalysen in Deutschland

In Deutschland begann die kritische Debatte um Rassismus erst mit der Rezeption der Cultural Studies. Insbesondere die Diskussion der Arbeiten von Stuart Hall im Kontext der Zeitschrift »Das Argument« und später weitere Veröffentlichungen des gleichnamigen Verlags sorgten für einen Theorietransfer, der in unmittelbarer Auseinandersetzung mit den ersten Konzeptualisierungsversuchen der »Cultural Studies« in Britannien stattfand. Auch das mit dem Namen W. F. Haug verbundene »Projekt Ideologietheorie« formierte sich in direktem Dialog mit der »kulturalistischen Herausforderung« der Ideologiearbeiten des *Centre for Contemporary Cultural Studies* in Birmingham und mündete in einer Reihe von Arbeiten, die später wichtige Impulse etwa für eine antireduktionistische Analyse des Rassismus auch in Deutschland liefern sollten[13] (Tsianos 2000; Müller 2002).

Halls Interview »Postmoderne und Artikulation« (Hall 2000), das sein Mitarbeiter und Nachfolger Lawrence Großberg zusammengestellt hat, nimmt paradoxerweise einen der zentralen differenztheoretischen Engpässe der gegenwärtigen Rassismusdiskussion in Deutschland vorweg. Hall positioniert sich in der Debatte um die Postmoderne – die eine Kritik an Foucaults Machtanalytik impliziert – als Gefangener zwischen zwei für ihn inakzeptablen Alternativen: Habermas' (1990) defensiver Position in Bezug auf das alte Aufklärungsprojekt und Lyotards (1995) eurozentristischer Lobpreisung des postmodernen Zusammenbruchs. Halls Interesse ist es, in der Debatte »Ideologie vs. Diskurs« den Begriff des Widerstands zu retten. Er kritisiert Foucaults Widerstandsbegriff als verkürzt, und plädiert im Gegensatz dazu dafür, den Machteffekt im analytischen Kontext der Konstitution von Herrschaft im Ideologischen einzubetten. Hall zufolge darf die Analyse der verschiedenen Dispositive der Wahrheit – in denen nach Foucault Praxen und Technologien der Macht wirken – nicht nur bei der Feststellung ihrer faktischen

Pluralität aufhören, sie muss im Gegenteil diese Pluralität als ein Kräftegleichgewicht innerhalb einer konkreten Gesellschaftsformation definieren können.

»Sobald man beginnt, eine diskursive Formation nicht einfach als eine einzelne Disziplin zu betrachten, sondern als eine Formation, muss man über die Machtverhältnisse sprechen, die die Interdiskursivität oder die Intertextualität des Wissensfeldes strukturieren. Die relative Macht und die Verteilung der verschiedenen Dispositive innerhalb der gesellschaftlichen Formation zu einem bestimmten Zeitpunkt – die eine bestimmte Wirkung auf die Aufrechterhaltung der Macht innerhalb der sozialen Ordnung haben – nenne ich den ideologischen Effekt.« (Hall 2000: 58)

Seine Überlegungen zu einer Theorie der Artikulation, bei denen er sich an den postmarxistischen Arbeiten Ernesto Laclaus (1981) orientiert, relativieren den Geltungsbereich des Ideologischen in der oben erwähnten Polemik. Die Theorie der Artikulation fragt Hall zufolge, wie eine Ideologie ihre Subjekte entdeckt und nicht wie das Subjekt die notwendigen und unvermeidlichen Gedanken denkt, die zu ihm gehören. Mit dieser Dekonstruktion des ontologischen Primats des Ideologischen, verstanden als die prinzipielle Irreduzibilität von ideologischen Artikulationen auf eine einzige sozioökonomische Position, erhebt er den Einspruch gegen zwei Arten des theoretischen Reduktionismus im gegenwärtigen Kampf der theoretischen Schulen: Gegen die totale Diskursivität auf der einen und einen stumpfen Empirismus auf der anderen Seite.

Wir behaupten an dieser Stelle, dass Halls Einspruch gegen diesen doppelten Reduktionismus zugleich die Stärke, aber auch die Grenzen seines Ansatzes markiert. Denn Hall antizipiert vorsichtig mit diesen Überlegungen den gegenwärtigen »material turn« in der neuen feministischen, anthropologischen, und komplexitätstheoretischen Debatten (Saldanha 2006: Papadopoulos/Sharma 2008). Die Frage, wie eine rassistische Anrufungsinstanz ihre Subjekte entdeckt, ist sicherlich wichtig, hilft aber nicht, die falschen Alternativen der Rassismusdebatte – totale Diskursivität versus stumpfer Empirismus – zu dekonstruieren.

Diese Engpässe werden in der aktuellen deutschen Debatte wiederholt. Die an Hall angelehnte Konzeptualisierung diasporischer Subalternität als Symptom diskursiver Asymmetrien im rassistischen Dispositiv reduziert die rassismusanalytische Leistung repräsentationspolitischer Provenienz einfach auf den Nachweis einer permanenten Präsenz der Alterität in einem historischen Kontinuum der Macht: Ein im Prinzip immer gleicher Rassismus identifiziert demnach strukturell, auf die immer gleiche Weise, die Subjekte seiner Anrufung. Repräsentation in diesem Sinne bedeutet, so unsere These, nicht nur endlose Diskursivierung, sondern vor allem Dematerialisierung empirischer Rassismusforschung.

Der Politologe Kien Nghi Ha (2003) denkt dieses Konzept bis zu seiner äußersten Konsequenz. In seiner Analyse der kolonialen Muster deutscher Arbeitsmarktpolitik interpretiert er den gegenwärtigen Rassismus in Deutschland als die Fortexistenz einer »sozialimperialistischen Logik«, in der die »koloniale Struktur teils als staatliche Praxis, teils als öffentlicher Diskurs bis in die heutige Zeit aktuell geblieben ist« (Kien Nghi Ha 2003: 65). Folgt man an dieser Stelle der Logik von Kien Nghi Ha und geht von der Wirkungsmächtigkeit des rassistischen Diskurses in Deutschland aus, um daraus diskursiv erzeugte Momente identitätspolitischer migrantischer Subalternität in Deutschland zu konstruieren[14], erscheint tatsächlich die Geschichte der Arbeitsmigration als eine Episode im ungebrochenem Kontinuum rassistisch-kolonialer Strukturen (Ha 2007; Ha 2009).[15] Diese Rückdatierung der Geschichte des Rassismus in Deutschland, die auf der Methode postkolonialer Analytik basiert, entspricht unseres Erachtens vielmehr dem Versuch historisches Anschauungsmaterial zu beschaffen, um die Rezeptionsanstrengungen der postkolonialen Kritik, die im angloamerikanischen Raum etabliert ist, zu beschleunigen und für hiesige Verhältnisse kompatibel zu machen. So ist gerade in dieser historisch argumentierenden Arbeit der Effekt der »Dematerialisierung« am deutlichsten zu sehen. Wenn der Fokus dieser Theoriebildung in der Herausarbeitung des diskursiven Fortwirkens rassistischer Exklusionsmuster basiert, wundert es zudem kaum, wenn dabei vorwiegend die Formen diasporischer und/oder migrantischer Identitätspolitiken unter dem Aspekt ihrer derartig konzipierten Widerständigkeit betrachtet werden und nicht als die immer neu herauszuarbeitenden Verdichtungsmomente spezifisch historischer Politiken der Migration – mit oder ohne kolonialen Hintergrund – gegen die genauso historisierbaren Formationen des Rassismus (Karakayalı/Tsianos 2002; Karakayalı 2008; Bojadzijev 2008). Diese »Politiken der Migration«[16] sind weder in den großen Erzählungen sozialer Umwälzungsprozesse repräsentiert noch als Elemente einer breiten politischen Bewegung im traditionellen Sinne zu identifizieren. Es handelt sich vielfach um »unwahrnehmbare Politiken« der Taktiken, der Subversion, des Exodus, die nicht auf direkter Konfrontation oder der Übernahme der Macht beruhen, sondern die auf Verweigerung setzen und damit auf die Evakuierung der Orte der Machtausübung. Es sind zumeist jene flüchtigen, schwer fassbaren und nicht unmittelbar repräsentierbaren »biopolitischen Akte«[17], die mit der initialen Weigerung beginnen, in einer spezifischen historischen Situation an einem bestimmbaren sozialen und geopolitischen Ort bestimmte Aspekte einer rassifizierenden sozialen Ordnung zu akzeptieren und zu ratifizieren. Die grundsätzliche Unmöglichkeit der Repräsentation dieser Politiken existiert nicht nur abstrakt (Tsianos/Papadopoulos 2006). Sie realisiert sich in Kämpfen gegen Zwangsidentifizierungen, in der provokativen Selbstaneignung und Enteignung von identitären Zuschreibungen. Murat Kurnaz' Schweigen zeugt gleichsam paradigmatisch davon. Die beharrlichen Spuren dieser »imperceptibel politics« (Tsianos 2007) der Migration markieren die umkämpften Orte der erzwungenen institutionalisierten Kompromisse im postnationalen Einwanderungsland Deutschland.

II Biopolitische Produktivität und rassialisierte Subjektivitäten

Vor dem Hintergrund dieser Engpässe unternehmen wir einen erneuten eklektischen Rückgriff auf das Werk Foucaults mit Fokus auf dessen im Spätwerk entwickelter Perspektive auf Subjektivierungsprozesse und Fragen der Dissidenz (Foucault 1994: 243 ff.). Diese stellen wir in den Kontext einer »postdisziplinären« Lektüre von Biomacht und Biopolitik, die wir als viel versprechend erachten für die Analyse produktiver Momente in der Konstituierung rassialisierter Subjektivitäten. In scharfer Abgrenzung zu einer souveränen, repressiv operierenden Macht entwirft Foucault (1983) Biomacht als ein modernes Register der Macht, das sowohl auf die Mikrodimension einer Disziplinierung individueller Körper als auch auf die Makrodimension der Regulierung der Bevölkerung zielt. Foucault dechiffriert Biomacht/Biopolitik als »Archipel von verschiedenen Mächten« (Foucault 1999: 177), die dezentral operieren und sich in der Formierung, Anordnung und Nutzbarmachung der individuellen Körper und der Optimierung und Steigerung des Bevölkerungskörpers materialisieren. Mit Foucault lassen sich aber über die disziplinartechnologische Dimension seiner Biopolitik/Biomacht-Konzeption hinaus neue Rationalitäten und Technologien der Macht bestimmen, die nicht nur unterworfene Körper und Individuen, sondern Subjektivitäten produzieren. Diese konstituieren sich prozessual in einer Doppelbewegung von Unterwerfung und Subjektwerdung – als produzierte und zugleich als aktive und zur Selbstführung fähige Subjekte (Pieper 2003: 155). Solche Subjektivierungsprozesse weisen über eine Widerspiegelung der Verhältnisse hinaus. Allerdings finden diese Prozesse der Subjektivierung keineswegs auf einem gewalt- und herrschaftsfreien Terrain statt. Die Geburt der produktiven Biomacht habe – wie Foucault (2001: 303) anmerkt – keineswegs ein Zurückweichen gewaltförmiger Prozesse bewirkt. So lässt sich auch für eine an Foucault angelehnte Rassismusanalyse konstatieren, dass mit den neuen Technologien der Macht weder Gewalt noch Zwang eliminiert worden sind. Etienne Balibar (1991: 44 ff.) verweist in diesem Zusammenhang auf den beträchtlichen Raum, den das Problem des Rassismus in der späten Machtanalyse Foucaults einnimmt. Doch während einige jüngere kultur- und geschichtswissenschaftliche Arbeiten die foucaultsche Herleitung des Rassismus ohne jeglichen Bezug auf die historische Rassismusforschung übernehmen (Stingelin 2003; Sarasin 2003), kritisieren andere – wie Edward Said bereits 1984 –, dass Foucault den imperialen Kontext seiner eigenen Theoriebildung ignorierte. Ann Laura Stoler (1995), führt die Leerstelle von race und gender in Foucaults Theoriebildung u. a. auf die Vernachlässigung des historischen Zusammenhangs von Immigrationskontrollen im Prozess der Nationenbildung und der Konstruktion von sexuellen und rassialisierten Identitäten durch Grenzpolitiken zurück sowie auf die Unmöglichkeit, europäische Diskurse über Sexualität im 18. und 19. Jahrhundert ausschließlich in Europa – wie dies bei Foucault der Fall war – zu kartographieren.

Untersuchungen von Rassismen können dennoch nicht bei einer Beschreibung der Restriktivität der Migrationsregime, der ihnen immanenten Widersprüche und beim Feststellen der dominanten »Anrufungen« (Althusser 1977) einer »symbolischen Ordnung« (Bourdieu 2000) oder des »ideologischen Effekts« (Hall 2000) innerhalb einer rassistischen Formation stehen bleiben. Es ist nicht davon auszugehen, Subjekte spiegelten lediglich die »Verhältnisse« wider, sie seien ausschließlich deren »Opfer«. Denn damit würde ausgeblendet, dass es sich bei den Prozessen der Konstituierung von Subjektivität um ein soziales Konfliktfeld handelt, in dem sich auch die »imperceptibel politics« (Tsianos 2007) rassistisch markierter Individuen und deren Begehren nach anderen, besseren Tätigkeits- und Lebensprojekte artikulieren (Pieper 2007: 232). Weder Subjektivität als Reflex der Verhältnisse noch Subjektivität verstanden als Figur eines selbstidentischen, kohärenten rationalen Entscheidungssubjekts bietet eine angemessene Konzeption. Die gegenwärtige Krise der Arbeitsgesellschaft im Kontext der globalen Finanzkrise, die für die Legitimation einer europaweit restriktiven Regierung der transnationalen migrantischen Arbeit herangezogen wird sowie die allseits ausgerufene »moralische Panik« (Mak 2005), die das Ende des Multikulturalismus in Europa begleitet, verlangen nach einer Untersuchungsperspektive, die simultan sowohl die Macht- und Herrschaftsverhältnisse als auch die dynamische Produktivität von Subjektivierung als permanente Subjekt-Werdung im Sinne einer anhaltenden Neuformierungs- und Produktionspraxis, als multiple Positionierungsprozesse und als Neuerfindung von Praxen und Subjektivierungsweisen bestimmen kann. Diese finden in einem emergenten Gefüge heterogener Kräfte von Wissensproduktionen, Regelungen, Machtverhältnissen, Akteuer_innen, situativen Gegebenheiten und Bewegungen des Begehrens statt, die wir als »Assemblagen« bezeichnen. Es gilt also zu berücksichtigen, dass Prozesse der Subjektivierung über das Verhaftetsein an die Bedingungen biopolitischer Machttechnologien hinaustreiben. Und zugleich gilt es ins Kalkül zu ziehen, dass Subjekte nicht bereits vorgängig vorhandene Entitäten sind, sondern dass sie sich in diesen Assemblagen permanent konstituieren. Eine solche Konstituierung von Subjektivität in den Selbst- und Weltverhältnisse artikuliert eine Distanz gegenüber einer Subjektivierung im Sinne der Unterwerfung unter regulierende Zwänge, und sie lässt sich daher nicht als bloßer Effekt von Unterdrückungsverhältnissen entziffern. Es geht vielmehr um Praxen, die die Wirkmächtigkeit regulierender Zwänge abweisen, indem sie sie unterlaufen, negieren oder umformatieren. Hardt/Negri (2002) sprechen von einer »biopolitischen Produktivität« im Zeichen eines widersetzlichen Begehrens (vgl. Deleuze/Guattari 1997). In Anlehnung an Deleuze (1996: 25 ff.) markiert Begehren jedoch nicht den Ausdruck eines Mangels, sondern bezeichnet eine positive, produktive, über die jeweiligen Bedingungen hinausweisende Kraft, die die Verhältnisse als ein Überschuss an Praxisformen, Wünschen und Imaginationen immer bereits übersteigt. Hier liegt das Movens produktiver Subjektwerdung im Sinne der »Umarbeitung« und Erfindung von Praxen und Existenzformen. Selbst- und Weltverhältnisse verweisen auch darauf, dass Subjektivierungsprozesse in diesem Kontext – als »Randgänge« (Deleuze 1991: 156) eines »Werdens« zu untersuchen sind, die auf einem umkämpften Terrain stattfinden (Pieper 2007: 219). Dieses ist einerseits gekennzeichnet durch die etablierten Kräfteverhältnisse rassialisierender, vergeschlechtlichender, sexualisierender Logiken und die Anrufungen eines Ausbeutungsregimes, das durch Selbstregulierungsimperative regiert. Anderseits verweisen die »Randgänge« auf produktive Subjektivierungsprozesse, in denen ein »Exzess« (Hardt/Negri 2010: 166), ein überschüssiges Potenzial an Affektivität und Soziabilität produziert wird, das es ermöglicht, den normativen Strukturierungen zu entfliehen. Es geht um die Fluchtlinien eines Begehrens nach Existenz, das in dem Potenzial liegt, sich ökonomisch, »nomadisch«, affektiv und kulturell selbst zu verwerten (Pieper 2007: 235). Eine Praxis, die Subjekte hindert, dieselben und mit sich identisch zu bleiben, weil sie sich selbst und damit das Feld der Erfahrungen permanent verändern.

III Verkörperungen und produktive Subjektivierungen – methodologische Überlegungen und empirische Zugänge

Die empirische Untersuchung produktiver Subjektivierungsprozesse verlangt nach einer Analytik, die nicht nur die etablierten Kräfteverhältnisse und Machttechnologien im Sinne hegemonialer »Anrufungen« (Althusser 1977) in den Blick nimmt und dabei stehen bleibt, sondern die konzeptionellen Engpässe dieser Untersuchungsperspektiven durch die Erweiterung um eine Analytik des »Werdens«, des »Anderswerdens« und der »Randgänge« zu überwinden sucht. Eine solche Perspektive bedarf eines multidimensionalen empirischen Zugangs. In diesem werden Rassialisierungsprozesse als biopolitische »Assemblagen« (Deleuze/Guattari 1997: 12; Marcus/Saka 2006) analysiert, als eine sich in den Verdichtungen von Auseinandersetzungen und »Kämpfen« und Konflikten immer wieder neu formierende Anordnung eines beweglichen Ensembles von Praktiken und Strukturen: Dabei gilt es gleichermaßen Wissensproduktionen, Machttechnologien, juridischen Regelungen, institutionelle Strukturierungen und die sich wandelnden mikrosozialen Praxen in den Selbst- und Weltverhältnissen der von Rassifizierungsprozessen betroffenen Akteur_innen in die Datenerhebung und in die analytische Perspektive einzubeziehen. Hier funktioniert das Untersuchungsprinzip der Assemblage, indem es eine Präsenz der Aufmerksamkeit für die Emergenz und Heterogenität eines Forschungsfeldes erzeugt, ohne sogleich in der Diagnose eines festen, finalen Status zu erstarren, der die Arbeitsbegriffe traditioneller soziologischer Theoriebildung immer wieder zu befallen droht (Marcus/Saka 2006: 106). Allerdings beinhaltet der Begriff der Assemblage als Übersetzung des französischen »agencements« (Deleuze 1996: 21) nicht nur das Bild eines Gefüges oder einer Verkettung gemeinsamen dynamischen Funktionierens, sondern auch eine in diesen »agencements« spezifische Produktivität des Begehrens, die über das Bestehende hinausweisende Fluchtlinien von Deterritorialisierungsbewegungen zu beschreiben vermag.

Die Herausforderung für empirische Untersuchungen besteht in der Übersetzung einer Analytik des Werdens in einen empirischen Forschungsprozess, der die Verabsolutierung der viktimologische Perspektive auf Subjektivierungsprozesse durchkreuzt, ohne zugleich die Elemente rassialisierender Strukturierungen, Erfahrungen des Erleidens und des Ausgeliefertseins an Herrschaftspraxen und Gewaltverhältnisse zu negieren. Dies bedeutet, der totalisierenden Hermetik ökonomistischer und funktionalistischer theoretischer Perspektiven von Rassifizierung als Exklusion und damit der von Foucault (1983) problematisierten Repressionshypothese zu entkommen. Es gilt, Rassismen als bewegliche, dynamische soziale Verhältnisse zu verstehen und biopolitische Assemblagen des Rassismus und deren Zäsuren immer als Aushandlungsfelder, als emergente Konfigurierungen von Konflikten und als umkämpftes Terrain zu analysieren. Eine solche Perspektive nimmt zum einen die strukturellen Bedingungen und »Anrufungen« (Althusser 1977) durch spezifische Wissensproduktionen, Rationalitäten sowie institutionelle und juridische Vorgaben in den Blick. Sie erfordert eine »symptomale«[18] analytische Lektüre rassistischer Diskurse und Praktiken. Dies beinhaltet auch, das Augenmerk auf spezifische Technologien der Macht zu richten, die sich in den Wissensproduktionen, Anrufungen und Regulationen artikulieren. Zum anderen impliziert diese Perspektive auch, dass Prozesse der Subjektivierung in den Assemblagen des Rassismus sich nicht als bloße Effekte von Machtverhältnissen und Wissensproduktionen analysieren lassen, sondern ein »überschüssiges« Potential entfalten können. Zugleich kann sich Forschung auf diesem Gebiet nicht darin erschöpfen, den Praktiken der durch Rassialisierung Markierten und deren Strategien und Taktiken durchgängig den Nimbus von Widerständigkeit zu verleihen und damit gleichsam eine Überhöhung von Autonomie und Eigensinnigkeit intentionaler Subjektivität zu installieren oder eine Art Subversionsautomatismus zu feiern.

Die im folgenden Kapitel präsentierten Analyseergebnisse fokussieren den Aspekt der Forschungsperspektive, der sich auf die kontinuierlichen – verkörperten – mikrosozialen Praxen der Akteur_innen, der rassistisch Markierten sowie auf deren Selbst- und Weltverhältnisse richtet, die sich in einem »ergebnisoffenen« (Brieler 2008: 35) Erfahrungsprozess des Werdens und Anderswerdens artikulieren. Mit dem Begriff der Erfahrung rekurrieren wir nicht auf einen gleichsam »naiven« Erfahrungsbegriff, sondern auf das von Niamh Stephenson und Dimitris Papadopoulos (2006) entwickelte Konzept der »continuous experience«. Die beiden Autor_innen konstatieren in ihrer im Jahr 2006 erschienenen Arbeit »Analysing Everyday Experience. Social Research and political Change« , dass

Erfahrung innerhalb sozialwissenschaftlicher Forschung zum einen als Basis dafür betrachtet wird, Unterwerfung oder Widerstand hegemonialen Diskursen gegenüber auszudrücken, zum anderen Erfahrung in bester spät-foucaultscher Manier als das Endprodukt diskursiver Formationen verstanden wird – wie Lemke (1996 :166) dies darlegt. An den Endpunkten dieser Debatten sei die Figur der Erfahrung, so Stephenson/Papadopoulos (2006: 171), entweder irrelevant für oder identisch mit normativierten Subjektivierungen soziopolitischer Regulation. Im Gegensatz dazu und im Rekurs auf deren Konzept der ›continuous experience‹ erklären die Autor_innen, dass Erfahrung von keinem dieser Pole erfasst sei, da diese auf dem Level der alltäglichen Praxis operiere: »Es ist eine bestimmte Art der Alltagspolitik, die mit hegemonialen Formen der Politik in Konflikt gerät und sie durchkreuzt, indem sie Verbindungen zwischen Akteuren schafft, die die normativen Bedingungen sozialer Beziehungen unterlaufen. Im Unterschied zu aktuell herrschenden Formen der Soziabilität, die längst durch neoliberale gouvernementale Rationalitäten bestimmt sind, besteht die politische Bedeutung dieser entstehenden Beziehungsweisen darin, dass sich in ihnen eine Soziabilität im Werden darstellt.« (Stephenson/Papadopoulos 2006: 171)

Mit der Maxime der Debatte um biopolitische Produktivität, in der davon ausgegangen wird, dass »Kreativität, Sprache, Affekte und die Fähigkeit zur Herstellung von Beziehungen und kollaborativen Praktiken (…) die entscheidenden produktiven Kapazitäten der Subjekte bilden, und somit zur zentralen Produktivkraft und zu den zentralen Elementen gesellschaftlicher Produktion und Reproduktion werden« (Pieper et al. 2007: 304), verdeutlicht sich Stephensons und Papadopoulos Absage an die bisherigen Einordnungen des Begriffs der Erfahrung. Ohne die Abkehr von Erfahrung als vermeintlichem Identitäts- und Authentizitätsfundament in Frage zu stellen, problematisieren die Autor_innen in Bezug auf die relative Dominanz von Gouvernementalitätsstudien sowie poststrukturalistischen Ansätzen die Gefahr, den Erfahrungsbegriff einer neoliberalen Besetzung zu überlassen. »Mit der Hinwendung zum Diskurs, die dazu dienen sollte, sich der Erfahrung zu nähern, gelingt es nicht, das Verhältnis zwischen Diskurs, Erfahrung und Subjektivierung neu zu fassen; vor allem aber gelingt es nicht, die Vorstellung, Erfahrung sei Grundlage privilegierter Selbsterkenntnis, nachhaltig zu erschüttern« (Ebd.: 21). Daher erarbeiten die Autor_innen die Konturen eines »dritten« Weges: »To break with neoliberal and post-Fordist rationalities requires more than new modes of subjectification, it involves the externalization of relations with the self and others and their materialization in the field of historical practice.« (Stephenson/Papadopoulos 2006: Prologue).

Die konzeptionelle Brisanz des hier zugrunde liegenden Erfahrungsbegriffes situiert sich in der Subjektivierung einer Gegenwärtigkeit, in deren im Moment vollzogenen Aktualisierung, die immer wieder neu eingebunden ist in einen dauerhaften, zwischen Menschen, Dingen, Körpern oder Situationen sich abspielenden

Prozess. Zwar könnten die Ereignisse, die sich innerhalb eines solchen Prozesses ergeben, immer auch ganz andere sein, allerdings nur aus sich selbst heraus, im Moment der Entstehung, im Moment der Aktualisierung, inmitten eines Kontinuums der immer wieder vergegenwärtigten Situation. Stephenson/Papadopoulos (2006: 179) betonen die singulären Momente inmitten eines Zeitraumes, in welchem die Erfahrung dem goldenen Käfig eines vermuteten Sinns entflohen ist, »unwahrnehmbar« wird. Ein solches Sich-von-sich Distanzieren, Dis-Identifizieren, die Erfahrung, dass Erfahrung sich in nicht erwartete Richtungen bewegt, öffne den Blick auf das emergente Moment, die Potentialität der Situation. Sinn gibt demnach nicht die Identifizierung, die Einordnung desselben anhand eines Orientierungsmusters. Die Fülle der Möglichkeiten, die sich aus dieser Perspektive ergeben, bilden also gleichzeitig eine Begrenzung gegen Möglichkeiten, die eine bestimmte, die jeweilige Identität bestätigende Erfahrung normalisieren. Anstatt dem normalistischen Bedürfnis nachzugehen, sich mit anderen entlang normativ abgesicherter Erfahrungen zu verbinden, entsteht Erfahrung immer anders und immer neu, im Fluss und im Kontinuum eines dauerhaften Prozesses. Auf diese Weise stellt das Konzept der *continuous experience* den Versuch dar, Erfahrung im Sinne der Aktualisierung eines im Augenblick verweilenden Erlebnisses zu denken. Subjektivität taucht über die Verbindung mit an der Situation beteiligten Subjektititäten (und anderen Komponenten der Assemblage) in die Immanenz des jeweiligen Momentes ein. Die sich so ungeahnt materialisierenden Assoziationen überschreiten gleichzeitig die Möglichkeit der Erfahrung eines selbst-identischen Subjekts und somit jeglichen Versuch der Repräsentation. »Moving deeper into the immanence of the present necessitates a refusal of cliched subject positions, a retreat from the self.« (Stephenson/Papadopoulos 2006: 179)

Das bedeutet für die empirische Forschung und eine »Analytik des Werdens«, als epistemisches Element der Forschung eine Wahrnehmungsstrategie zu kultivieren, die eine Sensibilität für jene Gelegenheiten und Momente der Bewegung, der Verhandlung, der Durchquerung und des Kampfes entfaltet, die auf die Emergenz und Kontingenz in den situativen verkörperten mikrosozialen Praktiken von Akteur_innen und Aktant_innen hindeuten und eine Sensitivität zu entwickeln für das Einfangen der Momente von Dynamiken, einer Potenzialität der auftauchenden Aktualisierung von Deterritorialisierung und Fluchtlinien eines Anderswerdens. Dies setzt voraus, dass Prozesse der Datenerhebung und -analyse so konzipiert sein müssen, dass sie den Raum für solche Artikulationen von Emergenz und Transformation eröffnen. Daher stellen deduktiv-nomologische – standardisierte – Verfahren des Datengewinns keine akzeptablen Strategien dar, weil sie gewissermaßen selbstreferenziell operieren und qua Hypothesensatz die Verdoppelung der als relevant unterstellten strukturellen Bedingungen, bzw. bereits bekannter theoretischer Konzepte droht. Forschungsmaximen der »Offenheit und der Kommunikation« (Hoffmann-Riem 1994: 29 ff.) sind geboten, um der Artikulation emergenter Prozesse und Praktiken Raum zu bieten: Weitgehend offene, »narrationsgenerierende Impulse« (Schütze 1977) im Rahmen von Interviews, in denen kontextualisierte Darstellungen »situierten Wissens« (Haraway 1995a) evoziert werden, multi-sited ethnographies (Marcus 1995), in denen eine Begleitung der Interviewpartner_innen in verschiedene Lebenszusammenhänge stattfindet, fotografische Dokumentation und Explikation von Lebens- und Bewegungsräumen durch Gesprächs- bzw. Interviewpartner_innen sind Elemente der Datenerhebung, mit denen wir einer engen Vorstrukturierung durch die Forscher_innen zu entkommen suchen. Datenerhebung und Datenanalyse sind von der Idee geleitet, im Sinne »biopolitischer Assemblagen« eine Multiperspektivität bei der Generierung von Daten und Lesarten am erhobenen Material zu wahren und beispielsweise Interviewaussagen immer wieder rückzukoppeln an Wissensproduktionen/Diskurse, Machttechnologien und institutionelle Strukturierungen, situative Gelegenheiten, in deren Kontext Aussagen produziert wurden. Dabei gilt es, zugleich als heuristisches Prinzip, die Beweglichkeit der Assemblagen des Rassismus und die Emergenz der Prozesse der »continuous experice« bzw. der produktiven Subjektivierung im Blick zu behalten, ohne diese vorschnell als Effekte struktureller Bedingungen zu dechiffrieren.

Gleichwohl bleiben auch diese methodologischen und methodischen Überlegungen in spezifischen erkenntnistheoretischen Aporien gefangen, die dort beginnen, wo die Forscher_innen und die Forschungssubjekte in ihren Konstruktionen von Welt und der Darstellung von Praxen auf bereits vorhandene, vertraute Sprachspiele und Diskurse zurückgreifen (müssen), die es mitunter schwer machen, das Emergente, Neue und die unwahrnehmbaren Transformationen des Anderswerdens »zur Sprache zu bringen«. Auch ließe sich fragen, ob mit dem Rekurs auf »continous experience« nicht letztlich eine Art Authentifizierungsprojekt initiiert wird, wenn die verkörperte Erfahrung des Prozesses der Transformation als ein Moment des »Eigentlichen« gedeutet wird. Letztlich könnten auch Versuche der Installierung einer möglichst »offenen« Kommunikationssituation im Erhebungsprozess als Suche nach Authentizität interpretiert werden. Jedoch auch die offenen Erhebungsverfahren bedienen sich historisch spezifischer »Geständnistechnologien« (Foucault 1983) und rufen spezifische eingespielte Darstellungsgenres auf. Allerdings sind die »nicht zu überspringenden Akte der Deutung« (Hoffmann-Riem 1994: 21) und der sprachlichen Artikulation von Praxen, – die allerdings *nicht* auf eine sich selbsttransparente, intentionale Subjektfigur zurückgehen –, letztlich der einzige mögliche Weg, um die Produktionsprozesse von Subjektivität in den Selbst- und Weltverhältnissen in den Blick zu nehmen. Hier folgen wir in unserer Forschung allerdings nicht einer »Logik der Entdeckung« und einer »Epistemologie des Schleiers« (Haraway 1995a: 109), die präexistente »Tatsachen« oder »authentische« vorgängige Subjekte enthüllen will. Ebenso wie wir den empirischen Forschungsprozess als ein Verfahren der »Fabrikation von Erkenntnis« (Knorr-Cetina

1991) und Wissen sehen, an dessen Produktion wir als Forscher_innen ebenso wie unsere Forschungssubjekte und die eingesetzten Technologien beteiligt sind, betrachten wir die Subjektivierungsprozesse in den Assemblagen des Rassismus als historisch und geopolitische situierte Produktionen von Interaktionen, Beziehungen, Wissen und Machtverhältnissen, die nicht vor dieser Relationalität existieren, aber denen auch – wie beschrieben – ein emergentes, überschüssiges Moment der Verkörperung in den Praxen innewohnt, so dass wir mit Donna Haraway (1995a: 96) von »materiell-semiotischen Erzeugungsknoten« oder besser: »Erzeugungsprozessen« sprechen. Die Prozesse der Datenerhebung und -analyse haben wir als »Co-Research« von Netzwerkaktivismus und Universität konzipiert. Die Wissenschaftshistorikerin Donna Haraway bietet mit ihren Überlegungen zum »situierten Wissen« (1995a) wegweisende Impulse, die Standortgebundenheit der eigenen Wissensproduktion und der Fabrikation von Erkenntnis kritisch zu reflektieren. Daher bedeutete die Kooperation mit Netzwerkaktivist_innen der anti-rassistischen Arbeit ein zentrales Anliegen der Forschung und ein wichtiges Korrektiv zur Reflexion überkommener soziologischer Theoriebestände und eines feststellenden »soziologischen Blicks«, der immer wieder dazu tendiert, in den Artikulationen der Forschungssubjekte ausschließlich das Wirken von Strukturen zu identifizieren. An einigen Beispielen aus der gemeinsamen Forschung soll hier verdeutlicht werden, wie wir Subjektivierungsprozesse in Assemblagen des Rassismus als kontinuierliche verkörperte Erfahrung analysieren.

Grenzen durchqueren

Die Frage nach den Subjektivierungsprozessen in den gelebten Erfahrungen von Rassialisierungsprozessen zu stellen, bedeutet die üblichen viktimologischen Semantiken zu dekonstruieren, in denen die »Opfer«-Figur als einzig intelligible Subjektposition erscheint. Gilles Deleuze und Félix Guattari (1997) legen nahe, rassistische Praxen nicht mehr im Hinblick auf eine binäre Differenzierung zwischen Innen und Außen und Prozesse der Exklusion zu betrachten, sondern als Strategien einer unterschiedlich weit fassenden Inklusion. Suprematie funktioniert eher so, dass man zuerst Alterität zugesteht und dann die Differenzen je nach »Abweichungsgrad« von der Norm der hegemonialen Gruppe unterordnet (Hardt/Negri 2002: 206). Diese Norm strukturiert soziale Hierarchien und Herrschaftsverhältnisse und ist eingeschrieben in Migrationsregime, staatliche Regulierungen der Bevölkerung, Wissensproduktionen und in die Praxen des Alltagslebens, sie wird zur inkorporierten Erfahrung. Die Praxen des Alltagslebens und die verkörperten Erfahrungen, die in der erörterten Figur der »Randgänge« und des »Anderswerdens« über diese Strukturen hinaus weisen, werden in den folgenden Interview-Passagen[19] herausgearbeitet.

Zeyneb, eine 29 Jahre alte Journalistin, die in Deutschland geboren ist und deren Eltern aus der Türkei eingewandert sind, erzählt von ihrem (Berufs-)Alltag in Deutschland und den einzukalkulierenden »*Gefahren*«, die ihre Bewegungsfreiheit einschränken können. Die Internalisierung unsichtbarer Grenzen, in bestimmten Räumen und Situationen wird unmittelbar körperlich materialisiert als »*Angst*« und einer daraus resultierenden »*Anstrengung*«. In der Beschreibung ihrer Berufstätigkeit, die sie in verschiedene Städte Deutschlands führt, artikulieren sich diese antizipierten Grenzen als Veränderung ihres körperlichen und emotionalen Empfindens. Bei Überschreitung dieser Grenzen verbindet sich die bloße körperliche Präsenz mit der Gefahr, als »*Ausländerin*« oder als »*Türkin*« markiert und damit zum Ziel rassistisch motivierter Angriffe werden zu können:

»Chemnitz fand ich anstrengend, war auch ein bisschen gefährlich immer, im Zug, dass man immer Schiss hat, also vor physischer Gewalt auch, dass da irgendwelche Nazis kommen und einen verkloppen. Das ist immer noch irgendwie so, man denkt da auch im Jahr 2006 ist die Gefahr gegeben, dass einem was passiert.«

Diese Grenzen sind zum einen imaginierte Grenzen, die sich auf »gefährliche Zonen« beziehen. Zum anderen materialisieren sie sich als verkörperte Erfahrung von Angst vor physischer Gewalt. Diese inkorporierte emotionale Codierung zu umgehen, kann durch eine Praxis des »Exodus« (Hardt/Negri 2010: 179) erfolgen: Zeyneb entzieht sich den rassistischen Bedingungen durch die Auswanderung in ein anderes westeuropäisches Land, in dem sie sich weniger sichtbar und im Schutz größerer Communities weniger angreifbar und bedroht fühlt. Ihr Exodus lässt sich nicht als resignativer, passiver Rückzug deuten, sondern Ausdruck des Begehrens nach einem anderen, besseren Leben und daher als aktive Suche nach anderen Existenzbedingungen dechiffrieren. In den mikrosozialen biopolitischen Akten der Flucht liegt eine Weigerung »auf diese Weise regiert zu werden« (Foucault 1992: 12) und die bestehende rassistische Ordnung zu akzeptieren.

Grenzen beziehen sich jedoch nicht nur auf geografische Territorien sogenannter »No-go-areas«, in denen rassistisch motivierte Gewalt droht. Es gibt auch Materialisierungen von Rassismus, in denen subtilere Formen der Grenzziehungen eine Rolle spielen.

Der folgende Textausschnitt aus dem Interview mit Saliah (29), deren Familie vor sechsundzwanzig Jahren aus dem Iran nach Deutschland eingewandert ist, verweist auf eine temporäre Verunmöglichung ihrer Handlungsfähigkeit, die sich zunächst in der bescheidenen Zurückhaltung ausdrückt, eine Situation »einfach so hinzunehmen«, die jedoch im nächsten Schritt mit einem Aufwand an Mehrarbeit ihrerseits »ausgebadet« wird. Diesen Konflikt thematisiert Saliah im Vergleich mit dem Verhalten ihrer mehrheitsdeutschen StudienkollegInnen hinsichtlich der Einforderung von Rechtsansprüchen gegenüber Behörden:

»Also, was mir aufgefallen ist, ist, dass ich zum Beispiel, wenn ich das Gefühl habe, der Typ oder die Frau hinter dem Schreibtisch ((bei Behörden und Ämtern)) arbeitet nicht richtig oder ist irgendwie unfreundlich oder vertut sich oder so, das gab es halt schon durchaus. Dann ist es schon so, dass ich nicht so richtig/ich hau dann nicht auf den Tisch oder wie es vielleicht deutsche Freundinnen machen würden. Ich sage nicht: »Was ist das für eine ((unverständlich))« oder »Das ist mein Recht!« Oder so, ne, das krieg ich dann nicht über die Lippen, also vielleicht würde ich es jetzt machen, weil es mir jetzt bewusst ist, aber, das ist mir vor zwei Jahren aufgefallen, da hatte dann wirklich so eine Sachbearbeiterin im BAföG-Amt wirklich einen groben Fehler gemacht und mich hat das dann schon irgendwie in finanzielle Bedrängnis gebracht und ich habe dann überhaupt nicht/also so eine Freundin sagte dann: »Ja, du hast ja wohl mal hoffentlich auf den Tisch gehauen und gesagt, was ist denn das hier und so aber nicht!« Aber das habe ich zum Beispiel gar nicht gemacht und auch in anderen Situationen nicht, weil ich dann doch irgendwie nicht so richtig das Gefühl hatte, dass es tatsächlich mein Recht ist. Also es war halt eher so: »OK, ich lebe hier und darf davon profitieren, dass es so was wie BaföG gibt, aber das so einzufordern, wie es wahrscheinlich Deutsche machen würden in so einer Situation, das hatte ich zum Beispiel nicht so dieses Gefühl: »Ich kann da jetzt mal Theater machen, weil das ist mein Recht und die haben da sorgfältig zu arbeiten!« Oder so. Ich habe das dann halt einfach so hingenommen, dass die da einen Fehler gemacht hat und das ich das dann halt ausbaden muss.«

Obwohl Saliah sowohl die deutsche als auch die iranische Staatsangehörigkeit und damit die gleichen Bürgerrechte und Rechtsansprüche wie die Mehrheitsangehörigen besitzt, scheint sie die allgegenwärtige Erfahrung, nicht Teil der Mehrheitsgesellschaft in Deutschland zu sein, in ihre habituelle Struktur und ihre Selbstpositionierung inkorporiert zu haben. Die Vorstellung als Nachfahrin von MigrantInnen nicht über dieselben Rechtsansprüche zu verfügen, ein Stipendium zwar *gewährt* zu bekommen, aber nicht als Rechtsanspruch *einfordern* zu können wie Mehrheitsdeutsche, kann als unbefragter Bestandteil ihrer habituellen Disposition analysiert werden. Mit Pierre Bourdieu (2000) lässt sich dies als Wirken symbolischer Gewalt deuten. Bourdieu bezeichnet mit symbolischer Gewalt jene Formen von Unterwerfung, die als solche nicht unmittelbar zu dechiffrieren sind, die gleichsam zum Habitus geworden sind, sich in der körperlichen *hexis* und vermeintlich selbstverständlichen und unbefragten kognitiven Orientierungen und Praxen verankert haben und sich allenfalls an affektiven Codierungen erkennen lassen. Es sind die Formen der Unterwerfung, deren »Magie« (Bourdieu 2005: 71) gerade darin besteht, dass sie sich gleichsam in die »Selbstverhältnisse« (Foucault 1989: 21) der Individuen, in deren Körper einschreiben, so dass die Willkür von Herrschaftsverhältnissen verkannt wird.

Allerdings irritiert Saliahs durchgehende Differenzposition gegenüber den vorgeschlagenen Handlungsoptionen ihrer nahe stehenden Mehrheitsangehörigen, welche sich in vielfältiger Weise ausdrücken, ob in Form einer verkörperten Durchsetzungskraft »*Ja, du hast ja wohl mal hoffentlich auf den Tisch gehauen*« oder in den vielfach nuancierten Auslegungen eines Durchsetzungsvermögens, das sich von einem artikulierten Rechtsanspruch »*Das ist mein Recht!*«, über ein Infragestellen »*und gesagt, was ist denn das hier*« bis hin zu einer androhenden Zurechtweisung »*und so aber nicht!*« zuspitzt. Die uneindeutige Haltung von Saliah wiederholt sich in den Gesten einer temporären Verweigerung: als situativ verkörperte Zurücknahme »*nicht über die Lippen kriegen*« oder sogar nach einer reflexiven Haltung »*weil es mir jetzt bewusst ist*« als eine dennoch relativierte Aktionserwägung »*vielleicht würde ich es jetzt machen*«. Die Taktiken der Mehrheitsangehörigen werden wiederum generalisierend negiert »*Aber das habe ich zum Beispiel gar nicht gemacht und auch in anderen Situationen nicht,*« mit der Begründung eines als unangemessenen wahrgenommenen Staatsbürger_innen-Rechtsempfindens »*weil ich dann doch irgendwie nicht so richtig das Gefühl hatte, dass es tatsächlich mein Recht ist*«, welches zugleich den Ort einer Subjektivierung begrenzter Staatsbürgerschaft markiert. An dieser Stelle schreibt sich eine wirkmächtige Unterscheidung zwischen einem in Disposition stehenden formalen Recht und einem gelebten Recht ein. Saliahs gelebtes Recht speist sich aus der Dynamik der de facto Verrechtlichung von Migrationsprojekten postnationaler Subjekte in Deutschland »*ok, ich lebe hier*« und der gewährten Profit-Teilhabe im Falle des BaföG-Stipendiums mit der Konsequenz eine Inszenierung des formalen Rechtsanspruchs von sich zu weisen »*das hatte ich (...) nicht so dieses Gefühl: Ich kann da jetzt mal Theater machen*«, sowie eine institutionelle Arbeitsweise zu erdulden, welche sich durch fehlende Sachkompetenz und einer interaktiv »*unfreundlichen*« Dienstleistung auszeichnet. Der daraus resultierende unverschuldete subjektive Mehraufwand, den Saliah letztlich auf sich nimmt, erinnert an eine bekannte vergeschlechtlichte Alltagspraxis, die obwohl eingebettet in rassistische Verhältnisse, Korridore der Flucht anzubahnen vermag. Zuweilen in Blockademomenten verirrt, birgt die zurückweisende Haltung Saliahs dennoch einen Überschuss an Soziabilität, welcher auch als die Spur einer produktiven Subjektwerdung gelesen werden kann, die aus der an Bourdieu angelehnten Hermeneutik einer habituellen Einschreibung symbolischer Gewalt hinausweist: eine nichtkonforme Haltung sich der Performance etablierter gewaltförmiger Verkörperungen unmittelbar zu fügen, um rechtsmäßige Ansprüche gewährt zu bekommen und zugleich in nicht explizit dargestellter Eigenleistung sich aus der Bedrängnis zu manövrieren. Eine Gratwanderung zwischen schweigendem Ausharren und zeitverschobener, der Situation entsprechend abverlangter Handlungsfähigkeit, die in den nächsten Interviewpassagen als partiell ermächtigende Fortbewegungen thematisiert werden.

Taktiken der Distanzierung erfinden

Zora kam mit 19 Jahren nach dem Krieg in Ex-Jugoslavien mit einem Touristenvisum nach Deutschland und lebte viele Jahre als »sans papier«. Ihre Existenz sicherte sie durch eine Vielzahl zum Teil parallel ausgeübter Jobs im Bereich haushaltsnaher Dienstleistungen, der Gastronomie und in Boutiquen. Ihr rechtlich nicht gesicherter Aufenthaltsstatus sowie rassisierende, ethnisierende und vergeschlechtlichte Differenzierungsprozesse positionieren sie im extrem niedrig entlohnten Sektor haushaltsnaher Dienstleistungen und anderer gering bezahlter Beschäftigungsverhältnisse.

> »Ich hab' mich um die Oma gekümmert und zwei Kinder, ich hab das ganze Haus geputzt, ich hab gekocht und gebügelt. Du findest nur solche Jobs oder Putzjobs, wenn du die Sprache nicht beherrschst und wenn du illegal bist. Und ich war illegal.«

Zora erfährt nicht nur eine dequalifizierende und als entwürdigend markierte Positionierung in der Arbeitsmarkt- und Berufshierarchie, sondern auch die mit einer rassistischen Markierung als »*Slavin*« verbundene Abwertung und Verachtung, mit der sie nach ihrer Einreise in Deutschland konfrontiert wird. Im Alltag in der Interaktion mit Angehörigen der Mehrheitsgesellschaft findet eine Minorisierung statt, die nicht nur als Signifikationspraxis erlebt wird. Es handelt sich um eine Konfigurierung von Subjektpositionen, die sich entlang der Hierarchisierungsachse von »normal« und »nicht normal« und in symbolischer Äquivalenz »höherwertig« und »minderwertig« artikuliert:

> »Ich habe mich ganz normal gefühlt als ich nach Deutschland kam und dann habe ich gemerkt, ich bin irgendwie nicht normal. Ich bin hier etwas … Schlechtes.
> Dann gab es Putzjobs, wo sich die Leute als etwas Besseres gefühlt haben und die fanden Slaven als etwas Niedrigeres und dann ich als Putzfrau und dann aus dem Krisengebiet, ich war für sie der letzte Dreck. Und ich hab mich manchmal sehr unwohl gefühlt, wirklich so einen großen Stein im Nacken gehabt, als ich dann da die Böden gewischt hab …
> Damals konnte mir nichts etwas antun. Also ich hab mich gebückt und geputzt und unwohl gefühlt, aber ich konnte <u>mir selber</u> gegenüber das damals nicht zulassen, also mir viel Gedanken darüber zu machen: ›Bin ich jetzt schlecht behandelt worden oder nicht?‹ Weil ich hätte einfach nicht die Kraft gehabt, vielleicht noch wieder zu kommen. Diese Gedanken hab ich mir erst viel später gemacht, als ich mir das erlauben konnte.«

Dieser Differenzierungs- und Hierarchisierungsvorgang findet nicht als singulärer Akt statt, sondern erfolgt als Iteration, als sich wiederholende performative Herstellung von Positionierungen. Zora berichtet von *»Anpöbeleien«*, denen sie häufig ausgesetzt gewesen sei und davon, dass sie in einem Buchladen von einem alten Mann körperlich attackiert und beschimpft worden sei, nachdem sie seine Frage nach ihrer Herkunft beantwortet hatte. Die soziale Verachtung materialisiert sich auch in den Selbstverhältnissen Zoras als körperliche, affektive Befindlichkeit im Unwohlsein und Niedergedrücktsein, die sie durch die metaphorische Wendung des *»großen Steins im Nacken«* artikuliert. Äußerlich scheint sie die ihr zugewiesene Subjektposition anzunehmen, wenn sie davon spricht, dass sie sich *»gebückt und geputzt«* und *»die Böden gewischt«* habe und damit ein Bild vermeintlicher Unterwerfung performiert.

Zugleich lassen ihre Aussagen jedoch erkennen, dass sie sich von der Anrufung nicht in vollem Ausmaß adressieren lässt, sie wendet sich gleichsam »taktisch« (de Certeau 1988: 87 ff.) ab. Priorität besitzt das »Durchkommen«, die Sicherung ihrer Existenz: *»damals konnte mir nichts etwas antun«*. Sie setzt eine Auseinandersetzung mit den rassistischen Positionierungen im Rahmen ihrer Arbeitsstellen und in anderen Alltagsinteraktionen zunächst aus und stellt sie hinter das Ziel einer Verbesserung ihrer Lebensbedingungen zurück. Dies lässt sich mit de Certeau (1988: 89) als ein taktisches Agieren aus einem Kalkül heraus bestimmen. Es ist ein Agieren, das nicht von einem Ort aus erfolgt, der als etwas »Eigenes« bestimmt werden kann. Die Taktik hat nur den Ort des Anderen, sie »wildert« gleichsam darin und sorgt für Überraschungen.

Die rassifizierenden Differenzkonstruktionen, die über den Signifikanten *»Slavin«* operieren, greifen zwar in die Selbstverhältnisse und Selbstwahrnehmung Zoras ein. Sie übernimmt die ihr zugewiesene Position der Differenz. Allerdings wendet sie diesen Angriff im Rekurs auf die Rolle der Deutschen im Ersten und Zweiten Weltkrieg um. Damit verharrt sie nicht im Muster des rassistischen Diskurses und einer Naturalisierung von Inferiorität und Superiorität, sondern weist mit dem Rückgriff auf die Geschichte den Anspruch auf Suprematie mit dem Hinweis auf eine historisch ableitbare moralische Unterlegenheit zurück:

> »Und ich war, muss ich sagen, sehr, sehr überrascht, weil die Deutschen haben keine Berechtigung, uns Slaven als etwas Niedrigeres zu empfinden, also die haben den Zweiten Weltkrieg gemacht, den Ersten Weltkrieg gemacht und in unserem Land so viele Menschen ermordet. Und das war für mich so <u>absurd,</u> dass ausgerechnet <u>die mich</u> für etwas Schlechtes halten.«

Zora bricht auch mit üblichen Resignationshaltungen in der Ausbeutung, in dem sie sich nach zunächst hingenommenen Schikanen ihres Chefs, in dessen Café sie als Servicepersonal arbeitet, zu Wehr setzt. Den wiederholt ironischen Bemerkungen ihres Chefs: *»Oh du Arme, du hast schon wieder kein Trinkgeld gekriegt«*, weil er es ihr abzog, wenn er ihr wegen mangelndem Personal half, entgegnete Zora eines Tages:

> »Also irgendwann ist mir der Kragen geplatzt, wirklich, dann hab ich ihm gekündigt und gesagt »hier also mach das jetzt alles alleine, also wenn du sowieso denkst, das kann man alleine machen, nur <u>ich halt nicht</u>, weil ich so <u>bin</u>, dann hier bittschön, ich bin ja <u>illegal</u>, ich bin dir ja überhaupt keine Rechenschaft schuldig, also du hast keinen Anspruch auf mich, dann <u>mach's</u>, mach's einfach jetzt alleine, ich gehe jetzt. So« und ich hab ihn wirklich da an einem Abend alleine hängen lassen, der ist durchgedreht ((lacht))«

Der wunde Punkt ihrer Überausbeutung als illegalisierte Arbeitskraft zeigt sich in der Taktik (de Certeau 1988: 89) einer praktischen Umdeutung und Außerkraftsetzung dieses Abhängigkeitsverhältnisses. Denn gerade in dem Moment, in dem sie unverzichtbar ist, aktualisiert sie die Anrufung des rechtlosen Status ihrer »Illegalität« und wendet diesen taktisch in einen Mangel der Rechtsansprüche ihres Arbeitgebers um (»ich bin ja illegal, du hast keinen Anspruch auf mich«) mit dem Verlassen des Ortes ihrer Ausbeutung.

Das Spiel spielen, die Regeln variieren

Rassismus ist – wie weitergehende Analysen der Interviews in beiden Forschungsprojekten nahelegen – kein monolithischer Apparat von Herrschaft und Dominanz. Fokussiert man, wie Manuela Bojadzijev (2002: 135) vorschlägt, in gleichem Maße wie Migrationsregime und rassifizierende Praktiken auch die dissidenten Praktiken von MigrantInnen, dann erkennt man, dass diese Praktiken nicht schlicht als Reflex auf ideologische Rassekonstruktionen zu dechiffrieren sind, sondern als Prozesse der konfliktuösen Auseinandersetzung, in denen sich Rassismen ebenso wie Flucht immer wieder neu formieren. Daher sprechen wir von Assemblagen des Rassismus. Formen der Dissidenz gehen jedoch, wie bisher ausgeführt, nicht von einem homogenen kollektiven Subjekt aus, sondern finden sich in der Menge verstreuter, unwahrnehmbarer Alltagspraxen von MigrantInnen, in ihren Selbstpositionierungen und Selbstverhältnissen, in ihren verkörperten Erfahrungen die durch diese Bedingungen aktueller Formen der Vergesellschaft hindurchgehen und sie durchqueren, um über sie hinauszuweisen.

Dies lässt sich mit der Geschichte Zoras belegen. In ihrer Erzählung zeichnet sich ab, dass ein Zusammenhang zwischen beruflichen Positionen und den Selbstrepräsentationen derjenigen, die diese Plätze einnehmen, zu erkennen ist. Boudry/Kuster/Lorenz weisen mit dem Begriff der »sexuellen Arbeit« (vgl. Boudry/Kuster/Lorenz 1999; Lorenz/Kuster 2007) darauf hin, dass mit Arbeit auch die Darstellung verkörperter, geschlechtlich differenzierter Individuen verbunden ist. Spezifische Arbeitsplätze erfordern daher nicht nur spezifische Fertigkeiten, sondern besondere Erwartungen an eine Verkörperung von Geschlecht und Sexualität, aber auch Ethnizität, die als hegemonial gilt. Über die Autorinnen hinaus gehend ist zu betonen, dass wir in diesen verkörperten Praxen die Figur des »Un/an/geeigneten« (Trinh T. Minha 1987)[20] stark machen, das sich der Verwertungs- und Unterordnungslogik immer zu entziehen sucht und auf Selbstaneignung zielt. Unsere Analyse der verkörperten Erfahrungen situiert die gelebte Konfiguration sexistischer und rassistischer Formationen sowie Klassenverhältnisse nicht nur in der Dekonstruktion der Omnipräsenz (hetero-)normativer Ordnungen, sondern fokussiert Momente einer »exzessiven Soziabilität« (Tsianos 2007), die in den Verkörperungen performiert werden. Zora ist – wie in vielen Interviews aus unserem gesamten Sample deutlich wird – eine »Beobachterin«. Sie fungiert gewissermaßen als Ethnografin, als Analytikerin der Gegenwart, die diese »unausgesprochenen Verträge« (Boudry et al. 1999: 32) dechiffriert, mit denen in diesem Kontext die symbolischen Ordnungen von Ethnizität, nationaler Zugehörigkeit und Heteronormativität installiert, reproduziert und verhandelt werden. Zora expliziert und performiert diese Ordnungen. Ihr Körper wird zum Einsatz und zur taktisch genutzten Ressource, um einen »bewohnbaren Platz« auf dem Feld der Arbeit – in diesen Fall in Boutiquen und Kneipen – zu produzieren. Hier geht es um ein spezifisches Reservoir an explizitem Wissen über die Spielregeln, denen diese Ordnung folgt, die zugleich eine ökonomische, eine heteronormative und ethnisierende/rassistische ist.

Unsere Interviewpartnerin ist, um es mit einer von Donna Haraways (1995a) ironischen narrativen Figuren zu beschreiben, ein »Trickster«, eine listige und gewitzte Person, die kontextspezifisch die Gestalt wechselt. Sie ist eine Cyborgfigur, sie begibt sich in eine scheinbare Komplizenschaft mit der Informatik der Herrschaft; sie hat deren Spielregeln entziffert (Pieper 2007: 238). Sie kennt die Erwartungen ihrer jeweiligen potentiellen ArbeitgeberInnen und die unmarkierten inhärenten symbolischen Ordnungen. Sie nimmt die intrigante Herausforderung an und spielt das Spiel mit, um die Regeln zu variieren. Sie versucht, kontextspezifisch genau das Arrangement zu entziffern und zu adressieren, das erwartet wird. Sie produziert nicht nur eine Verkörperung von das »Frau-Sein« in der heteronormativen Ordnung, sondern auch das »sehr integriert Sein«, »Unpolitisch-Sein«, und das »Deutsch-Sein«. Souverän performiert sie die kontextspezifischen Erwartungen, um das Spiel für sich zu entscheiden.

»Also wenn ich dann einen Job suche, dann, also dann mache ich das auch immer noch so, ich bin dann wirklich nicht ich, kann nicht sagen, dass ich illegal gearbeitet habe und dass ich als Putzfrau gearbeitet ich. Also, wenn ich mich sozusagen irgendwo anbiete, also um einen Job zu kriegen, also außer in [der sozialen Einrichtung], das

> musste ich da nicht, da konnte ich ganz ehrlich sagen wer ich bin, da war dann, also alles egal, aber woanders ich hab, weiß ich nicht, fünf verschiedene Bewerbungen zum Beispiel, also wo meine verschiedenen Jobs drin stehen in verschiedenen Kombinationen für die Leute und also ich muss mich immer wieder, also sehr integriert auch verkaufen, also meine politische Seite, (...) zurückstecken. Und dann so zu tun, ist alles prima hier und ich habe Deutsch gelernt, »Sind Sie zufrieden damit?« Also ich verhalte mich wie Deutsche auch. Also in bestimmten Situationen. Ich drück mich knapp aus, also ich rede schnell und ich rede nicht zu viel und ich guck nicht zu sehr jemand in die Augen und ich komm jemand nicht zu nah, wenn ich mich bewerbe und tu so also ob ich sehr kompetent bin also jetzt ((lacht)) hab ich das so aus dem Bauch-- jetzt gesagt, ja? Also so bewirbt man sich hier. Und niemand zu Last fallen, ich bin nicht zu geschwätzig, ich bin nett, aber ich bin nicht z u   n e t t und so Sachen halt ((lacht)) ja.«

In diesem Kontext ist also nicht nur ein Wissen um die unmarkierten regulierenden Normen nötig, es geht auch darum, eine jeweils kontextspezifisch *überzeugende* Verkörperung von Geschlecht, Sexualität, Ethnizität und nationaler Zugehörigkeit zu liefern. Der individuelle Körper damit wird so zum unablässig neu adressierten Verhandlungsort und zum Mittel, um eine Positionierung auf dem Feld der Arbeit zu produzieren. Dies lässt sich auch als verkörperte Erfahrung eines neuen biopolitischen kapitalistischen Regimes – eines »embodied capitalism« (vgl. Papadopoulos/ Tsianos 2006) beschreiben, der die individuellen Körper zum Austragungsort von Ausbeutungsregimen und Konflikten werden lässt. Diese sind verwickelt sowohl in lokale und globale Kapitallogiken als auch in einen hegemonialen Nationalismus, Ethnizität und eine heterosexuellen Ordnung.

Zugleich folgen Verkörperung und Performativität nicht einfach dem stummen Zwang der Widerspiegelung der Logiken, »ich bin nicht dann nicht wirklich ich, wenn ich mich bewerbe« – wie Zora sagt. In diesen Verhandlungen und Umarbeitungen findet die Produktion von Subjektivität als fortlaufende, produktive Subjektivierung statt. Ihr Selbstverhältnis als bloße Unterwerfung zu lesen, greift zu kurz, denn in diesem artikuliert sich eine Differenz gegenüber einer Subjektivierung in und durch Zwänge nationalstaatlicher Arbeitsmigrationsregime und den Ordnungen von Heteronormativität und Ethnisierung. Es gilt also hier auch zu fragen, weshalb die Interviewpartnerin in scheinbar »vorauseilendem Gehorsam« die Auflagen der neoliberalen Ordnung erfüllt und welchen Zwangsapparaten und Herrschaftsregimen sie sich zu entziehen sucht. Verkörperung und Performativität werden Mittel eines taktischen Einsatzes und weisen über Anforderungen und Zumutungen hinaus – auf Fluchtlinien eines Begehrens (vgl. Deleuze 1996) nach Existenz. Einer intelligiblen Existenz (Butler 1991: 37), die sich der Festlegung auf die Position der unterprivilegierten ethnisierten migrantischen Arbeitskraft zu entziehen sucht und diese unterläuft. Sich mit ihren Fähigkeiten und Eigenschaften im Hinblick auf die Disponibilität für die Arbeit situationsflexibel immer wieder neu zu entwerfen und Erwartungen zu performieren, folgt sicherlich einerseits einer affirmativen Haltung innerhalb des neoliberalen Paradigmas der Selbstökonomisierung. Zugleich kann sie auch als eine ironisch-distanzierte fast parodistisch anmutende »Verqueerung« und »Durchquerung« (Lorenz/Kuster 2007: 89 f.) der Ordnungen gelesen werden, als Verhandlung und Umarbeitung, die der Drohung in eine fixe Kategorie als rechtlose, sozial deklassierte Migrantin eingeschlossen zu werden, die entsprechende Abwertungen mit sich bringt, entflieht.

Fazit

Mit der Beschreibung von Fluchtlinien der Subjektivierung in Assemblagen des Rassismus ist sicherlich keine messianische Vision des Entkommens in eine »bessere«, nicht-rassistische, demokratische Welt formuliert. Es gibt kein striktes »Außen« der Bedingungen, sondern nur ein immanentes, »unwahrnehmbares« Unterlaufen (Tsianos/Papadopoulos 2006) und die »Randgänge« eines »Werdens« und »Anderswerdens« (Deleuze 1991: 156; Pieper 2007: 235) in den Praxen der Durchquerung, Umarbeitung, Verhandlung und des Exodus. In diesen artikuliert sich die »biopolitische Produktivität« der exzessiven und indeterminierten Überschüsse an Soziabilität, die unsere Interviewpartnerinnen hervorbringen. Rassismus als biopolitische Assemblage zu analysieren, kann nicht bedeuten, den Blick ausschließlich auf das Herrschaftsprojekt zu richten. Es gilt vielmehr, auch die nicht zu überspringenden produktiven Praxen der Subjektivierung zu untersuchen. Sie sind das Terrain der »unwahrnehmbaren Kämpfe« und ein transformatorisches Potential, mit dem das rassistische Projekt durch jene flüchtigen, schwer fassbaren und nicht unmittelbar repräsentierbaren Akte der initialen Weigerung, die bestehende Ordnung zu ratifizieren, evakuiert zu werden droht.

Murat Kurnaz trägt keinen Vollbart mehr. Bei der Frage eines Journalisten warum dies so sei, erwiderte er gelassen, er wolle doch wie jedermann ausschauen.

Anmerkungen

1 Sein Bart (genauso wie das »Kopftuch«) ist der Stoff, aus dem Konflikte sind. Für eine profunde Einleitung in den rassistischen Implikationen der Kopftuchdebatte im deutschsprachigen Raum siehe Berghahn/Rostock, 2009 für eine ausgezeichnete postkoloniale Kritik des deutschen Rechtsdiskurses zu Kopftuchdebatte siehe Barskanmaz, 2009.
2 Die Theoretikerin Iman Attia liefert u. E. die überzeugendste Begriffsbestimmung des antimuslimischen Rassismus: »Mit Antiislamismus ist selbstverständlich nicht die Kritik

am (politischen, terroristischen, fundamentalistischen) Islamismus gemeint, vielmehr ist damit die Homogenisierung und Abwertung des Islam als religiös definiertes »Anderes« angesprochen (gelesen also eher als Anti-Islam-ismus). Antiislamismus bezieht sich stärker auf religiöse Aspekte (Homogenisierung der Religion, falsche oder einseitige Darstellungen, religiöse Abgrenzungen und Feindbilder etc.), während antimuslimischer Rassismus die Konstruktion und Essentialisierung »der/des Anderen« als Muslime/ islamisch fokussiert und damit die diskursive Verschränkung von (islamischer) Religion mit Kultur, Gesellschaft, Politik etc. thematisiert.« (2009: 55)

3   Auch auf dem Cover seines Buches *Fünf Jahre meines Lebens. Ein Bericht aus Guantanamo*, wird er in der oberen rechten Seite mit seinem Bart abgebildet, während der Rest des Covers aus dem bekannten Bild der geknechteten und in orangefarbenen Gefangenenuniformen nebeneinander knienden Guantanamo-Insassen besteht.

4   Der vorliegende Text ist eine ausführlichere und überarbeitete Fassung unseres Artikels »Performing the Context Crossing the Orders. Embodied Experience of Race and Gender in Precarious Work«, in: http://www.darkmatter101.org/site/2008/02/23/performing-the-context-crossing-the-borders/

5   Mit dem Begriff der »Assemblage« beziehen wir uns auf eine Übersetzung des von Deleuze/Guattari (1997: 12) eingeführten Begriffs des »agencements« (Marcus/Saka 2006: 106). Assemblagen/agencements funktionieren als dynamische, emergente, Heterogenengefüge, die eine Vielzahl von Komponenten, Akteur_innen, Artefakten und situativen Gegebenheiten umfassen. In diesem Zusammenhang bildet Begehren die konstituierende Kraft der Beschreibung von Deterritorialisierungsbewegungen. Dispositive der Macht – im Sinne Michel Foucaults (1983: 96 ff.) – stellen nur eine Dimension dieser agencements dar (Deleuze 1996: 24). Im Rahmen von Migrationsforschung wurde der Begriff der »Assemblage« in unterschiedlichen Kontexten reklamiert. (Ong 2006; Sassen 2007).

6   An dieser Stelle müssen wir offen eine Unschärfe eingestehen, welche mit dem Umstand zu tun hat, dass unsere Analysen primär den deutschen Einwanderungskontext reflektieren. In gewisser Hinsicht gilt diese Analytik der Konstruktion nationaler Subjekte auch für die imperiale Geschichte der fragmentierten Bürgerschaftspolitiken von kolonialen Projekten. Ann Laura Stolers (1995) Arbeit zeigt exakt diese produktive Wechselwirkung zwischen Kolonie und »Mutterland« bei der Konstruktion nationaler Identität. Für diesen wichtigen Hinweis bedanken wir uns bei Brigitta Kuster, Minu Hashemi und Mira Neumaier.

7   Doch selbst der biologische Monismus bzw. Naturalismus stellt nur eine Rationalisierungslinie »rassischer« Biopolitik dar. In seiner Bahn brechenden Arbeit zum Verhältnis von Staatlichkeit und Rassismus *The Racial State* argumentiert David Theo Goldberg (2002), dass seit dem 19. Jahrhundert mindestens noch eine Position den monistischen Naturalismus der Inferioritätsbehauptung streitig machte: der Historismus, der eine Art Pädagogisierung der »historischen Unreife« von minorisierten autochtonen Bevölkerung anvisierte. Ähnliches lässt sich auch für die Geschichte des

Antisemitismus als »Rassenantisemitismus« oder christlicher Antijudaismus sagen (Belle 2009). Eine dritte Position ist die von Mbembe als »Nekropolitik« bezeichnete (s. Artikel von Mbembe in diesem Band). Im Falle des antimuslimischen Rassismus taucht das skurrile Tandem Naturalismus/Historimus rekonbiniert auf, wobei das Verdichtungsmoment dieser Rekombination die okzidentalistische Kriminalisierung des migrantischen/diasporischen Transnationalismus bzw. des minorisierten Köpers als potentiell »explosiver Körper« sei – so Arjun Appadurai ist (2009: 95).

8   Wir rekurrieren hier auf das dynamische Verständnis der Grenze von Sandro Mezzadra und Brett Neilson (2008). Mit ihrer inspirierenden Figur der Grenze als Methode gelingt es dem Wandel und der Multiplizierung der Grenze als Institution im Verhältnis zur Regierung der Mobilität Rechnung zu tragen. »Wir begreifen Methode als aus den vorhandenen materiellen Umständen hervorgehend, die im Fall von Grenzen die Bedingung für Spannung und Konflikt, Trennung und Verbindung, Verschiebung und Verbarrikadierung, Leben und Tod sind. Die Grenze als Methode bedingt nicht nur eine epistemische Perspektive, von der aus eine ganze Reihe strategischer Begriffe sowie ihre Bezüge neu gefasst werden können. Die Grenze als Methode erfordert auch einen Forschungsprozess, der den vielfältigen Kämpfen und Verhandlungen stets Rechnung trägt und auf sie reagiert; dies betrifft nicht zuletzt die Auseinandersetzung um »Rasse«, welche die Grenze sowohl als Institution wie auch als Anordnung sozialer Beziehungen konstituieren. Wir sind davon überzeugt, dass eines der zentralen Merkmale der aktuellen Globalisierungsprozesse in der fortwährenden Neugestaltung unterschiedlicher geographischer Maßstäbe besteht, deren Stabilität nicht mehr selbstverständlich vorausgesetzt werden kann. Die Grenze als Methode setzt sich mit diesem Problem auseinander und versucht, die verschiedenen Formen der Mobilität zu verstehen, die unterschiedliche Räume durchqueren, sich überschneiden und damit gerade den Raumbegriff in seiner Konstitution zunehmend heterogen und komplex machen.(...) Die Grenze ist jener methodologischer Blickwinkel, der uns das Verständnis, dieser heterogenen Mobilitäten ermöglicht. In dem wir uns selbst an die Grenze versetzen, versuchen wir ein Grenzdenken zu entwickeln, das es uns erlaubt, die Produktion der tiefgreifenden Heterogenität von globalen Raum und globaler Zeit zu beschreiben.« (Mezzadra/Neilson 2008: 114 f.).

9   Wir benutzen hier das Adjektiv »postliberal«, um auf eine Wende der Regulation innerhalb und mittels der Krise des Neoliberalismus bzw. des Postfordismus zu verweisen. Der Neologismus »postliberale Situation« versucht einen neuartigen Funktionswandel der neoliberalen Souveränität im Kontext der Akkumulationskrise des Postfordismus zu beschreiben. Die Legitimationskrise des Neoliberalismus markiert nicht nur die Grenzen der erweiterten Reproduktion postfordistischer Lebens- und Arbeitsverhältnisse, sie betrifft auch die buchstäblichen Grenzen liberaler Politiken der Staatsbürgerschaft. Diese illiberalen Grenzziehungspolitiken sind zugleich als postliberale Grenzen der Demokratie zu verstehen. Vgl. dazu Papadopoulos/Stephenson/Tsianos (2008: 40 ff.).

10 Auf den gleichen Aspekt der Retorsion egalitärer Ideologeme als sexualpolitische Diffamierungsmarker für die Neuartikulation des Neorassismus im Kontext der »Kopftuchdebatte« verweist die Critical Whiteness-Theoretikerin Gabriele Dietze (2009) mit ihrer Definition des Okzidentalismus: »Obwohl noch immer als Ausländerfeindlichkeit verharmlost, haben wir es hier mit einer besonderen Form des Rassismus zu tun. So wie die Feindlichkeit gegenüber Schwarzen Menschen Whiteness konstruiert und die Ablehnung von Menschen jüdischer Herkunft Ariertum, so produziert der anti-muslimische Rassismus Okzidentalität. Okzidentalismus nenne ich deshalb: individuelle, institutionelle oder politisch-diskursive Reaktionen auf ein religiös-kulturelles Zeichensystem, z. B. das Kopftuch. In allen Fällen dient der Verweis dazu, die kulturelle Überlegenheit einer nicht Kopftuch tragenden Kultur zu manifestieren, und in allen Fällen wickelt sich dieser Diskurs über das Geschlechterverhältnis ab. D. h. die angenommene Unterdrückung einer Kopftuch tragenden Frau ist die Folie, auf der man sich einer Wertegemeinschaft« versichert, die auf einer Ablehnung »orientalischer Sitten« basiert, oder anders ausgedrückt, einen Okzident konstruiert. Okzidentalismuskritik versteht sich in diesen Zusammenhang als systematische Aufmerksamkeit gegenüber identitätsstiftenden Neo-Rassismen, die sich über eine Rhetorik der »Emanzipation« und Aufklärung definieren. (Dietze 2009: 24)

11 Unter »Queer Imperialismus« bzw. »Homonationalismus« verstehen wir eine homonormative Disziplinierung des männlichen migrantischen Subjekts. Dabei rekurrieren wir auf die Theoretikerin Jasbir K. Puar (2007) und vor allem auf ihre Arbeit »Terrorist Assemblages: Homonationalism in Queer Times«. In dieser Arbeit dezentriert Puar die hegemoniale Strömung der biopolitischen Kritik an Heteronormativität. Grundlegend dabei ist die Pionierarbeit Lisa Duggans (Duggans/Hunt 1995) zur Entwicklung des Begriffs der Homonormativität. Damit ist eine neoliberale Sexualpolitik bezeichnet, die von einer apolitischen, privatistischen und konsumistisch dominierten Gay Culture gestützt wird und dominante heteronormative Diskurse affirmiert bzw. reproduziert (Puar 2007: 38). Für die Artikulation von Homonormativität und antimigrantischem bzw. antimuslimischem Rassismus führt Puar den Begriff des »homonormativen Nationalismus« bzw. des »Homonationalismus« ein. Puar unterzieht das queer-theoretische Konzept der Heteronormativität einer radikalen Kritik, indem sie die biopolitischen Dimensionen von Homonormativität offen legt. Ihre These ist, dass bestimmte queere Lebensformen in den USA von einer Thanatopolitik, die sich mit der tödlichen Bedrohung durch HIV/AIDS auseinandersetzt, zu einer Ethopolitik des Lebens übergegangen sind, in deren Mittelpunkt Homo-Ehe, Homo-Familie und Gesundheit stehen. Sie untersucht, inwieweit dieser queere »turn to life« die Biopolitik neuer rassistischer Formationen instituiert.

12 Der Terminus »digitale epidermalization« von Simone Browne, geht auf das Verständnis von »epidermalization« von Frantz Fanon (1985) zurück. Die Arbeit von Simone Brown analysiert die Art und Weise in der »epidermal thinking«, – ein Begriff, den Paul Gilroy (2000) geprägt hat, und der jene Diskurse bestimmt, die sich um bestimmte

somatische Formen von Überwachungspraktiken und Identifikationstechnologien herum entwickelt haben. Dabei geht es nicht darum, das Konzept ›race‹ zu reontologisieren, sondern vielmehr darum, zu zeigen, wie der Körper mittels biometrischer Technologien sich als ein durch ›race‹ definierter Körper materialisiert (Browne 2009).

13 Siehe Nora Räthzel (1997: 87 ff.). In der angloamerikanischen Diskussion ist von einer »racialisation« der sozialen Verhältnisse gesprochen worden (Miles 1991), um das Phänomen der Durchdringung der gesellschaftlichen Einrichtungen zu veranschaulichen. Im deutschen Kontext ist das Phänomen eines alles durchdringenden Rassismus von Anita Kalpaka und Nora Räthzel (1986), Andreas Foitzik/Rudolf Leiprecht/Athanasios Marvakis/Uwe Seid (1992), Birgit Rommelspacher (1995), Ute Osterkamp (1994) bis auf die Interaktionsebene und insbesondere von Siegfried und Margret Jäger (1992) und Jäger (1996) bis in die Sprache des Alltags verfolgt worden. Vor allem deren Arbeiten zur kritischen Diskursanalyse des Rassismus im Rahmen des Duisburger Instituts für Sprach- und Sozialforschung sorgten die für eine kontinuierliche Entwicklung der kritischen Rassismusanalyse bis heute. Mark Terkessidis (1998), der an Miles (1991) vielfach anschließt, versucht, dessen berühmten Rassenkonstruktionsthese einer Kritik zu unterziehen, indem er die Überbetonung der phänotypischen Relevanz im Prozeß der Bedeutungskonstruktion bemängelt und die analytische Notwendigkeit der Unterscheidung von Rassenkonstruktion und Rassismus, d. h. die negative Bewertung der vergleichenden Unterscheidung, in Frage stellt. Beispielhaft für einen produktiven Umgang mit ideologiekritischen Elementen der »Frankfurter Schule« und kritischer Rassismusanalyse ist die Arbeit von Alex Demirović (1992: 21–54). Angelika Magiros (1995) hat als erste im deutschsprachigen Raum den Beitrag der archäologischen und genealogischen Studien Foucaults zur kritischen Rassismusdiskussion analysiert. Jost Müller (2002) hat mit seinen Beiträgen zur kritischen Rassismustheorie als einer der ersten versucht, einen profunden rassismustheoretischen Entwurf zu entwickeln sowie die diskursive Ordnung der deutschsprachigen Rassismusdebatte ideologie- und diskrursanalytisch zu reflektieren. Für einen Überblick vor allem für die bundesrepublikanischen Debatten siehe Karakayalı/Tsianos (2003).

14 Wie er das in seinem Buch »Ethnizität« am Beispiel der ethnischen Identität aus der Türkei migrierten Arbeitsmigrant_innen zu zeigen versucht (Ha 1999).

15 Damit scheint auch diese Arbeit dem von Hito Steyerl geäußerten Vorbehalt gegenüber den als »obskurem Spezialfall« apostrophierten Rezeptionsanstrengungen der postkolonialen Kritik in Deutschland nicht zu entgehen (Steyerl 2003: 49). An dieser Stelle macht sich ein weiterer skandalöser Effekt dieser Analytik deutlich, auf den wir allerdings hier nicht ausführlich eingehen können: die Geschichte des deutschen Antisemitismus. Wir möchten nur einige Arbeiten hervorheben, die in den deutschsprachigen Post-Colonial Studies u. E. nicht zufällig ignoriert wurden. Es handelt sich um die Lesart des Zeitschriftprojektes »Beiträge zur nationalsozialistischen Gesundheits- und Sozialpolitik«, die den entscheidenden Fokus des deutschen Kolonialismus in der Geschichte der Kolonialisierung des Ostens vor und während der Ära des Nationalsozialismus einbettete

(auch Kahrs, 1993; Esch, 1995). Es ist der Verdienst der brillanten Arbeit von Eberhard Jungfer (1993) in diesem Kontext auf das neunte Kapitel aus dem Werk von Hannah Arendt (1995) »Elemente der totalen Herrschaft«, mit dem Titel »Der Niedergang des Nationalstaates und das Ende der Menschenrechte. Die Nation der Minderheiten und das Volk der Staatenlosen« hingewiesen zu haben. In diesem Kapitel wird der Versuch unternommen, den deutschen Antisemitismus nicht mentalitätsgeschichtlich zu erklären, sondern ihn mit der bevölkerungspolitischen Umkodierung der sogenannten »Judenfrage« als Flüchtlingsproblem und dem schrittweise stattgefundenen Zusammenbruch im Vorkriegseuropa in Zusammenhang zu bringen. Aus dieser Perspektive rücken die präfaschistische administrative Schaffung staatenloser jüdischer Flüchtlinge in den 1920er und 1930er Jahren sowie deren öffentliche Stigmatisierung und Registrierung als Problem in den Vordergrund ihrer Analyse, deren stringent staatliche Regulierung zur Vorgeschichte des Holocausts gehört.

16 Die keinesfalls als Identitätspolitiken der Migranten_innen zu verstehen sind.
17 Wie im folgenden Kapitel noch zu zeigen sein wird, handelt es sich um Formen einer »Biopolitik von unten«, die über das von Foucault beschriebene Paradigma der Biopolitik als disziplinierende und regulierende Form der Machtverhältnisse hinausweisend Momente der »Produktivität« in den gleichsam unspektakulären, vielfach nicht repräsentierbaren Akten in den Blick nimmt, die den Bedingungen vorgegebener Strukturen und Ordnungen entfliehen.
18 Damit beziehen wir uns auf die von Louis Althusser (1972: 30 ff.) vorgeschlagene Form der Textlektüre: Diese ist darauf ausgerichtet, nicht nur die Strukturen der Wissensproduktion zu analysieren, sondern auch interne Logiken und Leerstellen diskursiver Produktionen herauszuarbeiten und symptomatische Wandlungen und Transformationen der Wissensproduktionen und Regulationen an exemplarischen Texten herauszuarbeiten.
19 Ausgangspunkt für diese Überlegungen und die folgenden Ausführungen ist die Analyse von Interviews von zwei Lehrforschungsprojekten »Precarious Labour and Subjectivity« und »Immaterial Labour and Migration« in der Universität Hamburg. Bislang wurden 120 leitfadengestützte Interviews mit Personen erhoben, die in verschiedenen Formen prekarisierter Arbeit- und Existenzverhältnisse leben. Wir beziehen uns in diesem Beitrag zum einen auf einen Ausschnitt des Samples, auf 10 Interviews mit Migrant_innen, die als »sans papiers« in undokumentierten Beschäftigungsverhältnissen in Deutschland. Zum anderen wurden 40 Personen interviewt, deren Eltern nach Deutschland eingewandert sind. Die InterviewpartnerInnen sind in Deutschland aufgewachsen, einige haben die deutsche Staatsangehörigkeit, andere besitzen noch die des Herkunftslandes ihrer Eltern oder eine doppelte Staatsbürgerschaft. Diese Personen sind gegenwärtig als hochqualifizierte »immaterielle Arbeiter_innen« im europäischen Raum mobil und leben sogenannte »plurifokale« Biografien.
20 Trinh-T. Minh-ha (1987) und Donna Haraway (1995b: 118 ff.) sprechen von un/an/geeigneten« Existenzformen, die nicht in den bestehenden Systemen der Regulation aufgehen und nicht durch diese zu vereinnahmen seien, sondern als das »un/an/geeignete

Andere« Ausdrucksformen grenzüberschreitender kritischer Positionen verkörpern und damit die Grammatiken von Herrschaft und Knechtschaft verlassen, bzw. diesen ausweichen.

Literatur

Allen, Theodore W. (1998): *Die Erfindung der weißen Rasse, Rassistische Unterdrückung und soziale Kontrolle*, Bd. 1, Berlin.
Althusser, Louis/Etienne Balibar (1972): *Das Kapital lesen*, Hamburg.
Althusser, Louis (1977): *Ideologie und ideologische Staatsapparate. Aufsätze zur marxistischen Theorie*, Hamburg/Westberlin.
Appadurai, Arjun (2009): *Die Geographie des Zorns*, Frankfurt a. M.
Arendt, Hannah (1995): *Elemente der totalen Herrschaft*, Frankfurt a. M.
Attia, Iman (2009): *Die westliche Kultur und ihr Anderes. Zur Rekonstruktion von Orientalismus und Antimuslimischen Rassismus*, Bielefeld.
Balibar, Etienne (1990): Gibt es einen ›Neo-Rassismus‹?, in: Balibar, Etienne/Wallerstein, Immanuel: *Rasse, Klasse, Nation. Ambivalente Identitäten*, Hamburg, S. 23–38.
Balibar, Etienne (1991): Foucault und Marx. Der Einsatz des Nominalismus, in: Francois, E./ Waldenfels, B. (Hg.): *Spiele der Wahrheit. Michel Foucaults Denken*, Frankfurt a. M..
Balibar, Etienne (2008): Die Rücker des Konzeptes der »Rasse«, in: *Springerin*, 3/2008, S. 18–24.
Barskanmaz, Cengiz (2009): Das Kopftuch als das Andere. Eine notwendige postkoloniale Kritik des deutschen Rechtsdiskurses, in: Berghahn, Sabine/Rostock Petra (Hg.): *Der Stoff aus dem Konflikte sind. Debatten um das Kopftuch in Deutschland, Österreich und der Schweiz*, Bielefeld, S. 361–394.
Beller, Steven (2009): *Antisemitismus*, Stuttgart.
Berghahn, Sabine, Rostock Petra (Hg.): Einleitung, in: dies: *Der Stoff aus dem Konflikte sind. Debatten um das Kopftuch in Deutschland, Österreich und der Schweiz*, Bielefeld, S. 9–32.
Bojadžijev, Manuela (2002): Antirassistischer Widerstand von Migrantinnen und Migranten in der Bundesrepublik: Fragen der Geschichtsschreibung, in: *1999*, Heft 1, S. 125–152.
Bojadžijev, Manuela (2007): *Die windige Internationale. Rassismus und Kämpfe der Migration*, Münster.
Boudry, Pauline/Lorenz, Renate/Kuster, Brigitta (1999): *Reproduktionskonten fälschen. Heterosexualität, Arbeit & Zuhause*, Berlin.
Bourdieu, Pierre (2000): *Zur Soziologie der symbolischen Formen*, Frankfurt a. M.
Bourdieu, Pierre (2005): *Die männliche Herrschaft*, Frankfurt a. M.
Boutang, Yann Moulier (1998): *De L'esclavage au salariat*, Paris.
Brieler, Ulrich (2008): Foucault und 1968, in: Daniel Hechler/Axel Philipps (Hg.): *Widerstand denken, Michel Foucault und die Grenzen der Macht*, Bielefeld. S. 19–37.
Browne, Simone, (2009): Digital Epidermalization: Race, Identity and Biometrics, in: *Critical Sociology*, 36 (1), S. 131–150.
Butler, Judith (1991): *Das Unbehagen der Geschlechter*, Frankfurt a. M.

De Certeau, Michel (1988): *Die Kunst des Handelns*, Berlin.
Deleuze, Gilles (1991): Was ist ein Dispositiv?, in: Ewald, Francois/Waldenfels, Bernhard (Hg.): *Spiele der Wahrheit. Michel Foucaults Denken*, Frankfurt a. M., S. 153–162.
Deleuze, Gilles (1996): *Lust und Begehren*, Berlin.
Deleuze, Gilles/Guattari, Felix (1997): *Tausend Plateaus. Kapitalismus und Schizophrenie*, Berlin.
Demirović, Alex (1992): Vom Vorurteil zum Neorassismus. Das Objekt »Rassismus« in Ideologietheorie und Ideologiekritik, in: Institut für Sozialforschung (Hg.): *Aspekte der Fremdenfeindlichkeit. Beiträge zur aktuellen Diskussion*, Frankfurt a. M., S. 21–54.
Dietz, Gabriele (2009): Okzidentalismuskritik, Möglichkeiten und Grenzen einer Forschungsperspektivierung, in: Dietze, Gebriele/Brunner, Claudia/Wenzel, Edith (Hg.): *Kritik des Okzidentalismus, Transdisziplinäre Beiträge zu (Neo-) Orientalismus und Geschlecht*, Bielefeld, S. 23–55.
Duggans, Lisa, Hunter, Nan (Hg.) (1995): *Sex Wars. Sexual Dissent and Political Culture*, London/New York.
Demirović, Alex/Bojadžijev, Manuela (Hg.) (2002): *Konjunkturen des Rassismus*, Münster.
Erdem, Esra (2009): In der Falle einer Politik des ressentiments. Feminismus und die Integrationsdebatte, in: Hess, Sabine/Binder, Jana/Moser, Johannes: *No Integration?! Kulturwissenschaftliche Beiträge zur Integrationsdebatte in Europa*, Bielefeld, S. 187–206.
Esch, Michael (1995): Kolonisierung und Strukturpolitik, in: *Beiträge zur nationalsozialistischen Gesundheits- und Sozialpolitik. Besatzung und Büdnis, Deutsche Herrschaftsstrategien in Ost- und Südosteuropa*, 12/1995, S. 139–180.
Fanon, Frantz (1985): *Schwarze Haut, weisse Masken*, Frankfurt a. M.
Foitzik, Andreas/Leiprecht, Rudolf/Marvakis, Athanasios/Seid, Uwe (Hg.) (1992): *Ein Herrenvolk von Untertanen. Rassismus – Nationalismus – Sexismus*, Duisburg.
Foucault, Michel (1983): *Der Wille zum Wissen. Sexualität und Wahrheit, Bd. 1*, Frankfurt a. M.
Foucault, Michel (1989): *Der Gebrauch der Lüste. Sexualität und Wahrheit, Bd. 2*, Frankfurt a. M.
Foucault, Michel (1992): *Die Ordnung des Diskurses*, Frankfurt a. M.
Foucault, Michel (1994): Das Subjekt und die Macht, in: Dreyfus, Hubert L./Rabinow, Paul (1994): *Michel Foucault. Jenseits von Strukturalismus und Hermeneutik*, Weinheim, S. 241–261.
Foucault, Michel (1999): Die Maschen der Macht, in: Engelmann, Jan (Hg.) (1999): *Foucault. Botschaften der Macht. Reader Diskurs und Medien*, Stuttgart 1999, S. 172–186.
Foucault, Michel (2001): *In Verteidigung der Gesellschaft*,Frankfurt a. M.
Gilroy, Paul (2000): *Against Race: Imaging Political Culture beyond the Color Line*, Cambridge.
Goldberg, David Theo (2002): *The Racial State*, Mass.
Gomolla, Mechthild/Frank-Olaf Radtke (2002): *Institutionelle Diskriminierung. Die Herstellung ethnische Differenz in der Schule*, Opladen.
Gilroy, Paul (2004): *After Empire. Melancholia or Convivial Culture*, London.
Ha, Kien Nghi (1999): *Ethnizität und Migration*, Münster.
Ha, Kien Nghi (2003): Die kolonialen Muster deutscher Arbeitsmigrationspolitik, in: Gutiérrez Rodríguez, Encarnación/Steyerl, Hito (Hg.): *Spricht die Subalterne deutsch? Postkoloniale Kritik und Migration*, Münster, S. 56–107.

Ha, Kien Nghi (2007): Deutsche Integrationspolitik als koloniale Praxis In: Ha, Kien Nghi/Al Samarai/Nicola Laure/Mysorekar, Sheila (Hg.): *re/visionen. Postkoloniale Perspektiven von People von Color auf Rassismus, Kulturpolitik und Widerstand in Deutschland*, S. 113–128.

Ha, Kien Nghi (2009): The White Germans Burden. Multikulturalismus und Migrationspolitik aus postkolonialer Perspektive, in: Hess, Sabine, Binder, Jana, Moser Johannes: No*Integration?! Kulturwissenschaftliche Beiträge zur Integrationsdebatte in Europa*, Bielefeld, S. 51–73.

Habermas, Jürgen (1990): *Die Moderne – Ein unvollendetes Projekt. Philosophisch-politische Aufsätze*, Leipzig.

Hall, Stuart (2000): Postmoderne und Artikulation, in: Ders.: *Cultural Studies. Ein politisches Theorieprojekt. Ausgewählte Schriften 3*, Hamburg, S. 52–77.

Haraway, Donna (1995a): *Die Neuerfindung der Natur. Primaten, Cyborgs und Frauen*, Frankfurt/New York.

Haraway, Donna (1995b): Ecce Homo. Bin ich nicht eine Frau und un/an/geeignet anders: Das Humane in einer posthumanistischen Landschaft, in: Dies. *Monströse Versprechen. Coyote-Geschichten und Technowissenschaft*, Hamburg.

Hardt, Michael/Negri, Antonio (2002): *Empire. Die neue Weltordnung*, Frankfurt a. M/ New York.

Hardt; Michael/Negri, Antonio (2010): *Common Wealth. Das Ende des Eigentums*, Frankfurt a. M/New York.

Harittaworn, Jin/Tauquir, Tamsila/Erdem, Esra (2007): Querimperialismus: Eine Intervention in die Debatte über »muslimische Homophobie«, in: Ha, Kien Nghi/Al Samarai, Nicola Laure/Mysorekar, Sheila (Hg.): *re/visionen. Postkoloniale Perspektiven von People von Color auf Rassismus, Kulturpolitik und Widerstand in Deutschland*, S. 187–206.

Hoffmann-Riem, Christa (1994): Die Sozialforschung einer interpretativen Soziologie. Der Datengewinn, in: Hoffmann-Riem, Wolfgang/Pieper, Marianne/Riemann, Gerhard (Hg.): *Elementare Phänomene der Lebenssituation. Ausschnitte aus einem Jahrzehnt soziologischen Arbeitens*, Weinheim, S. 20–70.

Jäger, Margaret/Jäger, Siefried (1992): Rassistische Alltagsdiskurse. Zum Stellenwert empirischer Untersuchungen, in: *Das Argument*,195/1992, S. 33–47.

Jäger, Siegfried (1996): *Brandsätze. Rassismus im Alltag*, Duisburg.

Jungfer (1993). E.: Flüchtlingsbewegung und Rassismus. Zur Aktualität von Hannah Arendt, in: *Beiträge zur nationalsozialistischen Gesundheits- und Sozialpolitik. Arbeitsmigration und Flucht. Vertreibung und Arbeitskraftregulierung im Zwischenkriegseuropa*, 11/1993, S. 9–47.

Kahrs, Horst (1993): Verstaatlichung der polnischen Arbeitsmigration nach Deutschland in der Zwischenkriegszeit. Menschenschmuggel und Massenabschiebungen als Kehrseite des nationalisierten Arbeitsmarktes, in: *Beiträge zur nationalsozialistischen Gesundheitsund Sozialpolitik. Arbeitsmigration und Flucht. Vertreibung und Arbeitskraftregulierung im Zwischenkriegseuropa*, 11/1993, S. 130–194.

Kalpaka, Annita/Räthzel, Nora (1999): *Die Schwierigkeit nicht rassistisch zu sein*, Köln.

Karakayalı, Serhat/Vassilis Tsianos (2002):Migrationsregimes in der Bundesrepublik Deutschland. Zum Verhältnis von Staatlichkeit und Rassismus, in: Demirović, Alex/Manuela Bojadzijev (Hg.): *Konjukturen des Rassismus*, Münster, S. 246–267.

Karakayalı, Serhat/Tsianos, Vassilis (2003): Knietief im Antira-Dispo oder Do you remember Capitalism?, in: *Grundrisse*, 6/2003, S. 52–61.

Karakayalı, Serhat (2008):*Zur Genealogie illegaler Einwanderung in der Bundesrepublik Deutschland*, Bielefeld.

Knorr-Cetina, Karin (1991). *Die Fabrikation von Erkenntnis*, Frankfurt a. M.

Kurnaz, Murat (2007): *Fünf Jahre meines Lebens. Ein Bericht aus Guantanamo*, Berlin.

Laclau, Ernesto (1981): *Politik und Ideologie im Marxismus. Kapitalismus – Faschismus – Populismus*, Berlin.

Lorenz, Renate/Kuster, Brigitta (2007): *Sexuell arbeiten – eine queere Perspektive auf Arbeit und prekäres Leben*, Berlin.

Lyotard, Jean-François (1995): *Toward the postmodern. Humanities Press*, New Jersey.

Magiros, Angela (1995): *Foucaults Beitrag zur Rassismustheorie*, Hamburg.

Mak, Geert (2005): *Der Mord an Theo Van Gogh. Geschichte einer moralischen Panik*, Frankfurt a. M.

Marcus, George E./Saka, Erkan (2006): Assemblage, in: *Theory, Culture and Society*, 23. 2-3, S. 101–106.

Marcus, George (1995): Ethnography of the World System. The Emergence of Multi-sited Ethnography, in: *Annual Review of Anthropology*, 117, S. 95–117.

Mezzadra, Sandro/Neilson (2008): Die Grenze als Methode, oder die Vervielfältigung der Arbeit, in: TRANSLATE/EICPCP (Hg.): *Borders, Nations, Translations. Übersetzung einer globalisierten Welt*, Wien, S.113–128.

Mezzadra, Sandro (2009): Bürger und Untertanen. Die Postkoloniale Herausforderung der Migration in Europa, in: Hess, Sabine/Binder, Jana/Moser, Johannes: *No Integration?! Kulturwissenschaftliche Beiträge zur Integrationsdebatte in Europa*, Bielefeld, S. 207–223.

Miles, Robert (1991): *Rassismus*, Hamburg.

Müller, Jost (2002): An den Grenzen kritischer Rassismustheorie. Einige Anmerkungen zu Diskurs, Alltag und Ideologie, in: Demirović, Alex/Bojadzijev, Manuela (Hg.): *Konjukturen des Rassismus,*Münster 2002: 226–245.

Ong, Aihwa (2006): Mutations in Citizenship, in: *Theory, Culture and Society 23*, 2-3. pp. 400–505.

Osterkamp, Ute (1996):*Rassismus als Selbstentmächtigung,*Hamburg 1996.

Papadopoulos, Dimitris/Sharma, Sanjay (2008): *Race/Mater-Materialism and the Politics of Racialization*, in: http://www.darkmatter101.org/

Papadopoulos, Dimitris/Stephenson, Niamh/Tsianos, Vassilis (2008): *Escape routes. Control and subversion in the 21st century,* London.

Papastergiadis, Nikos (2000): *The Turbulence of Migration. Globalisation, Deterritorialisation and Hybridity,* Cambridge.

Pieper, Marianne (2003): Die Regierung der Armen oder Regierung von Armut als Selbstsorge, in: Dies./Gutiérrez Rodríguez, Encarnación (2003): *Gouvernementalität. Ein sozialwissenschaftliches Konzept in Anschluss an Foucault,* Frankfurt/M./New York, S. 136–160.

Pieper, Marianne (2007): Biopolitik – die Umwendung eines Machtparadigmas. Immaterielle Arbeit und Prekarisierung, in: Dies./Thomas Atzert/Serhat Karakaylı/Vassilis Tsianos (Hg.) (2007): *Empire und die biopolitische Wende*,Frankfurt a.M./New York, S. 213–243.

Pieper, Marianne/Atzert, Thomas/Karakayalı, Serhat/Tsianos, Vassilis (Hg.) (2007). *Empire und die biopolitische Wende,* Frankfurt a.M./New York.

Pieper, Marianne/Atzert, Thomas/Karakaylı, Serhat/Tsianos, Vassilis (2007): Einleitung, in: Dies./Thomas Atzert/Serhat Karakaylı/Vassilis Tsianos (Hg.) (2007): *Empire und die biopolitische Wende,* Frankfurt a.M.; New York, S. 7–31.

Pieper, Marianne/Atzert, Thomas/Karakaylı, Serhat/Tsianos, Vassilis (2007): Empire und die biopolitische Wende, in: Dies./Thomas Atzert/Serhat Karakaylı/Vassilis Tsianos (Hg.): S. 294–310.

Puar, Jasbir (2007): *Terrorist Assemblages:Homonationalism in Queer Times,* Durham.

Rattansi, Ali (2007): *Racism: A Very Short Introduction,* Oxford University Press. New York.

Räthzel, Nora: Cultural Studies und Rassismusforschung in der Bundesrepublik, in: Cleve, G. (Hg.): *Wissenschaft Macht Politik Intervention in aktuelle gesellschaftliche Diskurse,* Münster 1997, S. 87–94.

Ronneberger, Klaus/Tsianos, Vassilis (2009): Panische Räume. Das Ghetto und die »Parallelgesellschaft«, in: Hess, Sabine, Binder, Jana, Moser Johannes: *No Integration?! Kulturwissenschaftliche Beiträge zur Integrationsdebatte in Europa,* Bielefeld, S. 137–152.

Saldanha, Arun (2006): Reontologising race: the machinic geography of phenotype, in: *Environment and Planning D: Society and Space 24(1),* S. 9–24.

Said, Edward (1984): Michel Foucault, 1927–1984, in: *Raritan* (Fall 1984), 4(2). S. 1–11.

Sarasin, Philipp (2003): Zweierlei Rassismus? Die Selektion des Fremden als Problem in Michel Foucaults Verbindung von Biopolitik und Rassismus, in: Stingelin, Martin (Hg.): *Biopolitik und Rassismus,* Frankfurt a.M. S. 55–79.

Sassen, Saskia (2007): Toward a Multiplication of Specialized Assemblages of Territory, Authority and Rights, in: *Parallax 13,* 1, pp. 87–94.

Schütze, Fritz (1977): *Die Technik des narrativen Interviews in Interaktionsfeldstudien – dargestellt an einem Projekt zur Erforschung von kommunalen Machtstrukturen.* Universität Bielefeld. Fakultät für Soziologie. Arbeitsberichte und Forschungsmaterialien. No. 1.

Solomos, John (2002): Making sense ofRacism: Aktuelle Debatten und politische Realitäten, in: Demirović, Alex/Manuela Bojadzijev (Hg.): *Konjunkturen des Rassismus,* Münster, S. 157–196.

Steyerl, Hito (2003): Postkolonialismus und Biopolitik. Probleme der Übertragung postkolonialer Ansätze in den deutschen Kontext, in: Gutiérrez Rodríguez, Encarnación/Steyerl, Hito (Hg.): *Spricht die Subalterne deutsch? Postkoloniale Kritik und Migration,* Münster, S. 38–55.

Stephenson, Niamh/Papadopoulos, Dimitris (2006): *Analysing Everyday Experience. Social Research and Political Change,*Houndsmill, Basingstoke, Hampshire/New York.

Stingelin, Martin (2003): Biopolitik und Rassismus. Was leben soll und was sterben muss, in: Stingelin, Martin (Hg.): *Biopolitik und Rassismus,*Frankfurt a.M. S. 7–26.

Stoler, Ann Laura (1995):*Race and the Education of Desire: Foucault's History of Sexuality and the Colonial Order of Things,*Durham.

Terkessidis, Mark (1998): *Psychologie des Rassismus,*Opladen/Wiesbaden.

Trinh, T. Min-ha (1987): She, the Inappropriate/de Other, in: *Discourse* 8, S. 1–37.
Tsianos, Vassilis (2000): In Hörweite des Marxismus, in: *Texte zu Kunst*, 40, S. 158–161.
Tsianos, Vassilis (2007): *Imperceptibel Politics. Rethinking Radical Politics of Migration and Precarity today*. Dissertation, Department Sozialwissenschaften, Universität Hamburg.
Tsianos, Vassilis/Papadopoulos, Dimitris (2006): Precarity: A savage journey to the heart of embodied capitalism, in: *Transversal Journal, 11.2006*, http://transform.eipcp.net/transversal/1106
Weingart, Peter/Kroll, Jürgen/Bayertz, Kurt (1992): *Rasse, Blut und Gene,* Frankfurt a. M.

Sie schreiben einen Namen in den Himmel
Historische Überlegungen zur Politik der Multitude bei Michel Foucault, Pierre-Simon Ballanche und Jacques Rancière

Tobias Mulot

1 Die Geschichte der Minderheit

»Es gibt nur eine Geschichte der Mehrheit oder von Minderheiten, die in Bezug auf die Mehrheiten definiert werden«, heißt es bei Gilles Deleuze und Félix Guattari in *Tausend Plateaus*. (Deleuze/Guattari 1992, 398) Deleuze und Guattari setzten dort der Geschichte das »Minoritär-Werden« entgegen: »»Minoritär-Werden«, so Deleuze und Guattari, »ist eine politische Angelegenheit und erfordert einen Kraftaufwand, eine aktive Mikropolitik. Dies ist das Gegenteil von Makropolitik und sogar von *Geschichte*, wo es nur darum geht, zu wissen, wie man eine Mehrheit erobert oder sich verschafft.« (Ebd., 397)

Das Diktum aus *Tausend Plateaus* markiert den zentralen Punkt, an dem Deleuze und Guattari mit der Tradition marxistischer Politik brachen – war doch die Eroberung der Macht, der Verwandlung von Minderheit in Mehrheit stets zentraler Angelpunkt marxistischer Politik gewesen, in ihren leninistischen ebenso wie in ihren sozialdemokratischen Varianten. Der von Deleuze und Guattari angestoßene Paradigmenwechsel wirkt auch in *Empire* von Michael Hardt und Antonio Negri hinein. Der Begriff der Multitude, mit dem Hardt und Negri die sich gegen das Empire konstituierenden sozialen Kräfte bezeichnen, verweist in erster Linie auf einen Bruch mit dem homogenisierenden Begriff »Volk«, trägt aber gleichzeitig den Verweis auf ein »Minoritär-Werden« im Sinne von Deleuze und Guattari in sich. Die Multitude als eine »nicht homogenisierte, nicht hierarchisierte Vielzahl möglicher Akteure« brauche kein »historisches Subjekt«, schreiben die HerausgeberInnen von *Empire und die biopolitische Wende*. (Pieper/Atzert/Krakayalı/Tsianos 2007, 305)

Soweit, so eindeutig. Aber doch nicht ganz so einfach. Sicher sehen sich Hardt und Negri in der Tradition von *Tausend Plateaus*, aber gleichzeitig finden sich in *Empire* zahlreiche Punkte, an denen sie ein eher traditionelles marxistisches Geschichtsverständnis zugrunde legen. »Wir stehen (...) vor der Frage«, schreiben sie im letzen Kapitel, »wie es tatsächlich zu konkreten Beispielen von Klassenkampf kommen kann und wie sich diese darüber hinaus zu einem kohärenten Kampfprogramm zusammenfügen lassen, zu einer konstituierenden Macht, die in der Lage ist, den Feind zu zerstören und eine neue Gesellschaft zu errichten.« (Hardt/Negri 2002, 410) Und unter der Überschrift »Intermezzo: Gegen-Empire« heißt es: »Die Menge mit ihrem Willen, dagegen zu sein, und mit ihrem Wunsch nach Befreiung muss durch das Empire hindurch, um auf die andere Seite zu gelangen.« (Ebd., 230) Selbst in *Multitude*, ihrem 2004 publizierten Fortsetzungsband zu *Empire*, in dem Hardt und Negri den tastenden Charakter der neuen Kämpfe hervorheben und sich gegen den Vorwurf eines neuen Avantgardismus verwahren, betonen sie dennoch die unabweisbare Notwendigkeit des Bruchs: »Revolutionäre Politik muss in der Bewegung der Multitudes und durch die Akkumulation gemeinsamer und kooperativer Entscheidungen den Augenblick des Bruches oder Klinamen erfassen, der eine neue Welt schaffen kann. Angesichts des zerstörerischen Ausnahmezustands der Biomacht muss es somit auch einen konstituierenden Ausnahmezustand der demokratischen Biopolitik geben.« (Hardt/Negri 2004, 393) Nicht zufällig trägt das Kapitel, in dem dieser Satz fällt, die Überschrift »Die neue Wissenschaft von der Demokratie: Madison und Lenin«. Michael Hardt und Antonio Negri, so die Einschätzung Sylvère Lotringers, haben den revolutionären Dezisionismus keineswegs hinter sich gelassen:

> »There is a question that keeps coming up again and again throughout Negri's writings, and it is the irreducibility of the moment of decision. Although he pays lip service to the tradition of ›vitalist materialism‹ – Nietzsche, Bergson, Deleuze – the ›will to power‹ or the ›élan vital‹ obviously aren't enough for a lusty Leninist. These always run the risk, he writes, of ›getting caught in the sophisms of the bad infinite: an infinite that dilutes the intensity of the decision…‹¹. Without a telos, a big narrative, a decision would mean nothing anyway. *Empire* involves an original kind of class struggle: *a struggle looking for a class*. (…) Hardt and Negri already know what kind of class they are looking for. Their real purpose is to jump-start the revolutionary machine. They quote Spinoza. ›The prophet produces its own people.‹ They want to produce their own multitude, but they are not exactly sure it will work. They even admit it candidly: ›It is not at all clear that this prophetic function can effectively address our political needs and sustain a manifesto of the postmodern revolution against empire…‹. A *postmodern* revolution, no less.« (Lotringer 2004, 16)

Das ist zweifellos etwas polemisch formuliert, aber das Verhältnis zu Geschichte und Revolution ist in *Empire* tatsächlich nicht so eindeutig entschieden, wie die Traditionslinie zu *Tausend Plateaus* vermuten ließe. Aber wie so oft bei internen Widersprüchlichkeiten wird es damit gleichzeitig interessant. Wie, das ist die Frage, kann das Verhältnis von Multitude und Geschichte thematisiert werden? Ich will dazu hier zwei Gedankenstränge entfalten.

Zunächst möchte ich zu Michel Foucault zurückkehren, genauer zu dem, was er 1976 begleitend zur Einführung des Begriffs Biopolitik über die Fragen von

Geschichte und Wissen ausgeführt hat. Keineswegs zufällig verband Foucaults 1976 am Collège de France gehaltene Vorlesung die Arbeiten zur Genealogie der Geschichte am Beispiel des Diskurses von Rassenkampf mit ersten Ansätzen der Beschreibung biopolitischer Regierungsformen. Etwas verkürzt zusammengefasst könnte man sagen, dass Foucault zufolge die biopolitische Regierungsform ohne den Diskurs des immer währenden Krieges, wie er sich seit dem 17. Jahrhundert herausbildete, gar nicht zu verstehen ist. (Foucault 1999, 276 ff.) Wichtiger aber scheint noch, dass Foucault in seiner Vorlesung die Wurzeln jener binären Wahrnehmung von Gesellschaft freilegte, die nicht nur den Diskurs des Rassenkampfs sondern ebenso den des Klassenkampfs prägte. Eine Wahrnehmung, die auch noch in den Arbeiten Hardts und Negris ihre Spuren hinterlassen hat. Mit dem Diskurs des Rassenkampfs etablierte sich, so Foucault, eine Praxis der »Gegen-Geschichte«, die nicht von der Idee der Revolution getrennt werden kann, »die alle politischen Mechanismen und die gesamte Geschichte des Abendlandes seit mehr als zwei Jahrhunderten durchzieht (...).« (Ebd., 92)

In einem zweiten Schritt werde ich mich dann Pierre-Simon Ballanche zuwenden. Pierre-Simon Ballanche hat 1829 einen – wie Deleuze schrieb – »sonderbaren« Text publiziert, der vom Auszug der römischen Plebejer auf dem Aventin erzählt und an dem Jacques Rancière zentrale Gedanken zu seinen Begriff des »Politischen« entwickelt. (Ballanche 1829; Deleuze 1997, 126; Rancière 2002) Die Plebejer tauchen darin als »multitude« auf. Ich werde diese »multitude« mit »Menge« übersetzen,[2] um den Ausdruck nicht unnötig mit dem von Hardt und Negri vorgeschlagenen Begriff und seiner mittlerweile geläufigen Übersetzung mit »Multitude« zu verwirren.[3] (Hardt/Negri 2004; Virno 2005; Pieper/Atzert/Krakayalı/Tsianos 2007) Ballanche – das zeichnet ihn besonders aus und macht ihn heute noch zu einer interessanten Lektüre – versucht in seinem Text, die Menge selbst als handelndes und vor allem sprechendes Subjekt, oder genauer, als viele sprechende Subjekte, auftreten zu lassen. Ein Verfahren der Vielstimmigkeit, das seinen Text sonderbar modern wirken lässt. Und zugleich bildet Ballanches Text einen zeitgenössischen Gegenentwurf zum Diskurs des Rassenkampfs, der, wie Foucault herausarbeitete, zu Beginn des 19. Jahrhunderts in Frankreich zum dominierenden Diskurs der Opposition wurde. Ein Diskurs, der für sich in Anspruch nahm, im Namen des Volkes zu sprechen.

2 Geschichte als Waffe

Foucault eröffnete seine Vorlesung am 7. Januar 1976 mit einer überraschenden Ankündigung. Er sagte, er würde gern »einen Schlussstrich unter eine Serie von Forschungen ziehen« die er seit vier, fünf Jahren betrieben habe. (Foucault 1999, 9/10) Er habe das Gefühl, seine Forschungen träten auf der Stelle. Die Forschungen über die Gefängnisse, die Psychiatrien, die Sexualität, all das habe durchaus Ergebnisse gebracht und gleichzeitig seien »seit zehn, fünfzehn Jahren (...) Dinge, Institutionen, Praktiken, Diskurse in einem ungeheuren und ausufernden Maße kritisierbar geworden; die Böden sind irgendwie brüchig geworden, sogar und vielleicht vor allem jene, die uns am vertrautesten und festesten erschienen und uns, unserem Körper, unseren alltäglichen Gesten am allernächsten sind.« (Ebd., 13/14) Aber gleichzeitig mit dieser »erstaunlichen Wirkung der diskontinuierlichen, partikularen und lokalen Kritiken« sei etwas zu konstatieren, das zu Beginn der Arbeiten nicht vorauszusehen war: Die lokale Kritik brachte mit sich, was Foucault als »Wiederkehr des Wissens« bezeichnet. Das, was als »unterworfenes Wissen«, als »Wissen der Leute« oder »minoritäres Wissen« – wie Foucault mit Verweis auf Deleuze formulierte – zum Vorschein gebracht wurde, lief seinerseits Gefahr kodiert und durch die wissenschaftlichen Diskurse rekolonialisiert zu werden. (Ebd., 15–21) Deshalb, so Foucault, könne es keineswegs darum gehen, den »verstreuten Genealogien« einen »einheitlichen und soliden theoretischen Boden« zu bereiten.

> »(I)ch möchte ihnen auf keinen Fall eine Art theoretischer Krönung verleihen, die sie vereinheitlichen würde, sondern (...) versuchen, den Einsatz zu präzisieren oder herauszustreichen, der bei dieser Front- und Kampfstellung, bei diesem Aufstand der Wissen gegen die Institution und die Wissens- und Machteffekte des wissenschaftlichen Diskurses auf dem Spiel steht. Der Einsatz all dieser Genealogien besteht (...) in der Frage: Wie sieht diese Macht aus, die in all ihrer Gewalttätigkeit, Kraft, Schärfe und Absurdität in den letzten vierzig Jahren konkret zu beobachten war, im Zusammenbruch des Nazismus ebenso wie im Rückgang des Stalinismus? Was ist die Macht?« (Ebd., 22/23)

Zwei Modelle für eine Analyse der Macht boten sich nach Foucaults Worten an: Das Modell Vertrag-Oppression, also das juridische Modell der Macht, und das Modell Krieg-Repression bzw. Herrschaft-Repression. Er selbst, so Foucault, habe in seinen Forschungen immer dem Modell Krieg-Repression zugeneigt, aber er sei sich bewusst, dass er den Einsatz präzisieren müsse:

> »In jedem Fall muss man die beiden Begriffe ›Repression‹ und ›Krieg‹ näher in Augenschein nehmen oder, wenn sie so wollen, die Hypothese ein wenig näher betrachten, nach welcher die Machtmechanismen wesentlich Repressionsmechanismen wären, wie auch diese andere Hypothese, nach welcher unterhalb der politischen Macht im wesentlichen eine kriegerische Beziehung rumort oder funktioniert.« (Ebd., 28/29)

Mit dieser Fragestellung knüpfte Foucault an eine Fragestellung wieder an, die er bereits 1966 im Anschluss an das Erscheinen von *Die Ordnung der Dinge* skizziert hatte. Er machte nun die Historie als Wissenschaft selbst zum Gegenstand einer genealogischen Analyse. Denn es waren Historiker, die als erste den historisch-politischen Diskurs des immer währenden Krieges formulierten. (Ebd., 101–114; Napoli 1993; Raulff 1998; Marks 2000) Der Diskurs tauchte zuerst Mitte des 17. Jahrhunderts in England und dann am Ende desselben Jahrhunderts auch in Frankreich auf. Sein Aufkommen ging einher mit einer einschneidenden Veränderung dessen, was Krieg bedeutete.

An der Schwelle zur Neuzeit, so Foucault, wurden die Einrichtungen und Praktiken des Krieges zunehmend in den Händen einer Zentralmacht konzentriert. Es kam zu einer Art »Verstaatlichung des Krieges«, bis schließlich nur noch Staatsmächte Kriege anzetteln und Kriegsinstrumente einsetzen konnten. »Einhergehend mit dieser Verstaatlichung verschwand aus dem Gesellschaftskörper, aus der zwischenmenschlichen Beziehung das, was man den ›alltäglichen Krieg‹ nennen könnte und tatsächlich den ›Privatkrieg‹ nannte.« (Foucault 1999, 58) Der Krieg verlagerte sich an die äußeren Grenzen der Staaten und wurde zum Monopol eines Militärapparats. Paradoxerweise kam gerade zum Zeitpunkt dieser Transformation, oder kurz danach, jener neuartige historisch-politische Diskurs über den Krieg als Grundlage der sozialen Verhältnisse auf.

> »Symptomatischerweise taucht er (…) nach dem Ende der Bürger- und Religionskriege des 16. Jahrhunderts auf. Er entsteht aber keineswegs als Aufzeichnung oder Analyse der Bürgerkriege des 16. Jahrhunderts. Er ist im Gegenteil schon da und zumindest zu Beginn der großen politischen Kämpfe im England des 17. Jahrhunderts, zum Zeitpunkt der bürgerlichen Revolution in England, bereits klar formuliert. Man begegnet ihm anschließend in Frankreich, gegen Ende des 17. Jahrhunderts, am Ende der Regierungszeit Ludwigs XIV. in anderen politischen Kämpfen – sagen wir, in den Nachhutgefechten der französischen Aristokratie gegen die Errichtung der großen absoluten und administrativen Monarchie.« (Foucault 1999, 59)

Der neuartige Diskurs positioniert sich im Gegensatz zum philosophisch-juridischen Diskurs. Behauptete der philosophisch-juridische Diskurs, dass die politische Macht dann anfängt, wenn der Krieg aufhört, so hält der historisch-politische Diskurs dem entgegen, dass die Organisation des Staates, die rechtliche Struktur der Macht, der Staaten, Monarchien und Gesellschaften ihr Prinzip nicht dort hat, wo der Lärm der Waffen verstummt:

> »Der Krieg ist nicht zu Ende. Zunächst hat er den Staaten zur Geburt verholfen: Recht, Frieden und Gesetze werden im Blut und im Schlamm der Schlachten geboren. Darunter hat man sich freilich nicht ideale Schlachten vorzustellen oder Rivalitäten, wie sie sich Philosophen oder Juristen vorstellen: Es geht nicht um eine Art theoretischer Wilderei. Das Gesetz kommt nicht aus der Natur und aus Quellen an denen die ersten Hirten trinken; das Gesetz ergibt sich aus wirklichen Schlachten, Siegen, Massakern,

> Eroberungen, die ihr genaues Datum und ihre Schreckensfiguren haben; es geht aus angezündeten und verwüsteten Landschaften hervor und wird mit jenen berühmten Unschuldigen geboren, die im heraufziehenden Tag im Todeskampf liegen.« (Ebd., 61)

Das bedeutet keineswegs, dass Gesellschaft, Gesetz und Staat gleichsam der Waffenstillstand in diesen Kriegen und die definitive Sanktion der Siege wären. Das Gesetz bedeutet im historisch-politischen Diskurs keine Befriedung, denn unterhalb des Gesetzes wütet der Krieg in allen Machtmechanismen weiter.

> »Der Krieg ist der Motor der Institutionen und der Ordnung, und selbst der Friede erzeugt in seinen kleinsten Räderwerken stillschweigend den Krieg. Anders gesagt: man muss aus dem Frieden den Krieg herauslesen: Der Krieg ist nichts anderes als die Chiffre des Friedens. Wir stehen miteinander im Krieg; eine Schlachtlinie zieht sich durchgängig und dauerhaft durch die gesamte Gesellschaft, und diese Schlachtlinie ordnet jeden von uns dem einen oder anderen Lager zu. Es gibt kein neutrales Subjekt. Man ist zwangsläufig immer jemandes Gegner.« (Ebd., 61)

Den pyramidenförmigen Beschreibungen des Gesellschaftskörpers und den Bildern der Gesellschaft als Organismus und menschlicher Körper – wie im berühmten Titelblatt von Thomas Hobbes' *Leviathan* – trat im historisch-politischen Diskurs eine binäre Auffassung von Gesellschaft entgegen. Nicht unbedingt zum ersten Mal, wie Foucault einschränkt, aber »zum ersten Mal in einer historisch präzisen Artikulation.« (Ebd., 62) Der Diskurs des immer währenden Krieges ist strenggenommen, so Foucault, der erste Diskurs, den man als historisch-politisch bezeichnen kann. Das Subjekt, das in diesem Diskurs spricht, kann oder will nicht »die Position des Juristen oder Philosophen, d. h. des universellen, totalisierenden oder neutralen Subjekts einnehmen.« (Ebd., 63) Der, der in diesem Diskurs spricht, steht notgedrungen auf der einen oder anderen Seite:

> »Er befindet sich in der Schlacht, er hat Gegner, er arbeitet für einen Teilsieg. Er hält natürlich den Diskurs des Rechts, er bringt das Recht zur Geltung, er beruft sich auf das Recht. Was er aber einklagt und zur Geltung bringt sind ›seine‹ Rechte – ›unsere Rechte‹, sagt er, einzelne Rechte die nachhaltig durch Eigentums-, Eroberungs-, Sieges-, und Naturverhältnisse geprägt sind.« (Ebd., 63)

Das erste Hervortreten des Diskurses verortet Foucault in den Schriften der *Levellers* und der *True Levellers*. Beide Gruppen entstanden in England zu Zeit der bürgerlichen Revolution. Die *Levellers* traten für Wahlrechtsreformen ein und forderten die Abschaffung des Oberhauses und aller Adelsprivilegien. Die *True Levellers*, auch »Diggers« genannt, strebten auch wirtschaftliche Gleichberechtigung an und experimentierten mit der Einrichtung ländlicher Kommunen auf besetzten

Ländereien. In den Schriften beider Gruppen findet sich ein historisches Argument, das auf die normannische Eroberung im 11. Jahrhundert verweist. Wilhelm der Eroberer und seine Nachfolger, so schrieb der Leveller John Lilburne 1647, haben diejenigen, mit denen sie Straßenraub, Diebstahl und Plünderung begangen haben, zu Herzögen, Baronen und Lords gemacht. (Ebd., 127) Ebenso seien die Gesetze von den Eroberern gemacht und es müsse Ziel der Revolution sein, diese Gesetze zu beseitigen, weil sie die Herrschaft der normannischen Eroberer perpetuierten. Die *True Levellers* fügten dem noch hinzu, dass auch die Eigentumsverhältnisse auf die Eroberung zurückzuführen sind. Und sie stellten ihre Revolte in eine Reihe mit vorangegangenen Aufständen. Ihre eigene Revolte sei, so paraphrasiert Foucault, »nicht der Bruch mit einem friedlichen Gesetzessystem aus einem beliebigen Grund. Die Revolte ist die Kehrseite eines Krieges, der von der Regierung fortgesetzt wird. Die Regierung ist der Krieg der einen gegen die anderen; die Revolte wird der Krieg der anderen gegen die einen sein.« (Ebd.,128)

Bei den *True Levellers* tritt die Rede vom immer währenden Krieg auf der Seite der Unterdrückten auf. Das ist aber keineswegs notwendigerweise der Fall. Vielmehr zeigt das Beispiel Frankreichs, dass die Rede genauso gut auf Seiten der Nachfahren der Eroberer auftreten kann. Dem Aristokraten Henri de Boulainvilliers ging es im frühen 18. Jahrhundert um die Frage, wie der Adel die Rechte zurückgewinnen können, die er an den König verloren hatte. Dabei schlug Boulainvilliers, wie bereits Hannah Arendt konstatierte, »eine ganz und gar neue Theorie vor, welche die Rechte des Adels nicht mehr legal, sondern historisch rechtfertigen und gleichzeitig erklären sollte.« (Arendt 1962, 250) Foucault spitzt dies noch weiter zu. Die Schriften Boulainvilliers, so Foucault, begründeten einen gänzlich neuen Diskurs über den Zusammenhang von Wissen und Geschichte. Henri de Boulainvilliers war ein klassischer Diskursivitätsbegründer. (Foucault 1999, 190; Foucault 1969, 1021 ff.)

Boulainvilliers Schriften lassen Geschichte als Waffe funktionieren, seine Analysen suchen ein »Gegen-Wissen« gegen das Wissen des Königs, seiner Juristen und Kanzlisten in Stellung zu bringen. Ausgangspunkt der Arbeiten Boulainvilliers waren Berichte über den Zustand Frankreichs, die Ludwig XIV. bei seinen Verwaltern in Auftrag gegeben hatte. Als diese Berichte vorlagen, beauftragte eine Gruppe oppositioneller Adliger Boulainvilliers damit, die Berichte zusammenzufassen und zu interpretieren. Was Henri de Boulainvilliers in dieser Zusammenfassung machte, nennt Foucault »ziemlich merkwürdig«. (Foucault 1999, 149) Boulainvilliers versuchte in seinem Bericht, die Geschichte der Regierung Frankreichs seit Hugo Capet (König von 987 bis 996) zu rekonstruieren. Der französische Adel, so ließe sich Boulainvilliers zentrale These zusammenfassen, geht auf die fränkische Eroberung Galliens zurück, die Eroberung begründete sein angestammtes Recht. Wenn der Adel aus dieser Position durch das absolute Königtum verdrängt wurde, so gab es dafür Gründe. Der zentrale Grund, so Boulainvilliers, war die Vernachlässigung des Wissens durch die Adligen. Während sich die Nachkommen der alten gallischen Aristokratie nach der fränkischen Invasion auf Kirchenposten zurückzogen und damit das Feld von Sprache und Wissen besetzten, verblieb die neue fränkische Aristokratie in der Position des Kriegeradels. Das Bündnis zwischen König und den Nachfahren der gallischen Aristokratie und das Wissen um das Funktionieren von Staat und Wirtschaft, das die Nachfahren in das Bündnis einbrachten, ermöglichten die Errichtung der absoluten Monarchie und die Verdrängung des Adels aus seiner Macht. (Ebd. 167–178) Der französische Adel wird von Boulainvilliers folgerichtig auch nicht zur Revolte aufgerufen, sondern »zur Wiederentdeckung seiner eigenen Erinnerung, zur Bewusstmachung und Wiederaneignung der Kenntnisse und des Wissens.« (Ebd., 179/180)

Krieg funktioniert bei Boulainvilliers als ein allgemeines Erkenntnisraster. Der Krieg ist nicht die Unterbrechung des rechtlichen Normalzustands, vielmehr stellt er diesen erst her, indem er gesellschaftliche Asymmetrien erzeugt. Und der Krieg besteht nicht nur aus den gewonnenen oder verlorenen Schlachten. »Der Krieg ist eine allgemeine Ökonomie der Waffen, eine Ökonomie bewaffneter und entwaffneter Leute in einem gegebenen Staat, mit all den sich daraus ergebenden institutionellen und ökonomischen Folgen.« (Ebd., 185 f.) Die Invasionen und Schlachten etablieren Kräfteverhältnisse, aber die Frage, die Boulainvilliers umtreibt ist die, warum sich in Frankreich dieses Kräfteverhältnis nach und nach umkehren konnte. Boulainvilliers, so Foucault, »lässt das kriegerische Verhältnis in die gesamten gesellschaftlichen Verhältnisse eindringen, teilt es in tausend verschiedene Kanäle auf und lässt den Krieg als eine Art Dauerzustand zwischen Gruppen, Fronten und verschwiegenen Einheiten hervortreten, die sich gegenseitig zivilisieren, einander entgegentreten oder sich im Gegenteil miteinander verbünden.« (Ebd., 188)

Der Diskurs des immer währenden Krieges ist bei Boulainvilliers ausgearbeiteter als bei den englischen *Levellers* und *True Levellers*, gemeinsam ist ihnen aber die Betonung der Aristokratie und ihrer Herkunft aus der Eroberung – wenn auch mit umgekehrten Vorzeichen. Der Diskurs des fortdauernden Krieges artikuliert sich in einer präzisen Form. »Der Krieg der sich solchermaßen unterhalb von Ordnung und Frieden abspielt«, so Foucault, »der Krieg, der unsere Gesellschaften durchzieht und zweiteilt, ist im Grunde ein Krieg der Rassen.« (Ebd., 73) Das Wort »Rasse« tauche in diesem Diskurs bereits zu einem frühen Zeitpunkt auf, aber man müsse bedenken, dass es zu dieser Zeit noch nicht auf einen unveränderlichen biologischen Sinn eingeschränkt gewesen sei:

> »In diesem Diskurs wird von zwei Rassen gesprochen, wenn man die Geschichte zweier Gruppen schreibt, die nicht dieselbe örtliche Herkunft haben; zwei Gruppen, die zumindest zu Beginn nicht dieselbe Sprache und häufig nicht dieselbe Religion haben; zwei Gruppen, die eine Einheit und ein politisches Ganzes nur um den Preis

von Kriegen, Invasionen, Schlachten, Siegen und Niederlagen, also von Gewalt, gebildet haben.« (Ebd. 90, kritisch in Bezug auf das englische Beispiel vgl. Lessay 2000)

Im Umfeld der Französischen Revolution erfuhr der von Boulainvilliers begründete Diskurs eine neue Wendung. Emmanuel Sieyes griff 1789 in seiner berühmten Schrift *Was ist der Dritte Stand?* die Berufung des Adels auf die Rechte der Eroberung auf und fragte höhnisch: »Warum sollte man nicht all diese Familien, die die Anmaßung aufrechterhalten, von der Rasse der Eroberer abzustammen und in die *Rechte der Eroberung* eingetreten zu sein, in die Wälder des alten Franken zurückschicken?« (Sieyes 1988, 35) Die Berufung auf die Eroberung hat für Sieyes keine Relevanz mehr, denn egal, ob der Adel in die fränkischen Wälder zurückkehre oder die ganze Theorie der Abstammung des Adels von den Franken nur eine Schimäre sei, weil »die Rassen ganz vermischt sind« (Ebd., 36) – die Realität sei ohnehin, dass der Dritte Stand allein die Nation bilden könne. Denn, so die Argumentation Sieyes' in der Zusammenfassung Foucaults, »damit es eine Nation gibt und ihr Gesetz angewendet wird (...), damit sie nicht nur als formale Bedingung ihrer rechtlichen Existenz, sondern als historische Bedingung ihrer Existenz *in* der Geschichte überleben kann, braucht es (...) andere Bedingungen.« (Foucault 1999, 253) Eine Nation kann Sieyes zufolge erst als Nation existieren, wenn sie zu Handel, Landwirtschaft und Handwerk in der Lage ist und wenn sie Individuen hat, die in der Lage sind, eine Armee, eine Magistratur, Kirche und Verwaltung auszubilden. All dies kann der Dritte Stand und ist deshalb, wie es in der Überschrift zum ersten Kapitel von Sieyes' Schrift heißt, »eine vollständige Nation«. (Ebd., 254–256; Sieyes 1988, 30)

Während also Sieyes die Berufung auf die Eroberung nur noch polemisch als leere Anmaßung aufgriff, wurde die Theorie 1814 im Zuge der Wiedererrichtung der Monarchie neuerlich mit voller Brisanz virulent. Ein aus dem Exil zurückgekehrter Adliger, François Dominique de Reynaud de Montlosier, ergriff 1814 im Namen der Aristokratie das Wort und betonte erneut den alten Konflikt zwischen Franken und Galliern, der die französische Geschichte geprägt habe. Für Montlosier war es aber nicht mehr länger die Frage, Rechte und Privilegien zurückzuverfolgen oder zu rechtfertigen. Sein Interesse war es vielmehr, die Rechte des Adels erneut zur Geltung zu bringen. Montlosier forderte, der Adel müsse nach der Niederlage der Revolution seine alte Position wieder errichten und dürfe dem Feind, dem Dritten Stand, keinerlei Zugeständnisse machen. (Foucault 1999, 269; Gruner 1969, 349) Montlosier machte sich damit zum Wortführer der Adelsopposition gegen die Verfassung und setzte das historische Argument erneut auf die Tagesordnung.

Bei genauerer Betrachtung funktioniert die Analyse Montlosiers aber ganz anders als die Boulainvilliers. Wichtig ist Montlosier zufolge nicht so sehr die fränkische Invasion an sich, sondern die Verbindung alter und neuer Herrschaftsformen, die sich in der Folgezeit vollzog. Was sich zu Beginn des Mittelalters abspielte, war nicht eine reine und einfache Überlagerung eines siegreichen und eines besiegten Volks, sondern eine Mischung dreier Systeme innerer Herrschaft, jener der Gallier, Römer und Germanen. »Im Grunde«, so Foucaults Wiedergabe der Montlosierschen These, »ist der Feudaladel der Mittelalters eine Mischung aus diesen drei Aristokratien, die sich zu einer neuen Aristokratie verbunden haben und ein Herrschaftsverhältnis über jene errichteten, die selbst eine Mischung aus gallischen Tributpflichtigen, römischen Abhängigen und germanischen Untertanen waren.« (Foucault 1999, 266) Der langsame Aufstieg dieser Unterworfenen ist für Montlosier nur dadurch zu erklären, dass sich der König ihrer bediente, um den Adel seiner Privilegien zu berauben. Die Französische Revolution erscheint so als die letzte Episode eines Prozesses, der seinerzeit die Etablierung des Absolutismus ermöglichte. (Ebd., 268/269)

Auf Seiten der Liberalen wurde die Kampfansage Montlosiers erwidert. Insbesondere die Historiker Augustin Thierry und François Guizot sind hier zu nennen. François Guizot lieferte 1820 in seinem Buch *Du gouvernement de la France depuis la Restauration et du ministère actuel* gewissermaßen die spiegelbildliche Position zu Montlosiers Aufruf an den Adel, die alten Rechte zurückzuerobern. »Die Revolution war ein Krieg, der wirkliche Krieg, so wie ihn die Welt als Krieg zwischen fremden Völkern kennt«, erklärte Guizot und fuhr fort:

> »Seit dreizehn Jahrhunderten beherbergte Frankreich zwei Völker, ein Siegervolk und ein Volk der Besiegten. (...) Franken und Gallier, Herren und Bauern, Adlige und Bürgerliche, alle nannten sich, schon lange vor der Revolution, gleichermaßen Franzosen, hatten gleichermaßen Frankreich zum Vaterland. (...) Der Kampf tobte zu allen Zeiten, in allen Formen, mit allen Waffen; und als 1789 die Abgeordneten ganz Frankreichs in einer Nationalversammlung vereint waren, beeilten sich die beiden Völker, ihren alten Streit wiederaufzurollen. Der Tag, ihn zu bereinigen, war endlich gekommen (...).« (Guizot 1820, 1 f., Übersetzung nach Poliakov 1993, 47)

Argumentativ ausgearbeiteter sind die Schriften Augustin Thierrys. Thierry, der ab 1814 Sekretär bei Henri de Saint-Simon gewesen war, begann um 1817, eine bereits bei Sieyes angelegte und von Saint-Simon aufgegriffene Analysierichtung zu entfalten, nach der der Dritte Stand der Träger der Produktivität und des Fortschritts ist. (Gruner 1969, 352 ff.) Auch Thierry ging von der Grundkonstellation der fränkischen Eroberung aus, legte den Schwerpunkt aber auf einen Prozess, den er auf das 10. und 11. Jahrhundert datierte. In dieser Zeit begann der Wiederaufstieg der Städte, die nach der fränkischen Eroberung zunächst einen Niedergang erlebt hatten. Das städtische Modell war siegreich, »weil es nicht nur den Reichtum, sondern die administrative Fähigkeit, die Moral und eine gewisse Lebensart, eine bestimmte Art zu sein, einen Willen und erneuernde Antriebe auf seiner Seite hat – wie Augustin Thierry sagt –, und schließlich auch eine Aktivität, die ihm die Kraft verleiht, um seine Institutionen eines Tages über ihren lokalen Charakter hinauszuführen und schließlich sogar zu Institutionen des politischen Rechts und des Zivilrechts des Landes werden zu lassen.« (Foucault 1999, 272) Thierry ist der eigentliche Gegenpol zu Montlosier und er gehörte zu den vehementesten Vertretern des Analysemusters des Rassenkampfs. Bei ihm verband sich das Analysemuster mit dem Projekt, »endlich eine Geschichte zu schreiben, deren wahres Subjekt das Volk wäre.« (Foucault 1999, 89/90) Jules Michelet, der sich später derselben Aufgabe annahm, bezeichnete Thierrys Arbeiten noch 1869 als »genial«. Doch faktisch setzte sich Michelet bereits von der Dominanz des Rassenkampf-Themas ab. Er akzeptierte Thierry als Vorläufer, auf dessen Arbeiten sein Projekt einer Geschichte Frankreichs aufbauen konnte, dessen Fixierung auf das Thema der Rassen er aber ablehnen musste. (Michelet 1869, 11 ff.)

Nicht nur die Vehemenz, mit der das Thema des Rassenkampfs in den Jahren der Restauration im Frankreich immer wieder vorgetragen wird, ist auffällig, frappierender noch ist das Zirkulieren der Argumentation zwischen den verschiedenen politischen Polen. Eben dieses Zirkulieren des Arguments macht deutlich, dass das historische Wissen zu diesem Zeitpunkt, wie Foucault es formulierte, »zu einer Art diskursiver Waffe« geworden war, »die von allen Gegnern innerhalb des politischen Feldes zum Einsatz gebracht werden konnte.« (Ebd., 218) Boulainvilliers als Diskursivitätsbegründer hatte ein Terrain eröffnet, auf dem sich die Gegner trafen. »Anders gesagt«, so Foucault, »ist die taktische Umkehrbarkeit des Diskurses eine direkte Funktion der Homogenität der Formationsregeln dieses Diskurses. Die Regelhaftigkeit des epistemologischen Feldes, die Homogenität in dem Bildungsmodus des Diskurses lassen ihn in den außerdiskursiven Kämpfen einsatzfähig werden.« (Ebd., 242)

Das Bürgertum hatte dieses Feld erst spät betreten. Foucault sprach von einem anti-historischen Charakter des Bürgertums. Noch bei Sieyes, könnte man ergänzen, fand sich diese Position im Gestus, die Frage von Herkunft und tatsächlicher Verwandtschaft als unwichtig beiseite zu schieben. Aber gleichzeitig führte Sieyes damit ein anderes Element ein, das den Diskurs im nachrevolutionären Frankreich auf beiden Seiten des politischen Spektrums prägte. Nicht mehr der Ursprung und das archaische Element waren nun Ausgangspunkt der Erkenntnis, sondern die Gegenwart. Es fand eine Umkehrung des Werts der Gegenwart statt. Im Hinblick auf Boulainvilliers hieß es bei Foucault: »In der Geschichte und im historischen-politischen Feld des 18. Jahrhunderts war die Gegenwart immer das negative Moment, immer etwas Hohles, eine offenbare Ruhe, ein Vergessen.« Im Gegensatz dazu wird nun die Gegenwart »zum vollsten Moment, zum Moment der größten Intensität, zu dem feierlichen Moment, in dem sich der Eintritt des Universellen in das Reale vollzieht.« (Ebd., 262/263) Damit ist aber etwas angelegt, was Foucault als »Auto-Dialektisierung des historischen Diskurses« bezeichnete:

> »Im Grunde existierte die Philosophie der Geschichte im 18. Jahrhundert nur als Spekulation über das allgemeine Gesetz der Geschichte. Ab dem 19. Jahrhundert beginnt etwas Neues und, wie ich glaube, Grundlegendes. Geschichte und Philosophie werden gemeinsam die Frage stellen: Wer übernimmt in der Gegenwart das Universelle? Was ist in der Gegenwart die Wahrheit des Universellen?« (Ebd., 275)

Foucault ging auf diese These nicht weiter ein, sie scheint mir jedoch wesentlich und ich werde später darauf zurückkommen. Zunächst zum letzten Teil der Vorlesung in dem Foucault seine Thesen zu Biopolitik und Biomacht und zur Genese des Staatsrassismus entwickelte. Im 19. Jahrhundert begann sich demnach der biopolitische Modus der Macht zu etablieren, der auf einen regulatorischen Zugriff auf die Bevölkerung beruhte und an die Stelle des »leben lassen und sterben machen« der königlichen Souveränität das »leben machen und sterben lassen« der Biomacht setzte (Ebd., 277 ff. vgl. hierzu auch Foucault 1983, 167 ff; Stoler 1995, 80 ff.; Lemke 1997, 134 ff.; Lorey 2007, 273 ff.) Dieser neue Modus der Macht warf ein Problem auf, das sich an der Grenze ihrer Ausübung stellte:

> »Wie werden nun innerhalb dieser Machttechnologie, deren Gegenstand und Ziel das Leben ist (...), das Recht zu Töten und die Funktion des Mordens ausgeübt (...)? Wie kann eine solche Macht töten, wenn es stimmt, dass es im wesentlichen darum geht, das Leben aufzuwerten, seine Dauer zu verlängern, seine Möglichkeiten zu vervielfachen, Unfälle fern zu halten oder seine Mängel zu kompensieren? Wie ist es einer politischen Macht unter diesen Bedingungen möglich zu töten, den Tod zu fordern (...), nicht nur seine Feinde dem Tod auszusetzen, sondern sogar die eigenen Bürger?« (Foucault 1999, 294)

Dies ist der Punkt, wo der Rassismus ins Spiel kommt. Mit dem Aufkommen der Bio-Macht, so Foucault, »zieht der Rassismus in die Mechanismen des Staates ein.« (Ebd., 295) Der Rassismus ermöglicht es, in diesem Bereich des Lebens ‚den die Macht in Beschlag genommen hat, eine Zäsur einzuführen und eine Beziehung kriegerischen Typs (»wenn du leben willst, muss der andere sterben«) funktionieren zu lassen, die mit der Ausübung der Bio-Macht kompatibel ist.

Hier ist nicht der Ort, die rassismustheoretischen Implikationen und Probleme dieser Foucaultschen Ausführungen zu erörtern (vgl. hierzu u. a. Stoler 1995; Magiros 1995 und 2004; Stingelin 2003) – wichtig im Zusammenhang der Frage des historisch-politischen Diskurses ist hier die Wandlung, die der Diskurs des Rassenkampf bei der Indienstnahme seitens der Macht erfuhr. Die »Umschrift in die Biologie«, wie Foucault sagt, hat eine Konsequenz:

> »Dieser Diskurs des Rassenkampfes – der zu dem Zeitpunkt, da er im 17. Jahrhundert auftauchte und zu wirken begann, wesentlich ein Kampfinstrument für dezentrierte

Lager war – wird rezentriert und zum Diskurs einer zentrierten, zentralisierten und zentralisierenden Macht; er wird zum Diskurs eines Kampfes, der nicht zwischen zwei Rassen, sondern von einer einzigen wahren Rasse aus geführt wird, nämlich jener, die die Macht innehat und die Norm vertritt, gegen jene, die von dieser Norm abweichen und für das biologische Erbe eine Gefahr darstellen.« (Foucault 1999, 74/75)

Hier nun gilt es, eine besonders provokante These Foucaults in Erinnerung zu rufen: Die Umschrift in den Diskurs des Staatsrassismus war nicht die einzige Umschrift, die der Diskurs des Rassenkampfs im 19. Jahrhundert erfuhr. Bereits in der ersten Hälfte des 19. Jahrhunderts setzte eine andere Umformulierung ein. Foucault nannte Adolphe Thiers als einen der ersten Historiker, der den Terminus Rassenkampf durch den des Klassenkampfs ersetzte. (Ebd., 94) Karl Marx und Friedrich Engels erscheinen in diesem Sinne als Erben des Diskurses des Rassenkampfs. Die von Foucault in der Vorlesung aus dem Gedächtnis zitierte und Marx zugeschriebene Äußerung, Engels und er hätten den Klassenkampf bei den französischen Historikern gefunden, als diese den Rassenkampf erzählten, lässt sich im Wortlaut nicht belegen. Aber sie ist insofern stimmig, als Marx und Engels immer wieder auf die Wichtigkeit hinwiesen, die das Studium der bürgerlichen französischen Historiker für sie hatte. (Ebd., 93, Fußnote der Herausgeber) In einem Brief an Engels nannte Marx mit einer gewissen Ironie Augustin Thierry tatsächlich »le père des ›Klassenkampfes‹« und äußerte sich zustimmend über einige seiner Thesen. Insbesondere Thierrys Ausführungen über »das Heraufgekommensein der Städte« und den Einflussgewinn der Bourgeoisie fanden Marx' Beifall. (Marx 1854, 130/131)

Foucault hob eine weitere Verbindung hervor: Der Diskurs des Rassenkampfs hatte seine Wurzeln im 16. und 17. Jahrhundert, als man, wie Foucault schreibt, »nach und nach die Gesellschaft verließ, deren Bewusstsein noch römischen Typs, noch um Rituale der Souveränität und um Mythen zentriert war, und in eine Gesellschaft (…) modernen Typs eintrat (…) – eine Gesellschaft, deren historisches Bewusstsein nicht um die Souveränität und das Problem ihrer Begründung, sondern um das der Revolution, ihrer Verheißungen und um die Prophezeiungen zukünftiger Befreiungen kreiste.« (Foucault 1999, 93/94) Dies, die Frage der Revolution, ist der Punkt, sich Foucaults These der »Auto-Dialektisierung« des historischen Diskurses in Erinnerung zu rufen. Die Vorstellung, das Universelle sei auf Seiten einer der miteinander im Kampf liegenden Gruppen, eine Gruppe sei gewissermaßen Träger des Universellen – das gehörte auch zu den Vorstellungen, die 1817 im Kreis um Augustin Thierry formuliert wurden.

Shirley M. Gruner hat die Autoren dieser Strömung, die sich zwischen 1817 und 1820 um zwei Zeitschriftenprojekte sammelte, in Anlehnung an einen Begriff Henri de Saint-Simons als »Industrialisten« bezeichnet. Neben Saint-Simon und Thierry, die die Zeitschrift *L'industrie* herausgaben, waren es insbesondere

Charles Comte und Charles Dunoyer mit ihrer Zeitschrift *Le Censeur européen*, die diese Strömung prägten. (Gruner 1969, 351) Charles Comte gab 1817 in der ersten Nummer des *Censeur européen* dem Diskurs des Rassenkriegs eine neue Wendung: Die Franken, so Comte in der Wiedergabe Gruners, hätten nach ihrer Ankunft in Gallien eine Herrschaft errichtet, die parasitär gewesen sei. Sie hätten von der Ausbeutung des zivilisierten und produktiven Teils der Nation gelebt. Der Sturz dieser Klasse, der das Ziel der Französischen Revolution gewesen sei, aber nicht vollendet werden konnte, werde ohne Zweifel noch erfolgen. Wenn die industrielle Gesellschaft des produktiven Teils der Nation sich einmal durchgesetzt habe, dann werde alle Unterdrückung verschwinden, es werde keine Herren und Sklaven mehr geben. Eine neue Menschheit werde erscheinen, frei vom Begehren zu herrschen. (Ebd., 353)

Man könnte hier polemisch mit Sylvère Lotringer anschließen, dass diese Vorstellung uns auch in *Empire* wieder begegnet. Lotringer wirft Hardt und Negri vor, die Konfrontation zwischen Multitude und Empire bewege sich bei ihnen in einer allegorischen Dimension des Kriegs zwischen zwei Prinzipien.

> »The multitude being as immaterial as the work it produces, it is dressed, Hardt and Negri write, ›in simplicity, and also innocence‹. It is prophetic and productive, an ›absolutely positive force‹ capable of being changed ›into an absolute democratic power‹. (...) Evil Empire, on the other hand, the con-enemy, is just an ›empty shell‹, a giant with clay-feet, vicious, abusive, controlling, a predator always engaged in ›an operation of absolute violence‹ (...). Imperial command is nothing but an ›abstract and empty unification‹, a ›parasitical machine‹ that only lives off the vitality of the multitude and constitutes ›the negative residue, the fallback‹ of its operation.« (Lotringer 2004, 15/16)

Das ist treffend formuliert, aber es hilft nicht weiter bei der Frage, wie aus dieser Problematik herauszufinden ist. Oder anders formuliert – und das entspricht auch Lotringers Argument, warum er Paolo Virno gegenüber Hardt und Negri den Vorzug gibt –, wie ist den Fallstricken eines vorformulierten Telos zu entgehen. »Anyone who cares for the multitude«, so Lotringer, »should first figure out what it is about and what could be expected from it, not derive its mode from some revolutionary essence.« (Lotringer 2004, 16)

3 Wenn die Menge das Wort ergreift

Gehen wir noch einmal zurück in jene Phase der französischen Restauration, als der Diskurs des Rassenkampfs seine Karriere als Diskurs der Opposition hatte. François Guizot stieß erst 1820 zur Gruppe um den »Censeur européen«, nachdem er im Zuge einer Regierungsumbildung sein Amt als Direktor der Kommunal- und Departementverwaltung verloren hatte. (Gruner 1969, 359) Dies ist der Hintergrund für die Publikation seines Buchs *Du gouvernement de la France depuis la Restauration et du ministère actuel*, in dem er so fulminant die Revolution als abschließenden Kampf zwischen den zwei Völkern beschrieb. (s. o.) Bereits anlässlich der durch Guizots Buch ausgelösten Debatten, äußerte sich Pierre-Simon Ballanche in einem Brief an Juliette Récamier kritisch über dessen Thesen. Er habe das Buch nicht gelesen, schrieb er, »aber ich habe den Zeitungen entnommen, dass das, was daran am meisten beunruhigt hat, die Spaltung der französischen Nation in zwei Völker, die Franken und die Gallier, ist. Madame de Staël hat, glaube ich, als Erste diese Meinung geäußert. Sie wissen, dass es nicht die meine ist.« (Ballanche 1820, 512) Ballanche tut hier Germaine de Staël etwas unrecht, sie gehörte nicht zu den ersten, die diese Meinung äußerten und darüber hinaus ist sie eine sehr untypische Vertreterin des Ansatzes. Aber man kann Ballanches Reaktion als symptomatisch für seine Auseinandersetzung mit dem Diskurs des Rassenkampfs ansehen. Ballanche führte keine öffentliche Polemik gegen die Thesen des Rassenkampfs, aber er formulierte in einigen seiner Schriften, insbesondere in einer 1829 publizierten Folge von Essais, einen sehr interessanten Gegenentwurf zum dominanten Diskurs der Liberalen.

Ballanche selbst ist nicht den Liberalen zuzurechnen, seine politische Heimat war der Salon von Juliette Récamier, in dem zwar auch Liberale verkehrten, insgesamt aber eine katholisch geprägte Romantik dominierte. Bekannteste Person des Kreises war François-René de Chateaubriand, einer der Begründer der französischen Romantik. Michelet sprach in diesem Zusammenhang etwas abfällig von den »salons demi-catholiques«, in denen der »liebenswerte Ballanche« verkehrte. (Michelet 1869, 20) Aber auch wenn Ballanche tief im Katholizismus verankert war und viele Ereignisse der Revolution vehement kritisierte – seine Familie hatte die 1793 vom Konvent angeordnete Strafexpedition gegen Lyon miterlebt und war davon betroffen – die Position der Reaktion lag ihm fern. Die Revolution als historisches Ereignis, das äußerte Ballanche mehrfach, war unhintergehbar. Es werde und könne kein Zurück zur vorrevolutionären Ordnung geben. (McCalla 1998, 3–14, 103–106; Ozouf 1987, 339) In seinem geschichtsphilosophischen Konzept der *Palingénésie sociale*[4] interpretierte Ballanche die Französische Revolution bei aller Kritik letztlich als ein Ereignis des sozialen Fortschritts. (Ballanche 1830, 161) Es ist diese Fortschrittsgläubigkeit, mit der sich Ballanche von der dominanten Strömung des Katholizismus seiner Zeit absetzte. Der geschichtlichen Entwicklung, so die Überzeugung Ballanches, liegt eine Tendenz zur Durchsetzung der allgemeinen Gleichheit zugrunde. Die Gleichheit der Menschen, wie sie in der christlichen Botschaft der Gleichheit aller Gläubigen gegenüber Gott angelegt ist, tendiert nach seiner Überzeugung notwendig dahin, sich im Lauf der historischen Entwicklung auch im Sozialen zu realisieren. (Bénichou 2004, 507 ff.; Juden 1970; McCalla 1993; McCalla 1998, 89)

Die römische Geschichte stellte für Ballanche so etwas wie die allgemeine Folie der Geschichte aller Gesellschaften dar. Seine 1829 publizierten *Essais de palingénésie sociale* bildeten einen Teil des von ihm konzipierten Gesamtwerks über die *Palingénésie sociale*. Der Untertitel der Essais, »Allgemeine Formel der Geschichte aller Völker, auf die Geschichte des römischen Volkes angewandt«, bringt den Ballancheschen Anspruch zum Ausdruck. In der Ausarbeitung am römischen Beispiel sah Ballanche einen zentralen Baustein seines geplanten Werks. (Ballanche 1830, 20/21; Kettler 1996, 73) Ein Werk, von dem Ballanche noch einige andere Teilabschnitte publizierte, das aber in seiner geplanten Gesamtheit unvollendet blieb. (McCalla 1998, 135 ff.)

Die Geschichte des Auszugs der Plebejer, wie sie Ballanche im dritten Fragment der Essais erzählt, ist eine Geschichte der Menge, die das Wort ergreift. Eine Geschichte des Auftretens von Politik, wie Rancière sagt. (Rancière 2002) Die geschichtliche Vorlage, die Ballanche dabei verarbeitet, ist eine der zentralen Episoden aus der Frühgeschichte der römischen Republik, die in unterschiedlichen Varianten von römischen Geschichtsschreibern überliefert wurde – die sogenannte erste *secessio plebis*, der Auszug der Plebejer aus der Stadt Rom. Titus Livius und Dionysius von Halikarnass, die beiden wesentlichen Quellen für Ballanche, geben übereinstimmend den *mons sacer*, den Heiligen Berg als den Ort an, an den sich die Plebejer zurückzogen und datieren die Ereignisse auf das Jahr 494 v. Chr. (Ballanche 1830, 145; McCalla 1998, 142; Livius 1987, 233; Dionysius 1847, 718) Ballanche hingegen verlegt das Geschehen auf den Aventin, eine Angabe, die wohl eine Erfindung des Historikers Calpurnius Piso war und schon von Livius als unglaubwürdig eingestuft wurde. (Livius 1987, 233; Ballanche 1969, 173, Notiz von Alan J.L. Busst) Wenn Ballanche dennoch das Geschehen auf dem Aventin ansiedelt, so liegt dem wohl der Wille zugrunde, seine Erzählung an einem Ort zu verdichten, der in besonderer Weise mit plebejischer Geschichte verknüpft ist. Der außerhalb des heiligen Bezirks Roms gelegene Hügel war der erste Ort, an dem den Plebejern ab 456 v. Chr. eigener Landbesitz zugestanden wurde. (Livius 1991, 241) Wesentlich mehr als der *mons sacer* ist der Aventin dadurch als ein plebejischer Ort ausgewiesen.

Und Ballanche verdichtet die Symbolik weiter: Den römischen Gründungsmythen zufolge soll Remus auf dem Aventin beerdigt worden sein, nachdem er von seinem Bruder Romulus getötet wurde. Ballanche lässt in einer der Szenen seiner Erzählung die Plebejer darüber beratschlagen, ob sie den freien Stuhl des Remus im römischen Senat für sich reklamieren und sich damit in die Nachfolge eines der mythischen Stadtgründer setzen sollten. (Ballanche 1829, III, 77) Die Senatoren andererseits verweisen in Ballanches Erzählung darauf, dass sich auf dem Aventin auch das Grab des Sabiners Tatius befinden soll. Tatius, so einer der Senatoren, kam einst mit seinen Schutzbefohlenen nach Rom und bestand darauf, genauso wie diese behandelt zu werden und mit ihnen das Brot des Asyls zu teilen. Er wurde deshalb als ein Überläufer und Abtrünniger von der Sache der Patrizier erachtet und ihm wurde ein Grab innerhalb des heiligen Bezirks verwehrt. (Ebd., 85)

Die ganze Ballanchesche Erzählung ist in dieser Form mit Deutungen beladen. Um seine spezifische Interpretation der Geschichte der ersten *secessio plebis* einordnen zu können, scheint es mir deshalb geboten, zunächst etwas ausführlicher auf die Vorlagen von Livius und Dionysius einzugehen. Also, worum geht es? Hintergrund der Episode ist die einige Jahre zuvor erfolgte Absetzung des letzten römischen Königs Tarquinius Superbus durch die Patrizier. (Livius 1987, 151 ff.; Dionysius 1832, 497 ff.) Die Plebejer profitierten von diesem Umsturz wenig. Im Gegenteil: mehrfach versuchte Tarquinius mit Verbündeten, die Macht in Rom wieder zu erobern. Die daraus folgenden ständigen Einberufungen zum Kriegsdienst trieben mehr und mehr Plebejer in die Verschuldung. Nach dem Tod des Tarquinius fiel dann die äußere Bedrohung weg und die Plebejer begannen, sich über den Umgang der Patrizier mit den Schuldnern zu beklagen. Viele zahlungsunfähige Plebejer, so berichten Livius und Dionysius, waren von ihren patrizischen Gläubigern in Schuldhaft genommen worden und hatten so ihre Freiheit verloren. (Livius 1987, 207 ff.; Dionysius 1847, 689 ff.) Unmittelbarer Anlass für die Ereignisse der *secessio plebis* waren dann erneute Kriege gegen die Volsker, Sabiner und Aequer. Schon vor Beginn der Feldzüge regte sich Unmut bei den Plebejern und lediglich das Versprechen eines Schuldenerlasses konnte sie zur Teilnahme bewegen. (Livius 1987, 215 u. 227; Dionysius 1847, 698 u. 713). Als der Feldzug beendet war, wollte der Senat die Erfüllung des Versprechens hinauszögern und ließ deshalb das Heer unter Waffen. (Livius 1987, 233; Dionysius 1847, 718) Als den Plebejern dieser Verrat deutlich wurde, kam es zum Aufruhr. Titus Livius beschreibt die nun folgenden Ereignisse wie folgt:

»Zuerst soll davon die Rede gewesen sein, die Konsuln umzubringen, damit sie von ihrem Fahneneid entbunden würden; als man ihnen dann klarmachte, dass eine Bindung durch ein Verbrechen nicht aufgehoben werde, sollen sie auf Veranlassung eines Mannes namens Sicinius ohne Befehl der Konsuln zum Heiligen Berg abgezogen sein – er liegt jenseits des Anio, drei Meilen von der Stadt entfernt. (...) Ein ungeheurer Schrecken herrschte in der Stadt, und einer hatte Angst vor dem andern. Die von ihren Leuten in der Stadt zurückgelassenen Plebejer fürchteten eine Gewalttätigkeit der Patrizier; die Patrizier fürchteten die in der Stadt gebliebenen Plebejer und wussten nicht, ob sie lieber wollten, dass sie blieben oder, dass sie weggingen. Wie lange aber werde die Menge, die weggezogen sei, ruhig bleiben? Was werde denn geschehen, wenn in der Zwischenzeit ein Krieg von außen hereinbreche? Sie glaubten, dass wirklich nur eine Hoffnung bleibe: die Eintracht der Bürger; die müsse in der Bürgerschaft um jeden Preis wieder hergestellt werden. Daher beschlossen sie,

Menenius Agrippa als Unterhändler zu den Plebejern zu schicken, einen beredten Mann, der auch den Plebejern lieb war, weil seine Ahnen Plebejer gewesen waren. Er wurde in das Lager geschickt und soll dort in der damaligen altertümlichen und schlichten Art zu reden nichts anderes getan haben, als dass er folgende Geschichte erzählte: Zu einer Zeit, als im Menschen nicht wie jetzt alles im Einklang miteinander war, sondern von den einzelnen Gliedern jedes für sich überlegte und für sich redete, hätten sich die übrigen Körperteile darüber geärgert, dass durch ihre Fürsorge, durch ihre Mühe und Dienstleistung alles für den Bauch getan werde, der Bauch aber in der Mitte ruhig bleibe und nicht anderes tue, als sich der dargebotenen Genüsse zu erfreuen. Sie hätten sich daher verschworen, die Hände sollten keine Speise mehr zum Munde führen, der Mund solle, was ihm dargeboten werde, nicht mehr aufnehmen und die Zähne sollten nicht mehr kauen. Indem sie in diesem Zorn den Bauch durch Hunger zähmen wollten, habe zugleich die Glieder selbst und den ganzen Körper schlimmste Entkräftung befallen. Da sei dann klar geworden, dass auch der Bauch eifrig seinen Dienst tue und dass er nicht mehr ernährt werde, als dass er ernähre, indem er das Blut, von dem wir leben und stark sind, in alle Teile des Körpers zurückströmen lasse, nachdem es durch die Verdauung der Nahrung seine Kraft erhalten habe. Indem Agrippa dann einen Vergleich anstellte, wie ähnlich der innere Aufruhr des Körpers dem Zorn der Plebs gegen die Patrizier sei, habe er die Menschen umgestimmt.« (Livius 1987, 233 f.)

Das Gleichnis, dass Livius hier den Menenius Agrippa erzählen lässt, gehört zu den großen Szenen, die Livius in das politische Gedächtnis Europas eingebracht hat. (Peil 1985) Kern der immer wieder aufgegriffenen Geschichte ist das in dem Gleichnis entworfene Bild des kollektiven Körpers. Das Bild des kollektiven Körpers, so stellen die AutorInnen von »Der fiktive Staat« fest, erfüllt die Funktion »etwas anschaulich zu machen, das mit bloßem Auge unsichtbar bliebe: das soziale Band, dass die Parteien noch in ihrem Streit zusammenhält.« (Koschorke/Lüdemann/Frank/Matala de Mazza 2007, 18) Die Körpermetapher bringt eine Ganzheit hervor, die es ohne ihre Zuhilfenahme gar nicht gäbe. Gleichzeitig aber macht sie »diese Intervention sofort wieder unkenntlich, indem sie dieser Ganzheit die Eigenschaft zuschreibt, naturgegeben und unvordenklich zu sein«. (Ebd., 19)

In der Version des Livius wird die Fabel in knapper Form erzählt, Dionysius hingegen lässt Menenius Agrippa das Gleichnis in »didaktischer Langatmigkeit« vortragen. (Ebd., 16) Die Glieder stehen für die einzelnen Stände, der Magen für den Senat:

»Die einen bauen die Felder, andere kämpfen für sie mit den Feinden, andere führen über das Meer viele nützliche Waren ein, andere treiben die notwendigen Künste. Wenn nun alle diese Stände mit dem Rat, der aus den Vorzüglichsten besteht, sich entzweiten und sprächen: ›Und du Rat, was tust du uns Gutes? Und aus welcher Ursache willst du über die anderen herrschen? Denn du wirst nichts sagen können – sollen wir also nicht endlich uns von dieser Despotie befreien und ohne Lenker leben?‹ Wenn sie so dächten und ihre gewohnten Beschäftigungen aufgäben, was wird hindern, dass dieser schlechte Staat auf eine schlechte Weise zu Grunde gehe, durch Hunger und Krieg und jede andere Art von Elend?« (Dionysius 1847, 772/773)⁵

Doch die didaktische Langatmigkeit ist keineswegs der einzige Unterschied zwischen den Versionen von Livius und Dionysius, die im Übrigen beide fast zeitgleich in der Zeit des Kaiser Augustus verfasst wurden. Es stimmt wohl, dass Dionysius die Fabel des Menenius Agrippa deutlich ausführlicher erzählt als Livius, gleichzeitig räumt er aber der Erzählung der Fabel für den Ablauf der *secessio plebis* und die Rückkehr der Plebejer nach Rom eine sehr viel geringere Bedeutung ein. Bei Livius werden die Plebejer von der Rede des Menenius Agrippa überzeugt. Er habe mit seinem Vergleich »die Menschen ungestimmt«, heißt es. (Livius 1987, 235) Danach erst, so Livius, »begann man über eine Einigung zu verhandeln, und ging auf die Bedingung ein, dass die Plebs eigene heilig-unverletzliche Beamte haben sollte, denen das Recht der Hilfeleistung gegen die Konsuln zustehe und dass es einem Patrizier nicht erlaubt sein solle, dieses Amt zu bekleiden. So wurden zwei Volkstribunen gewählt.« (Ebd.) Während also bei Livius die Plebejer bereits durch die Fabel des Menenius umgestimmt sind bevor überhaupt ein Verhandlungsergebnis vorliegt, hebt Dionysius die Bedeutung der tatsächlichen Zugeständnisse an die Plebejer hervor.

Aber nicht nur an dieser Stelle setzt die Erzählung des Dionysius einem anderen Schwerpunkt als die des Livius. Schon bevor Menenius Agrippa zu den Plebejern entsandt wird gibt Dionysius eine ausführliche Schilderung der Verhandlungen im römischen Senat, indem sich Befürworter und Gegner von Verhandlungen mit den Plebejern unversöhnlich gegenüberstehen. (Dionysius 1847, 723–749) Erst nachdem sich dann die Befürworter der Verhandlungslösung, im Wesentlichen die älteren Mitglieder des Senats, durchsetzen wird eine Gesandtschaft zu den Plebejern geschickt. Hier nun führt Dionysius eine neue Person in seine Erzählung ein, die es bei Livius nicht gibt. Neben Sicinius Bellutus, der bei Dionysius wie bei Livius die Plebejer aus der Stadt führte, lässt Dionysius einen weiteren Wortführer der Plebejer auftreten:

»Es war aber ein sehr unruhiger und aufrührerischer Mann Lager, scharfsinnig, um etwas Zukünftiges lange vorher vorauszusehen, und was er dachte, nach Art eines geschwätzigen und plauderhaften Menschen, auszudrücken im Stande, welcher Lucius Junius hieß, wie der, welcher die Könige stürzte, und weil er wünschte, ihm vollkommen gleich zu heißen, wollte er auch Brutus genannt werden.« (Dionysius 1847, 751)

Lucius Junius hieß auch der Anführer des Aufstands der Patrizier gegen den König Tarquinius Superbus. Er stammte aus einer einflussreichen Patrizierfamilie und trug den Beinamen »Brutus«, der Dumme, weil er sich jahrelang als Tölpel ausgab, um Tarquinius nicht als Gefahr zu erscheinen und den Repressionsmaßnahme des Königs zu entgehen. (Livius 1987, 151 ff.; Dionysius 1832, 497 ff.) Dionysius lässt nun also, als die Gesandtschaft der Patrizier im Lager der Plebejer eintrifft, auf der Seite der Plebejer einen gleichnamigen Mann auftreten. Eine Person, der in seiner Erzählung eine zentrale Bedeutung zukommt. Zunächst aber, so heißt es bei Dionysius weiter, wird dieser plebejische Lucius Junius nur wenig ernst genommen: »Den meisten erregte die Eitelkeit des Mannes Lachen, und wenn sie ihn verspotten wollten, nannten sie ihn Brutus.« (Dionysius 1847, 751) Lucius Junius, so Dionysius, überzeugte den Befehlshaber im plebejischen Lager, Sicinius Bellutus, dass es nicht vorteilhaft für die Plebejer wäre, wenn sie zu schnell auf die Vorschläge des Senats eingingen. Sie sollten sich vielmehr möglichst lange Zeit widersetzen und die Angelegenheit dramatisieren.

Die Gesandten der Patrizier erklären den versammelten Plebejern, dass der Senat ihnen eine »ehrenvolle und vorteilhafte Rückkehr verwilligt« und den Beschluss gefasst habe, »nichts von dem Vorgefallenen nachzutragen«. Die Delegation habe die Vollmacht zur Aussöhnung und solle den Plebejern ihre Forderungen bewilligen, wenn sie »billig sind, und nicht durch Unmöglichkeit, oder irgendeinen nicht mehr austilgbaren Schimpf ihre Erfüllung gehindert wird«. (Ebd., 751/752) Auf dieses Angebot lässt Dionysius den plebejischen Lucius Junius mit einer langen Rede antworten. Er verweist darin auf die Unterstützung, die die Plebejer den Patriziern gewährten, als es galt, das Königtum zu stürzen. Obwohl sie vom Despotismus des Königs selbst gar nicht so betroffen waren wie die Patrizier, seien die Plebejer »unwillig über das, was vorging«, den Patriziern beigetreten und gemeinsam mit ihnen aufgestanden. Alle Versuche der Tarquinier, sie in den folgenden Jahren auf ihre Seite zu ziehen, hätten sie zurückgewiesen und stets zu den Patriziern gestanden, »und bis auf den jetzigen Augenblick erschöpfen wir uns schon seit siebzehn Jahren durch Kämpfe mit aller Welt um die gemeinsame Freiheit«. (Ebd., 756)

All das sei den Plebejern von den Patriziern nicht gedankt worden. Mehrfach habe der Senat ihnen eine Besserung ihrer Lage versprochen und dann die Versprechen nicht gehalten. Wenn nun eine neue Übereinkunft geschlossen werden solle, wer werde dann den Plebejern für die Einhaltung bürgen. »Welche Sicherheiten werden wir haben, der vertrauend wir die Waffen aus den Händen legen, und unsere Personen wieder ihrer Gewalt übergeben werden?« Er sei schon zu oft gelehrt worden, »dass die wider Willen zwischen denen, welche herrschen wollen, und denen, welche nach Freiheit trachten, geschlossenen Verträge nur so lange bestehen, als die Not sie in Kraft erhält«. (Ebd., 762) Drastisch lässt Dionysius Lucius Junius die verzweifelte Lage der Plebejer schildern, die nichts mehr besitzen:

»Denn keinem von uns bleibt ja hier eine Ackerlos, oder väterliches Haus, oder gemeinsamer Gottesdienst, oder Ansehen, wie in einer Vaterstadt, dass wir aus Anhänglichkeit daran den Boden lieben könnten, um sogar gegen unsere Überzeugung zu bleiben, ja nicht einmal die mit den Waffen für unsere Leiber unter vielen Mühen erstrebte Freiheit; da teils die Feinde es zerstört, teils der Mangel an den täglichen Lebensmitteln es aufgerieben, teils die übermütigen Gläubiger uns darum gebracht haben, welchen wir zuletzt unsere eigenen Felder zu bauen gezwungen wurden, wir Elende, indem wir gruben, pflanzten, pflügten, Herden weideten, als Genossen unserer eigenen im Kriege gefangenen Sklaven, einige mit Ketten an den Händen gefesselt, andere an den Füßen, andere wie die wildesten Tiere mit Halseisen und eisernen Kugeln. Von den Martern, Misshandlungen, Peitschenschlägen und ermüdenden Arbeiten vom frühen Morgen bis zum späten Abend, von aller sonstigen Grausamkeit, dem Übermut und Stolz, den wir ertragen mussten, will ich nichts sagen. (...) Lasst uns, soviel wir noch Trieb und Kraft haben, gerne von ihnen fliehen, und das Schicksal und die Gottheit, die unsere Retter sind, zu Führern auf dem Weg nehmen, und als unser Vaterland die Freiheit betrachten und als unseren Reichtum Tugend; denn jedes Land wird uns als Mitbewohner aufnehmen, da wir denen, welche uns aufnehmen, teils nicht lästig, teils nützlich sein werden.« (Ebd., 763/764)

Nach dieser Rede sind alle Anwesenden zu Tränen gerührt, selbst die Gesandten der Patrizier. Erst jetzt lässt Dionysius den Menenius für eine längere Rede das Wort ergreifen, in der er die Magenfabel erzählt. Die Rede stößt auch in der Dionysius' Schilderung auf große Zustimmung der Plebejer, aber dann gibt es eine wesentliche Differenz zu der Darstellung bei Livius: Dionysius lässt nach der Rede des Menenius erneut Lucius Junius auftreten und gegen eine schnelle Rückkehr sprechen. Lucius Junius, den auch Dionysius jetzt Brutus nennt, stellt die entscheidende Forderung, bei deren Bewilligung die Plebejer auf das Angebot der Patrizier eingehen wollen. Er betont erneut die fehlenden Sicherheiten für die Plebejer, würden sie sich erneut der Herrschaft der Patrizier unterstellen. Er fordert, Vorsteher der Plebejer zu wählen »in beliebiger Anzahl, welche keine weitere Gewalt haben sollen, als dass sie den Bürgern, welchen Unrecht oder Gewalt widerfährt, zu Hilfe kommen, und es nicht geschehen lassen, dass einem sein Recht verkürzt werde«. (Ebd., 774) Die Einrichtung dieses Amts der Vorsteher, besser bekannt unter dem Namen Volkstribunen, ist bei Dionysius das zentrale Verhandlungsobjekt, an dem sich die Beendung der *secessio plebis* entscheidet. Erst nach der Wahl der Vorsteher und der Abfassung eines Gesetzes, das die Volkstribunen für unantastbar und unverletzlich erklärt, kehren die Plebejer in die Stadt zurück.

Dionysius erzählt die Geschichte einer Aushandlung. Die berühmte Magenfabel findet sich bei ihm gegenüber der Version des Livius in einer dezentrierten Position. Sie nimmt nicht nur in der Gesamterzählung der Ereignisse deutlich weniger Raum ein, ihr wird auch keine entscheidende Bedeutung zugeschrieben. Dionysius beschreibt den Verlauf eines sozialen Konflikts und lässt die Beteiligten sprechen. Natürlich wird dabei nicht die Rede tatsächlicher Personen wiedergegeben, sprechen stets nur exemplarische Vertreter einer Position. Aber dennoch, der Unterschied zur Variante des Livius ist erheblich. Dionysius führt mit der Figur des Lucius Junius einen Repräsentanten der Plebejer ein, der stellvertretend für sie das Wort ergreift. Lucius Junius spricht ausführlich und wortgewandt, seine Rede rührt nicht nur die Plebejer, sondern auch die Vertreter des Senats zu Tränen. Er wird zwar als »geschwätziger und plauderhafter Mensch« vorgestellt, erweist sich aber im Fortgang der Erzählung der Konfrontation mit den Vertretern des Senats durchaus gewachsen. Es ist wenig verwunderlich, dass sich Ballanche 1829 wesentlich mehr bei Dionysius als bei Livius bediente.

Livius' Erzählhaltung, so ließe sich etwas verkürzt sagen, ist die der Staatsräson. Die *secessio plebis* ist bei ihm in erster Linie etwas, das die Einheit des Staatswesens stört. Die von außen bedrohte Gemeinschaft der Römer hat kein wichtigeres Ziel, als die »Eintracht der Bürger« um jeden Preis wieder zu erlangen. (Livius 1987, 233) Foucault zog in seiner Vorlesung 1976 Titus Livius als eine Art Gegenfolie zum Diskurs Rassenkampfs heran. Der ab dem 17. Jahrhundert aufkommende Diskurs des Rassenkampfs war auch eine Gegen-Geschichte zur Historie des römischen und mittelalterlichen Typs. Die verschiedenen Formen der Historie, wie sie in Rom und im europäischen Mittelalter praktiziert wurden, waren stets »Diskurse der Macht«, Rituale zur Stärkung der Souveränität:

> »Allgemein kann man (...) sagen, dass die Historie in unserer Gesellschaft lange eine Geschichte der Souveränität gewesen ist, eine Geschichte mithin, die sich in der Dimension und Funktion der Souveränität entfaltet: eine ›jupiterische‹ Geschichte also. Insofern stand die mittelalterliche Historie noch in direkter Kontinuität mit der Geschichte der Römer, der Geschichte, wie sie die Römer, Titus Livius etwa oder die ersten Annalisten erzählt haben.« (Foucault 1999, 80)

Ballanches Version der Erzählung über die erste *secessio plebis* könnte man als einen Versuch einordnen, ein Verhältnis zur Historie zu etablieren, das weder im Register der Souveränität noch im Register des Rassenkampfs funktioniert. Ballanche nahm dabei zahlreiche Elemente auf, die bereits bei Dionysius angelegt sind, insbesondere die Figur des plebejischen Brutus und die Ausführlichkeit, mit der die Positionen der Plebejer zu Wort kommen. Gleichzeitig fügte Ballanche aber etwas gänzlich Neues ein: die Stimme der Menge. Kommen die Plebejer bei Dionysius fast ausschließlich in der stellvertretenden Rede des Brutus zu Wort, so gibt es bei Ballanche den vielstimmigen Auftritt der Menge, der »multitude«, selbst.

Dieses Stilmittel, der Menge selbst eine Stimme, oder genauer mehrere Stimmen, zu verleihen, wird gleich zu Beginn der Schilderung der Vorgänge auf dem

Aventin etabliert. Als der Menge deutlich wird, dass ihr Versuch, das römische Orakel zu befragen, gescheitert ist, lässt Ballanche die Stimmen der Menge auftreten:

> »Und tausend nicht zueinander passende Rufe ließen sich hören. ›Brot! Brot!‹, riefen einige ›Das Haus des Herrn!‹, andere. Einige unterhielten sich miteinander und sagten ›Die Schutzbefohlenen, die fügsam, sparsam und ordentlich waren, haben nichts zu fürchten von ihren Herren. Sie lebten in Frieden mit ihren Frauen und ihren Kindern, die aufwuchsen, um die Familie eines glorreichen Herrn zu ehren. Ohne Zweifel gibt es harte und unbeugsame Herren; aber deren Kinder werden noch viel härter geführt als ihre Klienten. Können sie diese nicht töten, sie jenseits des Tibers verkaufen? Also, unterwerfen wir uns der Notwendigkeit! – Ja! – Nein! – Wir sind zu weit vorangegangen um jetzt zurückzuweichen! – Was werden sie mit unseren Frauen und Kindern machen? – Brot! Brot!‹ So die ungeordneten Stimmen der Menge.« (Ballanche 1829, III, 73/74)

Die Stimmen der Ballancheschen Menge sind nicht homogen. Die Menge ist immer schon plural. Es gibt kein zuvor festgelegtes Ziel, Zweifel werden hörbar und ein tastendes Suchen nach dem Weg. Aber die Menge ist in Ballanches Schilderung nicht nur in der Lage, sich hörbar zu machen, sie vollzieht auch politische Akte, mit denen sie sich in die politische Gemeinschaft einschreibt. Jacques Rancière hat die Bedeutung betont, die Ballanche in seinem Text den Sprechakten der Plebejer zuweist, die der Form nach diejenigen der Patrizier nachbilden.

> »Sie führen eine Reihe von Sprechakten aus, die jene der Patrizier mimen: sie sprechen Verwünschungen und Vergötterungen aus; sie wählen einen unter ihnen aus, um *ihre* Orakel zu befragen; sie geben sich Repräsentanten, indem sie ihnen neue Namen geben. Sie entdecken sich in der Weise der Überschreitung, als sprechende Wesen, mit einer Sprache begabt, die nicht einfach Bedürfnisse, Leiden und Zorn ausdrückt, sondern Intelligenz beweist. Sie schreiben, sagt Ballanche, ›einen Namen in den Himmel‹: einen Platz in eine symbolische Ordnung der Gemeinschaft der sprechenden Wesen, in eine Gemeinschaft, die noch keine Wirksamkeit in der römischen Polis hat.« (Rancière 2002, 36)

4 Der Anteil der Anteillosen

Wenn Ballanche die Plebejer die Sprechakte der Patrizier nachbilden lässt, so scheint er damit das anfänglich zitierte Diktum von Gilles Deleuze und Félix Guattari zu bestätigen: »Es gibt nur eine Geschichte der Mehrheit oder von Minderheiten, die in Bezug auf die Mehrheiten definiert werden.« Auch in Ballanches Text definieren sich die Plebejer in Bezug auf die Patrizier, ihre Handlungen sind darauf ausgerichtet, selbst eine Geschichte zu bekommen. Eine Geschichte, die nur eine geliehene sein kann. Sprechakte, die die Sprechakte der Patrizier nachahmen, Namensgebungen, die die Geschichte der Patrizier aufnehmen. Aber zugleich gehen diese Akte nicht in der Frage auf »wie man eine Mehrheit erobert oder sich verschafft«. (Deleuze/Guattari 1992, 397) Der Brutus bei Ballanche ist kein Anführer bei der Eroberung der Macht. Zentral an der Figur des Brutus ist zunächst der Sprechakt, den die Menge vollzieht, indem sie einen unter ihnen auffordert, den Namen Brutus anzunehmen. (Ballanche 1829, III, 78)

Brutus hat bei Ballanche, ebenso wie in der Variante des Dionysius, schon vor seiner Ernennung zum Brutus einen Namen. Lucius Junius heißt er bei Dionysius, bevor er sich den Beinamen Brutus zulegt. Bei Ballanche heißt er Paterculus. Zu Beginn der Ereignisse auf dem Aventin lässt Ballanche seinen Paterculus erstmals auftreten: Die Versammlung der Plebejer ruft in dieser Szene nach dem Boten, der ausgeschickt wurde, das Orakel zu befragen und Paterculus ergreift das Wort. Er erklärt der Menge, dass das Orakel nur den Patriziern antworte. Nur »die, für die die Vergangenheit die Existenz selbst ist, können die Zukunft befragen«, so Paterculus, »sie gehört ihnen mit dem selben Recht«. (Ballanche 1829, III, 73) Die Plebejer hingegen seien ohne Väter, die sie benennen könnten, ohne Kinder, denen sie ihre Namen weitergeben könnten und deshalb »unfähig, die Augurien einzuholen, weil die Augurien die Stimmen der Vorfahren sind. Wir sind nur durch unsere Herren«. Und als die Menge ihn nicht als den Boten wiedererkennt, den sie zum Orakel geschickt hat, fährt er fort: »Der Bote bin ich. (...) Ich habe einen Namen, so wie jede Sache einen Namen hat. Ich bin Paterculus, den ihr zur Sibylle geschickt habt und den sie verschmäht hat.« (Ebd.)

Ballanche lässt seinen Paterculus darauf beharren, dass er einen Namen habe »wie jede Sache«. Bereits damit stellt Paterculus im Kontext der Ballancheschen Erzählung das Recht der Patrizier in Frage. In der Ballancheschen Schilderung der patrizischen Debatten im Senat heißt es, alle teilnehmenden Senatoren seien aufgerufen worden, »jeder mit seinem Namen, mit dem Namen seines Vaters und dem Namen seiner Sippe«.[6] (Ballanche 1829, II, 132) Dreifach durch Namen ausgezeichnet sind die Patrizier, drei Namen haben sie: den eigenen, den des Vaters und den der Sippe. Wenn also Paterculus darauf besteht, dass er einen Namen habe, wie jede Sache einen Namen hat, so stellt er bereits damit die Setzung der Patrizier in Frage, dass die Plebejer sprach- und namenslose Wesen seien. Dieser erste Name ist zunächst nur ein Name, wie ihn auch eine Sache hat. Ballanches Namenswahl hat aber ihren eigenen Witz: Das Diminutivsuffix *culus* in *paterculus* macht Paterculus zu einem kleinen Vater. Namen und Rede des Paterculus stellen das in Frage, was Ballanche im zweiten Fragment als Kampfparole der Konservativen im Senat formuliert: »Möge derjenige für immer von der Teilhabe an den Angelegenheiten Roms, selbst den geringsten, ausgeschlossen sein, der nicht seinen Vater benennen kann.« (Ebd. 133) Noch größer wird die Herausforderung, die die Plebejer den Patriziern entgegensetzen mit der Ernennung des Paterculus zum Brutus. Die Ernennung lässt Ballanche in einer Szene geschehen, als die Menge sich darüber verständigt hat, dass es auch ein plebejisches Orakel gibt und dass dieses ihnen Antwort geben wird. »Paterculus wird das Orakel der Plebejer befragen. Paterculus soll den Namen Brutus annehmen!«, fordert die Menge. Und Paterculus antwortet: »Von diesem Moment an bin ich euer Brutus, von diesem Moment an ist Brutus mein neuer Name, den ich von euch erhalte.« (Ballanche 1829, III, 78) Ballanche kommentiert die Namensgebung: »Der Name einer Sache hatte einen Menschen versteckt, der für einen Menschen festgesetzte Name wird eine Sache manifestieren.« (Ebd.)

Die Ernennung des Paterculus zum Brutus durch die Menge ist für die Patrizier eine ungeheuerliche Anmaßung. Ballanche stellt dies heraus, indem er die Figur des Servilius einführt, eines »atypischen Patriziers« (Rancière 2002, 36), den er die Vorgänge auf dem Aventin miterleben lässt. Servilius ist Ballanches Erzählung zufolge zusammen mit seinen Schutzbefohlen auf den Aventin gekommen, und weil sie dies als einen Akt des Wohlwollens interpretieren, gewähren ihm die Plebejer Rederecht bei ihren Versammlungen. Ballanche lässt Servilius immer wieder das zentrale Argument wiederholen: Die Plebejer sind keine Menschen, sie sind Sterbliche, sie haben keine Vorfahren, die die ihren sind, sie haben keine Kinder, die in der Zukunft die ihren bleiben werden, sie haben keinen Grundbesitz und können deshalb auch nach ihrem Tod keine Grabstelle haben. »Euer Unglück ist es, nicht zu sein, und dieses Unglück ist unvermeidlich.« (Ballanche 1829, III, 75, Übersetzung nach Rancière 2002, 38) In der Versammlung der Patrizier, an der Ballanche Servilius später teilnehmen lässt, wird dieser von den nicht verhandlungswilligen Senatoren wegen seines Aufenthalts auf dem Aventin als Verräter geschmäht. (Ebd., 80) Zuvor verbindet Ballanche aber mit der Rückkehr des Servilius nach Rom eine Reflexion der Vorgänge auf dem Aventin. Servilius, so Ballanche, »ist Zeuge einer großen Veränderung gewesen (…), deren ganze Bedeutung er noch nicht abschätzen konnte. Plebejer, die sich das Recht der Apotheose anmaßen wollten[7], das heißt, sich einen Platz im Himmel markieren, weil ihnen ein Ort auf der Erde fehlt! (…) Plebejer ohne einen Namen, der ihnen zu Eigen wäre, und den sie weitergeben könnten, Plebejer, die für einem der ihren einen Namen festsetzen«. (Ballanche 1829, III, 78)

Die Menge schreibt nicht nur »einen Namen in den Himmel«, sie beginnt ganz irdisch Namen zu vergeben. Namenlose beginnen, Namen zu vergeben. Rancière betont, dass sich die Plebejer in diesen Akten als sprechende Wesen konstituieren; als sprechende Wesen, die dieselben Eigenschaften haben wie die Patrizier, welche ihnen diese Eigenschaften absprechen: »Kurz, in der Sprache Ballanches, aus den ›Sterblichen‹, die sie waren, sind ›Menschen‹ geworden, das heißt, Wesen, die Wörter auf ein kollektives Schicksal verpflichten.« (Rancière 2002, 36) Ballanche, so die Rancièrsche Interpretation, tritt mit seiner Variante der Erzählung ganz explizit Titus Livius entgegen, dem er vorwirft, das Ereignis der *secessio plebis* nur als eine Revolte, einen Aufstand des Elends und des Zorns denken zu können.

> »Titus Livius ist unfähig dem Konflikt einen Sinn zu geben, weil er unfähig ist, die Fabel des Menenius Agrippa in ihrem wahren Konsens zu verorten: dem eines Streits über die Frage der Sprache selbst. Indem Ballanche seine Lehrfabel auf die Diskussion der Senatoren und die Sprechakte der Plebejer zentriert, reinszeniert er damit den Konflikt, bei dem die wesentliche Frage ist, ob es eine gemeinsame Szene gibt, wo Plebejer und Patrizier über etwas debattieren könnten.« (Rancière 2002, 35)

Die diesbezügliche Haltung der unbeugsamen Patrizier ist recht einfach: es gibt diese Szene schlichtweg nicht, ganz einfach deshalb nicht, weil die Plebejer nicht sprechen. Die Plebejer sprechen nicht, weil sie Wesen ohne Namen sind, Wesen ohne eine symbolische Einschreibung in das Gemeinwesen. »Sie leben ein rein individuelles Leben, das nichts überträgt, außer dem Leben selbst, reduziert auf seine Reproduktionsfähigkeit.« (Rancière 2002, 35) Ballanche inszeniert diese Position in der Rede eines der Wortführer der Patrizier. Als Menenius Agrippa von seiner Verhandlungsmission vom Aventin zurückkehrt und den Senatoren das Ergebnis vorträgt, lässt Ballanche Appius Claudius auftreten und erklären, Menenius habe sich lediglich eingebildet, dass die Plebejer zu ihm gesprochen hätten:

> »Sie besäßen eine Sprache wie wir, haben sie Menenius zu sagen gewagt! Hat ein Gott den Mund des Menenius geschlossen, wer hat seinen Blick verblendet, wer hat ihm die Ohren sausen gemacht? Ist er von einem heiligen Schwindel erfasst worden? (…) er hat ihnen nicht antworten können, dass sie eine vorübergehende Sprechbefähigung hätten, eine Sprache, die eine Art flüchtiger Ton, eine Art Brüllen, Zeichen des Bedürfens ist, nicht Manifestation der Intelligenz. Ihnen fehlt das ewige Wort, das in der Vergangenheit war und in der Zukunft sein wird.« (Ballanche 1829, III, 94, Übersetzung nach Rancière 2002, 35)

Das zentrale Ereignis der Ballancheschen Erzählung sind also nicht wie bei Dionysius die Verhandlungsergebnisse, die Garantien der Patrizier, die Ernennung der Volkstribune. Der zentrale Akt ist die Etablierung der Szene selbst, auf der sich Plebejer und Patrizier begegnen. Menenius war keineswegs verblendet, vielmehr war seine Fabel, wie Ballanche schreibt, während eines einzigen Tages »um eine komplette Ära gealtert«. (Ballanche 1829, III, 91) Schon die Adressierung der Fabel setzt ihre eigene Basis außer Kraft. Wenn die Plebejer die Fabel von der notwendigen Ungleichheit zwischen Patriziern und Plebs verstehen können, so ist bereits die patrizische Setzung der Plebejer als sprachloser Wesen untergraben. Die Fabel des Menenius, formuliert Rancière, »möchte eine ungleichheitliche Aufteilung des Sinnlichen zu verstehen geben. Nur setzt der notwendige Sinn, diese Aufteilung zu verstehen, eine gleichheitliche Aufteilung voraus, die die erste ruiniert«. (Rancière 2002, 37) Was Ballanches Erzählung zu lesen gibt, so Rancière, ist das Auftreten von Politik im eigentlichen Sinne:

> »Die Diskussion des Unrechts ist kein – auch nicht gewalttätiger – Austausch zwischen konstituierten Partnern. Sie betrifft die Sprechsituation selbst und ihre Handelnden. Es gibt keine Politik, weil die Menschen, durch das Privileg der Sprache, über ihre Interessen übereinkommen. Es gibt Politik, weil diejenigen, die kein Recht dazu haben, als sprechende Wesen gezählt zu werden, sich dazuzählen und eine Gemeinschaft dadurch errichten, dass sie das Unrecht vergemeinschaften, das nichts anderes ist als der Zusammenprall selbst (...).« (Rancière 2002, 38)

Das Moment des Politischen besteht nicht in den Abkommen, die zwischen Plebejern und Patriziern geschlossen werden. Diese Abkommen gehören einer Ordnung an, die Rancière als »Polizei« bezeichnet. Der Begriff »Polizei« nimmt sich in diesem Kontext in Deutsch sonderbarer aus als im Französischen Original, wo im Wort *police* die griechische *polis* anklingt. Im Deutschen ist ein ähnlicher Bedeutungsgehalt wie der Rancièresche eher in dem alten Begriff der *Polizey* aufgehoben, der das staatliche Verwaltungshandeln als Ganzes meinte. (Rancière 1997, 65 und 93; Mulot 2001, 261). Rancière fasst unter »Polizei« die »Gesamtheit von Prozessen, die Verbindungen und Einwilligungen von Gesellschaften hervorbringen: Organisationen der Macht, Distributionen von Stellen und Funktionen, Legitimationssysteme dieser Distribution«. (Ebd., 65; Muhle 2006, 9) Diese Prozesse sind im Rancièreschen Sinne keine Politik. Politik tritt vielmehr in jenen seltenen Momenten auf, in denen eine Szene errichtet wird, auf der die »Anteillosen« auftreten; wenn »ein Anteil der Anteillosen« eingerichtet wird.

> »Es gibt Politik, wenn es einen Anteil der Anteillosen gibt, einen Teil oder eine Partei der Armen gibt. Es gibt nicht einfach deshalb Politik, weil die Armen den Reichen gegenübertreten oder sich ihnen widersetzen. Man muss eher sagen, dass es die Politik ist – das heißt die Unterbrechung der einfachen Wirkungen der Herrschaft der Reichen –, die die Armen als Entität zum Dasein bringt. (...) Die Politik existiert, wenn die natürliche Ordnung der Herrschaft unterbrochen ist durch die Einrichtung eines Anteils der Anteillosen.« (Rancière 2002, 24)

Rancière ist es wichtig zu betonen, dass diese Momente des Politischen selten sind. Es gibt keineswegs immer Politik, »es gibt sie sogar wenig und selten«. (Ebd., 29) Eine Einschätzung, die bei aller Kritik an Rancières Positionen auch Alain Badiou teilt. »Die Politik«, schreibt Alain Badiou in *Über Metapolitik* mit Verweis auf die Schriften von Sylvain Lazarus, »gehört der Ordnung des Subjektiven an, und gedacht wird sie als sequentielle und seltene Existenz. Sie ist ein irreduzibel singuläres Denken in der Kategorie des ›historischen Modus‹«. (Badiou 2003, 127; Lazarus 1996)

Was bedeutet ein solcher Begriff des Politischen nun für die Frage nach der Politik der Multitude? Rancière hat seine Überlegungen jüngst in *La haine de la démocratie* gegen Hardt und Negri positioniert. Rancière operiert dabei mit einem Demokratiebegriff, der wesentliche Züge seines Begriffs des Politischen aufnimmt. Demokratie in diesem Sinn, so Rancière, ist weder eine Regierungsform, die es der Oligarchie erlaubt, im Namen des Volkes zu regieren, noch eine Gesellschaftsform, die von der Macht der Ware bestimmt wird. (Rancière 2005, 105) Man müsse, so Rancière, endlich die alte sozialistische Version der demokratischen Idee aufgeben. Zu lange Zeit sei das demokratische Verlangen in der Idee einer neuen Gesellschaft aufgegangen, deren Elemente im Schoß der aktuellen Gesellschaft selbst geschaffen würden. »Das ist es, was ›Sozialismus‹ bedeutet hat: Eine Version der Geschichte, der zufolge die kapitalistischen Formen der Produktion und des Tauschs bereits die materiellen Bedingungen einer egalitären Gesellschaft und ihrer weltweiten Ausdehnung schafften.« (Ebd.)

Diese Hoffnung, so Rancière, wohnt auch den Vorstellungen eines Kommunismus oder einer Demokratie der Multitude inne, wie sie bei Hardt und Negri ihren Ausdruck findet. Die neue Gesellschaft wird aber nicht einfach aus der alten entstehen, denn »(d)ie von einem Herrschaftssystem geschaffene kollektive Intelligenz ist niemals etwas anderes als die Intelligenz dieses Systems. Die Gesellschaft der Ungleichheit trägt keine Gesellschaft der Gleichheit in ihrem Schoß. Die Gesellschaft der Gleichheit ist nicht anderes als das Ensemble von Beziehungen der Gleichheit, die sich hier und jetzt über singuläre und prekäre Akte entwerfen.« (Ebd., 106)

Die einfache Lösung, den revolutionären Umsturz und ein damit eröffnetes Reich der Freiheit wird es nicht geben. Die binäre Anordnung, die Hardt und Negri noch einmal entwerfen – dort das böse Empire, hier die gute Multitude –, sie hilft nicht weiter. Schon Foucault Paraphrase des binären gesellschaftlichen Schemas klang wie eine Karikatur: »(...) hier die einen und dort die anderen, die Ungerechten und die Gerechten, die Herren und jene, die unterworfen sind, die Reichen und die Armen, die Machthaber und jene, die nur ihre Arme haben, die gewaltsamen Eroberer und jene, die vor ihnen zittern, die Despoten und das murrende Volk, die Leute des gegenwärtigen Gesetzes und jene der künftigen Heimat.« (Foucault 1999, 86)

5 Die Nacht der Proletarier

Gegen die Vereinfachungen des binären gesellschaftlichen Schemas beharrt Rancière zu Recht auf der Singularität des Politischen, eines Politischen, das sich immer wieder neu herstellen muss. Nur verbirgt sich hier eine neue Problematik, auf die Rancière keine Antwort gibt. Rancières Interventionen sind, um mit Alain Badiou zu sprechen, so etwas wie »*Sperrungsklauseln*«. »Man lernt, was die Politik nicht sein darf, man lernt sogar, was sie einmal gewesen und nicht mehr ist, aber niemals, was sie im Realen ist, und noch weniger, was zu tun ist, damit sie existiert.« (Badiou 2003, 123) Hier verweist Badiou auf die entscheidenden Fragen, die die Rancièreschen Erörterungen des Politischen offen lassen und möglicherweise offen lassen müssen. Badiou beklagt, Rancière lasse hinsichtlich der Möglichkeit der Politik hier und heute keine Schlüsse zu. Aber er berichtet auch, Rancière habe ihm einmal gesagt, es gäbe immer genug Leute, die Schlüsse ziehen. (Ebd., 122/123) Es scheint von daher kaum angemessen, Rancière ein Versäumnis vorzuhalten, aber dennoch ist es gewinnbringend, an dieser Stelle auf die Auslassungen einzugehen, die seine Lektüre des Textes von Ballanche kennzeichnen. In den Auslassungen der Lektüre sind einige Hinweise aufzufinden, die Ansatzpunkte für eine Verknüpfung der Rancièreschen Überlegungen zur Bestimmung des Politischen mit der Frage nach den Möglichkeiten von Politik eröffnen.

Rancière geht in seiner Ballanche-Lektüre an keiner Stelle darauf ein, dass Ballanche neben Livius auch Dionysius als Quelle heranzieht. Was Rancière dabei entgeht, ist die Frage des Exodus, die nicht nur bei Dionysius sondern ebenso bei Ballanche an zentraler Stelle thematisiert wird – wenn auch mit einer sehr wesentlichen Differenz. Dionysius lässt den plebejischen Brutus die Erwiderung auf Menenius Agrippa mit einem pathetische Aufruf zum Exodus schließen: »Lasst uns (...) von ihnen fliehen (...), denn jedes Land wird uns als Mitbewohner aufnehmen.« (Dionysius 1847, 764, s. o.) Bei Ballanche findet sich ein ganz ähnlicher Aufruf zum Exodus: »Fuyons, fuyons, allons chercher un asile! Nous trouverons partout le pain de Panda!«[8] (Ballanche 1829, III, 71) Aber der Aufruf ist bei Ballanche anders platziert. Es ist die Menge selbst, die den Satz ausruft, und er steht am Beginn der *secessio plebis*.

In der Sequenz, die bei Ballanche diesem Aufruf zum Exodus vorangeht, wird ein Ereignis aufgegriffen, das bei Livius und Dionysius eine Weile vor Beginn der *secessio plebis* verortetet war. (Livius 1987, 209/210, Dionysius 847, 694/695) Bei Ballanche nun wird es zum unmittelbaren Auslöser des Auszugs der Plebejer: Einem in Schuldhaft genommenen Mann ist es gelungen, aus seiner Gefangenschaft zu entfliehen und er zeigt den Plebejern seine Narben – die, die ihm in der Schuldhaft von den Ketten und Schlägen zugefügt wurden und die, die er als Soldat im Dienste Roms davongetragen hat. Der Anblick des Mannes empört die versammelte Menge der Plebejer:

> »Die aufrührerischen Schutzbefohlenen stießen Schreie der Empörung zum Himmel. So können also, raunte es von allen Seiten, unsere Körper sowohl auf den Schlachtfeldern verstümmelt werden, im Licht des Tages, als auch in den Kerkern, im Schoß der verabscheuenswürdigen Dunkelheit! Sie sind abwechselnd sowohl der ehren-

vollen Blessuren als auch der schändlichen Wunden würdig. Verlassen wir unsere Tyrannen und fliehen wir! – Fliehen wir, fliehen wir, lasst uns ein Asyl suchen! (...).« (Ballanche 1829, III, 71)

Nach diesem Aufruf entflieht die Menge, wie es bei Ballanche heißt, »im Tumult, ohne zu wissen, wohin sie ihre Schritte lenken wird«. (Ebd.) Ballanche setzt somit einen Akt des Exodus an den Anfang der *secessio plebis*. Die *secessio* selbst ist als eine Form des Streiks bzw. eines »Wehrstreiks« anzusehen (Ungern-Sternberg 2001, 314), eine Charakterisierung die auch in der Darstellung von Ballanche nicht in Zweifel gezogen wird. Aber Ballanche platziert ganz bewusst im Rückgriff auf Dionysius einen Aufruf zum Exodus an ihrem Anfang. Die Verknüpfung von »Martern, Misshandlungen, Peitschenschlägen« und dem Aufruf zum Exodus findet sich bereits bei Dionysius, dort allerdings erst in der Rede des Brutus. (Dionysius 1847, 763/764, s. o.) Bei Ballanche hingegen markiert genau diese Verbindung den Beginn der *secessio plebis*.

In Rancières Ballanche-Lektüre, so ließe sich zugespitzt formulieren, gibt es keinen Auslöser der *secessio plebis*. Was Rancière interessiert, sind die Sprechakte der Plebejer und das Auftreten von Politik in der Situation. Diese dezidierte Schwerpunktsetzung findet sich auch in Rancières Text *Gibt es eine politische Philosophie?*, in dem er das Beispiel eines Arbeiterstreiks des 19. Jahrhunderts als ein Beispiel für das Auftreten des Politischen heranzieht. In einem solchen Arbeiterstreik, so Rancière, werden »zwei Sachverhalte zusammengestellt, die sonst nichts miteinander zu tun haben: Die von der Deklaration der Menschenrechte verkündigte Gleichheit und eine verworrene Frage der Arbeitszeit oder der Werkstattordnung.« (Rancière 1997, 76) Waren es aber nicht gerade die verworrenen Fragen der Arbeitszeit oder der Werkstattordnung, die im 19. Jahrhundert die Auslöser der Streiks waren – und eben nicht die in der Deklaration der Menschenrechte verkündete Gleichheit? Was Rancières Analyse bestimmt, ist die Verknüpfung der zwei Sachverhalte. Wenn es jedoch um die Frage der Möglichkeit von Politik geht, so muss der zweite Sachverhalt in den Fokus rücken. Denn sind es nicht gerade jene »verworrenen Fragen«, an denen sich die Möglichkeit von Politik eröffnet?

Bringen wir die Frage wieder etwas näher an Ereignisse der jüngsten Geschichte: Als im Herbst 2005 die Revolte der Jugendlichen in den französischen Vorstädten die Aufmerksamkeit der Öffentlichkeit auf diese Gruppe der Ausgeschlossen lenkte, wurde auch Rancière zu seiner Einschätzung der Ereignisse befragt. Offensichtlich, so erklärte Rancière im Dezember 2005 in der Tageszeitung *Libération*, hatte die Bewegung der Revolte keine politische Form gefunden, wie er sie verstehe. Es sei den revoltierenden Jugendlichen nicht gelungen, eine Szene zu errichten, in der sie sich selbst als zur Gemeinschaft gehörig gesetzt hätten, die sie ausschließt. »Die Reaktion auf eine Situation der Ungleichheit ist eine Sache«, so Rancière, aber die Gleichheit manifestiert sich erst dann politisch, »wenn die

Ausgeschlossen sich als eingeschlossen erklären in der Art selbst, in der sie ihr Ausgeschlossensein anzeigen«. (Rancière/Marongiu 2005) Um das medizinische Schema der Behandlung der Symptome durch Experten zu verlassen, müsse eine Form der Subjektivierung auftreten, die »alle kulturellen, sozialen und religiösen Vermittlungen durchquert um die Sprache eines ›wir‹ zu werden, das eine materielle Szene errichtet, auf der die Sprache zum Akt werden kann«. (Ebd.) Rancière definiert, was in der gegebenen Situation das Politische gewesen wäre. Das tut er überzeugend, aber der Anlass der Revolte wird dabei auf eine »Reaktion auf eine Situation der Ungleichheit« reduziert.

Den Anlässen zur Revolte hat Rancière 1981 im Vorwort zu seiner Studie *La nuit des prolétaires* seine Referenz erwiesen. Dort geht es um die Wünsche, die Arbeiter und Handwerker um 1840 dazu brachten, sich nachts zu treffen und den Kampf um ein besseres Leben aufzunehmen. »Nächte des Studiums, Nächte der Trunkenheit«, heißt es dort, und den Titel »Die Nacht der Proletarier« wollte Rancière keinesfalls als Metapher für die düsteren Lebensbedingungen der Proletarier verstanden wissen. Die Nacht der Proletarier, das meinte tatsächlich die Nächte, in denen sich Proletarier in kleinen politischen Zirkeln versammelten. Sie hatten, wie Rancière schrieb, jeder für sich beschlossen, »das Unerträgliche nicht länger zu ertragen«. Nicht nur die Not, die niedrigen Löhne, die schlechten Behausungen oder den immer lauernden Hunger, sondern viel grundsätzlicher »das Leid der täglich gestohlenen Zeit beim Bearbeiten des Holzes oder des Eisens, beim Nähen von Kleidern und Schuhen«, ohne ein anderes Ziel als die endlose Reproduktion von Herrschaft und Knechtschaft. (Rancière 1981, 7) »Endlich Schluss zu machen damit, wissen wollen, warum man damit noch nicht Schluss gemacht hat, das Leben verändern...« – so brachte Rancière 1981 die Motive der von ihm beschriebenen Proletarier auf eine kurze Formel. Man könnte auch sagen, es war die Rancièresche Variante des Aufrufs zum Exodus.

Viele kluge Gedanken von Britta Günther, Astrid Kusser, Maurizio Lazzarato, Isabell Lorey, Angela Melitopoulos, Efthimia Panagiotidis und Vassilis Tsianos sind in die Arbeit an diesem Text eingegangen. Ich danke ihnen allen sehr.

Anmerkungen

1 Hier zitiert Lotringer aus: Antonio Negri, Kairos, Alma Venus, Multitude, Paris (Calman Levy) 2000, S. 194. Die restlichen Zitate sind aus *Empire*.
2 Übersetzungen aus Texten von Ballanche und Rancière, soweit nicht anders gekennzeichnet, stammen von mir, TM.
3 Es wäre interessant, der Frage nach den Gemeinsamkeiten zwischen dem Ballancheschen Begriff »multitude« und demjenigen bei Hardt und Negri oder Paolo Virno

nachzugehen – und dabei auch die Frage des »Plebejischen« aufzugreifen, wie sie Giorgio Agamben jüngst mit Bezug auf Foucault angeregt hat. (Agamben 2006, 70/71 und Foucault 1977, 540) Das würde aber den Umfang des Beitrags überdehnen.

4   Palingénésie sociale ließe sich mit »gesellschaftliche Wiedergeburt« übersetzen, dabei geht aber der Bezug auf Charles Bonnets Begriff der Palingénésie philosophique verloren, an den sich Ballanche anlehnte. Bonnets Konzept zufolge hat Gott in jedem Lebewesen die Keime der Vervollkommnung angelegt, die es ihm ermöglichen, zu einem höheren Grad der Entwicklung als seinem aktuellen Zustand aufzusteigen. Die Schöpfung wird von Bonnet als eine aufsteigende Kette der Lebewesen von den Pflanzen bis zum denkenden Menschen verstanden. Ballanche übertrug Bonnets Konzept der Vervollkommnung auf die Ebene der Gesellschaft. (Bonnet 1770; Kettler 1996, 69)

5   In sämtlichen Zitaten aus Dionysius wurde die Orthographie im Sinne einer besseren Lesbarkeit in eine aktuelle Form gebracht.

6   »Tous ceux qui y assistent ont été appelés, chacun par son nom, par le nom de son père, par le nom de sa race«. »Race« ist hier wohl im Sinne von Sippe oder Familie zu verstehen.

7   Die Plebejer überlegen, ob sie den Namen des Römerkönigs Servius Tullius heiligen können, sind sich aber nicht sicher, ob sie zur Apotheose befähigt sind und entschließen sich dazu, Tullia, die Tochter des Servius Tullius zu verfluchen, der sie den Sturz des geschätzten Königs anlasten.

8   »Fliehen wir, fliehen wir, lasst uns ein Asyl suchen! Das pain de Panda werden wir überall finden!« Es fällt schwer, eine adäquate Übersetzung für den von Ballanche gewählten Ausdruck »pain de Panda« zu finden. An anderer Stelle seines Textes verwendet er ihn synonym mit »pain des cliens«, also das Brot der Schutzbefohlenen, der Abhängigen. (Ballanche 1829, III, 97)

Literatur

Agamben, Giorgio (2006): *Die Zeit die bleibt. Ein Kommentar zum Römerbrief*, Frankfurt a. M.
Arendt, Hannah (1962): *Elemente und Ursprünge totaler Herrschaft*, Frankfurt a. M.
Badiou, Alain (2003): *Über Metapolitik*, Zürich/Berlin
Ballanche, Pierre-Simon (1820): Lettre à Mme Récamier du 29 novembre 1820, in: Agnès Kettler, *Lettres de Ballanche à Madame Récamier 1812–1845*, Paris (Honoré Champion) 1996, S. 510–513
Ballanche, Pierre-Simon (1829): Essais de palingénésie sociale. Formule générale de l'histoire de tous les peuples, appliquée à l'histoire du peuple romain, in: *Revue de Paris*, Tome II, 1829, 3eme livraison, S. 138–154 (première fragment); Tome IV, 1829, 3eme livraison, S. 129–150 (deuxième fragment); Tome VI, 1829, 3eme livraison, S. 70–98 (troisième fragment)

Ballanche, Pierre-Simon (1830): Palingénésie sociale (Prolégomènes), in: *Œuvres de M. Ballanche*, Tome III, Paris (Barbezat), S. 11–344

Ballanche, Pierre-Simon (1969): *La vision d'Hébal, avec une introduction et des notes par Alan J. L. Busst*, Genève (Droz)

Bénichou, Paul (2004): Le temps des prophètes, in: Paul Bénichou, *Romantismes français*, Tome I, Paris (Gallimard), S. 443–986

Bonnet, Charles (1770): *Herrn C. Bonnets, verschiedener Akademien Mitglieds, Philosophische Palingenesie, Oder Gedanken über den vergangenen und zukünftigen Zustand lebender Wesen: Als ein Anhang zu letztern Schriften des Verfassers; und welcher insonderheit das Wesentliche seiner Untersuchungen über das Christenthum enthält, aus dem Französischen übersetzt und mit Anmerkungen herausgegeben von Johann Caspar Lavater*, Zürich (Füeßlin und Co.)

Deleuze, Gilles/Guattari, Félix (1992): *Tausend Plateaus, Kapitalismus und Schizophrenie II*, Berlin

Deleuze, Gilles (1997): *Differenz und Wiederholung*, München

Dionysius von Halikarnass (1832): *Urgeschichte der Römer*, Band 4, übersetzt von Gottfried Jakob Schaller, Stuttgart (Metzler)

Dionysius von Halikarnass (1847): *Urgeschichte der Römer*, Band 6, übersetzt von Adolph Heinrich Christian, Stuttgart (Metzler)

Foucault, Michel (1969): Was ist ein Autor?, in: Michel Foucault, *Dits et Ecrits. Schriften in vier Bänden*, Band 1, Frankfurt a. M., S. 1003–1041

Foucault, Michel (1977): Mächte und Strategien (Gespräch mit J. Rancière), in: Michel Foucault, *Dits et Ecrits. Schriften in vier Bänden*, Band 3, Frankfurt a. M. , S. 538–550

Foucault, Michel (1983): Der Wille zum Wissen. Sexualität und Wahrheit 1, Frankfurt a. M.

Foucault, Michel (1999): In Verteidigung der Gesellschaft. Vorlesungen am Collège de France (1975–76), Frankfurt a. M.

Gruner, Shirley M. (1969): Political Historiography in Restoration France, in: *History and Theory. Studies in the Philosophy of History*, Vol. VIII, 1969, No. 3, S. 346–365

Guizot, François (1820): *Du gouvernement de la France depuis la Restauration et du ministère actuel*, Paris (Ladvocat)

Hardt, Michael/Negri, Antonio (2002): *Empire. Die neue Weltordnung*, Frankfurt a. M./ New York

Hardt, Michael/Negri, Antonio (2004): Multitude. Krieg und Demokratie im Empire, Frankfurt a. M.

Juden, Brian (1970): Particularités du mythe d'Orphée chez Ballanche, in: *Cahiers de l'Association Internationale des Études Françaises*, No. 22, Mai 1970, S. 137–152

Kettler, Agnès (1996): *Lettres de Ballanche à Madame Récamier 1812–1845*, Paris (Honoré Champion)

Koschorke, Albrecht/Lüdemann, Susanne/Frank, Thomas/Matala de Mazza, Ethel (2007): *Der fiktive Staat. Konstruktionen des politischen Körpers in der Geschichte Europas*, Frankfurt a. M.

Lazarus, Sylvain (1996): *Anthropologie du nom*, Paris (Seuil)

Lemke, Thomas (1997): Eine Kritik der politischen Vernunft. Foucaults Analyse der modernen Gouvernementalität, Berlin (Argument)

Lessay, Franck (2000): Joug normand et guerre des races: de l'effet de vérité au trompe-l'œil, in: Cités, 2000, Nr. 2, S. 53–69

Livius, Titus (1987): *Römische Geschichte*, Buch 1–3, herausgegeben von Hans Jürgen Hillen, Düsseldorf (Artemis & Winkler)

Livius, Titus (1991): Die Anfänge Roms. Römische Geschichte, Buch I–V, übersetzt von Hans Jürgen Hillen, München (dtv)

Lorey, Isabell (2007): Als das Leben in die Politik eintrat. Die biopolitisch-gouvernementale Moderne, Foucault und Agamben, in: Marianne Pieper/Thomas Atzert/Serhat Karakayalı/Vassilis Tsianos (Hg.), Empire und die biopolitische Wende. Die internationale Debatte im Anschluss an Hardt und Negri, Frankfurt a. M., S. 269–291

Lorey, Isabell (2008): Versuch, das Plebejische zu denken. Exodus und Konstituierung als Kritik, http://www.eipcp.net/transversal/0808/lorey/de

Lotringer, Sylvère (2004): Foreword: We, the multitude, in: Paolo Virno, A Grammar of the Multitude. For an Analysis of Contemporary Forms of Life, Los Angeles (Semiotext(e)), S. 7–19

Marks, John (2000): Foucault, Franks, Gauls. Il faut défendre la société: The 1976 Lectures at the Collège de France, in: Theory, Culture & Society, Vol. 17, 2000, No. 5, S. 127–147

Marx, Karl (1854): Brief an Friedrich Engels vom 27. Juli 1854, in: Marx-Engels-Gesamtausgabe, Abt. 3, Bd. 7, Berlin 1989 (Dietz)

Magiros, Angelika (1995): Foucaults Beitrag zur Rassismustheorie, Hamburg (Argument)

Magiros, Angelika (2004): Kritik der Identität.»Bio-Macht« und »Dialektik der Aufklärung« – Werkzeuge gegen Fremdenabwehr und (Neo-)Rassismus, Münster (Unrast)

McCalla, Arthur (1993): Romantic Vicos: Vico and Providence in Michelet and Ballanche, in: Historical Reflections/Reflexions Historiques, Vol. 19, No. 3, S. 389–407

McCalla, Arthur (1998): A Romantic Historiosophy. The Philosophy of History of Pierre-Simon Ballanche, Leiden (Brill)

Mellon, Stanley (1958): The Political Uses of History, Stanford (Stanford UP)

Michelet, Jules (1869): Préface de 1869, in: Œuvres complètes, Tome IV, Paris (Flammarion) 1974, S. 11–27

Muhle, Maria (2006): Einleitung, in: Jacques Rancière, Die Aufteilung des Sinnlichen. Die Politik der Kunst und ihre Paradoxien, Berlin (b-books), S. 7–17

Mulot, Tobias (2001): Erzieher in Uniform, in: Gerhard Fürmetz/Herbert Reinke/Klaus Weinhauer (Hg.), Nachkriegspolizei. Sicherheit und Ordnung in Ost- und Westdeutschland 1945–1969, Hamburg (Ergebnisse): S. 255–277

Napoli, Paolo (1993): Michel Foucault et les passions de l'histoire, in: Futur antérieur, Nr. 18, 1993, S. 37–49

Negri, Antonio/Henninger, Max (2005): From Sociological to Ontological Inquiry: An Interview with Antonio Negri, in: Italian Culture, Vol. 23, 2005, S. 153–166

Negri, Toni/Petcou, Constantin/Petrescu, Doina/Querrien, Anne (2008): Qu'est-ce qu'un événement ou lieu biopolitique dans la métropole?, in: Multitudes, Nr. 31, 2008, S. 17–30

Ozouf, Mona (1987): L'idée et l'image du régicide dans la pensée contre-révolutionaire. L'originalité de Ballanche, in: Les résistances á la Révolution. Actes du colloque de Rennes (17–21 septembre 1985), recueillis et présentés par François Lebrun et Roger Dupuy, Paris (Éditions Imago), S. 331–341

Peil, Dietmar (1985), Der Streit der Glieder mit dem Magen. Studien zur Überlieferungs- und Deutungsgeschichte der Fabel des Menenius Agrippa von der Antike bis ins 20. Jahrhundert, Frankfurt a. M. (Lang)

Pieper, Marianne/Atzert, Thomas/Karakayalı, Serhat/Tsianos, Vassilis (2007): Empire und die biopolitische Wende, in: Marianne Pieper/Thomas Atzert/Serhat Karakayalı/Vassilis Tsianos (Hg.), Empire und die biopolitische Wende. Die internationale Debatte im Anschluss an Hardt und Negri, Frankfurt a. M. (Campus), S. 293–310

Poliakov, Léon (1993): Der arische Mythos. Zu den Quellen von Rassismus und Nationalismus, aus dem Französischen von Margarete Venjakob und Holger Fliessbach, Hamburg (Junius)

Rancière, Jacques (1981): La nuit des prolétaires. Archives du rêve ouvrier, Paris (Fayard)

Rancière, Jacques (1997): Gibt es eine politische Philosophie?, in: Rado Riha (Hg.), Politik der Wahrheit, Wien (Turia + Kant), S. 64–93

Rancière, Jacques (2002): Das Unvernehmen. Politik und Philosophie, aus dem Französischen von Richard Steurer, Frankfurt a. M. (Suhrkamp)

Rancière, Jacques (2005): La haine de la démocratie, Paris (La Fabrique)

Rancière, Jacques/Marongiu, Jean-Baptiste (2005): Le scandale démocratique, in: Libération vom 15. Dezember 2005

Rauliff, Ulrich (1998): Die geheime Geschichte. Michel Foucault entwirft eine agonale Historik, in: Frankfurter Allgemeine Zeitung vom 22. April 1998

Sieyes, Emmanuel Joseph (1988): Was ist der Dritte Stand?, herausgegeben von Otto Dann, Essen (Hobbing)

Stingelin, Martin (2003): Biopolitik und Rassismus. Herausgegeben von Martin Stingelin, Frankfurt a. M.

Stoler, Ann Laura (1995): Race and the Education of Desire. Foucault's History of Sexuality and the Colonial Order of Things, Durham and London (Duke UP)

Ungern-Sternberg, Jürgen von (2001): Secessio, in: Der Neue Pauly. Enzyklopädie der Antike, herausgegeben von Hubert Cancik und Helmuth Schneider, Band 11, Stuttgart/Weimar (Metzler), Sp. 314/315

Virno, Paolo (2005): *Grammatik der Multitude. Untersuchungen zu gegenwärtigen Lebensformen*, Berlin

Zwischen Wertschöpfung, Rebellion und »Lebenswert«: Leben und Biopolitik in *Empire*

Stefanie Graefe

Die zwischenzeitlich viel diskutierte These vom globalen Empire, wie Antonio Negri und Michael Hardt sie formuliert haben, stützt sich auf eine Reihe von Schlüsselbegriffen, die jeder für sich genommen reichlich Stoff zum Nach-Denken liefern: Multitude, immaterielle Arbeit und natürlich Empire selbst, um nur einige zu nennen. Eine der theoretischen Verbindungslinien zwischen diesen verschiedenen Begriffen ist das Konzept der »Biopolitik« bzw. der »biopolitischen Produktion« (vgl. Hardt/Negri 2002, 37ff.). Mit diesem Begriff schließen Hardt und Negri ausdrücklich ebenso an Michel Foucaults Konzeption der Biomacht an, wie sie sie gleichzeitig verschieben. Auch Giorgio Agambens Entwurf von Biopolitik ist ein produktiver Bezugspunkt in *Empire*, insofern die Autoren Agambens Perspektive aufgreifen, wenn auch explizit in Form einer Umkehrung. Ich möchte im folgenden der Spur der Bewegung des theoriepolitischen Konzeptes Biopolitik (und seines zentralen Referenten »Leben«) in *Empire* folgen. Ich verstehe den Einsatz dieses Konzepts als Teil des »wahrheitspolitischen Projektes« (vgl. Adolphs et al. 2002), das *Empire* auszeichnet und seine (wiederholte) Lektüre spannend und notwendig macht. Gerade deshalb aber interessieren mich die theoriepolitischen Implikationen dieses Einsatzes; sein, wenn man so will, »emanzipatorischer Gebrauchswert«.

Leben diesseits und jenseits der (Foucaultschen) Biomacht

Foucault hatte erklärt, dass wir es seit dem 19. Jahrhundert mit einer »Vereinnahmung des Lebens durch die Macht« zu tun haben: »... wenn Sie so wollen, eine Machtergreifung über den Menschen als Lebewesen, eine Art Verstaatlichung des Biologischen« (Foucault 2001, 282). Vor dem Hintergrund der Entwicklung des modernen Industriekapitalismus komme es zu einer Produktivmachung der reproduktiv-biologischen Dimension von Leben sowie der Lebensweisen: Die alltäglichen Praktiken der Menschen, ihre Körper, ihr Sex, ihr Begehren und ihre Identitäten stehen im Fokus der »Biomacht« (Foucault 1991). Das Leben des individuellen Staatsbürgersubjektes und das kollektive Leben der Bevölkerung werden zu privilegierten Aktionsfeldern staatlicher Institutionen, wissenschaftlicher Verfahren und theoretischer Reflexion. Die moderne Biomacht operiert – anders als das Machtsystem der Monarchie mitsamt dem ihr zugehörigen Souveränitätsparadigma – nicht vorrangig im Rahmen einer Logik von Recht, Verbot und Ausschluss, sondern im Hinblick auf die Steigerung, Optimierung von biologischem wie sozialem Leben.

Ansatzpunkt für die Weiterführung bzw. Kritik des Foucaultschen Biomachtbegriffs bei Hardt und Negri ist die »Frage der Produktion« (Hardt/Negri 2002, 42) – und dies in zweifacher Hinsicht: Zum einen in Bezug auf die Dimension der produktiven Arbeit und zum anderen in Bezug auf die Dynamik der sozialen und kulturellen Reproduktion. Weil Foucault zwar die Zusammenhänge zwischen Biomacht und Kapitalismus aufruft (vgl. z. B. Foucualt 1994, 283; 1991,168), nicht aber systematisch bedenkt – erst recht nicht im Hinblick auf die produktive und rebellische Dynamik der lebendigen Arbeitskraft –, bleibt er, so Hardt und Negri, einer »strukturalistischen Epistemologie« verhaftet (Hardt/Negri 2002, 42), der die grundlegend re-/produktive Qualität von Biopolitik entgeht: Obwohl Foucault Macht als stets »von unten kommend« (vgl. Foucault 1991, 115) definiert, schreibt sich seine Biomacht aus der Sicht der *Empire*-Autoren in ein Unterwerfungsparadigma ein, das die der Unterwerfung immer schon vorausgesetzte kreative Potenz von Produktion und Reproduktion, Subjektivität und sozialer Kooperation übersieht.

Die fehlende Berücksichtigung der schöpferischen Re-/Produktivität von Gesellschaft erweist sich aus der Perspektive von Hardt und Negri jedoch gerade in der Gegenwart als Problem. Denn die von ihnen unter der Überschrift »immaterielle Arbeit« beschriebene Transformation des Verhältnisses von Subjektivität und Arbeit (Hardt/Negri 2002, 300 ff.) ist nicht nur Indiz einer neuen Etappe kapitalistischer Produktions- und Akkumulationsweisen, sondern eröffnet auch völlig neue Chancen gesellschaftlicher Emanzipation. Zentrales Merkmal der gegenwärtigen Situation sei, dass die bei Marx in Bezug auf den Prozess der kapitalistischen Industrialisierung beschriebene »reelle Subsumtion der Arbeit unters Kapital« (vgl. ebd., 39 f.) im nunmehr realisierten Weltmarkt in eine Akkumulationsform übergegangen ist, die nicht mehr nur Arbeit im engeren Sinn, sondern darüber hinaus »soziale Verhältnisse, Kommunikationszusammenhänge, Netzwerke der Information und Affekte« (ebd., 269) umfasst. Der zunehmenden Ununterscheidbarkeit von Gebrauchs- und Tauschwert (bzw. genauer: das Aufgehen des Gebrauchswert im Tauschwert) in der globalisierten kapitalistischen Ökonomie korrespondiert mithin die zunehmende Ununterscheidbarkeit von Produktion und Reproduktion (vgl. Negri 2000). Gilles Deleuze hatte in seinem Text über die Kontrollgesellschaft auch von einem »Kapitalismus der Überproduktion« gesprochen (Deleuze 1993, 256); für Hardt und Negri wiederum sind Kontrollgesellschaft und Biomacht zwei zentrale Aspekte jener »Passage« zur Postmoderne, die sie in *Empire* als eine Art unabgeschlossenen »Ort« der Gegenwart skizzieren.

Dass wir uns nun an einem Ort befinden, der uns die umfassende Inwertsetzung von Subjektivitäten, Identitäten und Sozialem abverlangt, ist jedoch, so

Hardt und Negri, »Ergebnis des Begehrens und der Forderungen taylorisierter, fordistischer und disziplinierter Arbeitskraft weltweit« (Hardt/Negri 2002, 267). Vor dem Hintergrund dieser mithin von unten vorangetriebenen Transformation wird »die grundlegende Produktivität des Seins« (ebd., 394) zur Produktivkraft: »Biomacht wird zum Agenten der Produktion, wenn der gesamte Reproduktionszusammenhang kapitalistischen Regeln unterworfen ist, d. h. wenn Reproduktion und die sie bestimmenden lebendigen Beziehungen selbst unmittelbar produktiv werden.« (ebd., 372)

Diese Produktivität des Lebens denken Hardt und Negri als ontologisches Potenzial, das im Rahmen der gegenwärtigen Passage von der Disziplinargesellschaft (vgl. Foucault 1991; 1994) zur imperialen Kontrollgesellschaft *aktualisierbar* wird – eine Denkbewegung, die jedoch die »revolutionäre Entdeckung der Immanenz« (Hardt/Negri 2002, 84) voraussetzt. Die radikale Zurückweisung jeglicher transzendentalen Bestimmung »des« Menschen liefert sowohl historisch wie analytisch die Möglichkeitsbedingung für die *jetzt* denk- und greifbar gewordene Freisetzung des ontologischen (kreativen, rebellischen) Potenzials von Leben und Subjektivität. Dass das imperial-kapitalistische Kommando heute mehr denn je von einer Produktivkraft lebt, die es niemals vollständig unterwerfen kann – das Leben der Menschen als körperlich-geistige und gesellschaftlich-kooperative Wesen –, dehnt demnach sowohl den Raum der Herrschaft wie auch den Möglichkeitsraum der Revolte grenzenlos aus.

Anders als bei Foucault wird Leben in *Empire* also nicht vor allem als Gegenstand von normalisierender Optimierung im Rahmen von Macht-/Wissens-Dispositiven sichtbar, sondern vor allem als Gegenstand schrankenloser kapitalistischer Akkumulationsprozesse. Doch es handelt sich dabei eben nicht nur um eine Verwertung des Lebens, sondern vor allem auch um eine »Entfaltung des Lebens selbst« (ebd., 45) – eine Entfaltung, die sich gewissermaßen durch die Verwertung hindurch vollzieht und diese damit überschreitet. Foucault wiederum hatte in einer etwas rätselhaften Formulierung erklärt, Stützpunkt eines Gegenangriffs auf die Biomacht müssten »der Körper und die Lüste« sein (Foucault 1991, 187). Auch bei ihm also erscheint Leben nicht nur als Gegenstand herrschaftsförmiger Produktivmachung, sondern zugleich als Ort von Widerständen und Überschreitungen wider die Macht. Doch während Foucault auch begrifflich zwischen den widerspenstigen »Lüsten« und der machtförmigen Zurichtung durch »Sex« unterscheidet, fallen beide Dimensionen – herrschaftsförmiger Zugriff auf Leben und dessen lebendige, kreative, oppositionelle Dynamik – bei Hardt und Negri zu Gunsten der letztgenannten ineinander. Während das vermittels »Körper und Lüsten« chiffrierte Leben bei Foucault als solches ungreifbar bleibt (es existiert nur negativ als Unzugängliches der Macht)[1], hat Leben bei Hardt und Negri eine bestimmte Qualität, die den repressiven Zugriff immer schon überschreitet: Leben ist produktiv, kooperativ, kreativ – und darin in letzter Instanz für Herrschaft uneinholbar.

(Nacktes) Leben zwischen Generation und Korruption

Dort, wo der von Giorgio Agamben geprägte Begriff des »nackten Lebens« (vgl. Agamben 2002) in *Empire* auftaucht, bezeichnet er zunächst ganz offensichtlich das Gegenteil dessen, was Agamben meint. Während bei Agamben nacktes Leben im umfassenden Sinne entwertet, auf bloßes biologisches Sein reduziert, dem Tod anheim gestellt und als solches Fluchtpunkt moderner Biopolitik und Souveränität ist, betonen Hardt und Negri, dass nacktes Leben im Verlauf der gegenwärtigen Passage »in den Rang einer Produktivkraft erhoben wird« (Hardt/Negri 2002, 374). An dieser Stelle borgen sich die Autoren Agambens Begriff gewissermaßen aus, stülpen ihn von innen nach außen[2] und projizieren auf diese Weise zugleich mit und gegen Agamben die in *Empire* so zentrale ontologische Qualität des Lebens auf Agambens Begriff des nackten Lebens.

Genau durch diese Operation skizzieren sie ein nacktes Leben, das andererseits (auch wenn Hardt und Negri darauf nicht eingehen) Ähnlichkeit hat mit einem weniger bekannten Begriff Agambens, nämlich dem der »Lebens-Form«: Die »produktiven Manifestationen des *nackten Lebens*« konstituieren bei Hardt und Negri »an den Oberflächen der imperialen Gesellschaft *soziale Kooperation*« (ebd., 373). Weil das nackte Leben hier also unmittelbar kooperativ und sozial ist, ist es »Leben, das niemals von seiner Form geschieden werden kann, ein Leben, in dem es niemals möglich ist, etwas wie ein bloßes Leben zu isolieren«; mithin das, was Agamben »Lebens-Form« nennt (Agamben 2001, 13). Doch trotz der Ähnlichkeit beider Begriffe unterscheiden sie sich in Bezug auf das ihnen eingravierte wahrheitspolitische Versprechen: Bei Agamben steht der Begriff Lebens-Form für eine theoriepolitische *Forderung* wider die drohende Verallgemeinerung des nackten Lebens in der biopolitischen Moderne.[3] Hardt und Negri jedoch fassen die Gesellschaftlichkeit und Produktivität des Lebens als ontologische *Bedingung*, die »das nackte Leben der Gegenwart« (Hardt/Negri 2002, 375) nunmehr aktualisieren kann.[4] So scheint Leben in *Empire*, erhoben in den »Rang einer Produktivkraft« (a. a. O.), nicht wie bei Foucault »etwas« zu sein, dass dem machtförmigen biopolitischen Zugriff stets unbestimmt vorausgesetzt bleibt und in diesem nicht aufgeht, und anders als bei Agamben führt es nicht die Möglichkeit der vollständigen Entwertung immer schon mit sich (so dass eine Außerkraftsetzung der biopolitischen Struktur fast utopisch scheint): »Leben« in *Empire* ist weder entwertet noch unbestimmt, und zwar weil das Potenzial der lebendigen Wert-Schöpfung (im umfassendsten Sinn) Leben *als* Leben erst benenn- und damit zugleich auch bestimmbar macht: Leben *ist* produktiv – erst recht im Zeichen des kapitalistisch-imperialen Paradigmas, wo »Produktion und Leben immer mehr ineinsfallen« (Hardt/Negri 2002, 410).

Prozesse, die die menschliche Re-/Produktion verhindern, unterbrechen oder (zer-)stören, fallen demnach nicht in den Geltungsbereich des Signifikanten »Leben«. Gleichwohl werden sie in *Empire* nicht negiert, sondern aufgerufen, nämlich im Begriff der »Korruption« (ebd., 396 ff.), der eine Sammelüberschrift für die Destruktivität von Kapital und imperialer Herrschaft, genauer gesagt, deren »Eckpfeiler und Schlüsselelement« (ebd., 396) ist. Wissen und Dasein in der biopolitischen Welt bestünden immer darin, »Wert zu produzieren«, weshalb der in der Korruption sichtbar werdende »Mangel an Sein« »als ein Todeswunsch des Gefährten, als eine Entfernung des Seins aus der Welt erscheine« (ebd.). In diesem Sinne ist Korruption nicht das Gegenteil, sondern die »schlichte Negation« der produktiven, lebendigen »Generation« (ebd.) – also gewissermaßen eine fortlaufende Drohung, die der Tod an das Leben adressiert. Korruption und Tod gehören demnach nicht auf die Seite des Lebens und der Biopolitik. Anders gesagt: Der Gegenüberstellung von (schöpferischer) Generation und (destruktiver) Korruption korrespondiert der Gegensatz zwischen Leben und Tod. Todeswunsch und Todesdrohung scheinen dabei als »schlichte Negation« ebenso diesseitig wie zugleich dem »wirklichen Sein« ganz äußerlich zu sein: Ihre Dynamik produziert »schwarze Löcher und ontologische Leerstellen« (ebd.) – ein Einbruch des Nichts in das Sein.

Postmoderne Biopolitiken zwischen Produktivität und Endlichkeit

In ihrer Diskussion von Foucaults Konzeption von Biomacht hat Judith Butler darauf hingewiesen, dass die Gegenüberstellung von »Leben« und »Tod« als reine Kategorien im Rahmen von Diskurs- und Machtanalytik problematisch ist (Butler 1995, 348). Jede Bezugnahme auf »Tod« rufe eine implizite Setzung von »Leben« auf: Ihre an Foucault gerichtete Frage »Can one even defend against death without also promoting a certain version of life?« (ebd.)[5] lässt sich auch an Hardt und Negri stellen. Welches Leben, welcher »way of life« ist in *Empire* sichtbar? Und was bleibt im Dunkeln?

Leben ist Produktion, Generation, Kooperation – in einer spezifischen Gestalt: Denn es ist nach Hardt und Negri »der kollektive biopolitische *Körper*«, der »Leben im wahrsten, Politik im eigentlichen Sinn ist« (Hardt/Negri 2002, 45, Hervorh. S. G.). Doch die Metapher des Körpers soll gerade nicht Visionen von Ganzheitlichkeit oder gar Identität provozieren; es geht vielmehr um »eine Vielzahl von einzelnen und eindeutigen Körpern (...), die nach einem Verhältnis suchen« (ebd.). Mit »eindeutig« ist dabei nicht die geschlechtliche oder rassifizierende Markierung von Körpern gemeint, sondern die Singularitäten der einzelnen Körper, die sich im biopolitischen Körper der Multitude verketten. Hardt und Negri rufen sich mutierende »neue, posthumane Körper« auf, die offen sind für »Hybridbildungen«, gerade auch in Bezug auf Sexualitäts- und Geschlechternormen (ebd., 227 ff.). Dabei beziehen sie sich auf Donna Haraways Figur der »Cyborg« (Haraway 1995), die sie als konzeptionelles Symptom einer »mächtige[n] Künstlichkeit des Seins« und damit zugleich als Symptom der »ontologisch neuen Bestimmung des Menschen, des Lebens« verstehen (Hardt/Negri 2002, 230; s. a. ebd., 105), um die es ihnen geht.

Interessanterweise untersucht jedoch Haraway gerade im Zusammenhang mit Biopolitik, in welchem Maße die Unmöglichkeit einer ontologischen Bestimmung des Lebens umso offensichtlicher wird, wenn die Gegenüberstellung von »Natur« und »Kultur« kollabiert (ein Kollaps, den sie ebenso wenig bedauert wie Hardt und Negri). Haraways »Biopolitik postmoderner Körper« (Haraway 1995) zeichnet nach, welche biomedizinischen und biotechnologischen Konzepte von Körper und Selbst seit den 1980er Jahren an Bedeutung gewonnen haben. Paradigmatische Bedeutung komme dabei dem Immunsystem zu, das als eine Art moderne Ikone von Körper, Selbst und Wahrheit fungiert. Ihre Beschreibung des immunologischen Paradigmas ist an vielen Stellen anschlussfähig ebenso an Deleuze' wie auch an Hardts und Negris Diagnose der Passage zur Kontrollgesellschaft. Allerdings gibt es zugleich ein Moment, das Haraway stark macht und das in *Empire* dunkel bleibt: Haraway zeigt, dass die von ihr untersuchten immunologischen Konzepte implizit oder explizit alle die Frage nach den »Grenzen des Selbst und der Sterblichkeit« (ebd., 178) stellen. Auch Haraways eigenes Anliegen ist es, jenseits jeglicher Idealisierung eines angeblich verlorenen »ganzheitlichen« Körperbildes zu untersuchen, welche Möglichkeiten es gibt, »die irreduzible Verletzlichkeit, Vielfalt und Kontingenz eines jeden individuellen Gebildes« (ebd., 186) systematisch in postmoderne Konzepte von Körper und Selbst einzudenken, um diese in einen »oppositionellen, alternativen, emanzipatorischen Ansatz« (ebd.) zu übersetzen. Sie kommt zu dem Schluss:

> »Immunität lässt sich auch vorstellen als gemeinsame Eigenschaften; als Fähigkeit des semipermeablen Selbst, unter der Bedingung der *Endlichkeit* Beziehungen mit menschlichen und nichtmenschlichen, inneren und äußeren Anderen einzugehen; als situationsbezogene Möglichkeiten und *Unmöglichkeiten* von Individuation und Identifikation und als partielle Fusionen und *Gefahren.*« (ebd.. 193, Hervorh. S. G)[6]

Endlichkeit, Unmöglichkeit und Gefahr können jedoch in Hardt und Negris Paradigma des produktiven Lebens, des biopolitischen Körpers nur negativ, als »Korruption« oder Todesdrohung gefasst werden.

Haraways Analyse zeigt außerdem, wie sehr die Konzepte Körper, Immunsystem, Leben etc. wissenspolitisch und damit gesellschaftlich umkämpft, mithin in keinster Weise unschuldig sind. Gegenüberstellungen, wie sie auch in *Empire* auftauchen – etwa zwischen Leben bzw. Generation einerseits und Frustration, Verstümmelung, Psychose bzw. Korruption andererseits (Hardt/Negri 2002, 398) sind aus dieser, eben auch feministischen Perspektive, ausgesprochen prekär (vgl. Schultz 2002). Die Behauptung einer fraglos gegebenen Verbindung aus Leben, Generation und (sozialer) Produktivität war (und ist auch immer noch) ein machtvoller ideologischer Einsatz für die Strukturierung heteronormativ codierter Lebensstile und -chancen.

Haraway zeigt also, dass »Leben« nicht nur ein Synonym für die Pluralität postdisziplinärer Lebens- und Produktionsweisen und Gegenstand expansiver Inwertsetzungsstrategien ist, sondern zugleich eine biotechnologische und damit macht- und wissenspolitische Ressource, deren Codierung mit hohem Einsatz auf umkämpften Terrain erfolgt. So ist etwa die Entscheidung darüber, was überhaupt als (personales) Leben »gilt« im Zusammenhang mit »bioethischen« Diskursen und Praktiken potenziell eben auch eine Entscheidung über Existenzberechtigungen. (Vgl. Lettow 2003)

Mangel an Sein: Drohung, Chance, Irreduzibles

Zugespitzt könnte man sagen, dass Hardt und Negris affirmative Referenz auf die Produktivität von Leben, die sie sowohl im sozialen Kollektivkörper als auch in der individuellen Kreativität der Subjekte aufspüren, genau das adeln, was die neoliberale Rhetorik in ermüdender Weise tagtäglich als unumstößliche Wahrheit anpreist – nämlich, dass sich aus jeder Krise noch Wert schöpfen lässt und dass der Markt in – wie außerhalb unserer selbst grenzenlos ist: Leben als Humankapital, das per definitionem immer schon der eigenen Verwertung entgegen fiebert und Krise, Krankheit, Tod entweder in den Verwertungsprozess einbezieht oder aber gar nicht kennt. Ihre Argumentation so zu verkürzen, würde allerdings bedeuten, von dem wahrheitspolitischen Anliegen in *Empire* und damit von *Empire* selbst nicht viel wissen zu wollen. Ganz sicher stimmt, dass von Hardt und Negri häufig genannte Begriffe wie »Sein« oder »Mangel an Sein«, »Leben als Produktivkraft« etc., nur wirklich verständlich werden im Rückgang auf ihre von Spinoza kommende Bedeutung (vgl. Reitter 2005). Doch auch ein solcher Rückgang auf das von Spinoza abgeleitete Prinzip der »strengen Immanenz« findet sich vor dem Problem wieder, Herrschaft begrifflich nicht entwickeln, sondern eben als Abwesendes, als »Mangel« bezeichnen zu müssen (ebd.).

In Bezug auf das hier diskutierte Thema – Leben und Biopolitik als theoriepolitische Einsätze – zeigt sich dieses Problem m. E. in doppelter Weise. Erstens auf der begrifflichen Ebene: Die Gegenüberstellung von Produktion und Destruktion, in der letztere als »schlichte Negation« (a. a. O.) erscheint, zwingt jedes emanzipatorische Anliegen auf die »positive« Seite der Produktion. Damit wird nicht nur die – gerade im Kapitalismus alltägliche – Erfahrung, dass Produktivität und Destruktivität keineswegs trennscharf voneinander unterschieden werden können, bzw. dass sogar regelmäßig das eine in das andere umschlägt, negiert. Der systematischen Ununterscheidbarkeit von kapitalistischer Produktivität und Destruktivität zumindest begrifflich auf Augenhöhe zu begegnen, wird die Aufstellung eindeutiger begrifflicher Oppositionen jedoch kaum leisten können. Gerade aus einer Perspektive der Immanenz läge die Herausforderung hier m. E. eher darin, theoriepolitische Einsätze zu entwickeln, die diese Ununterscheidbarkeit *als solche* aufgreifen und umwenden – was möglicherweise hieße, sich dort auf die Suche zu machen, wo man auch in theoriepolitischer Hinsicht »in stiller oder fröhlich lauter Vehemenz die Muße, die Kontemplation oder auch schlicht die Lust am Sinn des Unsinns« feiert (Dieckmann 2004, 3).

Zweitens scheint mir die Analogisierung von Leben und Tod zur Opposition aus Produktion und Destruktion problematisch.[7] Dabei wiederholen Hardt und Negri hier eine Foucaultsche Figur gewissermaßen von der anderen Seite her: Bei Foucault ist der Tod die Grenze des Herrschaftsparadigmas der Biomacht (vgl. Foucault 2001, 292): Die Macht erreicht den Tod nicht, negiert ihn, versagt an ihm. Bei Hardt und Negri ist der Tod die Negation der lebendigen Biomacht »von unten«. In beiden Sichtweisen verläuft zwischen Leben und Tod eine relativ eindeutige analytische Grenze, wodurch in den Hintergrund gerät, dass »the one can only appear as the immanent possibility of the other« (Butler 1995, 348). Gleichwohl liefert sowohl für Foucaults Biomacht als auch für Hardt und Negris revolutionäre Immanenz die Diesseitigkeit und damit die Endlichkeit und damit schließlich auch die Erfahrung der Sterblichkeit die geschichtlich-analytische Möglichkeitsbedingung für die Herausbildung (post-)moderner Subjektivität. Somit »resultiert letztlich aus der modernen Erfahrung des menschlichen Todes der Tod des Menschen« (Nassehi 1995, 219) als transzendentale Figur. In dem Maße, in dem sich Subjektivität durch (gemachte, noch ausstehende) Erfahrung konstituiert, ist unter anderem dieses Wissen um die in das Leben eingeschriebene Dimension radikaler »Anti-Produktivität« konstitutiv für das Projekt der Multitude.

Was würde mit dem Sein oder Leben in *Empire* passieren, wenn die kategoriale Gegenüberstellung von Generation und Korruption[8] geschwächt und die Einpassung von Leben und Tod in diese Kategorien vermieden würde? Möglicherweise würde ein »Sein« sichtbar, das exzessiv und expansiv (vgl. Hardt/Negri 2002, 365 f.) ist, insofern es endlich ist – und produktiv, insofern es potenziell ebenso destruktiv wie (was nicht zuletzt Agamben gezeigt hat) destruierbar ist. Eine solche Schwächung der Kategorien würde sich jedoch nicht darin erschöpfen, in die Kategorie Leben auch die Möglichkeit von Nicht-Produktivität oder Destruktivität einzulassen[9] – also s*owohl* das »nackte Leben« *als auch* die Möglichkeit erzwungener, spontaner oder politisch kalkulierter Passivität und Unterbrechung gesellschaftlich erwünschter »Kooperation« – sondern müsste es schließlich auch erlauben, Leben als nicht-qualifizierbaren Möglichkeitsraum zu denken, der die Binarität aus Produktivität und Nicht-Produktivität, Wertschöpfung und Ent-Wertung immer schon überschreitet.

In eben diesem Sinne verstehe ich Jacques Derridas Aufforderung an Negri, einen möglichen »Mangel an Sein« (a. a. O.) eben nicht nur als Mangel, sondern auch als »Chance« zu verstehen (Derrida 2004, 101), unter Hinweis darauf, dass dort, wo »das Seiende« ausbleibt/negiert wird, anderes gerade in seiner nichtfixierten Form, seinem ständigen Entzug sichtbar wird. Dieses Unbekannte, Irreduzible, sich jeglicher Kategorisierung Entziehende verändert sich, kann »aber wohl kaum verschwinden« (Ehrenberg 2004, 278). Kaum ein Begriff scheint mir so auf diesen unhintergehbaren Entzug, auf diesen keineswegs bedauerlichen Mangel an Definierbarkeit »in letzter Instanz« zu verweisen wie der Begriff Leben. Gerade dies eröffnet einen auch politischen Möglichkeitsraum, den andererseits jede Anrufung von »Lebenswert« – auch eine in emanzipatorischer Absicht erfolgte – zwangsläufig eingrenzt. Oder, wie Haraway sagt: »Leben ist ein Fenster der Verwundbarkeit: es zu schließen wäre ein Fehler.« (Haraway 1995, 190)

Anmerkungen

1 Eben deshalb scheint mir Étienne Balibars Vorwurf, Foucault rekurriere auf einen vitalistischen Lebensbegriff, nicht gerechtfertigt, denn Foucaults »Körper und Lüste« zielen m. E. weniger positiv auf eine geheimnisvolle Lebenskraft, als vielmehr negativ auf einen anti-totalitären Lebensbegriff. (Vgl. Balibar 1991, 62 f.)
2 Die Umkehrung wird besonders deutlich, wo Hardt und Negri erklären, genau aufgrund des ungeheuren Potenzials des nackten Lebens hätten Faschismus und Nationalsozialismus »vergeblich« versucht, »die enorme Macht, zu der das nackte Leben werden kann, zu zerstören« (Hardt/Negri 2002, 374). Zur Kritik dieser in der Tat irritierenden Interpretation des Holocausts vgl. Lemke 2002, 626. Zur Kritik an Agambens Tendenz, umgekehrt vom Holocaust ausgehend ein Paradigma moderner Herrschaft, d. h. moderner (Bio-)Politik zu entwerfen, siehe z. B. Deuber-Mankowsky 2002.
3 Während Agamben dieses Problem als Frage aufwirft: »Ist heute möglich, ja gibt es heute etwas wie eine Lebens-Form, das heißt ein Leben, dem es in seinem Leben um das Leben selbst geht, ein Leben der Potenz?« (Agamben 2001, 17), sprechen Hardt und Negri vom »Gewebe einer ontologischen menschlichen Dimension, die allmählich universell wird« (Hardt/Negri 2002, 391).
4 Beide Perspektiven auf nacktes Leben lassen sich durchaus verbinden – etwa wenn ausgehend von dem bei Agamben zentralen Topos des Lagers (als auf Dauer gestellter Ausnahmezustand und paradigmatischer Ort des nackten Lebens) gezeigt werden kann, »dass die staatlichen Maßnahmen zur Regulierung der Bevölkerung und der Widerstand gegen solche Biomacht auf dem gleichen Feld operieren« (Bojadzijev et al. 2004, 24).
5 Butler bezieht sich hier auf Foucaults Aussage, mit Aufkommen der Biomacht und der damit verbundenen Steigerung von Produktivität und Ressourcen höre der Tod im 19. Jahrhundert auf, »dem Leben ständig auf den Fersen zu sein« (Foucault 1991, 169) und weist darauf hin, dass diese Perspektive nicht zuletzt den Zusammenhang von Produktivitätssteigerung im Westen mit der tödlichen Realität in den Kolonien ausblendet.

6   Ersetzt man in diesem Satz »Immunität« durch »Subjektivität« wird Parallelität und Differenz von Haraways und Hardt/Negris Biopolitik-Konzeption noch deutlicher.
7   Wobei »Tod« bei Hardt und Negri nur indirekt, im »Todeswunsch« (a. a. O.) angerufen wird. Gleichwohl legt ihre Metaphorik die Analogisierung von Kooperation/Generation mit Leben und von Korruption/Destruktion mit Tod nahe.
8   Hardt und Negri sprechen auch von durch Korruption produzierte »schwarze[n] Löcher[n]« (Hardt/Negri 2002, 396). Evelyn Hammonds hat die Metapher des »Schwarzen Lochs« in einem anderen Kontext eingesetzt, um die Unsichtbarkeit schwarzer Kreativität im Allgemeinen und die »female black creativity« im Besonderen zu beschreiben. (vgl. Hammonds 1997) Sie weist darauf hin, dass ein schwarzes Loch optisch unsichtbar und deshalb immer nur über die spezielle Energie, die den dem Schwarzen Loch stets zugehörigen »Normalstern« umgibt, aufgespürt werden kann. Das heißt, sehr viel mehr als durch »Negation« zeichnet sich ein Schwarzes Loch durch eine Art unsichtbarer Produktivität aus, die einer »normalen« Aufmerksamkeit jedoch entgeht. Insofern scheint mir die Metapher des Schwarzen Lochs bei Hardt/Negri zugleich eine Metapher für das Negierte in *Empire* zu sein; d. h. für die vielfältigen, engen und sogar konstitutiven Verbindungen zwischen dem, was hier unter der Überschrift Leben und dem, was als Tod oder Korruption beschrieben wird.
9   Die Möglichkeit des Nicht-Produktiven wird von Hardt und Negri im Zusammenhang mit der Transformation der Re-/Produktionsprozesse angedeutet, wenn sie sagen: »Im biopolitischen Kontext des Empire jedoch fallen die Produktion von Kapital und die Produktion und Reproduktion gesellschaftlichen Lebens immer stärker zusammen; es wird somit immer schwieriger, die Unterscheidungen zwischen produktiver, reproduktiver und unproduktiver Arbeit aufrechtzuerhalten« (Hardt/Negri 2002, 409). Allerdings verschwindet die Unterscheidung produktiv/nicht-produktiv hier in einer noch umfassenderen Produktivität, so dass das »Nicht-Produktive« m. E. hier im Grunde noch weiter nach außen verschoben ist.

Literatur

Adolphs, Stephan/Hörbe, Wolfgang/Rau, Alexandra (2002): »Der Begriff des politischen Subjekts hat seinen Gehalt verändert. Passagen der Multitude«, in: *Subtropen*, 16/08, http://www.nadir.org/nadir/periodika/jungle_world/_2002/33/sub04a.htm.
Agamben, Giorgio (2002): *Mittel ohne Zweck. Noten zur Politik*, Freiburg/Berlin.
Agamben, Giorgio (2002): *Homo Sacer. Die souveräne Macht und das nackte Leben*, Frankfurt a. M.
Balibar, Étienne (1991): »Foucault und Marx. Der Einsatz des Nominalismus«, in: Ewald, François/Waldenfels, Bernhard (Hg.), *Spiele der Wahrheit. Michel Foucaults Denken*, Frankfurt a. M.., 39–65.

Bojadžijev, Manuela/Karakayalı, Serhat/Tsianos, Vassilis (2004): »Das Gespenst der Migration. Krise des Nationalstaats und Autonomie der Migration«, in: *Fantômas. Magazin für linke Debatte und Praxis*, Nr. 5, Sommer 2004, 24–27.
Butler, Judith (1995): »Sexual Inversions«, in: Stanton, Domna C. (Hg.), *Discourses of Sexuality. From Aristotle to AIDS*, Michigan, 344–361.
Deleuze, Gilles (1993): *Unterhandlungen 1972–1990*, Frankfurt a. M.
Deleuze, Gilles (1993): »Postskriptum über die Kontrollgesellschaften«, in: Ders., *Unterhandlungen 1972–1990*, Frankfurt a. M., 254–262.
Derrida, Jacques (2002): *Marx & Sons*, Frankfurt a. M.
Deuber-Mankowsky, Astrid (2002): »Homo Sacer, das bloße Leben und das Lager. Anmerkungen zu einem erneuten Versuch einer Kritik der Gewalt«, in: *Die Philosophin*, H 5, 95–114.
Dieckmann, Martin (2004): »Gerechtigkeit und Freiheit – Ein langer Marsch durch die Krise«, in: *Die Aktion*, H 208, 2004, www.labournet.de/diskussion/arbeit/prekaer/freiheit.html
Ehrenberg, Alain (2004): *Das erschöpfte Selbst. Depression und Gesellschaft der Gegenwart*, Frankfurt a. M./New York.
Foucault, Michel (1991): *Sexualität und Wahrheit. Bd. I: Der Wille zum Wissen*. Frankfurt a. M.
Foucault, Michel (1994): *Überwachen und Strafen. Die Geburt des Gefängnisses*, Frankfurt a. M.
Foucault, Michel (2001): *In Verteidigung der Gesellschaft. Vorlesungen am Collège de France 1975–76*, Frankfurt a. M.
Hammonds, Evelyn (1996): »Black (W)holes and the Geometry of Black Female Sexuality«, in: Schor, Naomi/Weed, Elizabeth (Hg.), *feminism meets queer theory*, Bloomington/Indianapolis, 136–156.
Haraway, Donna (1995): *Die Neuerfindung der Natur. Primaten, Cyborgs und Frauen*, (Hrsg. und eingeleitet von Carmen Hammer und Immanuel Stieß), Frankfurt a. M./New York.
Hardt, Michael/Negri, Antonio (2002): *Empire. Die neue Weltordnung*. Frankfurt a. M./New York.
Lemke, Thomas (2002): »Biopolitik im Empire. Die Immanenz des Kapitalismus bei Michael Hardt und Antonio Negri«, in: *PROKLA. Zeitschrift für kritische Sozialwissenschaft*, H. 129, 619–629.
Lettow, Susanne (2003): »Schlanke Philosophie. Bioethik als philosophische Praxis im Neoliberalismus«, in: Heinrichs, Thomas/Weinbach, Heike/Wolf, Frieder O. (Hg.), *Die Tätigkeit der Philosophen. Beiträge zur radikalen Philosophie, Münster*, 122–138.
Nassehi, Armin (1995): »Ethos und Thanatos. Der menschliche Tod und der Tod des Menschen im Denken Michel Foucaults«, in: Feldmann, Klaus/Fuchs-Heinritz (Hg.), *Der Tod ist ein Problem der Lebenden. Beiträge zur Soziologie des Todes*, Frankfurt a. M..
Negri, Antonio (2000): »Wert und Affekt«, in: *Das Argument*, H. 2, 42. Jg., Nr. 253, 247–252.
Reitter, Karl (2005): »›Wie Aussaat unter dem Schnee…‹ Zum politischen und philosophischen Ertrag von Empire und Multitude«, in: *Fantômas. Magazin für linke Debatte und Praxis*, Nr. 7, Sommer 2005
Schultz, Susanne (2002): »Aufgelöste Grenzen und ›affektive Arbeit‹. Über das Verschwinden von Reproduktionsarbeit und feministischer Kritik in Empire«, in: *Fantômas. Magazin für linke Debatte und Praxis*, Nr. 2, Winter 2002, 13–18.

Körper in Schieflage
Skizzen einer Genealogie von Tanzen und Arbeiten im Black Atlantic

Astrid Kusser

»You can change your life in a dance class!«[1]

Verwandlungstänze

Dass dem Tanzen ein Potential zugeschrieben wird, Veränderungen herbeizuführen, hat eine lange Geschichte. Einerseits veränderten gesellschaftliche Umbrüche das Tanzen selbst: Eine Untersuchung über das Verhältnis von Sozialdisziplinierung und Tanzlust in der Frühen Neuzeit beschreibt, wie etwa zur Zeit der Bauernkriege dem bäuerlichen, heterosexuellen Paartanz die Elemente des Herumwirbelns und – wie Kritiker damals empört berichteten – in die Luft Werfens der Frau, hinzugefügt wurden. Andererseits entwickelte sich das Tanzen zu einer beliebten Projektionsfläche, um starke Bilder für befürchtete oder erwünschte Veränderungen zu entwerfen. Den Tänzer_innen wurde dabei meist unterstellt, allzu ausgelassen, zu lang oder zu oft tanzen zu wollen und so die Grenzen von Fest- und Alltagskultur zu verletzen. Im Laufe des 16. und 17. Jahrhunderts unterwarfen immer zahlreichere Verordnungen und Erlasse das Tanzen den Reglements alltäglicher Lebensführung. Ihre beständige Reformulierung und Neufassung deutet zugleich auf ein beständiges Scheitern dieser Bestrebungen hin (Jung 2001, 46 ff.). Dennoch waren die Verordnungen insofern produktiv, als dass auf der Basis der hier festgelegten Regeln eine bürgerliche Tanzkultur entstand, die einerseits höfische Tänze für sich reklamierte und andererseits Tänze aus einer bäuerlichen Kultur sublimierte, indem sie ihre improvisierenden und ekstatischen Elemente aus dem Ballsaal verbannte (Aldrich 1991; Fink 1996).

Um 1900 trat zu dieser Dynamik ein Element hinzu, das sich anfangs von den bspw. gerade in Wien stattfindenden Auseinandersetzungen um die Schicklichkeit der ungarischen Csardas-Tänze nicht grundsätzlich unterschied: Die bürgerliche Gesellschaft Europas begann um 1904 den Cakewalk zu tanzen, einen Tanz aus den USA, der als besonders echt galt, wenn er von Afroamerikaner_innen getanzt wurde. Der Cakewalk markiert in der Geschichtsschreibung den Beginn der sog. »Revolution des Gesellschaftstanzes« (Pollack 1921), die sich durch eine rasche Abfolge immer neuer Tänze aus den USA und aus anderen amerikanischen Ländern auszeichnet. Onestep, Twostep, Turkey Trot, Grizzly Bear, Tango, Charleston, Shimmy etc. pp.[2] Die Tanzschritte näherten sich dabei dem einfachen Gehen an, statt festgelegter Figuren ging es um Improvisation und darum, den ganzen Körper zum Tanzen zu bringen, der zu synkopierter Musik, wie sie erst im Ragtime und später im Charleston populär wurde, nicht nur die Beine, sondern ebenso die Hände, die Arme, den Kopf und die Hüften bewegen sollte. Die Tänze wanderten mit der *Great Migration* von Afroamerikaner_innen aus dem ländlichen Süden in den amerikanischen Norden und von dort über den Atlantik nach Europa. Erfolge auf dieser Seite des Atlantiks hatten wiederum Auswirkungen auf die gesellschaftliche Akzeptabilität der Tänze im Herkunftsland. Der Cakewalk und insbesondere der argentinische Tango konnten sich ›daheim‹ erst richtig durchsetzen, nachdem die besseren Gesellschaften von London, Paris und Madrid ihn zum Modetanz erklärt hatten (Krasner 1997; Reichardt 1984). Die Kultur subproletarischer und migrantischer Milieus verwandelte sich über die Reise nach Europa zu einem ›modernen‹ Phänomen und wurde erst nachträglich zur ›nationalen‹ Kultur erklärt. In Europa setzte nach ungefähr zehn Jahren ein Diskurs der Problematisierung ein, der in Deutschland unter dem Stichwort »Schiebe- und Wackeltänze« verhandelt wurde. In den 1910er und 1920er Jahren steigerte sich dieser Diskurs zu dem Bild vom »Tanzfieber«, das Europa angesteckt habe, eine Metapher, die bis heute die Erinnerung an die Rezeption dieser Dynamik des Tanzens und Nachtanzens prägt, weil sie beständig illustrativ wiederholt wird (Eichstedt/Polster 1986; Driver 2001).

Im Folgenden soll dieses Bild historisiert werden, indem der Frage nach den Produktions- und Rezeptionsbedingungen des populären Tanzens diesseits und jenseits des Atlantiks nachgegangen wird. Die biologistische Metapher der Ansteckung wäre dabei weder zu affirmieren noch zu verwerfen, sondern als Teil gesellschaftlicher Auseinandersetzungen zu untersuchen. Warum begannen um 1900 diejenigen, die in den Politiken der Segregation als Weiße positioniert waren, diese Bewegungen nachzuahmen und sich einen Schwung anzueignen, der (um es an dieser Stelle sehr verkürzt auf den Punkt zu bringen) aus der Geschichte des Kampfes gegen die Sklaverei und andere Formen unfreier Arbeit und sozialer Exklusion erwachsen war? Während häufig angenommen wird, dass diese Tänze attraktiv waren, weil sie schwarz im Sinne von exotisch waren, bleibt die Frage nach der historischen Semantik von ›schwarz‹ außen vor. Doch die im *Black Atlantic* erfundenen Tänze waren nicht nur deshalb anders, weil sie von Afroamerikaner_innen getanzt wurden, sondern weil sie als Teil der politischen Auseinandersetzungen um Segregation, Erinnerung, Arbeitsdisziplin und Geschlechterverhältnisse darauf abzielten, die »Aufteilung des Sinnlichen« (Rancière 2006) zu unterbrechen. Die historische »Koinzidenz« von europäischem Imperialismus und dem »Beginn« der Moderne (Conrad/Osterhammel 2004, 21) wäre aus dieser Perspektive als ein konflikthaftes Aufeinandertreffen von Dynamiken zu untersuchen, die sich um

1900 im Spannungsverhältnis von Migration und Kolonisierung, von Kooperation und Segregation diesseits und jenseits des Atlantiks verdichteten.

Während in den Tanzsälen um 1900 in der Kopplung von Rhythmen und Bewegungen eine Form von Kommunikation entstand, die eigentlich ohne Lehrmeister auskam, entstand zeitlich etwas versetzt ein zunehmend rassistischer Diskurs der Problematisierung bestimmter Bewegungen, die in den Tanzschulen wieder gezähmt und akzeptabel gemacht werden sollten. Neben dem Modus der Problematisierung und Skandalisierung entstand auch eine Bewegung, die im Tanz eine Metasprache sah, um Gesellschaftsutopien zu entwerfen (Baxmann 1988). Tanzen wurde hier als Grundbedürfnis menschlicher Gemeinschaft naturalisiert und auf ›archaische‹ Muster zurückgeführt (Baxmann 2000). Diese Phänomene der Reformbewegung und des Ausdruckstanzes werden in der Forschung aber kaum an die ihnen jeweils vorausgehenden und sie begleitenden Phänomene der sog. »Revolution des Gesellschaftstanzes« (Pollack 1921) rückgebunden. Dass diese Dynamik des Tanzens in Deutschland erst nach dem Ersten Weltkrieg in so drastischen Begriffen der Revolution beschrieben wurde, lenkte lange davon ab, dass sie dennoch kein Phänomen der Nachkriegszeit war, wie Untersuchungen, die erst in den 20er Jahren ansetzen, suggerieren. Bereits während des Kaiserreichs, gleichzeitig mit der Selbst-Erfindung der Deutschen als »Weiße« im kolonialen Kontext (El-Tayeb 2001), begann die Dynamik der Tanzmoden. Die Zeitschrift »Berliner Leben« erklärte 1920, Tanzen sei nicht nur das zentrale Ereignis der »neuen Saison«, sondern sei dies schon seit 15 Jahren gewesen. Selbst der Krieg habe diese Dynamik nie »vollständig« unterbrechen können.[3]

Tanzen soll hier als Dispositiv beschrieben werden, als »ein Durcheinander, ein multilineares Ensemble« (Deleuze 1991, 153), das für die Zeit um 1900 symptomatisch auf eine Krise des Dispositivs des Kolonialen verweist, das sich in Politiken der Segregation (der auch rechtlich immer rigider werdenden Unterscheidung von Kolonisierten und Kolonisatoren, von Schwarzen und Weißen) verhärtete. Gleichzeitig breitete sich der Einfluss einer schwarzen Populärkultur, wie sie in postkolonialen Auseinandersetzungen um Emanzipation und Bürgerrechte in den Amerikas entstandenen war, in Europa aus.[4] Im Dispositiv des Tanzens lassen sich Subjektivierungslinien auffinden, die sich den Anforderungen segregationistischer Ordnungen entzogen. Diese Fähigkeit kam dem tanzenden Körper aber nicht einfach als anthropologische Konstante zu, sondern wuchs in dem Maße, in dem sich eine Rationalität von Regierung nicht mehr auf die Methoden souveräner Macht beschränkte, sondern unter dem Imperativ der Sorge um die Bevölkerung auch die scheinbar unwichtigsten Lebensäußerungen einer namenlosen Vielheit in den Blick nahm.

Nach Foucault setzte eine neue Form von Gouvernementalität da ein, wo bestehende Herrschaftstechniken eine Grenze der Machbarkeit erfuhren. Denn (polizeiliche) Reglements, die eingeführt wurden, um bestimmte Ergebnisse zu erzielen, erzeugten (ökonomische) Effekte, die ihren Intentionen gerade zuwiderliefen. Die Frage der »Regierung« musste neu beantwortet werden. Mit Foucault lässt sich die jüngste Antwort auf diese Frage als Biopolitik beschreiben: Hier geht es nicht mehr nur oder in erster Linie darum, Begehren über Techniken der Disziplinierung und der Normalisierung zu begrenzen und zu kanalisieren, sondern sie in ihrer Eigendynamik spielen zu lassen und lediglich über Sicherheitsmechanismen zu *regulieren*. Biopolitik wendet sich dem Menschen als Gattungswesen zu, eine Perspektive, die weniger auf Berechenbarkeit abzielt, als darauf, mit dem Zufall zu rechnen. Der Eigensinn derer, die davor in erster Linie als eine Menge an Untertanen gedacht wurden, konstituierte nicht mehr die Grenze von Regierbarkeit, sondern ihr Kapital: Denn das erste Ziel von Regierung sollte nun sein, dieses eigensinnige Handeln zu ermöglichen oder es über Konkurrenz anzureizen und zu intensivieren. Polizeiliche Maßnahmen sollten lediglich dort regulierend eingreifen, wo dieser Eigensinn der als Bürger individualisierten Untertanen den Rahmen der Staatsräson verlässt (vgl. Foucault 2006a, 479 ff.). Diese neue Form der Gouvernementalität, die sich von dem unterscheidet, was Foucault als ihren historischen Vorläufer, der Polizeiwissenschaft, untersucht, findet eine bestimmte historische Ausprägung im Liberalismus: Hier war die Frage nach der angemessenen Form von Regierung immer auch mit der Angst vor zu viel Regierung und der Frage, ob Regierung überhaupt nötig sei, verbunden (Foucault 2006b, 435 ff.).

Wenn es sich die Regierung zur Aufgabe macht, die »natürlichen Prozesse« einer Gesellschaft spielen zu lassen (Foucault 2006a, 505), muss sie in erster Linie Sicherheitsmechanismen entwerfen, die jeweils dort angreifen, wo diese Kräfte zu erlahmen drohen oder die Grenzen dieser »Gesellschaft« sprengen. War Polizei davor auf ganz unterschiedlichen Ebenen für die Sicherstellung des Wohlergehens der (städtischen) Bevölkerung zuständig, wurde sie nun auf die negative Funktion reduziert, die an den Rändern entstehende Unordnung zu beseitigen (ebd., 507), um das »Spiel der Kräfte« im Inneren zu ermöglichen. Ziel war eine regulierte, aber nicht mehr reglementierte Bevölkerung, die sich von einer einfachen Ressource, die vom Faktor »Größe« bestimmt war, zu einem »Lebewesen« wandelte, dessen Kräfte aufeinander abzustimmen waren und das nur genau dosierte und zielgerichtete Eingriffe erlaubte.

Diese Überlegungen sind für das vorliegende Projekt insofern interessant, als dass Foucault betont, dass diese Veränderung der Gouvernementalität nicht unabhängig von den Gegenbewegungen zu Projekten von Regierung verstanden werden kann. Beide seien gleichermaßen daran beteiligt gewesen, eine dem Staat gegenüberstehende Gesellschaft zu entwerfen. Eine Untersuchung der Mikromächte lasse sich deshalb ohne Schwierigkeit mit einer Analyse von Problemen von Regierung verknüpfen (ebd., 513). Tanzen versprach, ähnlich wie der Sex, über die Regulierung minutiöser Details das große Ganze kollektiver Veränderung zu beeinflussen. Anders als in der Frühen Neuzeit entstanden hierbei aber nicht mehr nur festgelegte Normen, wann und auf welche Art und Weise zu tanzen sei, sondern (zusätzlich zu den ohnehin noch bestehenden Regeln) stand mehr und mehr die Subjektivität der Tanzenden selbst auf dem Spiel.[5] Wenn eine bestimmte Körperhaltung jene Subjektivität erst ermöglichte, auf der eine Politik der (Selbst-)Führung basierte, war sie davon auch abhängig und eine Veränderung dieser Haltungen hatte nun andere Konsequenzen. Weil veränderten Tanzweisen aus dieser Perspektive ein enormes Potential zukam, Subjektivität zu erzeugen und damit Veränderung herbeizuführen, wurde der »Gesellschaftstanz« im 19. Jahrhundert nicht nur zu einem prominenten Feld der Regulierung, sondern auch der Innovation und Selbsterfindung.[6]

Flucht aus der Segregation

Was als ›Tanzmoden‹ diese Dynamik bestimmte und kontinuierlich über das 20. Jahrhundert hinweg prägte, war eine spezifische Verbindung von Körperbewegungen und Musik, wie sie in den postkolonialen Gesellschaften Amerikas im Aufeinandertreffen von Sklaverei und Migration und den Kämpfen um die Bedingungen freier und unfreier Arbeit erfunden wurden (Lhamon 1998). Die Tänze betonten die Möglichkeit der Improvisation mit vorgefundenem kulturellem Material. Was in diesem Prozess der Aneignung hervorgebracht wurde, war nicht ›ursprünglich‹ im Sinne einer ethnischen Tradition, sondern das Ergebnis einer Tradition des Widerstands, die beständig darauf abzielte, die eigenen Handlungsmöglichkeiten zu erweitern. Das Wissen um das Vermögen des eigenen Körpers, sich trotz einer fast vollständigen Enteignung nicht auf die Funktion eines bloßen Werkzeugs reduzieren zu lassen, ermöglichte neue Formen des Widerstands, die den Körper als Waffe benutzten, nicht nur wortwörtlich wie in der brasilianischen Capoeira, sondern auch als Sprache, die Möglichkeiten von Veränderung kommunizierbar machte: dass es nicht nur eine Art und Weise gab, zu leben, zu arbeiten, zu gehen und zu sein, sondern ganz unterschiedliche; und dass im pulsierenden Rhythmus des Alltags überall Möglichkeiten für Unterbrechung und Veränderung existierten (vgl. Kusser 2008).

Aus dieser Perspektive wäre der Tanzsaal um 1900 als ein Ort der Produktion zu untersuchen. Hier entstand das Repertoire, aus dem die sog. Modetänze des 20. Jahrhunderts schöpften. Jenseits von Kirche, Verwaltung und Polizei entwickelten sich in den oft illegalen schwarzen Tanzschuppen der amerikanischen Südstaaten, den sog. *Jooks*, unter den Bedingungen des Ausschlusses und der systematischen Vernachlässigung durch die Politik der Segregation jene Bewegungen und Haltungen, die die Tanzmoden des 20. Jahrhunderts ausmachten (Hazzard-Gordon 1990). Diese Politik zielte darauf ab, »to keep the Negro in his place«, was in erster Linie die Wiedereinführung einer gesellschaftlichen Arbeitsteilung und der damit verbundenen Besitzverhältnisse meinte, die von der Abschaffung der Sklaverei und der Niederlage des Südens im Bürgerkrieg herausgefordert worden waren. Nach dem Ende der Rekonstruktion Ende der 1870er Jahre wurden jedoch die Rechte der Einzelstaaten gestärkt und Kämpfe von Afroamerikaner_innen um gleiche Rechte, die ihnen verfassungsrechtlich zustanden, mündeten in eine sich zunehmend verhärtende Politik der Segregation, die unter der Formel *separate but equal* juristisch legitimiert wurde (Finzsch/Horton 1999, 310 ff.).

Einerseits symbolisch, andererseits ganz praktisch führte die Dynamik von Tanzmoden in den USA des ausgehenden 19. Jahrhunderts vor Augen, dass sich die auf den Status ungelernter Arbeiter_innen reduzierte zweite Generation nach der Abschaffung der Sklaverei zunehmend weigerte, ihr Vermögen auf die Erfüllung ihrer Funktion als Feldarbeiter_innen und Dienstleute zu beschränken oder der Ideologie des »Uplift« zu folgen.[7] Die Tänzerin Josephine Baker hatte schon als Kind mehrere Anstellungen bei weißen Familien gehabt, für die sie für Kost und Logis arbeiten sollte. Einmal überlebte sie nur knapp die Bestrafungsaktionen der Hausherrin, ein andermal wollte der Hausherr sie vergewaltigen. Baker überlebte kurz danach auch den *race riot* von St. Louis von 1917, als tagelang Gruppen von weißen Männern und Frauen Afroamerikaner_innen angriffen, ein ganzes Stadtviertel anzündeten und auf die fliehenden Bewohner_innen schossen, ein Ereignis, mit dem sie am Ende ihres Lebens ihre Autobiografie begann (Baker 1978, 13). Ein Jahr danach, gerade mal dreizehn Jahre alt, versteckte sie sich in der Requisitenkiste einer gastierenden Vaudeville-Truppe, als diese ihre Sachen zur Weiterfahrt packte und verließ St. Louis (ebd., 30).

Zora Neale Hurston, die bis in die 1980er Jahre weitgehend vergessene afroamerikanische Schriftstellerin und Anthropologin, brachte es als Jugendliche über Jahre hinweg nicht fertig, ihre Arbeit als Dienstmädchen in weißen Haushalten *gut* zu machen, so dass sie ständig ihre Anstellung verlor. Sie wollte weiter zur Schule zu gehen, was sie sich nicht leisten konnte und kam schließlich als Garderobiere zu einer fahrenden Theatertruppe. Auch hier hatte sie eine *dienende* Tätigkeit, weil sie das Starlet der Truppe zu versorgen hatte, doch Hurston machte nun ganz andere Erfahrungen. Ihre kommunikativen Fähigkeiten wurden von den (zumeist weißen) Kolleg_innen erst herausgefordert (auch in Form sexistischer und alltagsrassistischer Provokationen). Durch ihre Schlagfertigkeit, die ihr anderswo den Job gekostet hatte, erkämpfte sie sich aber Respekt. Sie begann, eine Art Wandzeitung zu erstellen, auf der sie ihre Kolleg_innen parodierte und kommentierte, eine Form der Kommunikation, an der sich schließlich das ganze Ensemble beteilige. Hurston beschreibt das Ensemble als Gemeinschaft von Leuten, die einen Teil ihrer Träume aufgeben mussten, weil sie bspw. statt Opernsänger_innen Vaudevillekünstler_innen geworden waren; die diese Enttäuschungen im Alltag betrauerten, indem sie sich endlos davon erzählten und einander zuhörten oder sich gegenseitig in den Pausen Opernarien vorsangen. Eineinhalb Jahre arbeitete sie als Garderobiere und beschreibt die Zeit im Nachhinein als eine Art Schulzeit: Sie habe viel gelernt, über Literatur und Musik ebenso wie über das Vermögen der Kommunikation (Hurston 2000, 138). Am Ende ging die Truppe unvermittelt Konkurs und löste sich auf. Ein Teil des ausstehenden Lohns wurde nicht mehr ausbezahlt. Doch Hurston betont in ihrer Autobiografie, dass sie in dieser Truppe erfahren hatte, dass ihre Träume real waren und dass sie über Fähigkeiten verfügte, die andere nicht nur bedrohlich oder fehl am Platz fanden. Sie nutzte die Gelegenheit, um den ländlichen Süden zu verlassen, blieb in Baltimore und schrieb sich dort in ein Abendgymnasium ein.

Während Josephine Baker für die Popularisierung von Tanzmoden nach dem Ersten Weltkrieg in Europa heute die zentrale Referenz ist, begann Zora Neale Hurston als Anthropologin die Alltagskultur der afroamerikanischen Bevölkerung im amerikanischen Süden und in der Karibik zu untersuchen, wobei sie sich auch besonders für die Herkunft von Tänzen interessierte. Auf die Frage, warum sie Tänzerin geworden sei, erklärte Baker 1927, dass sie in einer »kalten« Stadt aufgewachsen sei (Baker 1980, 33). Schon als Kind habe sie auf die Frage, warum sie die ganze Zeit tanze, geantwortet, »Weil ich mich mit nichts anderem so prima warmhalten kann!«, erinnert sich ihre Schwester (Baker 1978, 27). Die Fähigkeit des Körpers, aus sich selbst heraus ein Gefühl von Wärme zu produzieren, zeichnete für Baker das Tanzen aus. Hurston beschreibt ihre Situation nach dem Tod ihrer Mutter, als sie mit der Schule aufhören und zwischen Verwandten und Freunden hin und her geschoben wurde, als Armut, die nach Tod roch. »Menschen können wandelnde Sklavenschiffe sein.« (Hurston 2000, 115) Baker wie Hurston beschreiben in ihren Autobiografien das Unterhaltungsgewerbe als finanziell unsichere und körperlich anstrengende Arbeit, doch zugleich auch als Möglichkeit der Flucht aus einer als unerträglich empfundenen Alltagssituation.

Nach Jacques Rancière entschied gesellschaftliche Arbeitsteilung in erster Linie darüber, wer zu sprechen und nachzudenken berechtigt war und wer mit den Händen zu arbeiten hatte, wer sich die Nächte mit Diskussion und kulturellen Veranstaltungen um die Ohren schlagen konnte und wer Nachts zu schlafen und Energie für den nächsten Arbeitstag zu tanken hatte. Seine Untersuchung über die *Nacht der Proletarier*, die sich diesem Imperativ verweigerten und selbst begannen, Literatur zu produzieren, belegt, dass die Schreibenden dabei nicht etwa radikal andere Formen erfanden, sondern auf das zurückgriffen, was sie aus bürgerlichen Zeitschriften und Romanen kannten. Differenz wurde in den Augen der (eigentlich mit ihrem Kampf sympathisierenden) Intellektuellen oft paternalistisch als Scheitern und kleinbürgerliche Anbiederung interpretiert. Doch Rancière untersucht die Texte als eigensinnigen Ausdruck einer Weigerung der Arbeiter_innen, *sie selbst* zu sein. Sie wiesen damit eine Reduktion auf (und teilweise Überhöhung als) körperlich Arbeitende zurück (Rancière 1981, 8–11).

Aus dieser Perspektive lassen sich auch die in den Tanzsälen erfundenen und auf den Bühnen der Populärkultur perfektionierten Tänze als Modalitäten der

Selbstreflexion und Selbstfindung untersuchen. Während der nächtliche Besuch von Tanzveranstaltung den normalen Gang der Dinge auf eine nicht wahrnehmbare Art und Weise unterbrach – er fand in der sog. Freizeit statt – führte die Entscheidung, das Tanzen selbst zum Beruf zu machen, zu Arbeitsverhältnissen, die nach heutigen Begrifflichkeiten »prekär« waren. Der Arbeitsalltag zeichnete sich durch eine unauflösliche Ambivalenz von Selbstverwirklichung und Selbstausbeutung, von Freiheit und Unsicherheit, von Selbstvermarktung und flexibler Anpassung aus. Etwas polemisch könnte man sagen, dass Baker und Hurston die ihnen sicheren Jobs als Dienstmädchen aufgaben, um im sehr viel weniger vorhersehbaren Unterhaltungsgewerbe zu arbeiten. Baker und Hurston machten selbstverständlich eine andere Rechnung auf: Sie konnten nun etwas machen, das ihnen subjektiv leicht fiel und sie teilten ihre Zeit mit Leuten, bei denen sie sich – wenn auch zeitlich jeweils begrenzt – einigermaßen sicher fühlten. Die Möglichkeit zur Kommunikation, die sich Hurston beständig eröffnete (bspw. mit den Kindern der Haushalte, in denen sie arbeitete), war ein Problem gewesen, weil sie von ihrer *eigentlichen* Arbeit des Putzens und Aufräumens ablenkte. Sich schlagfertig zu wehren, führte zu Entlassungen. Bei der fahrenden Theatertruppe war es nun gerade umgekehrt, hier war sie von *Dingen* umgeben, die sie auch begehren durfte: Bücher, Musik, Humor, Kommunikation. Ihre Träume, die für ihre Familie und ihre Arbeitgeber bedrohlich erschienen, weil sie nicht der ihr zugewiesenen gesellschaftlichen Position entsprachen, wurden ein verbindendes Element mit den Schauspieler_innen und Sänger_innen, zu denen sie als Garderobiere eigentlich gar nicht zählte. Differenz – dass Hurston schwarz war, frech auftrat, aus dem Süden kam, Dialekt sprach – verwandelte sich von einem unlösbaren Problem in Eigenschaften, für die sie – wie einst von ihrer früh verstorbenen Mutter – anerkannt und unterstützt wurde.

Le Trans-Atlantic[8]

Wenn die *Jooks* und fahrenden Theater des ländlichen Südens Orte der Produktion dieser Tänze waren, führte ihre Übertragung in die Medien der urbanen Massenunterhaltung zu weiteren Verwandlungen und Mutationen. Ein zentrales dieser Medien waren um 1900 Ausstellungen. Die inszenierten Produktions- und Warenwelten sollten den Bewohner_innen der europäischen und amerikanischen Metropolen die globale Verfügbarkeit von Waren, Technik und Menschen vor Augen stellen. Weltausstellungen oszillierten zwischen Orten der Kommunikation – Technik, Kultur, Menschen – und Orten der Selbstlegitimation einer als Imperialismus und Kolonisierung forcierten Globalisierung. Die spektakulären *displays* produzierten historisch spezifische – und spezifisch rassistische und sexistische – Bilder von Globalisierung und weltweiter Vernetzung. Sie sollten jene

Evidenzen produzieren, die Kolonialismus, die Mission der Zivilisierung, kapitalistische Arbeitsethik und die Trennung von öffentlicher und privater Sphäre zu den notwendigen und einzig konstruktiven Kräften der Geschichte der Moderne erklärten. In ihrer räumlichen Verdichtung sollten sich hier Tradition und Moderne als augenfällige Differenz von Handarbeit und maschinisierter Produktionsweise gegenüberstehen. Auf der Weltausstellung in Chicago 1893 standen den Ausstellungshallen der »White City«, in denen die technischen und wissenschaftlichen Leistungen der Zeit ausgestellt wurden, die »Villages« der »Midways« gegenüber, die den Rest der ›Welt als Ausstellung‹ sichtbar machen und zeitlich als Anachronismen markieren sollten.[9] Für diesen Zweck wurden oft hunderte von Menschen aus kolonisierten Gebieten angeworben, die nichts weiter tun sollten, als ihre »Sitten und Gebräuche« und ihre »Rassenmerkmale« möglichst typisch auszustellen. Durch diese exzessive Sichtbarmachung näherten sich aber Weltausstellungen unwillkürlich einer Logik des Jahrmarkts an, was sie in ihren Effekten prekärer machte, als ihre Initiatoren vorhergesehen oder intendiert hatten. Dokumentieren Ausstellungen einerseits die minutiösen Ordnungs- und Hierarchisierungsbestrebungen einer eurozentristischen Leseweise von Modernisierung und Technisierung, waren ihre konkreten und lokalen Effekte ambivalenter, weil die Möglichkeit zur Kommunikation, die diese Ereignisse eröffneten, unvorhersehbare Effekte hatte (vgl. Bederman 1995).[10] Als auf der Weltausstellung in Chicago von 1893 im algerischen Dorf ein Gruppe von Bauchtänzerinnen auftrat, wurden die Auftritte zum Publikumsrenner und ein neuer Tanz eroberte die Bühne der Burleske: der »hoochy-kootchy«, wie das Phänomen bald genannt wurde (Allen 1991, 227).

1894 sollten auf der Mid-Winter Fair in San Francisco afrikanische Tänzer aus Dahomey, der Westküste Afrikas auftreten. Ihre Ankunft verspätete sich jedoch – die Truppe war davor auf der Weltausstellung in Chicago gewesen – und so mussten die Veranstalter in San Francisco in letzter Minute Ersatz suchen. Jemand kam auf eine Idee – warum nicht einfach Afroamerikaner einstellen und diese als Afrikaner verkleiden? Eine Truppe Vaudeville-Performer wurde angeheuert, unter ihnen die damals noch unbekannten afroamerikanischen Tänzer und *comedians* Bert Williams und George Walker. Die Truppe versuchte, so primitiv und wild wie möglich zu tanzen. Als die echten Dahomeyaner verspätet eintrafen, wurden die verkleideten Afroamerikaner umgehend wieder entlassen. Sie bekamen jedoch freien Zutritt zu der Ausstellung und damit auch zum ersten Mal die Möglichkeit, afrikanische Tänzer zu beobachten (Todd 1950). Tänzer aus Dahomey, deren komplexe Geschichte der Teilnahme am Sklavenhandel einerseits, ihr hartnäckiger Widerstand gegen eine koloniale Besetzung durch England andererseits in den als »traditionell« und damit geschichtslos konzipierten Aufführungen unsichtbar gemacht wurde, begegneten hier den Nachkommen ehemaliger Sklaven, die als eben diese geschichtslosen Afrikaner verkleidet, vorübergehend ihren Platz eingenommen hatten und das Publikum allein auf Grund ihrer Hautfarbe in ihrer

Performance überzeugen sollten. Etwa zehn Jahre später traten Bert Williams und sein Kollege George Walker 1903 in einem Musical mit dem Titel »In Dahomey« auf. Mit dem Musical erreichten afroamerikanische Musiker_innen, Tänzer_innen und Schauspieler_innen einen ersten Durchbruch am New Yorker Broadway, von dem sie aufgrund der (im Norden oft ungeschriebenen) Gesetze der Segregation ausgeschlossen waren. Ein Jahr später tourte das Musical mit einem Ensemble von rund hundert Leuten mit großem Erfolg durch England. Danach kehrten viele nicht in die USA zurück, sondern nutzten eine zunehmende Nachfrage nach synkopierter Musik und neuen Tanzschritten, um in spontan zusammengestellten Ensembles in ganz Europa aufzutreten. Während Afroamerikaner_innen in den USA im Alltag überall an die Grenzen der Segregation und ihre mörderischen Konsequenzen stießen, waren sie in Europa Amerikaner, die – bis auf die Einreise ins zaristische Russland – nicht einmal einen Pass brauchten, um Landesgrenzen zu überschreiten.[11]

Ein Faktor, der das Musical »In Dahomey« so erfolgreich machte, war die Verbindung von synkopierter Musik und Tanz, wie sie im Cakewalk vorgeführt wurde, dem Tanz, mit dem die Dynamik von »Tanzfieber« im 20. Jahrhundert aus der Perspektive weißer Europäer anfing. Erfunden auf den Plantagen der Sklaverei, ermöglichte der Cakewalk eine Situation, in der diejenigen, die auf den Status von Arbeitskräften reduziert bleiben sollten, sich die Kultur ihrer ›Besitzer‹ aneigneten, indem sie die auf den Bällen getanzten, streng formalisierten und ritualisierten Formationen wiederholten und überzeichneten. Diese Form der Parodie stellte eine Differenz aus, die als stumme Geste die Grenzen des Akzeptablen nicht überschritt: Lediglich das Lachen über diese Performance war hörbar, ein gemeinsames und geteiltes Lachen. Während die Sklavenhalter dachten, die Tänzer konnten nicht besser tanzen, machten sie sich mit jedem Schritt über ihre Herren lustig, beschrieb eine ehemalige Sklavin den Tanz im Gespräch mit dem afroamerikanischen Tänzer und Filmschauspieler Leigh Whipper (Stearns 1994, 22). Beim Cakewalk handelte es sich weniger um einen Tanz mit vorgegebenen Schritten, sondern um eine Einladung zur Improvisation mit den stolzen und überheblichen Gesten und Haltungen der Herrschenden, deren Körperhaltung dabei jedoch in eine Schieflage gebracht wurde: Die aufrechte Haltung mit ihrer stolzgeschwellten Brust wurde so überzeichnet, dass die Oberkörper nach hinten rutschten und hinter den vor ihnen hermarschierenden Beinen hinterherhinkten. Die durchgedrückten Knie knickten ein und ließen Raum für unverhoffte Beweglichkeit. Doch der Cakewalk war nicht nur eine Parodie, sondern auch die Aneignung einer stolzen und souveränen Haltung, deren Herausforderung gerade darin lag, trotz der absurden Körperlage, die einem der Tanz abverlangte, lässig und »lazy-like«[12] zu gehen und immer wieder improvisierte Figuren einzufügen, die den mechanischen und festgelegten Ablauf der Formation durchbrechen. Pepsi Bethel, der den Tanz in den 1950er Jahren für Mura Dehns Film *The Spirit Moves* getanzt hatte, erzählt: »The relaxation in Cakewalk even though the body is arched, that is the trick you have to find.«[13]

Der Cakewalk gilt als erster Tanz, den Weiße um 1900 ›nachtanzen‹ wollten, eine gewisse Ironie der Geschichte, handelte es sich doch um eine Parodie ihrer ›eigenen‹ Tanzkultur. Doch diese ambivalente Herkunft aus der Sklaverei wurde bis in die Anfänge einer Geschichtsschreibung von Jazz Dance in den 50er Jahren nur in der schwarzen Community erinnert. Während der Tanz in den USA bald als »Nationaltanz« reklamiert wurde, galt er in Europa gerade dann als original amerikanisch, wenn er von Afroamerikaner_innen getanzt wurde. Als die Truppe von »In Dahomey« nach London kam, war ihnen der Tanz schon vorausgeeilt: In der Tradition der *minstrel show* hatten ihn längst weiße Komiker in *blackface* populär gemacht.[14] Das offensiv als schwarz vermarktete Musical versprach nun, aus der Perspektive der Theaterkritiker Londons, »the real thing«.[15] Die Reise über den Atlantik ermöglichte so einen Positionswechsel: Einerseits sollte die Norm von *blackface* auf der Bühne schwarze Kultur durch ein rassistisches Stereotyp ersetzen, was in den USA auch schwarze Performer betraf, die sich vor weißem Publikum ebenfalls gezwungen sahen, die stereotype Maske aufzulegen, ihr Gesicht zu schwärzen und ihre Rollen auf *Sambo* und *Coon* zu beschränken;[16] andererseits erzeugte diese Kultur von *blackface* zugleich eine Nachfrage nach Realness.

Die Parodien des Cakewalks in *blackface* waren weniger attraktiv, als der Tanz selbst. Er war gegen Parodien insofern immun, als dass er selbst schon eine Parodie war. Das kontrollierte und erhabene Schreiten eines Menuetts wurde wiederholt und zugleich verändert: Die steif aufgerichteten Oberkörper verlagerten sich nach hinten, die seitlich ausgestreckten Arme wurden nach vorn gedreht, wobei die elegant den Arm verlängernde Handhaltung aufgegeben wurde, so dass die Hände wie leblos von den Handgelenken hingen. Auch die im Menuett durchgedrückten Knie und ausgestreckten Arme knickten ein. Im spitzen Winkel ausgestellte Arme und Beine gelten als Charakteristika afrikanischer Tänze, die im Gegensatz zur europäisch-höfischen Tradition nicht vom Boden weg streben, sondern zum Boden hin orientiert sind. Auch die isolierte Bewegung einzelner Körperteile zueinander verweist auf diese Tradition. Dass es sich dennoch nicht (nur) um die Afrikanisierung eines europäischen Tanzes handelte, zeigte sich nicht zuletzt in der Strategie des Überdrehens: Die Schieflage der Körper, die von sich gestreckten Arme mit den hängenden Händen widersprachen der Körperspannung afrikanischer Tänze. Der Cakewalk betonte Elemente, die im ›Original‹ vorhanden waren und stellte sie aus – als leblose Gleichförmigkeit, als Mangel an Lebendigkeit.

Die Virtuosität bestand genau darin – sich nicht anzustrengen, sondern angesichts strenger Anforderungen eine Haltung einzunehmen, die diese Rigidität in der Wiederholung zerstörte. Der komische Effekt dieser Performance war zugleich durch eine Strategie der Sicherheit abgesichert: »bowing mighty low« (Baldwin

1985, 46). Nach dem Bürgerkrieg ermöglichte der Cakewalk als soziale Situation die Aktualisierung von ganz unterschiedlichen Tänzen, die verstreut und keineswegs selbstverständlich als ›schwarze‹ Kultur zirkulierten. Er ermöglichte eine Kommunikation innerhalb der schwarzen Community, die es ›als solche‹ nicht einfach gab, sondern die über Migration und die Herausforderung der Segregation, die auch die schwarze Mittelschicht mehr und mehr der Illusion einer möglichen ›Integration‹ in die Nation beraubte, in den Idiosynkrasien der Populärkultur einen Raum für Verhandlung und gegenseitige Bezugnahmen fand. Die dabei entwickelte Virtuosität (als Fähigkeit zur Kommunikation) brachte diesen ersten Modetanz hervor: Er stellte Subjektivität als Differenz aus, erinnerte an die Zeit der Sklaverei, sei es als kollektiver Bezugspunkt oder um auf die historische Dimension des gegenwärtigen Rassismus zu verweisen, eröffnete eine Bühne für Wettbewerb, die in der Segregation gerade verhindert werden sollte und verdichtete diese Konstellation im Grand Finale, das alle Tänzer_innen zusammen auf die Tanzfläche brachte, um in einer letzten Runde gerade im Ausstellen von Unterschiedlichkeit einen gemeinsamen Schwung zu erzeugen. Weil sich der Cakewalk an einer Tradition europäischer Tänze orientierte, die sich ihrerseits an aristokratischen Vorbildern abgearbeitet hatten, war er auch an die sich auflösende Massenkultur der großen Ballsäle des ausgehenden 19. Jahrhunderts anschlussfähig. In London, Paris und Berlin interessierten sich besonders bürgerliche Schichten für den Tanz, wodurch er auch für die weiße Oberschicht in New York akzeptabel wurde.[17]

Als der Cakewalk Anfang des 20. Jahrhunderts in Paris zur Mode wurde, tanzten ihn auf den Bühnen der Music Halls jene Tänzerinnen, die sich gleichzeitig mit epileptischen Tänzen einen Namen machten. Epileptische Tänze überzeichneten die visuellen, wissenschaftlichen und populären Diskurse um Geisteskrankheit und arbeiteten mit ähnlichen Gesten, wie sie auch in der wissenschaftlichen Photographie zur Hysterie zirkulierten. Diese sichtbare Störung bürgerlicher Ordnung auf der Bühne zu verdoppeln ermöglichte ihnen, eine Position einzunehmen, in der sie zugleich komisch, sexy und aktuell waren. Weil sie Kontrollverlust offensiv zur Schau stellten, setzten Kritiker und Karikaturisten ihre Tänze mit afrikanischen Tänzen gleich, die bereits als bedrohliche Gefährdung des körperlichen und seelischen Normalzustands problematisiert waren. Dass epileptische Tänzerinnen auch den Cakewalk tanzten, der ja als eine Persiflage eben jenes »Normalzustands« entstanden war, war nur folgerichtig: Ihr Status als weiße Frauen war ohnehin schon fragwürdig geworden (vgl. Gordon 2009).

Flucht aus der Fabrik

Das Phänomen der Tanzmoden ist auch deshalb so interessant, weil sich hier verschiedene Fluchtlinien überkreuzten. Der Versuch afroamerikanischer Künstler_innen, sich den Beschränkungen der Segregation zu entziehen, traf in den Städten auf andere Dynamiken von Flucht und Migration. Während afroamerikanische Arbeiter_innen bis zum Ersten Weltkrieg im industrialisierten Norden aus der Fabrik weitgehend ausgeschlossen waren (vom Status als Angestellte in nicht ausschließlich afroamerikanischen Unternehmen ganz zu schweigen), nutzten diejenigen, die sich steigende Löhne und verkürzte Arbeitszeiten erkämpften, ihre Zeit für neue Arten des urbanen Vergnügens.

Eine Untersuchung über die Motivationen von Frauen, deren Eltern aus Europa in den ländlichen Mittleren Westen der USA eingewandert waren, ihrerseits in den 1910er Jahren in die Großstädte der Umgebung zu ziehen, belegt, dass sie ihre Entscheidung zu migrieren oft mit dem Verweis auf die Möglichkeit, Tanzen zu gehen, begründeten (Jensen 2001). Gegen die Regulierung dieser Aktivität in den herrschenden Geschlechter- und Rassenordnungen bestanden sie darauf, dass Tanzen in ihrem Leben einen Zweck an sich hatte. Jensen argumentiert, dass sich die Situation der Frauen durch zwei Arten von Mobilität veränderte – Tanzen und Migration. Im Verhältnis zur bestehenden Aufteilung von Räumen – einer männlich dominierten Salonkultur, der im Klassenrassismus segregierten Arbeitswelt (nicht nur zwischen schwarzen und weißen, sondern auch zwischen Yankee und Einwandererfrauen) – dokumentiert sie für die Zeit um 1900 eine zunehmende Zahl von ›Übertretungen‹, die dadurch zustande kamen, dass Frauen begannen, dorthin zu gehen, wo Musik gespielt und getanzt wurde, selbst wenn es sich dabei um Orte handelte, die Frauen angeblich nur als Prostituierte aufsuchten.

In den Städten war das Tanzen nun nicht mehr durch die ländliche Festkultur von kirchlichen und jahreszeitlichen Rhythmen geprägt, sondern entlang eines neuen Arbeitsrhythmus ausgerichtet, der potentiell jede Nacht zur Gelegenheit werden ließ, das Ende der Arbeit zu feiern. Interessanterweise erwuchs die Aufteilung des Lebens in Arbeitszeit und Freizeit aus den alltäglichen und »eigensinnigen« Konflikten um Arbeitsweise, Kommunikation und Reproduktion und war nicht von vornherein das erklärte Ziel der Arbeiter_innen. Der Kompromiss kam in erster Linie dem Interesse von Arbeitgebern zugute, die Zeit der Arbeit von dem, was nicht als Arbeit anerkannt war, immer genauer zu unterscheiden, um Arbeitsleistung zu intensivieren und vorhersehbar zu machen (Lüdtke 1993, 85 ff.). Doch in den 1920er Jahren problematisierten Untersuchungskommissionen bereits das »Fliehen der Fabrik« (Lüdtke 1986, 187–188). Die anfangs ausgedehnten Pausen, die einen Arbeitstag, der von Sonnenaufgang bis Sonnenuntergang dauerte, erträglich gemacht hatten, wurden insbesondere von jungen Arbeitern abgeschafft, nachdem kürzere Arbeitszeiten durchgesetzt waren. Sie arbeiteten die Stunden lieber am Stück ab, um die Fabrik so schnell wie möglich verlassen zu können. Während für einen Großteil der Frauen nach der Lohnarbeit die Arbeit in der Familie begann (Lüdtke 1991), wurde der ausgehandelte Kompromiss der Freizeit von denjenigen, die es sich leisten konnten, unter anderem mit neuen Formen des urbanen Vergnügens verbracht (Maase 1997).

Auch in Berlin lässt sich für die Zeit um 1900 eine pauschale Assoziation von Tanz und Prostitution registrieren (Ostwald 1905a). In seinem, in der Reihe der Berliner Großstadtdokumente veröffentlichten Heftchen *Berliner Tanzlokale* beschreibt Hans Ostwald »die meisten Tanzlokale als nichts weiter als Märkte der Prostitution«. Dabei fasste er auch jene »lebenslüsternen Geschöpfe« unter die Kategorie Prostituierte, die sich »für ein warmes Abendbrot oder ein wenig Liebe anbieten«. Die Verbindung zur Prostitution war also quasi unausweichlich. Doch selbst Ostwald gibt zu, dass manche tatsächlich nur kämen, um zu tanzen: »Die junge Berlinerin ist fast immer von einer großen Tanzwut besessen.« (Ostwald 1905b, 3–4)

Ostwalds Berichte über seine Beobachtungen in Berliner Tanzlokalen sind insofern interessant, als dass sie eine Perspektive auf das Tanzen *nach* der Ankunft des Cakewalks und *vor* dem Einsetzen des Diskurses um die »Revolution des Gesellschaftstanzes« eröffnen. Zwar ist die Logik der Pathologisierung in der Rede von der »Tanzwut« präsent, doch die Ursache wird nicht – wie zwanzig Jahre später – den schwarzen Tänzen zugeschrieben, sondern den tanzwütigen Frauen. Der Cakewalk kommt wie nebenbei vor: »Aber kurz vor eins – es sind immer noch nicht mehr Herren da – rast eine laut kostümierte Schar einen Cake Walk durch den halbleeren Saal, in dem die Toiletten im Glühlicht schimmern und glänzen. Später gibt's einen Polentanz.« (ebd., 75) Ostwald interessierte sich weniger für die beobachteten Tänze als für die sie ausführenden Tänzerinnen und ihren ökonomischen und moralischen Lebenswandel. Der Cakewalk aus den USA wird hier kaum anders beschrieben, als Tänze aus Polen oder aus Rixdorf, einem Berliner Vorort (ebd. 62).[18] An anderer Stelle gibt es jedoch eine kleine Abweichung, die belegt, dass der Cakewalk als schwarzer Tanz gelesen wurde. In der Skala »tanzt zur Abwechslung mal ein ganz leibhaftiger Nigger einen ganz echten Cake Walk. Und zwei zierliche Blaßgesichter begleiten ihn nicht ohne Schwung. Es sieht ordentlich pervers aus. Und weil's schon nach Mitternacht ist, klatschen alle begeistert den Takt mit den Händen.« (ebd. 87) Die ironische Herablassung, mit der Ostwald die Szene beschreibt, unterscheidet sich vom Rest des Buches nur durch die Qualifizierung der Szene als »pervers«, eine Form des sexualisierten Rassismus, der dem Buch sonst fehlt. Dass dieser Cakewalk »ganz leibhaftig« und »ganz echt« gewesen sei, führt Ostwald auf die Präsenz des afroamerikanischen Tänzers zurück.

Abgesehen von diesen beiden kurzen und kursorischen Verweisen auf den Cakewalk dreht sich das Buch um die Position der Tänzerin als unbegleiteter Frau, die in den Tanzsälen Vergnügen, Geld und Männer suche. Überall unterstellt Ostwald diesem Unterfangen ein unausweichliches Scheitern, das früher oder später zum körperlichen Verfall und zur Prostitution führe. Im Gegensatz dazu lobt er die

»Echtheit und Wärme« der volkstümlichen Lokale der Vorstädte, wo der »junge Berliner und seine Freundin oder Geliebte sich nach alltäglicher Wochenarbeit dem Rausch des Tanzes hingeben. Wie der das Blut durcheinanderbringt!« (ebd., 84) Diese Lust am Tanzen wird ganz anders beschrieben, als die der unbegleiteten Frauen. »Der junge Berliner und seine Freundin« tanzen, weil sie davor bis zur Erschöpfung gearbeitet haben: »Dann aber wird plötzlich aus dem erschöpften, blassen, verärgerten und mißmutigen Geschöpf ein anderer Mensch. Er geht nach Hause und zieht mit dem Arbeitskittel den Arbeiter aus, wird frisch, heiter, fiebert vor Erwartung – und ist fähig, den ganzen Abend und fast die ganze Nacht munter und mobil zu sein.« Diese beim Tanzen beobachtete Energie war auch deshalb relevant, weil in der Wahrnehmung der Zeitgenossen überall das Phänomen der Neurasthenie als plötzlichem Erschöpfungszustand drohte (Radkau 1998). Im Gegensatz dazu schien die Energie, die beim Tanzen aufgewendet wurde, nicht den Gesetzen der Thermodynamik zu folgen, die damals auch in Bezug auf das Training der Körpers und seiner Leistungssteigerung diskutiert wurde (Möhring 2004). Im Gegenteil könne der Arbeiter, wie Ostwald behauptet, gerade deshalb wieder weiterarbeiten, *weil* er die ganze Nacht getanzt habe. Die Position der tanzenden Frauen verkomplizierte diese Lesweise eines produktivitätssteigernden Ausgleich jedoch, weil die Aufteilung der Zeit in Arbeit und Freizeit in ihrem Vorgehen beständig zusammenzubrechen drohte. Sie arbeiteten auch im Tanzsaal für ihren Lebensunterhalt oder brachten zumindest die Ökonomie der Liebe durcheinander, weil sie sich von ganz unterschiedlichen Männern Getränke, die Garderobe oder die Heimfahrt bezahlen ließen oder einem Tanzpartner nicht etwa hinterher weinten, sondern sich einfach einen anderen Tänzer suchten (ebd., 88). Zwischen den Zeilen entsteht so ein Bild davon, dass Tanzen für viele Frauen entweder Selbstzweck geworden war oder sie sich umgekehrt die Unterhaltung mit Männern per se bezahlen ließen, was dem heterosexuellen und am Familienmodell orientierten Muster von Reproduktion zuwiderlief.

Arbeit und Rhythmus

Mura Dehn schreibt in ihren Notizen zu *The Spirit Moves*, schwarze Tänze hätten um 1900 diese Anziehung entfaltet, »because the key word at the beginning of the century was ›rhythm‹.«[19] Dehn verweist auf Emil Jaques-Dalcroze, einen in Wien aufgewachsenen Schweizer Komponisten und Musikpädagogen, der bereits in den 1890er Jahren ein System der rhythmischen Gymnastik entwickelte. In den Zeitraum fällt auch die erste Ausgabe von *Rhythmus und Arbeit* (1896) des deutschen Nationalökonomen Karl Bücher, der das Verhältnis von Arbeiten und Tanzen transkulturell und transhistorisch analysierte. Bis 1924 wurde das Buch immer wieder überarbeitet und insgesamt sechs Mal neu aufgelegt.

Bücher faszinierte die Fähigkeit des Rhythmus, jene Bewegungen in Vergnügen zu verwandeln, die als Arbeit entstanden waren. Traditionelle Gemeinschaften hätten die auf gemeinschaftliche Kooperation angewiesenen Arbeiten tendenziell so organisiert, dass sie vom Spiel ununterscheidbar gewesen seien. Der Unterschied zwischen einer traditionellen und einer modernen Arbeitsweise liege nicht in einer durch Disziplin überwundenen und angeblich angeborenen Trägheit der Menschen, wie es in der Rede vom »Naturmenschen« suggeriert werde, sondern in der Aufgabe der Kontrolle über das Tempo und die Dauer der Arbeit. Damit stellte Bücher einen zentralen Ausgangspunkt kolonialer Ideologie in Frage. Denn nur unter Zwang hätten die Menschen diese Kontrolle abgegeben, an den Feudalherren, den Sklavenaufseher oder wie er für die eigene Gegenwart diagnostizierte, an die »Maschine«. Über Gesänge zur Bittarbeit, im Frondienst und den Arbeitsgesängen von Sklaven auf amerikanischen Plantagen zieht Bücher eine Linie des ambivalenten Verhältnisses von Arbeit und Rhythmus in dieser Geschichte: Anders als zeitgenössische Problematisierungsdiskurse der Fabrikarbeit behaupteten, sei Arbeit nicht allein deshalb so anstrengend, weil sie eintönig sei und auf Wiederholung basiere. Im Gegenteil sei gerade die Wiederholbarkeit einer Bewegung entspannend, weil sie dem Geist erlaube, abzuschweifen. Das ermüdende und anstrengende an der Arbeit sei vielmehr, wenn sie in jedem Schritt genau die gleiche sich wiederholende Aufmerksamkeit erfordere. Die Wiederholung einer einmal eingerichteten und erprobten und damit vorhersehbaren Bewegung ermögliche dagegen, einen Arbeitsrhythmus zu entwickeln, der die Arbeit wieder dem Tanz annähere (vgl. Baxmann 2009). Doch die Nähe von Rhythmus und Arbeit habe noch einen weiteren Grund, so Bücher: Erzwungene Arbeit werde nur ausgeführt, wenn sie auch überwacht werde. Im rhythmischen Gleichklang ausgeführte Tätigkeiten seien leichter zu überwachen gewesen. Bereits kleinste Abweichungen, ein minimales Aus-der-Reihe-Tanzen sei so ins Auge gefallen. Zudem steigere die im rhythmischen Gleichklang ausgeführte Tätigkeit die Intensität der Arbeitsleistung. Auch das Tempo lasse sich über den Rhythmus beschleunigen, so wie in der Fabrik die Maschine den Takt vorgebe.

Büchers Nachdenken über den Unterschied von Tanzen und Arbeiten war also implizit ein Nachdenken über das Verhältnis von freier und unfreier Arbeit. Diese Perspektive wirft auch ein anderes Licht auf die in vielen Filmen der 1920er Jahre vorgenommene Annäherung von Arbeiten und Tanzen. Das Bild von der im Gleichklang tanzenden Chorus-Line, das Massenornament der synchronisierten Tanzbeine ist hierbei zum Klischee geworden.[20] Die Entstehungsgeschichte der Chorus Line geriet dabei aus dem Blick: Der Witz an der Chorus Line auf der Bühne der amerikanischen Burleske war die eine Tänzerin ganz außen, die ständig aus der Rolle fiel. Sie variierte Schritte und Bewegungen, die sie vorgab, vergessen zu haben und brachte dadurch die Zuschauer zum Lachen. Das war auch die Rolle von Josephine Baker Anfang der 20er Jahre im Musical »Shuffle Along« (Baker

1978, 42–45). Ähnlich wie im Cakewalk lässt sich die Attraktivität der Chorus Line als Metapher für Arbeitsdisziplin nicht verstehen, wenn das Spannungsverhältnis von Wiederholung und Differenz ausgeblendet wird, das beständig zwischen dem »In-die-Rolle-Schlüpfen« und dem »Aus-der-Rolle-fallen« changierte. Anstatt die geforderte Disziplin einfach ›darzustellen‹, forderte die Chorus Line sie vielmehr heraus. Dementsprechend beschrieb der Zeitgenosse Henri Bergson das Lachen als Reaktion auf den Einbruch des Mechanischen in das Lebendige. »Was das Leben und die Gesellschaft von jedem von uns fordern, das ist eine stets wache Aufmerksamkeit, dank welcher wir die jeweilige Situation erkennen; es ist auch eine gewisse Elastizität des Körpers und des Geistes, dank welcher wir uns dieser Situation anzupassen vermögen.« (Bergson 1914, 16) Als mechanisch beschreibt Bergson eine Wiederholung, die eine augenblickliche Lage ignoriere und sich in einer vergangenen, unwirklich gewordenen Situation einrichte: »[E]in Mensch sieht, was nicht mehr ist, hört, was nicht mehr tönt, sagt, was nicht mehr passt.« Darauf mit einem Lachen zu antworten, stellte die gesellschaftliche Norm der aufmerksamen Anpassung wieder her, während das Lachen zugleich einen Moment der Empathie zum Ausdruck brachte, weil auch der Lachende sich nicht auf Schritt und Tritt den gesellschaftlichen Normen unterwerfen wollte. Die Chorus Line ging darüber noch hinaus, weil sie diese Norm als mechanische Wiederholung markierte, die sich gerade nicht optimal der Musik anpasste – anders als Josephine Baker, die den Rhythmus über ihren ganzen Körper spielen ließ und sogar mit ihren rollenden Augen tanzen konnte.

Jazz Dance, so Mura Dehn, basiert auf einem pulsierenden Rhythmus, doch jede Bewegung bewahrt sich die Spannung des Unvorhersehbaren. Der Break, eine gefühlte aber nicht ausgeführte Bewegung, ein plötzliches Innehalten, versetze in einem plötzlichen Ausbruch von Energie gänzlich unerwartete Teile des »human mobile« in Bewegung oder werde in einer umso lässigeren minimalen Geste aufgelöst. Dieses Spiel mit der Erwartung und der Möglichkeit der Unterbrechung kennzeichnete jene Tänze, die zu Chiffren der Moderne wurden. Sie waren deshalb kein Spiegel für eine disziplinierte und maschinisierte Produktionsweise, sondern ein Skript, diese zu unterbrechen. Man könnte einwenden, dass dies unter Bedingungen des karnevalesken Ausnahmezustands geschah, der diese Normalität durch eine zeitlich begrenzte Unterbrechung wie ein Ventil erleichterte und dadurch auch ermöglichte. Doch die Proliferation, das wuchernde sich Ausbreiten der dabei entwickelten kulturellen Formen lässt sich in diesem Funktionalismus nicht erklären. Folgt man dem verstreuten Auftauchen dieser Formen, wie sie sich in Bildern und Diskursen vom Tanzen abgelagert haben, lässt sich eine Karte des Schwarzen Atlantiks rekonstruieren, die im Verhältnis zu den gleichzeitig stattfindenden Projekten der Kolonisierung und des Imperialismus nicht einfach funktional war. Den Ordnungsbestrebungen, die Veränderung als Entwicklung planbar und voraussagbar machen wollten, kamen jene Momente in die Quere, die eine radikale Gleichzeitigkeit im längst geteilten und damit auch gemeinsamen historischen Raum des Atlantiks aktualisierten. Während das Projekt der Kolonisierung auf der Überzeugung basierte, dass der Westen die Zukunft des Rests der Welt verkörpere und die Kolonien in einer Art nachholenden Entwicklung erst die dadurch okkupierte Gegenwart erreichen müssten, verlor diese Zweiteilung der Welt angesichts der Bewegung des Tanzens ihre Selbstevidenz. Zwar war diese Zweiteilung aus der Perspektive der sich selbst befreienden Sklaven immer schon in Frage gestellt worden – am dramatischsten sicherlich in der Geschichte Haitis zur Zeit der Französischen Revolution – doch der dagegen erfundene Mythos des »Negers« stellte diese Zweiteilung auf einer anderen Ebene – jenseits der Politiken der Repräsentation, auf der Ebene des Biologischen, des Körpers, der Natur – immer wieder her. Die Zeit um 1900 mit ihrem Phänomen der Tanzmoden ist insofern interessant, als dass jene, die auf den etablierten Bühnen politischer Repräsentation zunehmend gescheitert waren, eine neue Bühne eröffneten und hier ihre eigene Version der Geschichte ins Spiel brachten. Die Bühne der Populärkultur eröffnete eine Form der Kommunikation, die es erlaubte, im politischen Sinn des Begriffs *schwarz zu werden* und der im Alltag existierende Norm der »weißen Rasse« zu begegnen, die zur Kontrolle und Aufrechterhaltung der Sklaverei erfunden worden war, ohne der scheinbar unausweichlichen Logik der Segregation in die Hände zu spielen, die die Arena des Politischen dominierte.

Tanzen wurde so im 20. Jahrhundert zu einem prominenten Gegenstand, um gesellschaftliche Veränderungen zu verhandeln: Sie tanzend selbst herbeizuführen oder wie im Falle der konservativen Kulturkritik diesseits und jenseits des Atlantiks, das Tanzen als Projektionsfläche für befürchtete Veränderungen zu benutzen. Letztere beschrieben Tanzmoden und die damit einhergehende, als unbändig beschriebene Lust am Tanzen als Symptom für Veränderungen, die kontrolliert, reguliert und normalisiert werden müssten: Insbesondere wurde hier der Handlungsspielraum von Frauen problematisiert. Dem Tanzen wurde dabei ein enormes Potential unterstellt, gesellschaftliche Verhältnisse auf den Kopf zu stellen. Zwar muss das im Tanzfieber implizit anerkannte Scheitern der Disziplinarmacht und der darauf folgende Ruf nach Reformen als Teil einer bestimmten Rationalität von Regierung analysiert werden, wie Foucault betont hat. Insofern wäre dies auch keine Geschichte von Befreiung von Disziplin gegenüber der Unterdrückung einer neu gewonnenen Freiheit in den ›Reformen‹. Doch den Versuchen von Regulierung ging ein Moment von Veränderungen voraus, die nicht einfach funktional in der Logik von Regierung analysiert werden kann. Diese Momente sind schwer zu benennen, weil sie nicht den identitätslogischen Begriffen entsprechen, die die herrschende Ordnung zu vergeben hat, sondern symptomatisch in Form monströser oder krankhafter Figuren in der Populärkultur auftauchen.[21] Diese Perspektive ließe sich aber auch umkehren, so dass die Figuren, Texte und Bilder als Indizien für eine Form der Selbstreflexion gedeutet werden könnten, über einen Alltag, der vielen zunehmend chaotisch, unkontrollierbar und entgegen den erklärten Politiken kolonialer Hierarchisierung und Trennung auch als ein unauflöslich gemeinsamer erschien. Damit rückt der politische Charakter eines kulturellen Phänomens ins Zentrum, das mit der Zeit des Imperialismus und seiner Politiken der Segregation koinzidierte, ebenso wie mit einem nicht nur in den Kolonien, sondern auch in den Metropolen staatlich sanktionierten Programm der Erziehung zur Arbeit und der Normalisierung bürgerlicher Geschlechterbeziehungen.

Während die Rezeption schwarzer Tänze, Rhythmen und Haltungen aus den USA und bald auch Lateinamerika in der Rede von den Tanzmoden zu einem stets vorläufigen und kurzlebigen Phänomen erklärt wurde, läuteten sie in der Geschichte des Tanzens einen irreversiblen Prozess ein: »The importance of Jazz lies in the fact that white people absorbed this black contribution as the main element of their own dancing. It marks a new development in the history of Western dance: for the first time in many centuries it has brought a new approach to rhythm and most important – a new concept of the body.«[22]

... wie ein_e Tänzer_in

Wenn gegenwärtige Arbeitsverhältnisse und Produktionsweisen auf paradigmatische Art und Weise von der Kulturindustrie vom Anfang des 20. Jahrhunderts vorweggenommen wurden, wie Paolo Virno in der *Grammatik der Multitude* behauptet, dann ließen sich in Tanzmoden eine Entstehungsgeschichte jener Virtuosität erzählen, die das ausmacht, was nach Virno produktive Arbeit in der Gegenwart kennzeichnet: die Fähigkeit zur Kommunikation; das Vermögen, jene Werte zu erzeugen, die immer schwere zu messen sind: Gefühle, Affekte und Stimmungen (Virno 2006, 73 ff.). »Wer im Postfordismus Mehrwert produziert, verhält sich – von einem strukturellen Gesichtspunkt aus gesehen, versteht sich – wie eine PianistIn, eine TänzerIn usw. und *infolgedessen* wie ein politischer Mensch.« (ebd., 70) Das Bild von der produktiven Arbeiter_in als einer Tänzer_in, wie es in der *Grammatik der Multitude* aufgerufen wird, ist auch interessant, weil es einen Versuch darstellt, gegenwärtige Arbeitsverhältnisse in Begriffe zu fassen, die eine politische Praxis jenseits der Verteidigung eines sog. Normalarbeitsverhältnisses ermöglichen. Sie ist zugleich irritierend, weil das außergewöhnliche Talent und das hoch spezialisierte Können einer »ausführenden KünstlerIn« in einem paradoxen Verhältnis zu Virnos Definition von Virtuosität als ganz allgemein der Fähigkeit zur Kommunikation stehen. Denkt man jedoch bei der Tänzer_in nicht nur an die professionelle Primaballerina des 19. Jahrhunderts, sondern auch an die Tänzer_innen in den *Jooks* und Tanzdielen, die sich erst nach und nach Zugänge zum etablierten Kulturbetrieb verschafften, eröffnet sich ein Feld, in dem das Verhältnis von Tanzen und Arbeiten historisierbar wird.

Produktive Arbeit, so Virno, wird in der Gegenwart zunehmend immateriell und nähert sich damit den Bedingungen kultureller Produktion und politischen Handelns an, die beide mit dem Unvorhersehbaren rechnen und mit affektiven und kreativen Impulsen arbeiten müssten. In Umkehrung von Hannah Arendts These, dass Politik mehr und mehr die Form der Arbeit annähme und dabei neue Objekte produziere (Staat, Parteien, die Geschichte), beschreibt Virno die Arbeit heute als Imitation politischen Handelns: Sie verlange, sich den Blicken der Anderen auszusetzen und füge einem Zusammenhang nicht in erster Linie neue Objekte hinzu, sondern verwandle ihn selbst (ebd., S. 63). Während die kritische Theorie in den 1940er Jahren die Kulturindustrie als ein Feld beschrieben hat, das erst jüngst der Rationalität industrieller Produktion unterworfen wurde und in dem sich ›noch‹ ein Rest unverfügbarer Kreativität und impulsiver, unvorhersehbarer Ereignishaftigkeit gehalten habe, macht für Virno dieser ›Rest‹ in der Gegenwart die Bedingung der Möglichkeit eines neuen Zyklus der Produktivmachung von Körpern, Zeichen und Technologien in der postfordistischen Ökonomie aus: »Ab einem bestimmten Entwicklungsgrad verleibt sich die Arbeitskooperation die verbale Kommunikation ein und wird somit der virtuosen Darbietung bzw. einem Komplex politischen Handelns immer ähnlicher.« (ebd., 71) Aus dieser Perspektive erscheine die Entstehungsgeschichte der Kulturindustrie wie eine Vorwegnahme gegenwärtiger Produktionsweise.

Eine Geschichte der Tanzmoden verspricht aus dieser Perspektive Aufschluss über die Herkunft jener Kreativität, aus der sich die Kulturindustrie der 20er und 30er Jahre in ihren Anfängen speiste: Vaudeville, Burleske und populäre Tänze um 1900. Es ginge darum, sich angesichts dieser Geschichte an die Gegenwart zu erinnern. Gibt es auf diesen Bühnen ein Wissen zu rekonstruieren und ein Erbe anzutreten, das für die Frage, was eine »*politische*, nicht-servile Virtuosität der Multitude alles sein könnte« (Virno 2006, 99), aufschlussreich ist? Die Herkunft dieser Virtuosität der (tanzenden) Menge genealogisch zu erforschen, fördert nicht nur die Techniken der Aufteilung, Überwachung, Disziplinierung und Normalisierung zutage, wie sie im »exhibitionary complex« (Bennett 1996) untersucht wurden, sondern auch eine Instabilität der »Welt als Ausstellung« (Mitchell 1991) und ihrer unzähligen und verstreuten Momente des Entfliehens und Aufeinander-Bezug-Nehmens, die diesen Techniken oft vorausgingen und gegen die sie zuallererst ins Feld zogen. Es gilt, diese inkohärenten Geschichten aufeinander zu beziehen und angesichts der gegenwärtigen Neuauflage der Geschichte der Arbeit (Virno 2006, 149) herauszufinden, wer wir auch damals schon hätten werden können.

Virno beschreibt die gegenwärtige Produktionsweise aus der Perspektive der Menge, jener unzählbaren Vielheit, die einer Aufteilung in Volk und Bevölkerung, erwünschte und unerwünschte Migration stets vorausgeht. Die alten Grenzziehungen zwischen Innen und Außen und die damit verbundene Unterscheidung von konkreter Angst und unbestimmter Furcht funktionierten nicht mehr: Die Menge verbinde eine Erfahrung des ›Unzuhauses‹, weil sie dem Unbestimmten und Unvorhersehbaren der Welt unmittelbarer ausgesetzt sei, als traditionelle Konzepte von Gemeinschaft (Familie/Unternehmen/Nation) auffangen könnten. Auch die für die politische Theorie grundlegende Unterscheidung von Arbeit, Politik und Kultur, von *poiesis* und *praxis* gehe unter den heutigen Produktionsbedingungen nicht mehr auf (Ebd., 63 ff.). Grenzen, die einst selbstevident erschienen, verschwimmen, weil produktive Arbeit nicht mehr in erster Linie die kontinuierliche, vorhersehbare und wiederholbare Auseinandersetzung mit einer Umwelt umfasse, sondern immer mehr auf Kommunikation und Kooperation basiere, auf Handlungen, die ihre Erfüllung im Akt selbst finden, nicht in der Fertigstellung eines vorher definierten Objekts. Zugleich ist diese Veränderung nicht als ›Fortschritt‹ zu verstehen, der Übergang von der fordistischen zur postfordistischen Produktion nicht linear zu denken: »Der Postfordismus legt die gesamte Geschichte der Arbeit neu auf, von den Inseln der Massenarbeiter_innen zu den Enklaven der Facharbeiter_innen, von der wieder erstarkten selbständigen Arbeit bis zur Rückkehr zu bestimmten Formen persönlicher Abhängigkeit.« (ebd., 149) Was in klassischen Erzählungen von Entwicklung als historische Abfolge erschien, kehre als Gleichzeitigkeit zurück, »als handle es sich um eine Art Weltausstellung.«

In diesem Bild der Gegenwart als Weltausstellung, die nun aber nicht einen Blick in die Zukunft gewährt, sondern die Neuauflage einer langen Geschichte darstellt, scheint eine Möglichkeit auf, sich jenseits nationalstaatlicher und entwicklungspolitischer Paradigmen auf eine *geteilte* Geschichte zu beziehen und darin auch das Verhältnis zur ›eigenen‹ Geschichte zu reformulieren. Anders als im Begriff des Prekariats, der den gegenwärtigen Prozess der Prekarisierung analog zum Prozess der Proletarisierung zu analysieren versucht und die Gegenwart implizit im Modus von Wiederholung und Verfall beschreibt, müsste das Verhältnis von fordistischer und postfordistischer Produktionsweise nicht als Übergang in der linear fortschreitenden Zeit des Nationalstaats gedacht werden, sondern als Verwandlung eines globalgeschichtlichen Zusammenhangs. Damit eröffnet sich die Möglichkeit, eine andere *Vorgeschichte* der Gegenwart zu erzählen, die aus den oben zitierten Konfliktfeldern entstanden ist: der Unterscheidung von künstlerischer Produktion und produktiver Arbeit und den Kämpfen gegen verschiedene Formen von unfreier Arbeit, wie sie ›Zentrum‹ und ›Peripherie‹ über historische und gegenwärtige Prozesse von Kolonisierung und Migration seit langem verbinden. Denn aus der Perspektive jener, die in dieser Geschichte in die Rolle von Sklaven, Schuldknechten und Kolonisierten gezwungen waren, funktionierte diese Aufteilung von Innen und Außen, von Furcht und Angst, von Gemeinschaft und Gesellschaft schon sehr viel länger nicht mehr. Mit dem ›Unzuhause‹ umgehen zu müssen und der Erfahrung der Fremde zu begegnen, neue Formen von Gemeinschaft zu entwickeln, die weder auf einer gemeinsamen Sprache noch einer ähnlichen Herkunft aufbauen konnte – das ist im Grunde die Geschichte schwarzer Kulturproduktion in den Amerikas.[23]

Eine Genealogie der Moderne, wie Paul Gilroy sie im *Black Atlantic* vornimmt, setzt deshalb bereits hier an, bei der Verschleppung und Versklavung von Afrikaner_innen in die Neue Welt und dem instrumentellen Einsatz von Menschen als bewegliches Eigentum, reduziert auf den Faktor Arbeitskraft. Auf der Suche nach einem analytischen Begriff von Biopolitik setzt Virno genau bei diesem Begriff der Arbeitskraft an, der ganz allgemein das Vermögen zu produzieren bezeichne. Im Kapitalismus verwandle sich dieses Vermögen in eine (ver-)käuflichen Ware, ein Vorgang, dem zugleich eine Grenze gesetzt sei, weil diese Potenz nicht vom lebendigen Körper abgetrennt werden könne (Virno, S. 111 ff.). Eine Zeichnung aus den 1830er Jahren zeigt ein Schiff, an Deck steht ein weißer Mann mit erhobener Peitsche vor einer Gruppe tanzender Afrikaner (Thorpe 1990, 11). Eine ähnliche Situation beschreibt Heinrich Heine in seinem Gedicht »Das Sklavenschiff« von 1854: Um die Sterblichkeitsrate auf den Schiffen zu senken, ließen Sklavenhändler auf der Überfahrt immer wieder Gruppen von Menschen an Deck bringen, wo sie zum Tanzen gezwungen wurden (Heine 2006, 706). Heines Gedicht und vermutlich auch die Zeichnung entstammen dem Kontext des Abolitionismus, die sich im Kampf gegen die Sklaverei dieses eindrücklichen Bildes des erzwungenen Tanzens bemächtigte. Es sollte nicht nur deutlich machen, dass die Sklaverei sogar dem Tanzen die Unschuld raube, sondern auch, dass dem uneingeschränkten Kalkül und Profitstreben Grenzen gesetzt waren: die Grenze des verletzlichen, für Krankheiten anfälligen und auch durch grenzenlose Traurigkeit gefährdeten Körpers. Das Leben wurde zum Objekt der Regierung, nicht aufgrund eines intrinsischen Werts, sondern als Substrat der Arbeitskraft, als Summe der verschiedensten menschlichen Vermögen zu Produzieren.

Während in den USA um 1900 Bündnisse auf der Bühne der etablierten Politik (sei es in den Parteien oder den Gewerkschaften) zwischen schwarzen und weißen Arbeiter_innen praktisch unmöglich geworden waren[24] und gewaltsame Übergriffe auf Afroamerikaner_innen, die in sog. *race riots* endeten, auch im Westen und Norden immer zahlreicher wurden, begannen gleichzeitig neue Formen der Kommunikation und der Bezugnahme im Feld der Populärkultur, die von Anfang an eine transatlantische Dimension hatten. Von der Eigendynamik dieser Produktion von Modetänzen waren ihre ursprünglichen Produzenten oft selbst überrascht.[25] So wurde aus einem Tanzschritt ein Modetanz, sobald er sich mit einem neuen Rhythmus verbündete, wie es im Charleston der Fall war, der eine Aktualisierung und Ausbreitung jener Haltungen ermöglichte, die verstreut und vereinzelt längst existierten. Auch der Cakewalk, der ›erste‹ dieser Modetänze, war weniger ein Tanz mit festgelegten Schritten, sondern eine soziale Situation, die zur Improvisation einlud und die Urbanisierung ländlicher Tanzkultur ermöglichte. Mura Dehn nannte diesen Vorgang *folklore in the making*. Schwarzer

Tanz sei keine Verkörperung eines »Nationalcharakters«, »[the black American] dance is an answer and a guide to actuality.« Diese Wirklichkeit benennbar und kommunizierbar zu machen, war alles andere als selbstverständlich: Zur gleichen Zeit schrieb W. E. B Du Bois über das doppelte Bewusstsein, dass es gerade nicht möglich sei, einfach schwarz *und* amerikanisch zugleich zu sein, ohne diese innere Spaltung zu reifizieren, die einen die Welt wie durch einen Schleier oder mit den Augen einer gesellschaftlichen Norm sehen ließ, die Afroamerikaner_innen als »Problem« behandelte (Du Bois 1965, 213). Dieser Behandlung sah sich nicht nur schwarze Subjektivität ausgesetzt. Aber während es auf der Ebene des Alltags gerade unmöglich war, je unterschiedliche Weisen der Ausbeutung und Unterdrückung als gemeinsame Erfahrung zu kommunizieren, eröffnete die Tanzfläche eine Gelegenheit, Subjektivitäten auf eine Art und Weise zu erproben, die Normen als Anforderungen sichtbar machen konnte und zugleich eine Weigerung kommunizierte, ihnen nachzukommen und zu entsprechen. Tanzen ermöglichte so, eine eigene Haltung gerade im *Verfehlen* der von der herrschenden Ordnung vorgegebenen Subjektpositionen einzunehmen.

Diese Geschichte lässt deshalb nicht linear erzählen, weder als Prozess zunehmender »Zivilisierung« noch als Geschichte der Repression, der eine Geschichte der Befreiung des Tanzens folgte. Das Tanzen wurde im Laufe des 19. Jahrhunderts deshalb zu einem Gegenbild für die als erstarrt und verhärtet kritisierten gesellschaftlichen Verhältnisse, weil eine bürgerliche Gesellschaft darauf angewiesen war, jene Kräfte zu mobilisieren, die Lebenslust erzeugten. Tanzmoden wurden so zu einem Experimentierfeld, um herauszufinden, wofür diese Kräfte sonst noch einsetzbar waren.

Anmerkungen

1 Untertitel von *Rhythm is it!*, Deutschland 2004. Der Dokumentarfilm verfolgt die Proben für eine Aufführung von *Le Sacre de Printemps*, für die »Berliner Jugendliche« trainierten. Der Film portraitiert eine Gruppe aus den proletarischen Teilen der Stadt, die vorher nie getanzt hatte. Die Jugendlichen wurden mit Methoden des Ausdruckstanzes unterrichtet, die um 1900 als Gegenbewegung zum Ballett erfunden wurden. Ausdruckstanz setzte weniger auf akrobatische Körperarbeit, als auf rhythmische Bewegung, die grundsätzlich jeder Mensch lernen könne, ganz ähnlich dem Sprechen.

2 Das heißt nicht, dass es nicht auch davor schon musikalische und tänzerische Austauschbeziehungen zwischen Kolonien und Metropolen gegeben hatte, wie das Beispiel der Habanera für das frühe 19. Jahrhundert zeigt, die zwischen Kuba und Spanien zirkulierte und auch in Frankreich rezipiert wurde, wie Bizets Oper Carmen (1875) belegt. Die Frage, die mich hier interessiert, wäre aber eher, was den Cakewalk nachträglich zu diesem Ursprungsmythos werden ließ.

3   Berliner Leben, Blätter für galante Kunst, 23/11 1920, S. 12–13.
4   Diese Dynamik war kein ausschließlich europäisches oder metropolitanes Phänomen, sondern wurde durch die Rezeption afro-amerikanischer Populärkultur bspw. in der britischen Kapkolonie, insbesondere in Kapstadt schon seit den 1880er Jahren vorweggenommen (Bickford-Smith 1995; Constant-Martin 1999).
5   Wie Marion von Osten anhand des eingangs zitierten Tanzfilmprojekts Rhythm Is It! (2003) argumentiert, zeigt sich der gouvernementale Charakter postfordistischer Tanzprojekte nicht zuletzt in der Adressierung seiner Teilnehmer_innen als selbstverantwortliche und sich selbst führende Subjekte, die etwas aus ihrem Leben machen sollten (vgl. von Osten 2009).
6   Marx griff 1843/44 auf das Bild des Tanzens zurück, um das Vorhaben der Kritik zu verdeutlichen: »[M]an muß diese versteinerten Verhältnisse dadurch zum Tanzen zwingen, daß man ihnen ihre eigne Melodie vorsingt!« Karl Marx, Zur Kritik der Hegelschen Rechtsphilosophie, in: ders./Friedrich Engels: Werke, Berlin 1976. S. 378–391, hier: S. 381 (vgl. dazu kritisch Recht 2002, S. 20–24).
7   Hazzard-Gordon spricht von »growing class delineations« innerhalb der afroamerikanischen Community um 1900. Die urbane Elite habe sich einerseits in Wohlfahrtsorganisationen um Hilfe für die Migrant_innen aus den Südstaaten engagiert, im sozialen Leben jedoch deutlich Grenzen – oft entlang der Kategorie Hautfarbe – gezogen. »The public dances of the black elite were modeled on white upper- and middle-class balls, and the prominent dances on these occasions were the waltz and the polka. Occasionally a subdued cakewalk might be performed.« (Hazzard-Gordon 1990, 75) Insofern war die Dynamik von Modetänzen auch und vielleicht zuallererst ein Medium der Kommunikation *innerhalb* der schwarzen Community in den USA.
8   Bildunterschrift einer Postkarte, die zwei afro-amerikanerische Kinder zeigt, die einen »neuen amerikanischen Tanz« im Pariser Nouveau Cirque aufführen. Sie ist Teil einer Serie von Postkarten, die verschiedene Figuren dieses Paartanzes darstellt. Die Karten wurden um 1905 von Paris nach England oder innerhalb Frankreichs verschickt. Helen Armstead Johnson Collection. Postcards. Schomburg Center for Research in Black Culture. New York City.
9   Interessanterweise wurden hier Dörfer aus Persien, Indien, Japan, Ägypten, Algerien, Schweden, Irland, Java, der Türkei und Deutschland nebeneinander gezeigt. Gerade das nebeneinander von europäischen und außereuropäischen, von weißen und schwarzen, westlichen und östlichen ›Sitten und Gebräuchen‹ sollte Vergleichbarkeit ermöglichen. Die Ordnung wurde jedoch nicht dem Zufall überlassen: Besonders nah an der »Weißen Stadt« waren die deutschen und die schwedischen Dörfer, am weitesten entfernt, ein Dorf aus »Dahomey« (vgl. Allen 1991, 226).
10 Diese befürchteten »populären« Effekte hielten Kaiser Wilhelm 1896 auch davon ab, Bestrebungen zu unterstützen, die eine Weltausstellung 1896 in Berlin organisieren wollten (vgl. Bezirksamt Treptow 1996). Nach der Berliner Gewerbeausstellung, die stattdessen zustande kam, wurde die »Einfuhr von Eingeborenen aus den Deutschen

Kolonien« verboten. Der Kontakt zwischen Besuchern und »Ausgestellten« hatte sich in ein Verhältnis von Stars und Fans verwandelt. Die »Eingeborenen« wiederum hatten sich als politische Delegierte ihres Heimatlandes verstanden und um Audienz beim Kaiser ersucht (vgl. Zeller 2002).

11 Interessanterweise reflektierte das Musical »In Dahomey« diesen kolonialen Raum bereits, in dem sich die Tänzer_innen und Schauspieler_innen bewegten. Auf der Bühne wurde eine Geschichte der »Kolonisierung« von Dahomey erzählt, die – von Afroamerikaner_innen gespielt – einerseits die Bewegung für eine »Rückkehr« nach Afrika kritisch reflektierte, andererseits einen globalen Rahmen eröffnete, um die Frage der Color Line zu diskutieren. Als sollte das Aufeinandertreffen von Bert Williams und George Walker mit den Tänzern aus Dahomey in San Francisco wiederholt werden, trat George Walker in einer für Völkerschauen typischen Ausstaffierung als »Afrikaner« auf. Eine andere Szene zeigt einen fahrenden Quacksalber, der ein Mittel anpreist, das schwarze Menschen »weiß« mache. Das Gesicht des Probanden ist zur Hälfte weiß angemalt. Vgl. »In Dahomey«. Rare Books Division. Schomburg Center for Research in Black Culture. New York Public Library.

12 Die Tanzhistorikerin Mura Dehn zitiert hier ihre Mutter, die um 1900 im zaristischen Russland den Cakewalk gelernt habe und die Versuche ihrer Tochter, ihn in den 1930er Jahren in Paris zu lernen, kritisch kommentierte. Mura Dehn Papers, Box 1 Folder 1. Jerome Robbins Dance Division. New York Public Library.

13 Mura Dehn Papers, Box 3 Folder 64. Jerome Robbins Dance Division. New York Public Library.

14 Leroy Jones beschreibt den Cakewalk als Wiederaneignung der stereotypen Darstellung schwarzer Kultur in weißen *Minstrel Shows*. Damit wäre der Tanz, wie er um 1900 nach Europa kam, die Parodie einer Parodie einer Parodie. (Jones o. J., 109) Dabei blendet Jones aber die Eigendynamik des Cakewalks als Gesellschaftstanz aus, der mindestens seit den 1880er Jahren im Norden der USA populär wurde.

15 *The Playgoer*, London (undatiert), S. 465–471, 465. Clipping file *In Dahomey*. Schomburg Center for Research in Black Culture. New York Public Library.

16 Während der Begriff *coon* bis Mitte des 19. Jahrhunderts noch zumeist Weiße auf dem Land bezeichnete, die arm waren, sich aber schlagfertig zu wehren wussten, wurde der Begriff im Verlauf des 19. Jahrhunderts zu einem rassistischen Schimpfwort für Afroamerikaner, die auf der Suche nach einem besseren Leben in die Stadt zogen (Roediger 1999, 25–31).

17 Nach dem erfolgreichen Gastspiel von »In Dahomey« in London 1904 kehrte das Ensemble nach New York zurück. Schnell verbreitete sich die Nachricht, die Truppe habe sogar dem König von England das Cakewalken beigebracht. Auf einer englischen Postkarte ließ sich Aida Overton Walker als »Queen of Cakewalk« abbilden. Nach ihrer Rückkehr wurde sie von der neureichen Gesellschaft New Yorks als Tanzlehrerin angefragt. Ständig auf der Suche nach angemessenen Formen der repräsentativen

Unterhaltung auf ihren Bällen, kam dieser der pseudoaristokratische Tanz gerade recht, besonders wenn er vom britischen Königshaus prämiert wurde (vgl. Krasner 1997).

18 »So und nicht anders wurde im östlichen Berlin, ja überhaupt überall dort getanzt, wo der Berliner, der echte, sich auf dem Tanzboden amüsierte: mit vorgeschobenen Schultern, geknickten Knien und hocherhobenen Armen.« Ostwalds Beschreibung dieser Tänzer als »grotesk« ebenso wie die »geknickten« Knie erinnert an Begriffe, in denen auch der Cakewalk beschrieben wurde. Ostwald, 63.

19 Mura Dehn Papers, New York Public Library for the Performing Arts, Jerome Robbins Dance Collection, Box 1 Folder 1.

20 Vgl. *Die Königin der Revue* von Joé Francys (1927) über den Weg einer Schneidergehilfin zum Revuestar im Paris der 1920er Jahre. Die Anfangssequenz nähert sich dem Thema des Films an, indem schnell zur Arbeit eilende Beine, stampfende Dampfmaschinen und wippende, Nähmaschinen antreibende Füße zusammen geschnitten werden. Später sieht man Tänzerinnen beim Training für die Chorus Line in ähnlichen Einstellungen. Die Welt der Revue nähert sich dadurch wieder der Fabrik an, der die Protagonistin eigentlich entfliehen will, was in der romantischen Handlung für sie auch aufgeht, weil sie als »Star« alles kann, ohne üben zu müssen. Charly Chaplin fängt in *Moderne Zeiten* (1936) in dem Moment an zu tanzen, in dem er die erforderte Bewegung am Fließband plötzlich eigensinnig an nicht dafür vorgesehenen Knöpfen und Maschinen zur Anwendung bringt. Seine Kollegen erklären ihn für verrückt und schicken ihn – nachdem er die gesamte Produktion zum Stillstand gebracht hat – in die Nervenklinik. Tanzend schafft auch seine Partnerin den Sprung von der Straße in eine Anstellung in einem Tanzcafé.

21 Bildpostkarten, die um 1900 massenhaft im schwarzen Atlantik zirkulierten, als Medium der schriftlicher Kommunikation, als Austauschobjekte von Bildern, als Sammelstücke und Mittel der Selbstrepräsentation, ermöglichen als Quellen eine transnationale Kartografie dieser Bewegungen: Wer hat in der von Migration und Kolonisierung geprägten transatlantischen Ökonomie um 1900 welche Bilder verschickt? vgl. die Ausstellung *bilder verkehren: Bildpostkarte in der visuellen Kultur des Deutschen Kolonialismus* und das Projekt *Koloniale Repräsentation auf Bildpostkarten* an der Universität zu Köln.

22 Mura Dehn Papers, Box 1 Folder 1. Jerome Robbins Dance Division. New York Public Library.

23 Schwarz ist hier nicht gleichbedeutend mit afro-amerikanisch. Obwohl die Nachfahren ehemaliger Sklaven sicherlich die wichtigsten Produzent_innen dieser Kultur waren, ist sie auch das Produkt von (systematisch vergessenen) Momenten der Kommunikation bspw. mit irischen Einwanderern (Jig-Dancing im 19. Jahrhundert), Native Americans oder all jenen, die in der Erfindungszeit von *blackface* die Frage aufwerfen wollten, was denn eigentlich der Unterschied zwischen ihrer Unfreiheit und der Position von Sklaven sei (vgl. Lhamon 1998). Als politischer Kampfbegriff der Black Power Bewegung der 1960er Jahre wurde ›schwarz‹ erst nach der offiziellen Abschaffung der Segregation in

den USA zur offensiven Selbstbeschreibung, die sich gegen ein Dispositiv der Integration in die ›amerikanische‹ Gesellschaft wandte (Baldwin/Mead 1971). Im Gegensatz dazu hat die Erfindung der weißen Rasse ihre Herkunft bereits in der Zeit der Sklaverei, als Effekt eines Systems sozialer Kontrolle, das über den Faktor Hautfarbe das Nebeneinander von freier und unfreier Arbeit regulieren sollte (vgl. Allen 1998).

24 Diese hatten z. B. bis in die 1890er Jahren in Bundesstaaten wie North Carolina existiert. Doch in Wahlkämpfen war es durch rassistische und sexistische Kampagnen unter dem Stichwort »miscegenation« und dem angeblichen Schutz von weißen Frauen vor schwarzer »Vergewaltigung« zu einer Spaltung der Wählerschaft entlang der Kategorie »Rasse« gekommen (vgl. Gilmore 1996).

25 »The outstanding preference of one step which unexpectedly becomes the major dance, from amongst the many innovations of the same time, is surprising to its contemporary creators. […] Charleston did not seem basic to the dance generation previous to it, because they were concerned with the adoption of European styles, not with injecting the African accents and dislocations into the contemporary American social dance.« Mura Dehn Papers. Folder 66. Jerome Robbins Dance Division. New York Public Library.

Literatur

Aldrich, Elisabeth (1991): From the Ballroom to Hell. Grace and Folly in Nineteenth Century Dance, Evanston IL.
Allen, Robert C. (1991): *Horrible Prettiness. Burlesque and American Culture*, Chapel Hill.
Allen, Theodore W. (1998): *The Invention of the White Race. Vol. Two: The Origin of Racial Oppression in Anglo-America*, London/New York.
Baker, Josephine (1978): *Ausgerechnet Bananen*, München.
Baker, Josephine (1980): *Ich tue, was mir passt. Vom Mississippi zu den Folies Bergère, aufgeschrieben von Marcel Sauvage mit Zeichnungen von Paul Colin*, Hamburg.
Baldwin, James (1985): *The Evidence of Things Not Seen*, New York.
Baldwin, James/Mead, Margaret (1971): *A Rap on Race*, London.
Baxmann, Inge (1988): »Die Gesinnung ins Schwingen bringen«. Tanz als Metasprache und Gesellschaftsutopie in der Kultur der zwanziger Jahre, in: Hans Ulrich Gumbrecht/Ludwig Pfeiffer (Hg.): *Die Materialität der Kommunikation*, Frankfurt a. M., S. 360–373.
Baxmann, Inge (2000): *Mythos: Gemeinschaft. Körper- und Tanzkulturen in der Moderne*, München.
Baxmann, Inge (2009): Arbeit und Rhythmus. Die Moderne und der Traum von der glücklichen Arbeit, in: Dies./Gruß, Melanie/Göschel, Sebastian/Lauf, Vera (Hg.): *Arbeit und Rhythmus. Lebensformen im Wandel*. München.
Bederman, Gail (1995): *Manliness and Civilization. A Cultural History of Race and Gender in the United States, 1880–1917*, Chicago.
Bennett, Tony (1996): The Exhibitionary Complex, in: Reesa Greenberg/Bruce W. Ferguson/Sandy Nairne (Hg.): *Thinking about Exhibitions*, London, S. 81–112.

Bergson, Henri (1914): *Das Lachen. Ein Essay über die Bedeutung des Komischen*, Leipzig.
Bezirksamt Treptow (1996): *Die verhinderte Weltausstellung. Beiträge zur Berliner Gewerbeausstellung 1896*, Berlin.
Bickford-Smith, Vivian (1995): Black Ethnicities, Communities and Political Expression in Late Victorian Cape Town, in: *Journal of African History* 36/3, S. 443–465.
Bücher, Karl (1924): *Arbeit und Rhythmus*, Leipzig (sechste, verbesserte und erweiterte Auflage).
Sebastian Conrad/Jürgen Osterhammel (Hg.) (2004): *Das Kaiserreich transnational. Deutschland in der Welt 1871–1914*, Göttingen.
Deleuze, Gilles (1991): »Was ist ein Dispositiv?«, in: Francois Ewald/Bernhard Waldenfels (Hg.): *Spiele der Wahrheit. Michel Foucaults Denken*, Frankfurt a. M., p. 153–162.
Driver, Ian (2001): *Tanzfieber. Von Walzer bis Hip Hop, Ein Jahrhundert in Bildern*, Berlin.
Du Bois, W. E. B. (1965): *The Souls of Black Folk, in: Three Negro Classics, introduced by John Hope Franklin*, New York, S. 207–390.
Eichstedt, Astrid/Polster, Bernd (1986): Den Zeitgeist im Leib. Eine Kulturgeschichte der Tanzwellen im 20. Jahrhundert, Teil 1–3, in: *Ballet-Journal. Das Tanzarchiv. Zeitung für Tanzpädagogik und Ballett-Theater* 34/1–3, S. 68–71; 54–87; 72–76.
El-Tayeb, Fatima (2001): *Schwarze Deutsche. Der Diskurs um Rasse und nationale Identität 1890–1933*, Frankfurt a. M.
Fink, Monika (1996): *Der Ball. Eine Kulturgeschichte des Gesellschaftstanzes im 18. und 19. Jahrhundert*, Innsbruck.
Finzsch, Norbert/Horton, James O./Horton, Lois E. (1999): *Von Benin nach Baltimore. Die Geschichte der African Americans*, Hamburg.
Foucault, Michel (2006a): Sicherheit, Territorium, Bevölkerung. Geschichte der Gouvernementalität I. Vorlesung am Collège de France 1977–1978, Frankfurt a. M.
Foucault, Michel (2006b): Die Geburt der Biopolitik. Geschichte der Gouvernementalität II. Vorlesung am Collège de France 1978–1979, Frankfurt a. M.
Gilmore, Glenda (1996): *Gender and Jim Crow. Women and the Politics of White Supremacy in North Carolina, 1896–1920*, Chapel Hill NC.
Gordon, Rae Beth (2009): *Dances with Darwin, 1875–1910. Vernacular modernity in France*, Farnham.
Hazzard-Gordon, Katrina (1990): *Jookin'. The Rise of Social Dance Formations in African-American Culture*, Philadelphia.
Heine, Heinrich (2006): *Sämtliche Gedichte*, hrsg. von Bernd Kortländer, Stuttgart, S. 703–706.
Hurston, Zora Neale (2000): *Ich mag mich, wenn ich lache*, Zürich.
Jensen, Joan M. (2001): I'd Rather Be Dancing. Wisconsin Women Moving On, in: *Frontiers. Journal of Women Studies* 22 (1): 1–20.
Jung, Vera (2001): *Körperlust und Disziplin. Studien zur Fest- und Tanzkultur im 16. und 17. Jahrhundert*, Wien.
Krasner, David (1997): *Resistance, Parody and Double Consciousness. African American Theatre, 1895–1910*, Bloomsbury NJ.
Kusser, Astrid (2008): Cakewalking. Fluchtlinien des Schwarzen Atlantik um 1900, in: dies./Becker, Ilka/Cuntz, Michael: *Unmenge. Wie verteilt sich Handlungsmacht?*, München.
Jones, Leroi (o. J): Blues People. *Schwarze und ihre Musik im Weißen Amerika*, Wiesbaden.

W. T. Lhamon (1998): Raising Cain. *Blackface Performance from Jim Crow to Hip Hop*, Cambridge/London.
Lüdtke, Alf (Hg.) (1991): *Mein Arbeitstag – Mein Wochenende. Arbeiterinnen berichten von ihrem Alltag*, Hamburg.
Lüdtke, Alf (1986): »Deutsche Qualitätsarbeit«, »Spielereien« am Arbeitsplatz und »Fliehen« aus der Fabrik. Industrielle Arbeitsprozesse und Arbeiterverhalten in den 1920er Jahren – Aspekte eines offenen Forschungsfeldes, in: Friedhelm Boll (Hg.): *Arbeiterkulturen zwischen Alltag und Politik. Beiträge zum europäischen Vergleich in der Zwischenkriegszeit*, Wien/München/Zürich, S. 155–197.
Lüdtke, Alf (1993): *Eigen-Sinn. Fabrikalltag, Arbeitererfahrung und Politik vom Kaiserreich bis in den Faschismus*, Hamburg.
Maase, Kaspar (1997): *Grenzenloses Vergnügen. Der Aufstieg der Massenkultur 1850–1970*, Frankfurt a. M..
Martin, Denis-Constant (1999): *Coon Carnival. New Year in Cape Town, Past and Present*, Cape Town.
Mitchell, Timothy (1991): *Colonising Egypt*, Berkeley/Los Angeles/London.
Möhring, Maren (2004): *Marmorleiber. Körperbildung in der deutschen Nacktkultur 1890–1930*, Köln/Weimar/Wien.
Ostwald, Hans (1905 a): *Der Tanz und die Prostitution*, Leipzig.
Ostwald, Hans (1905 b): *Berliner Tanzlokale*, Berlin/Leipzig.
Pollack, Heinz (1921): *Die Revolution des Gesellschaftstanzes*, Dresden.
Radkau, Joachim (1998): *Das Zeitalter der Nervosität. Deutschland zwischen Bismarck und Hitler*, München/Wien.
Rancière, Jacques (1981): *La Nuit des Prolétaires*, Paris.
Rancière, Jacques (2006): *Die Aufteilung des Sinnlichen. Die Politik der Kunst und ihre Paradoxien*, Berlin.
Recht, Christine (2002): *Warum mit Marx marschiert, aber schlecht Walzer getanzt werden kann. Versuch einer Kritik der Tanzschule*, Wien.
Reichardt, Dieter (1984): *Tango. Verweigerung und Trauer, Kontexte und Texte*, Frankfurt a. M..
Roediger, David (1999): *The Wages of Whiteness. Race and the Making of the American Working Class*, London/New York.
Stearns, Marshall/Stearns, Jean (1994): *Jazz Dance. The Story of American Vernacular Dance*, New York.
Thorpe, Edward (1990): *Black Dance*, New York.
Todd, Arthur (1950): Negro American Theatre Dance 1840–1900, in: *Dance Magazine*, November, S. 20–21, 33–34.
Virno, Paolo (2005): *Grammatik der Multitude*, Wien.
von Osten, Marion (2009): Dancing the Class Away. Zum Erziehungscharakter postfordistischer Tanzfilmprojekte, in: Baxmann, Inge/Gruß, Melanie/Göschel, Sebastian/Lauf, Vera (Hg.): *Arbeit und Rhythmus. Lebensformen im Wandel*. München, S. 147–169.
Zeller, Joachim (2002): Friedrich Maharero – Ein Herero in Berlin. In: Ulrich van der Heyden/ders. (Hg.): *Kolonialmetropole Berlin. Eine Spurensuche*, Berlin, S. 206–211.

Mapping Schengenland
Die Grenze denaturalisieren

William Walters

Westfalen, Wien, Versailles, Potsdam, Maastricht ... Länder- und Städtenamen wie diese stehen für Stationen in der Geschichte Europas, für seine Herausbildung als Raum – und in einem Raum – von Territorien, Souveränitäten, Ökonomien und Kulturen. Indes sollte man dieser Aufzählung Schengen hinzufügen: Bei einem Treffen in dem kleinen luxemburgischen Grenzort unterzeichneten 1985 die Vertreter Deutschlands (damals Westdeutschlands), Frankreichs, Belgiens, der Niederlande und Luxemburgs ein Abkommen über notwendige Maßnahmen, um dem Ziel eines freien Personenverkehrs zwischen den genannten Staaten näher zu kommen. Fünf Jahre später wurde dieses Abkommen zum *Schengener Durchführungsübereinkommen* ausgearbeitet, bis zu dessen Umsetzung allerdings noch einige weitere Jahre verstrichen. Das Hauptziel des *Übereinkommens* war die Abschaffung der Personenkontrollen an den »Binnengrenzen« bei gleichzeitiger Verlagerung der Kontrollen an »Außengrenzen«. Als Teil dieses Vorhabens wurden »flankierende Maßnahmen« für notwendig erachtet, etwa eine erweiterte Kooperation auf dem Gebiet der Asyl- und Einwanderungspolitik, bei polizeilichen Maßnahmen und beim Informationsaustausch. Schengen wurde außerhalb des Rahmens der Europäischen Union beschlossen und implementiert. Erst der Amsterdamer Vertrag ebnete den Weg für die Eingliederung der Schengenbestimmungen in das System der Europäischen Gemeinschaften und der EU, was der Auffassung entsprach, Schengen sei ein »Laboratorium«, um die EU zu einen Raum der Freizügigkeit zu machen (Monar, 2000).[1] Alle EU-Mitgliedsstaaten, mit Ausnahme Großbritanniens und Irlands, sind heute »Schengener«. (Großbritannien und Irland partizipieren gleichwohl an der polizeilichen und justiziellen Zusammenarbeit.) Formal befinden sich auch Norwegen und Island im Schengen-Raum. Und die Verbreitung Schengener Normen und Praktiken beschränkt sich natürlich nicht auf die Staaten, die bereits Mitglieder der EU sind: Polen und Ungarn mussten als so genannte Beitrittskandidaten jene Normen implementieren (Grabbe 2000; Lavenex/Uçarer 2003).

Wie ist die »Geburt von Schengenland« zu verstehen? Welche Auswirkungen hat sie auf die Geschichte der Territorialität und Souveränität? Eine Antwort findet sich in der Literatur aus jüngster Zeit zu den Themen Grenzen, Einwanderung und Sicherheit. Deutlich wird darin, dass mit der Liberalisierung der Handels- und

Finanzbeziehungen auf regionaler und globaler Ebene eine ganze Reihe politischer Ängste einhergehen, die sich auf Grenzen, Kriminalität, illegale Migration und Terrorismus beziehen, und dass zugleich politische Forderungen und Initiativen auftreten, die Macht der Grenze erneut zu stärken (Eskelinen et al. 1999; Geddes 1999; Andreas 2000; Koslowski 2001). Einer der Buchtitel in diesem Bereich – *The Wall around the West* (Andreas/Snyder 2000) – hebt in dramatischer Weise auf diesen Punkt ab. Eine solche Perspektive mag als ein wichtiges Korrektiv einige eher voreilige Behauptungen von Globalisierungstheoretikern relativieren, die vom Entstehen einer angeblich »grenzenlosen Welt« ausgehen, in der sich Kapital- *und* Menschenströme problemlos bewegen könnten. Eine solche Perspektive zwingt uns zugleich, bestimmte Behauptungen über den Niedergang neuzeitlicher Territorialität genauer zu bedenken (vgl. etwa Ruggie 1993).

Doch auch wenn eine solche Antwort auf bestimmte Theorien zur Globalisierung politisch notwendig sein mag, wird damit die Bedeutung Schengens auf aktuelle Ereignisse beschränkt. Mein Beitrag zielt indes auf etwas anderes: Es gilt, Schengen ins Verhältnis zur Geschichte der politischen Grenze zu setzen. Ein solcher Gebrauch der Geschichte, wie er mir vorschwebt, ist geprägt von Foucaults genealogischer Methode. Der elementare Wert der Methode liegt in ihrem Vermögen, die Gegenwart zu erschüttern, Genealogie ist, wie Mitchell Dean ausführt, »die methodische Problematisierung des Gegebenen, des Selbstverständlichen« (Dean 1992: 216). Um dies zu erreichen, »zielt sie auf die Konstruktion klarer Fluchtlinien aus Ereignissen, Diskursen und Praktiken, die weder durch einen Ausgangspunkt noch durch Finalität determiniert sind« (ebd.: 217). Genealogie wäre somit keine umfassende oder totalisierende Geschichte, sondern eine sehr partielle. Sie rekonstruiert ihre Objekte nicht in Form von Epochen oder Stufen gesellschaftlicher Evolution, sondern als partikulare, synthetische Fluchtlinien. Solche Fluchtlinien sollen neues Licht auf bestimmte Momente der Gegenwart werfen, indem sie an seltsamen und unerwarteten Orten ihre Vorgeschichte aufspüren. Es geht darum, Brüche, Kontingenzen und plötzliche Transformationen zu identifizieren, wo nur evolutionäre Veränderungen postuliert werden. Aber es geht auch darum, das Fortbestehen früherer Erfahrungen und Praktiken aufzufinden, wo nur Neues vermutet wird. Auf Schengen bezogen kann die genealogische Methode einen doppelten Effekt haben: Sie kann Schengen in einen anderen, weiteren historischen Kontext stellen und dabei die Kontinuitäten aufweisen, die Schengen mit anderen Arten der Grenze verbinden, zugleich aber auch die offensichtlichen Neuerungen offen legen; doch vor allem wird die genealogische Methode, auf Schengen angewandt, die gängigen Vorstellungen der Grenze erschüttern, sie *denaturalisieren*.

Schengen soll in diesem Beitrag entlang dreier Fluchtlinien untersucht werden. Die erste Fluchtlinie bildet die *geopolitische* Grenze: Nun ist das Konzept der Geopolitik heutzutage zwar weit verbreitet, was zum Teil der Konjunktur der so genannten »Kritischen Geopolitik« zu verdanken ist (Ó Tuathail 1996), doch werde ich den Begriff an dieser Stelle in einer eingeschränkten Form verwenden. Mich interessiert, auf welche Weise Grenzen von »klassischen« Geographen wie Friedrich Ratzel oder George Nathaniel Curzon verstanden werden. Die Rationalität des Schengenraumes lässt sich bestimmen, indem untersucht wird, was er *nicht* ist. Im Gegensatz zu einer Grenzpolitik, die auf Kriege folgte und sie bisweilen auslöste, scheint Schengen nicht mit der Politik von Krieg und Frieden verbunden, das heißt nicht mit einer Politik, die das geographische Territorium als Machtressource versteht. Die zweite Fluchtlinie ist die *nationale* Grenze: Untersucht wird, inwiefern Schengen uns ermöglicht, die Verbindung von Grenze und Nationalstaat eher als eine historische Errungenschaft denn als natürliche Gegebenheit zu betrachten. Schengen verweist erkennbar eher auf Regional- denn auf Nationalgrenzen, doch steht die Grenze, insofern sie weiterhin einen politischen Raum umschließt, zugleich in der Kontinuität der Letzteren. Schließlich lässt sich Schengen als *biopolitische* Grenze analysieren: Die Biopolitik versucht, Grenzen als Instrumente zueinander in Beziehung zu setzen, die auf die Regulierung der Bevölkerung – ihrer Bewegung und Sicherheit, ihres Wohlstands und ihrer Gesundheit – zielen. Ein großer Teil der aktuellen Untersuchungen zum Thema sieht die Beziehung zwischen Grenzen, Einwanderung und den »globalen Strömen« der Bevölkerung als das Wesen der Grenze an. Dagegen behaupte ich, dass der Einsatz der Grenze als Schauplatz einer biopolitischen Steuerung relativ neu ist. Mit Schengen sind zudem gewisse Verschiebungen verbunden, was die Durchführung solcher biopolitischen Eingriffe anbelangt.

Genealogien sind immer partiell. Die drei Analysen und die Fluchtlinien der Praktiken und Rationalitäten, denen sie folgen, erschöpfen keineswegs die Möglichkeiten, Schengen oder die moderne Grenze zu verstehen. Historisieren und denaturalisieren ließe sich die Grenze auch entlang zahlreicher anderer Fluchtlinien. So könnten weitere Untersuchungen beispielsweise erforschen, wie sich die Verortung der Grenze im Wirtschaftsleben verschiebt, etwa durch einen Vergleich der merkantilistischen mit der (neo-)liberalen Grenze. Im merkantilistischen Kontext wird die Grenze als ein Instrument verstanden, das der Kontrolle der nationalen Ökonomie dient, während unter neoliberalen Vorzeichen die Grenze als ein Hindernis für den Handel in einer globalen Wirtschaft gilt.

Zukünftigen Untersuchungen ist es vorbehalten, das Schengenland im Rückgriff auf Konzepte und Praktiken zu kartographieren, die in der Geschichte der großen Reiche auftauchten. Analogien zu imperialen Gegebenheiten sind unerlässlich, um zu verstehen, wie sich die Grenzen der Europäischen Union nach außen bewegen, eine Bewegung, die Räume hervorbringt, in denen widersprüchliche Prozesse der Assimilation und des Ausschlusses, von Integration und Desintegration, von kultureller Offenheit und Ängsten zum Tragen kommen (Wæver 1997; Walters 2004; Rigo 2005; Tunander 1997).

Geopolitische Grenzen

»Grenzen sind in der Tat wie des Messers Schneide: die modernen Fragen von Krieg und Frieden, Leben und Vergehen der Nationen hängen von ihnen ab. [...] So wie der Schutz des Heims ein entscheidendes Anliegen des Bürgers und Privatmannes ist, so ist die Integrität seiner Grenzen die Existenzbedingung des Staates.« (Curzon 1908: 7)

George Curzon, ein britischer Aristokrat und eine anerkannte Autorität in Grenzangelegenheiten, war sowohl in Asien zur Zeit des britischen Kolonialismus als auch nach dem Ersten Weltkrieg in Europa an der Festlegung von Grenzverläufen beteiligt (van Dijk 1999). Er formuliert ein Verständnis von Grenze, das in Europa ab dem späten 19. bis weit ins 20. Jahrhundert hinein als das herrschende angesehen werden kann. Die Grenze ist demnach ein grundlegender Faktor, wenn es um Krieg und Frieden geht, eine potenzielle Konfrontationslinie, an der gegebenenfalls bewaffnete Kräfte einander gegenüberstehen. Ein solches Verständnis von Grenze spiegelt ein bestimmtes Verständnis politischer Macht und eine bestimmte Praxis ihrer Ausübung wieder. Von einem »Kräftefeld« spricht in diesem Zusammenhang John Agnew: »Es handelt sich um ein geopolitisches Modell, in dem Staaten starr definierte territoriale Einheiten sind; jeder Staat kann seine Macht nur auf Kosten der anderen erweitern und jeder hat die totale Kontrolle über das eigene Territorium« (Agnew 1999: 504). Eine solche politische Vorstellung findet sich bei Geographen des 19. Jahrhunderts häufig, so etwa bei Ratzel, der Grenzen als dynamisch ansieht, insofern sie ein Maßstab und ein Ausdruck der Macht eines bestimmten Staates sind. Starke Staaten versuchten entsprechend zu expandieren, während niedergehende Staaten auf ein Gebiet schrumpften, das einfacher zu verteidigende Konturen aufweise (Paasi 1999: 12; Giddens 1985). Doch wenn Kriege geführt werden, um neue Grenzen zu ziehen, ließe sich in der Grenze auch der Wunsch nach Frieden und Sicherheit wiederfinden. Bei Emerich de Vattel etwa heißt es: »Zur Vermeidung jeden Anlasses zum Unfrieden und jeder Gelegenheit zum Streit [muss man] die Grenzen der Gebiete genau und eindeutig festlegen« (de Vattel 1758: II, Kap. VII, §92).

Die geopolitische Grenze verleitet zu einer physikalisch-geographischen Vorstellung, die Grenzen als Demarkationslinien zwischen den Territorien souveräner Staaten ansieht; doch wäre es falsch, die Grenze darauf zu reduzieren. Sinnvoller ist es, im Anschluss an Michel Foucault, diese und andere Formen der Grenze als eine Art »Assemblage« zu verstehen – als, wie Mitchell Dean es formuliert, »ein Ensemble heterogener diskursiver und nicht diskursiver Praktiken, von Regimes der Wahrheit und der Lebensführung, ein Ensemble, das eine umfassende Kohärenz besitzt, während es zugleich keinem determinierenden Prinzip, keiner zugrundeliegenden Logik folgt« (Dean 1992: 245, Fn. 2). Mit der geopolitischen Grenze ist ein ganzer Apparat verknüpft – und es ist nicht nur ein polizeilich-militärisch gerüsteter Sicherheitsapparat, sondern auch ein Apparat kartographischer, diplomatischer, juristischer, geologischer und geographischer Wissens- und Praxisformen. Evident ist das im Auftreten der Grenze in Verträgen, Friedensabkommen und Expertenkommissionen.² Die berühmten Verträge des 17. Jahrhunderts brachten zwar erstmals die politische Karte Europas in einer Form hervor, die wir heute wiedererkennen würden, doch generierten sie offenbar keine Demarkationspraxis. Erst seit Mitte des 18. Jahrhunderts verweisen Verträge auf Regierungsbeamte sowie auf Geländeuntersuchungen und Vermessungen durch Ingenieure. Ab diesem Zeitpunkt kommt geographisches, topographisches und ethnologisches Wissen zum Einsatz, um den »jeweiligen Regierungen einen provisorischen Grenzverlauf vorzugeben« (Curzon 1908: 51).

Curzon sieht in einer solchen geopolitischen Demarkationspraxis, im Ziehen von Grenzen mehr eine Kunst als eine Wissenschaft (ebd.: 53). Er nimmt damit ein Motiv der Untersuchungen Foucaults zur Gouvernementalität vorweg. Diese Untersuchungen sind bemüht, politische Herrschaft nicht primär unter juristischen oder institutionellen Aspekten zu beschreiben, sondern im Sinne unterschiedlicher Regierungskünste (Barry et al. 1996). Repräsentiert das Ziehen von Grenzen eine bestimmte »Regierungskunst« – tatsächlich eine *internationale* Regierungskunst (Lui-Bright, 1997; Larner/Walters 2004) –, so sollte diese Kunst nicht nur in Europa ausgebildet werden, sondern im viel weiteren Feld des europäischen Kolonialismus. Vor allem in Afrika wird dies deutlich: Die Berliner Kongokonferenz von 1884 zeigt, wie die geopolitische Grenze samt ihrer Assemblage sich zu einer politischen Technologie entwickelt, die nicht nur in die Konstruktion des europäischen Staatensystems, sondern in die Aufteilung und Zuordnung von Territorien weltweit eingreift (Fieldhouse 1966; Hertslet 1967).

In welchem Verhältnis steht nun die geopolitische Grenze zu Schengen? Die Frage macht vor allem deutlich, dass der Politik rund um Schengen eine solche Dimension offenkundig fehlt. Schengen scheint nicht auf dem Terrain der klassischen Geopolitik angesiedelt zu sein, auf dem Staaten einander gegenüberstehen und es um Krieg und Frieden geht. Die meisten akademischen Arbeiten zu Schengen nehmen das als selbstverständlich, doch bleibt es sinnvoll festzustellen, was Schengen ist und was nicht. Der Wiener Kongress von 1815 und ebenso der in Berlin 1878, Versailles 1919 und Potsdam 1945 markieren allesamt Ereignisse, bei denen nach einem großen Krieg ein Prozess einsetzte, in dessen Verlauf die verbündeten Siegermächte Europas Grenzen neu zogen. Der Krieg vereinfacht, wie John Prescott (1987: 177) feststellt, die territoriale Neuordnung. Im Fall von Schengen hingegen handelt es sich nicht um politische Macht im Sinne einer Konfrontation zwischen »territorialen Macht-Containern« (Giddens). Weder werden Grenzen gezogen oder Territorien zugewiesen noch wird eine neue nationalstaatliche Ordnung implementiert (O'Dowd/Wilson 1996: 2; Rupnik 1994). Die geopolitische Grenze ist in einem politischen Machtfeld situiert, das wie ein *Kraftfeld* organisiert ist;

bei Schengen hingegen geht es um die Anpassung politischer Grenzen an einen politischen Raum, den Agnew als »hierarchisches Netzwerk« bezeichnet, einen territorialen Zusammenhang, der durchzogen ist von Güter-, Menschen- und Investitionsströmen (Agnew 1999: 506).

Die geopolitischen Grenze kann als Folie für eine Untersuchung des Schengenraumes dienen, um dessen Rationalität und Existenzbedingungen genauer zu fassen und zu verstehen. Nun ist die geopolitische Grenze eingelassen in Fragen der Souveränität und der »hohen« Politik; sie ist eine ehrwürdige und politisch aufgeladene Institution. Zu den Voraussetzungen Schengens hingegen gehört der Prozess der Entmilitarisierung der Grenzen in Westeuropa. Natürlich sind dabei der Kalte Krieg und die Herausbildung der NATO als »regionales« Sicherheitsbündnis als wesentliche Faktoren anzusehen: Die zwischenstaatliche, geopolitische Grenze wird als »Eiserner Vorhang« zwischen den politischen, ideologischen und ökonomischen Blöcken neu gezogen. Ein weiterer, damit zusammenhängender Faktor ist die »regionale« wirtschaftliche Integration, die ihre institutionelle Gestalt zunächst in Organisationen wie der Europäischen Gemeinschaft für Kohle und Stahl (Montanunion/EGKS) und der Organisation für Europäische Wirtschaftliche Zusammenarbeit (OEEC) findet. Wie Liam O'Dowd und Thomas Wilson feststellen, war »die Rationalität ökonomischer Prinzipien [...] genau das Mittel, durch das die Gründer der EU die historisch unberechenbare Struktur der europäischen Nationalgrenzen entmystifizierten« (1996: 9). Angesichts der gegenseitigen wirtschaftlichen Abhängigkeit wird die Grenze zu einem irrationalen Anachronismus, der der Verwirklichung eines größeren, »europäischen« Marktes im Wege steht. Nirgends wird dies deutlicher als im politisch und historisch umstrittenen Ruhrgebiet, für das die Montanunion eine politische wie auch technische Lösung eröffnen sollte. Jean Monnet, einer der Architekten der Montanunion, beispielsweise vertritt den Standpunkt, das Ruhrgebiet sei Teil eines »geographischen Dreieck[s]«, in dem Frankreichs und Deutschlands Kohle- und Stahlvorkommen liegen, »durch künstliche historische Grenzen getrennt«, eine Folge der industriellen Revolution und der gleichzeitig aufkommenden »nationalistischen Doktrinen« (Monnet 1978: 374). Mit anderen Worten: Durch die gemeinsame Sicherheitspolitik und die wirtschaftliche Integration kommt es zu einer »Entdramatisierung« (Donzelot) der »inneren« Grenzen zwischen den Ländern Westeuropas. Doch zugleich ist zu beobachten, dass Prozesse, die bisweilen als »Sekuritisierung von Migration« (Huysmans 2000) angesprochen werden, eine Art »Re-Sekuritisierung« der Grenze darstellen.

Nationale Grenzen

Die Untersuchung des Schengenraumes und seiner Distanz zur Realität der geopolitischen Grenze führt zu bestimmten kritischen Einsichten; im Folgenden gilt es, die Rationalität Schengens mit der zweiten oben erwähnten Realität in Beziehung zu setzen: mit der nationalen Grenze.

Politische Grenzen gelten für gewöhnlich als gleichermaßen natürliche wie notwendige Attribute von Nationalstaaten. Bei ein wenig kritischer Betrachtung fällt jedoch auf, dass die Beziehung zwischen der Grenze und dem Staat weder natürlich noch ewig ist, sondern sich vielmehr politisch und historisch herausgebildet hat. Sobald wir mit der weit verbreiteten Vorstellung brechen, Grenzen gehörten zwangsläufig zum Nationalstaat und zur nationalen Souveränität, können wir zu erkennen anfangen, inwieweit Schengen auf einen neuen Typus Grenze verweist, der sich durch gewisse postnationale und regionale Aspekte auszeichnet.

Die Nationalisierung und Naturalisierung der Grenze

Grenzen haben nicht immer nationale Territorien umschlossen. Im Mittelalter konnten eine Schanze oder ein Erdwall durchaus eine Grenze markieren, wie beispielsweise im Falle von Offa's Dyke, einem riesigen Wall, den König Offa von Mercien um 800 als Bollwerk gegen die Waliser aufwerfen ließ (Curzon 1908: 23).[3] Verbreiteter war jedoch vermutlich die Abgrenzung von Territorien und Bevölkerungen durch *Marken*, das heißt durch »einen neutralen Trennstreifen oder -gürtel« (ebd.: 28). Marken waren keine Linien, sondern Zonen. Die anglo-gälischen und anglo-walisischen Marken etwa beschreibt Steven Ellis (1995: 18) als Regionen, in denen »englische Siedlungen oft durchsetzt von Flecken waren, in denen eine autochthone Bevölkerung lebte, sodass es vielgestaltige, lokalisierte Grenzen gab, die sich eher brüchig und veränderlich zeigten denn als festgefügte Blöcke. Die Mark war eine Zone der Interaktion und Assimilation zwischen Bevölkerungen mit sehr unterschiedlichen Kulturen«.[4] Norman Pounds (1951: 148) hingegen vergleicht die Mark mit einem Gürtel »ohne Einwohner oder Werte, der darauf wartet besiedelt und der einen oder anderen Seite zugeschlagen zu werden«.

Im Unterschied zur Mark sollte die Grenze der Neuzeit sich als ein zusammenhängendes Gebilde zeigen, das ein politisches Territorium umschließt. Der Geograph Friedrich Ratzel, einer der Begründer der Politischen Geographie, fasste es in dem Bild vom Staat als Körper, den die Grenze wie eine Haut umgibt (vgl. van Dijk 1999: 28). Das Aufkommen nationaler Grenzen in diesem Sinne hatte zur Folge, dass viele Diskontinuitäten und Enklaven verschwanden, die etwa in Frankreich noch Ende des 18. Jahrhunderts durchaus häufig anzutreffen waren. Ein Beispiel ist das Elsass, das als ein *étranger effectif*, als so genanntes Zollausland, angesehen wurde, was einen durch die französischen Zollbehörden unbehinderten Handel mit den deutschen Nachbarn ermöglichte. Ein weiteres, lange Zeit existierendes Beispiel für einen *étranger effectif* ist die Grafschaft Nizza in ihrer Beziehung zum Piemont (Bottin 1996: 21, Fn.). Mit der Etablierung nationaler Grenzen geht das Bestreben einher, solche »Irregularitäten« zu beseitigen, gleichsam die Lücken zu schließen und die Nation abzuriegeln.

Der Prozess der Homogenisierung der staatlichen Grenzen war verbunden mit der Vereinheitlichung und Bereinigung des nationalen Raumes. Diese Entwicklung vollzog sich über Jahrhunderte und war begleitet von lang anhaltenden Kämpfen mit lokalen Gewalten. In Frankreich gehören unter dem Ancien Régime Jean-Baptiste Colbert und der Marquis de Vauban zu den Architekten dieses Prozesses, vorangetrieben wurde er allerdings von der französischen Revolution. »Am Ende dieses bemerkenswerten politischen ›Homogenisierungsprozesses‹ waren Nation und Territorium, Währung und Markt räumlich deckungsgleich.« (Foucher 1998: 238) Die »inneren« Grenzen (Stadtmauern und Gemeindegrenzen, die Begrenzungen von Fürstentümern, Pfarr- und Amtsbezirken etc.), die im Mittelalter im Allgemeinen wichtiger waren als die Staatsgrenze, verloren nach und nach an Bedeutung, sowohl im Hinblick auf die Regierung der Bevölkerung als auch auf die Armenpolitik oder die Erhebung von Zöllen, Steuern und Abgaben. Die Staatsgrenze hingegen wurde zur entscheidenden Grenze, eine einzelne »eindeutige, durch Markierungen und manchmal auch Befestigungen ausgewiesene Linie in der Landschaft« (Langer 1999: 35).

Mit der Nationalisierung der Grenze ging das Bestreben einher, sie zu *naturalisieren*. Das 19. Jahrhundert erlebte die Erfindung der Nationalgeschichte und der Vorstellung, Volk und Nation hätten seit alters gemeinsame Wurzeln. Die Geographie konnte dabei nicht abseits stehen: Eine ihrer Aufgaben war das Bereitstellen wissenschaftlicher Argumente aus Geologie, Geographie und Kultur, mit denen sich die Grenze begründen ließ. »Vielen Geographen galten landschaftliche Merkmale als wichtige Anhaltspunkte, um die Einheit der Nation in ihren Grenzen zu belegen. Grenzen mussten *natürlich* sein, das bedeutete, sie mussten sich durch geologische und geographische Verhältnisse begründen lassen. In der Praxis hieß ›natürlich‹ zudem nichts anderes als ›verteidigbar‹.« (van Dijk 1999: 25) Für eine solche Argumentation steht beispielhaft der völkische Geograph Karl Haushofer, einer der Theoretiker der Geopolitik. Haushofer vertritt die These, der Rhein sei ein deutscher Fluss, da er einer deutschen Quelle entspringe; Frankreich könne demzufolge keinen Anspruch auf das Westufer des Flusses erheben (ebd.: 27). Der Historiker Lucien Febvre und der Geograph Albert Demangeon entwickelten in kritischer Abgrenzung gegenüber den Positionen der deutschen Geopolitik und der ihr immanenten Besessenheit, Territorien abzustecken, ein anderes Verständnis: Sie sahen die Grenze nicht als strikte Linie, sondern als ein Gebiet des Übergangs. »Der Rhein galt [Febvre und Demangeon] nicht als umstrittene Grenze zwischen zwei Ländern, sondern als ein Gebiet, in dem seit alters kultureller Austausch und Handelsbeziehungen existierten« (Ebd.: 32).

Schengenland: Eine Außengrenze für die EU?

Durch den Schengen-Prozess erlangen Grenzen zwischen Schengen-Staaten und Staaten, die nicht zum Schengen-Raum gehören, den offiziellen Status von »Außengrenzen«. Die Integration des Schengener Übereinkommens in den Amsterdamer Vertrag von 1997 bedeutet, dass die Europäische Union nunmehr offiziell eine Außengrenze besitzt. In historischer Perspektive finden sich, was die Konstruktion von Staatsgrenzen anbelangt, in diesem Prozess der Grenzziehung sowohl Kontinuitäten als auch Diskontinuitäten. Die Kontinuitäten sind schnell benannt: Schengen bedeutet erstens im Hinblick auf Status und Funktion existierender Grenzen eine Herabstufung beziehungsweise den Verlust ihrer privilegierten Stellung. Ähnlich wie Stadtmauern und Bezirksgrenzen gegenüber den neuen Grenzen des Nationalstaats zweitrangig wurden, verlieren die staatlichen Grenzen innerhalb der EU – die »gemeinschaftlichen Grenzen« – durch die neue Außengrenze viele ihrer wesentlichen sozialen und ökonomischen Funktionen. Freilich weisen der Schengen-Prozess und die Subsumtion nationalstaatlicher Grenzen unter eine übergeordnete Grenzziehung zu manchen nationalen Entwicklungen stärkere Ähnlichkeiten auf als zu anderen. Eine Kontinuität lässt sich beispielsweise mit Blick auf die Herausbildung des Nationalstaats in Deutschland oder in Italien erkennen, beides Länder, die bis ins späte 19. Jahrhundert hinein keine politische Einheit darstellten. Die Bildung des Nationalstaates ist, wie John Breuilly mit Blick auf Deutschland schreibt, »verbunden mit der Aufhebung existierender staatlicher Grenzen und der Schaffung neuer, größerer Nationalstaatsgrenzen« (1998: 37). In Staaten, die wie Spanien, das Vereinigte Königreich oder Frankreich bereits eine politische Einheit bildeten, bedurfte es hingegen nur »der ›Nationalisierung‹ der Grenzen des bereits existierenden Staates« (ebd.). Es gibt natürlich eine Reihe aktueller Faktoren, die Deutschlands starke Unterstützung für Schengen erklären, doch die historische Entwicklung und das kulturelle Verständnis der Grenze sind Aspekte, die eine eingehendere Betrachtung verdienen.

Schengen steht zweitens im gleichen Maße, in dem sich die Nationalisierung der Grenze vollzieht, für eine Institutionalisierung erweiterter ökonomischer und sozialer Handlungsräume – in diesem Fall eher regional als national. Gewiss geht die Neuordnung Europas, die einen Raum freien sozialen und ökonomischen Austauschs schafft, zumindest bezogen auf die Zeit nach dem Zweiten Weltkrieg, auf den Wiederaufbau des Kontinents unter der Federführung der USA zurück und etablierte sich durch Einrichtungen wie den »Gemeinsamen Markt« und später den »Binnenmarkt«. Schengen setzt diesen Prozess nicht in Gang, vertieft ihn aber, insofern Grenzkontrollen als »Hindernisse« menschlicher Mobilität herausgestellt werden, die man in der Folge aus dem »Inneren« Europas verlagert. Die Schengengrenze ist somit drittens, insofern sie die Vorstellung einer »Außengrenze« evoziert, eine durchgehende, einschließende Struktur wie die Grenze des Nationalstaats, dazu gedacht, den entstehenden »Raum der Freiheit, der Sicherheit und des Rechts« gleichmäßig zu umschließen. Das heißt nicht, alle Punkte dieser neuen Grenze würden tatsächlich effizient oder mit gleichem Nachdruck überwacht. Offenkundig ist das nicht der Fall. Und dennoch: Italien, Griechenland, Portugal und Spanien war der Weg ins Schengenland versperrt, bis sie die ursprünglichen Unterzeichnerstaaten des Übereinkommens davon überzeugen konnten, dass die Standards ihrer Grenzkontrollen streng genug sind (Dinan 1999: 441). Und die Einhaltung bestimmter Grenzkontrollstandards bleibt eine der wesentlichen Voraussetzungen für den Beitritt künftiger EU-Mitglieder – speziell galt das für Kandidaten wie Polen und Tschechien, seit Mai 2004 an der »Ostgrenze« der EU. Entscheidend ist dabei, dass politische und technische Normen geschaffen und in den »Schengen-Besitzstand« überführt werden, die auf der Vorstellung beruhen, die EU müsse eine umfassende und durchgehende Außengrenze besitzen. Auf der Folie dieser Normen wiederum identifiziert man regelmäßig strategische »Schwachpunkte«, die es angeblich zu verbessern gilt.

Trotz der Parallelen ist es freilich notwendig, die Entwicklung nicht allein aus der Perspektive nationaler Grenzen zu denken. In vielerlei Hinsicht ist die neue »Außengrenze« nicht mit der Grenze des Nationalstaats zu vergleichen und es gibt Aspekte, die durch die begriffliche Brille des Nationalstaats gar nicht zu erfassen sind. Ebenso wie es neuer, nicht-etatistischer Begriffe bedarf, um die politischen Merkmale des komplexen Mehrebenensystems der EU, der so genannten *Euro-Polity*, zu verstehen (vgl. Schmitter 1996), bedarf es auch konzeptueller Flexibilität, wenn es darum geht, die neue(n) Grenze(n) Schengens zu denken. Was unterscheidet die Schengengrenze von der Grenze des Nationalstaats?

Eine erste Diskontinuität hängt mit dem zusammen, was Beobachter die »variable Geometrie« der EU nennen. In den letzten Jahren hat der europäische Integrationsprozess seinen symmetrischen Charakter verloren. Die Integration verläuft nicht mehr nach dem von Monnet und anderen vorgestellten Modell: eine bestimmte Anzahl Staaten, die in allen Politikfeldern wie auch funktional einheitlich integriert sind. Staaten haben die Möglichkeit zum *Opt-out*, das heißt, sie können sich über Nichtbeteiligungsklauseln aus Bereichen der Grenz-, Sozial-, Außen- oder Währungspolitik zurückziehen. Es gibt auch die Möglichkeit des *Opt-in*: Beispielsweise sind Norwegen, Island und Liechtenstein Teil des Binnenmarktes, ohne Mitgliedsländer der EU zu sein. Der Vertrag von Amsterdam ermöglicht zudem die so genannte »differenzierte Entwicklung« beziehungsweise »flexible Integration«. Der Vertrag stellt Rechtsinstrumente bereit, die es einer Gruppe von Mitgliedsstaaten erlauben, sich schneller und/oder nachdrücklicher als die EU insgesamt in Richtung Integration zu bewegen. Schließlich regeln die Abkommen mit den Beitrittskandidaten, dass die Normen und die Politik der EU weit über den Kreis ihrer Mitgliedstaaten hinaus gelten. Ergebnis all dessen ist, dass das komplexe Ganze der Europäischen Union keine einzelne Grenze hat, die einen einheitlichen administrativen Raum abstecken würde. »Die Mauern der angeblichen ›Festung Europa‹ umgeben keinen besonderen Raum, in dem mit einem Streich Bevölkerung, Territorium und *raison d'être* der politischen Ordnung definiert wären. Stattdessen überlagern sich Mitgliedschaft und Raum und werden durch unterschiedliche Politikfelder definiert. Auch die durch einzelne politische Maßnahmen ›errichteten‹ Mauern überschneiden sich« (Christiansen/Jørgensen 2000: 74). Bisweilen werden die Entwicklungen unter der Rubrik eines »Neuen Mittelalters« gefasst, was allerdings problematisch erscheint, tendiert ein solches Konzept doch dazu, die tiefgreifenden politischen und strukturellen Unterschiede zwischen der mittelalterlichen und der neuzeitlichen Welt gering zu schätzen.[5] Gleichwohl wird damit unterstrichen, wie die europäische Integration eine Situation schafft, in der es keiner einzelnen Grenze gelingt, die unterschiedlichen Ebenen und Orte politischer Macht und Gemeinschaft zu umschließen.

Eine zweite Diskontinuität ergibt sich aus der *Governance* der neuen Außengrenze und des Raumes beziehungsweise der Räume, die sie umfasst. Anders als die Grenze des Nationalstaats sind die neue Außengrenze und der Raum der »Inneren Sicherheit«, zu dessen Entwicklung sie beiträgt, nicht auf ein einzelnes und übergreifendes politisches Zentrum bezogen. Politische Entscheidungen im Hinblick auf Fragen wie Einwanderung, Asyl, polizeiliche und justizielle Zusammenarbeit oder präventive Verbrechensbekämpfung werden nicht in einem tatsächlich existierenden neuen europäischen Staat gefällt, sondern an den Schnittstellen und in den Dynamiken zwischenstaatlicher und supranationaler Institutionen, die heute im Wesentlichen das Innenleben der EU ausmachen (Stetter 2000). Der zunehmende Einfluss supranationaler und regionaler Instanzen auf die Grenz- und Einwanderungspolitik wurde verschiedentlich als ein Aspekt eines weiter gehenden »Souveränitätsverlusts« des Staates unter den Bedingungen der Globalisierung interpretiert (Sassen 1996b: 11 f.). Vom Standpunkt eines einzelnen Staates betrachtet ließe sich tatsächlich von einem solchen Verlust an Souveränität sprechen. Freilich sollte das nicht mit einem Rückgang oder Niedergang souveräner Macht im Allgemeinen verwechselt werden. Wenn wir davon ausgehen, dass Souveränität nicht zwangsläufig, sondern eher historisch bedingt mit Staatlichkeit verbunden ist, dann begegnen wir, wie es scheint, einem Formwandel der Souveränität (Hardt/Negri 2000: 9–11). Schon der Stellenwert, der heute von Seiten der Behörden und Regierungen Grenzkontrollen eingeräumt wird, gibt zumindest einen Hinweis darauf, dass wir weit davon entfernt sind, die Logik der Souveränität zu verlassen.

Eine eingehende Diskussion der Souveränität, die sich in internationalen Strukturen wie der EU konkretisiert – oder ihnen zugeschrieben wird –, würde über den Rahmen dieses Beitrags hinausgehen (vgl. hierzu beispielsweise Dean 1999; Hardt/Negri 2000). Stattdessen möchte ich, um wieder auf die Unterschiede und Diskontinuitäten zwischen den Grenzen des Nationalstaats und denen der EU zurückzukommen, der Frage nachgehen, was das Regierungshandeln auf einer alltäglichen beziehungsweise operationalen Ebene auszeichnet. Nationale Grenzen zu schaffen, ihnen vielfältige Kontrollfunktionen zuzuweisen und innerhalb dieser Grenzen eine nationalstaatliche territoriale Einheit zu konsolidieren, macht es unabdingbar, administrative Strukturen neuen Typs aufzubauen. Im Verlauf dieser Entwicklung, die sich über mehrere Jahrhunderte hinzieht, entstehen auf nationaler Ebene mächtige hierarchisch organisierte Polizei-, Zoll-, Einwanderungs- und Gesundheitsbehörden. Denkbar wäre, dass sich auf lange Sicht ein ähnlicher Prozess auf der Ebene der EU wiederholen könnte. Zum Beispiel zirkulierten einige Jahre lang innerhalb der EU Entwürfe zur Schaffung einer Europäischen Grenzpolizei, um die Kontrollen der Außengrenzen nach einheitlichen Standards zu gestalten und zu verstärken (Monar 2003: 124–126). Allerdings stieß das Modell einer europäisierten Grenzpolitik und -kontrolle in einer Reihe von Mitgliedsländern auf Widerstand. Entsprechend verfolgte man das bescheidenere Programm, eine für die »Außengrenzen« zuständige Behörde aufzubauen, die Europäische Agentur für die operative Zusammenarbeit an den Außengrenzen (Frontex). Statt nationale Grenzpolizeien zu ersetzen, gehört es seit 2005 zu den Aufgaben der Agentur, nationale Behörden auszubilden und in ihrem Auftrag unterstützen, die als »illegale Einwanderer« Klassifizierten abzuweisen beziehungsweise abzuschieben (Spiteri 2004).

Es bleibt unwahrscheinlich, dass neue europäische Superbehörden bald die Aufgaben der Einwanderungskontrolle oder des Zolls übernehmen, so wie historisch die Behörden des Nationalstaats lokale Obrigkeiten und andere verstreute Stellen ersetzt oder zusammengefasst haben. Dem bisherigen Verlauf der Europäischen Integration nach zu urteilen, vollzieht sich das Regierungshandeln nach einer anderen Formel. Statt nationale Systeme zu ersetzen, sucht man nach Taktiken, sie zu verknüpfen und dabei die Arbeit sowie das Funktionieren der entsprechenden Stellen zu »harmonisieren«. Das wird unter anderem im Amsterdamer Vertrag von 1997 deutlich. Darin wird das Vorhaben, die EU zu einem »Raum der Freiheit, der Sicherheit und des Rechts« zu machen, juristisch und konzeptuell umrissen. Es mag verlockend sein, einen solchen »Raum« als ein entstehendes Territorium der EU zu begreifen, doch statt den »Raum« in bereits existierenden staatspolitischen Begriffen zu denken und ihn darauf zu reduzieren, sollten wir uns bemühen, das Neue zu erfassen. Der »Aktionsplan zur Umsetzung des Amsterdamer Vertrags über den Aufbau eines Raums der Freiheit, der Sicherheit und des Rechts« bietet dafür Anhaltspunkte. Dort heißt es zur Idee des Amsterdamer Vertrags:

> »Das vereinbarte Ziel des Vertrags besteht nicht darin, einen Europäischen Raum der Sicherheit zu schaffen, in dem alle Strafverfolgungsbehörden in Europa in Sicher-

heitsfragen einheitliche Ermittlungs- und Fahndungsverfahren anwenden. Die neuen Bestimmungen berühren auch nicht die jeweiligen Kompetenzen der Mitgliedstaaten zur Wahrung der öffentlichen Ordnung und zur Gewährleistung der inneren Sicherheit.« (Rat der Europäischen Union 1999: 3).

Stattdessen gibt der Vertrag einen institutionellen Rahmen vor, innerhalb dessen die Mitgliedsstaaten in Sicherheitsangelegenheiten »gemeinsame Maßnahmen« auf der »jeweils angemessenen Ebene« durchführen können (ebd.: 3). Andrew Barry (1994) schlug vor, die technische Harmonisierung als eine »europäische Regierungskunst« zu verstehen, insofern sie dem Regierungshandeln ermöglicht, sich ungeachtet des Fortbestehens unterschiedlicher ökonomischer und sozialer nationalstaatlicher Systeme auf einen erweiterten europäischen Raum zu beziehen. Was nun die Kontrolle der Grenzen anbelangt, scheint diese Regierungskunst die wirtschaftlichen und technischen Gebiete, in denen sie zunächst angesiedelt war, zu verlassen und in neue Bereiche der Sicherheit vorzudringen.

An dieser Stelle scheint es mir notwendig zu klären, was – nicht nur im Hinblick auf die Europäische Union – unter *Governance* zu verstehen ist. Manche Politikwissenschaftler sehen als wesentliche Merkmale der *Governance* in der Europäischen Union das Mehrebenensystem und die *Euro-Polity*, die ihnen eher als unabhängige denn als abhängige Variablen gelten (vgl. etwa Jachtenfuchs 2001). Eine solche Lesart von *Governance* bedeutet, die EU als ein institutionelles Gefüge zu behandeln, das fähig ist, politische Verhältnisse und Ergebnisse zu gestalten. Wenn wir hingegen die EU unter dem Aspekt ihrer *Gouvernementalität* (Foucault 1978) betrachten wollen, müssen wir ihre besonderen *Künste* des Regierens untersuchen. Es gilt, den Technologien des Regierens, durch die Herrschaft ausgeübt wird, mehr Aufmerksamkeit zu widmen. Entspricht die hierarchische Bürokratie institutionell und infrastrukturell der Grenze des Nationalstaats (und allgemeiner der Entwicklung der Nation), so scheint sich das Regieren der europäischen Grenze und ihres »Innen« am Diagramm des Netzwerks auszurichten.

Die Ausbreitung einer solchen netzwerkförmigen Macht basiert zum Teil auf dem Einsatz von Informationstechnologien. Das wohl bekannteste Beispiel ist das Schengener Informationssystem (SIS), eine wichtige Komponente des im Schengener Abkommen vereinbarten »Informationsaustausches«. Das SIS ging im März 1995 online. Die gewaltige Datenbank gewährt der Polizei, den Geheimdiensten, dem Zoll und den Einwanderungsbehörden der Mitgliedstaaten zum einen den Zugang zu Informationen über gestohlene Gegenstände unterschiedlicher Art, zum anderen enthält sie Angaben über Personen, die als Risiko erachtet werden. Dazu gehören Menschen, denen die Einreise in die EU verweigert wurde (wegen eines Verstoßes gegen Einwanderungsgesetze oder einer Gefährdung der inneren Sicherheit), Personen, die zur Fahndung ausgeschrieben sind, sowie Flüchtige. Unter weitgehendem Ausschluss der nationalen Parlamente wie auch des EU-Parlaments ist gegenwärtig eine zweite Version des Informationssystems, das so genannte SIS II, in der Planung. Der Informationsaustausch soll auf Großbritannien, Irland und die neuen Mitgliedsstaaten ausgeweitet werden und die geplanten Funktionen des SIS II gehen über die des ursprünglichen Systems hinaus. Vorgesehen sind die Speicherung und der Austausch biometrischer Daten, die Erweiterung der Datenbank um neue Risikokategorien (beispielsweise »Terrorverdächtige« oder »gewalttätige Unruhestifter«) und die Zusammenführung mit anderen Datenbanken zum Abgleich von Visa-Informationen (Hayes 2004).

Doch für effektive Netzwerke und den »Informationsaustausch« in den Bereichen der Grenzkontrolle und der Inneren Sicherheit braucht es mehr als technologische »Hardware«. Es bedarf auch neuer Wege und Abläufe. Zu nennen wären etwa das Entstehen neuer Zuständigkeiten und Aufgaben, wie im Falle der Verbindungsbeamten. Gewiss gibt es seit Jahrzehnten formelle und informelle Verbindungen zwischen nationalen Behörden und Dienststellen in der EU und anderswo. Neu erscheint jedoch die Tatsache, dass den Verbindungsmechanismen nun ein amtlicher Status und eine strategische Bedeutung für die Europäische Integration beigemessen wird. Unter dem Schengener Durchführungsübereinkommen wie auch heute im Rahmen gemeinsamer Aktionen der EU (der so genannten *EU Joint Actions*) finden sich besondere Regelungen zu den Aufgaben von Verbindungsbeamten (Monar 2000: 24). Es ist aufschlussreich, dem die nationale Erfahrung gegenüberzustellen: Die Konsolidierung nationaler Grenzen ging einher mit der Einrichtung spezialisierter Zoll-, Einwanderungs- und Polizeibehörden, in denen Beamte gewissenhaft und nach einheitlichen Maßstäben die nationalen Grenzen administrierten. Verbindungsbeamte unterstützen die Zusammenarbeit dieser nationalen Behörden, etwa in den Bereichen der Drogenfahndung, des Zolls und der Überprüfung von Dokumenten. Zu ihren Aufgaben gehört es zudem, die Expertennetzwerke auch über das Schengengebiet hinaus auszudehnen, da die Mitarbeiter der nationalen Dienststellen häufig an Flughäfen, in Einwanderungsbehörden und auf Konsulaten in »Drittstaaten« ihren Dienst verrichten.[6] Die EU kann als Katalysator der Vernetzung gelten: Durch Maßnahmen wie das Odysseus-Programm fördert sie den Austausch von nationalen Beamten aus den Bereichen Einwanderung, Asyl und Grenzschutz (vgl. Rat der Europäischen Union 1998). Wir werden hier Zeuge der Entstehung eines wahrhaftigen »Archipels der Polizeien« (Bigo 1996). Die moderne Territorialität wurde zum Teil durch eine Nationalisierung der Grenzen geschaffen. Im Falle Schengens entsteht allerdings kein neuer homogener europäischer Raum, es sind vielmehr die beschriebenen Vorgehensweisen und Diskurse, die »die besondere Bedeutung der *zwischen* den staatlich verwalteten Territorien situierten Räume verdeutlichen« (Sheptycki 1995: 630).

Grenzen und nationale Identität

Die Nationalisierung der Grenzen in Europa vollzog sich nicht im ideologiefreien Raum, sondern war im Gegenteil ein stark mit Fragen der nationalen Identität verbundener Prozess (Donnan/Wilson 1999; Anderson/Bort 1998; O'Dowd/Wilson 1996). Tatsächlich wäre es möglich, die Geschichte politischer Grenzen mit Blick auf die verschiedenen »Anderen« zu schreiben, deren Anrufung die Grenzziehung sanktionierte. Die Grenze des Nationalstaats beruht, wie auch andere Aspekte der Staatsbildung, auf einer nationalistischen Freund-Feind-Logik. Zwistigkeiten über territoriale Fragen führen zu Mobilmachungen und zum Einsatz der Streitkräfte im Namen der Nation, zugleich machen Gebietsansprüche einen wesentlichen Teil der (mythischen) nationalen Geschichte und Geographie aus. Auf der Versailler Friedenskonferenz nach dem ersten Weltkrieg beispielsweise lässt sich beobachten, wie sich die Logik des völkischen Nationalismus mit der politischen Technologie artikuliert, wenn es um das Festlegen von Grenzverläufen geht: Ergebnis ist eine Norm, die besagt, die Grenzen der neuen Nationen, die aus der zerschlagenen österreichisch-ungarischen Monarchie und aus dem osmanischen Reich hervorgehen sollten, müssten sich an »Siedlungsgrenzen der Volksgruppen« orientieren und das politische Ideal eines »Selbstbestimmungsrechts der Völker« verwirklichen (Jackson Preece 1998).[7]

Gibt es für Schengen die »Anderen«? Verschiedentlich wurde angemerkt, dass Schengen sich auch in dieser Hinsicht von der nationalstaatlichen Erfahrung unterscheidet. So sei Schengen als ein Prozess, in dessen Verlauf neue Grenzen entstehen, deshalb interessant, weil die »Anderen« keine Nationalstaaten sind, die als solche die eigene nationale Sicherheit bedrohen würden. Finden sich hingegen bestimmte Staaten oder Regionen in amtlichen Diskursen als »Herkunfts-« oder »Transitländer« bezeichnet, etwa wenn es um Fragen klandestiner Mobilität geht, so führt dies dazu, dass solche Länder, beispielsweise die Türkei, in Schengenlands geopolitische Migrationskontrolle einbezogen werden. Dabei geht es freilich nicht um einen »Verteidigungsfall« der EU gegen Russland, die Türkei oder Marokko als Militärmächte. Die Bedrohung der Sicherheit tritt vielmehr in Form einer ganzen Reihe transnationaler und sozialer Bedrohungen auf, oft in rassistisch konstruierter Gestalt personifiziert, etwa wenn Menschen als muslimisch und nicht-weiß identifiziert werden (O'Dowd/Wilson 1996; Nederveen Pieterse 1989). Durch den amtlichen wie den öffentlichen Diskurs, in dem Kriminalität, Drogen, Asylbewerber, Menschenschmuggler, Terroristen und so weiter zusammengebracht werden, als ob solche Assoziationen vollkommen natürlich wären, hat sich ein Feld der Sicherheit etabliert. Es verwischt die Unterscheidung zwischen dem »Außen« und dem »Innen«, die im neuzeitlichen (National-)Staat die Sicherheitsdispositive bestimmt (Bigo 1994; 1996). Die Assoziation von Flüchtlingen mit Kriminalität, Drogen und Terrorismus einerseits und das damit verbundene (diskursive) Abrücken von

Fragen der Demokratie, der persönlichen Sicherheit und der Menschenrechte ist sowohl innenpolitisch wie international heftig kritisiert worden, beispielsweise von Amnesty International oder vom Hohen Flüchtlingskommissar der Vereinten Nationen (UNHCR). Gleichwohl sind es solche populistischen Dämonisierungen, die typischerweise aufgerufen werden, um die Verstärkung der EU-Außengrenze wie auch transnationale Sicherheitsmaßnahmen zu rechtfertigen. Wenn mit der Wiederentdeckung der gefährlichen Klassen in der Innen- und Sozialpolitik eine »neue Punitivität« einhergeht, die Normabweichungen verstärkt sanktionieren will, so findet dies eine Entsprechung in der sozialen Panik, die Flüchtlinge und Asylsuchende umfängt (den Boer 1995).

Biopolitische Grenzen

Wir kommen nun zur letzten der drei oben skizzierten Fluchtlinien der Untersuchung. Um Schengen zu situieren, ist es notwendig, das Verhältnis von Grenze und Bevölkerung zu klären. Zunächst bleibt festzuhalten: Auch wenn heute, in einer »globalisierten Welt«, die politische Frage der Grenze untrennbar mit Fragen der Bewegung und der Regulierung von Bevölkerungen verbunden zu sein scheint, war dies nicht schon immer der Fall. Jahrhundertelang war der Aspekt der Souveränität der entscheidende. Die Grenze stellte zu jener Zeit eine Markierung dar, sie stand für die Reichweite des souveränen Rechts und wies das Gebiet aus, in dem die souveräne Macht über Güter und letztlich über das Leben verfügen konnte. Erst in jüngerer Zeit wurde die Grenze zu einem Instrument der Biomacht im Foucaultschen Sinne (Foucault 1976; 1979). Im Gegensatz zur souveränen Macht betrachtet die Biomacht die Regierten nicht in erster Linie als Rechtssubjekte mit verschiedenen Rechten und Pflichten, sondern fasst sie vielmehr als eine vitale, lebende Entität. Es sind spezifische Diskurse, beispielsweise medizinische und hygienische, sowie unzählige institutionelle Orte, etwa Schulen oder Krankenhäuser, aber auch Praktiken des Selbst wie die Ernährung, die die Biomacht in ihrem Bestreben zusammenfasst, die Gesundheit und das Leben der Regierten (die sie als »Bevölkerung« konstruiert) zu optimieren.

Was macht nun aber die Grenze biopolitisch? Den Prozess der »Biopolitisierung« der Grenze lassen politische Überlegungen, Ereignisse und Maßnahmen erkennen, die die Grenze zu einem privilegierten Instrument der systematischen Regulierung von Bevölkerung im nationalen wie transnationalen Maßstab machen – ihrer Mobilität, ihrer Gesundheit und Sicherheit. Es handelt sich um die »Filterfunktion von Grenzkontrollen« (den Boer 1995: 92). In diesem Zusammenhang ist die historische Forschung zur Migrationspolitik aufschlussreich. Immer wieder findet man im Verlauf der Geschichte Beispiele, bei denen Grenzen dazu dienten, die Mobilität von Personen zu kontrollieren. Beispielsweise weist Malcolm

Anderson (2000: 18) darauf hin, dass vom siebten bis zum zwölftem Jahrhundert, in der Blütezeit des byzantinischen Reiches, »ein Netzwerk von Grenzkontrollposten existierte, an denen Grenzgänger ihre Pässe vorzeigen und Visa beantragen mussten«. Allerdings lässt sich erst in jüngerer Zeit feststellen, dass man derartige Maßnahmen systematisierte. Entgegen der Annahme, Grenzen und ihre Funktionen überdauerten die Zeiten, scheint es, als ob die administrativen Barrieren, die im Europa des 19. Jahrhunderts die Migration zwischen den einzelnen Nationalstaaten behinderten, ziemlich wenige waren (Lippert 1999: 299; Marrus 1985: 9). Der Historiker Bernard Porter kommt mit Blick auf Großbritannien zu dem Befund:

> »Während des größten Teils des neunzehnten Jahrhunderts [...] hat sich die britische Regierung bewusst jeglicher Kontrolle der Migration enthalten; tatsächlich scheint sie sich größtenteils nicht dafür interessiert zu haben.« (Porter 1979: 4; zitiert von Lippert 1999: 299)

In den USA, einem der wichtigsten Einwanderungsländer, wurden bis in die 1820er Jahre auf Bundesebene keine amtlichen Register über Immigranten geführt (Bernard 1998: 55); und erst seit den 1880er Jahren gab es nationale Regelungen für den Zustrom von Einwanderern (Castles/Miller 1993: 45).

Wie es scheint, markiert der Erste Weltkrieg für die Ausbildung der biopolitischen Grenze so etwas wie einen Wendepunkt. Vor dem Hintergrund wachsender Sorge um die nationale Sicherheit und später der Weltwirtschaftskrise wurden Pässe, Visa und Grenzkontrollen überall obligatorisch (Hammar 1986: 736 f.). Die Soziologin Saskia Sassen stellt fest:

> »Mit dem Ersten Weltkrieg verstärkt der moderne europäische Staat die Überwachung seiner Grenzen. Die souveräne Kontrolle über das Territorium nimmt zu und mit einem Mal werden Pässe verlangt.« (Sassen 1999: 77; vgl. Sassen 1996a)

Viele Faktoren spielen in diesem Prozess eine Rolle, nicht zuletzt die Politisierung der Migration, die in vielen Ländern die Wirtschaftskrise begleitete, sowie eine verhärtete Wahrnehmung des »Fremden« als »Ausländer«, die sich Anfang des 20. Jahrhunderts verfestigte (Sassen 1999: 78; 1996a: 93 ff.). Hinzu kommt die Konjunktur eines biologisch und bevölkerungspolitisch argumentierenden »Rasse«-Diskurses. Letzterer lässt sich mindestens seit den 1880er Jahren belegen, als man in den USA biopolitische Einwanderungsgesetze verabschiedete, die chinesischen und anderen asiatischen Migranten eine Immigration in die USA unmöglich machen sollten; ein anderes Beispiel sind die Gesetze gegen die so genannten »Auslandspolen«, die in Preußen arbeiten. Um 1900 gibt es Immigrationsrestriktionen gegen Juden in Großbritannien; und zeitgleich existiert die *White Australia Policy*, das gesetzliche Verbot der Einwanderung von Nicht-Europäern nach Australien. Eine große Zahl biopolitisch-rassistischer Gesetze werden in vielen Ländern, unter anderem in den USA, in der Zeit der Weltwirtschaftskrise verabschiedet (Castles/Miller 1993: 51–62). Die verschiedenen Entwicklungslinien sind durch den Umstand überdeterminiert, dass massenhafte Flucht und Vertreibung die Epoche prägen. Grenzkontrollen stellen eine Reaktion darauf dar und sind zugleich eine Voraussetzung, damit ein Konzept wie das der »Flüchtlingskrise« entstehen und als internationales »Problem« angesprochen werden konnte, ein Konzept, das sich seit den Zeiten des Ersten Weltkriegs hält (Sassen 1999: 77–79; 1996a: 93–95).

Die geopolitische Grenze ist, wie oben erwähnt, nicht einfach als eine Linie, als ein räumliches Phänomen oder gar als Symbol zu verstehen, sondern präsentiert sich vielmehr als eine umfassende und heterogene Assemblage von diskursiven und nicht-diskursiven Praktiken. Ähnliches lässt sich auch für die biopolitische Grenze konstatieren. Sie bildet eine Maschinerie aus einer ganzen Reihe einfacher und komplexer sowie alter und neuer Technologien. Dazu gehören unter anderem Pässe, Visa, Gesundheitszertifikate, Einladungsbriefe, Transitvisa, Ausweispapiere, Wachtürme, Ankunfts- und Wartezonen, Gesetze, Vorschriften, Zoll- und Finanzbeamte sowie Gesundheits- und Einwanderungsbehörden. Doch ist eine solche Maschinerie weder von Beginn an vollständig ausgebildet noch ist sie statisch. Sie ist vielmehr das Ergebnis vielfältiger Praktiken, die jede eine eigene Geschichte, eigene technische und politische Voraussetzungen sowie eine eigene Zeitlichkeit besitzen; und es geht darum, wie all das wiederum zu einer funktionierenden Einheit zusammengebaut wird. Deutlich wird dieser Zusammenhang in Untersuchungen zur Geschichte und zur Einführung des Passes (Salter 2003; Torpey 1999; Mongia 1999) und anderer Ausweispapiere (Caplan/Torpey 2000). Tatsächlich kann jedes Element Gegenstand einer solchen Geschichtsschreibung sein. Die Geschichte des Visums beispielsweise muss erst noch geschrieben werden (vgl. allerdings Bø 1998). Die Genealogie dieses kleinen Artefakts – so alltäglich es ist, entscheidet es im Extremfall doch über Leben und Tod – gewährt womöglich Einblick in die Art und Weise, wie Bevölkerung und Bewegung politisch und sozial kodifiziert, wie Status und Risiko zugeschrieben, wie Erwünschte und Unerwünschte geopolitisch verteilt oder wie migrantische Erfahrungen des Raumes wie der Zeit reguliert werden.

Zur biopolitischen Assemblage gehört auch, wie Sassen es formuliert, dass »der Staat [...] aktiv beteiligt war, lange bevor sich die Frage der Grenzkontrollen stellte« (Sassen 1999: 150; 1996a: 168). Zu den wichtigsten Dimensionen staatlichen Handelns gehören das Filtern und der Schutz der nationalen Bevölkerung, die Regulierung der Zirkulation von Gütern und Risiken sowie die Allokation von Revenue. Es führte freilich über den Rahmen dieses Artikels hinaus, die Veränderungen zu diskutieren, die sich durch die Biopolitisierung der Grenzen ergeben.[8] Die folgende Beschreibung einer der berühmtesten »Sammelstellen« für

Mapping Schengenland

Einwanderer illustriert allerdings anschaulich den verdichteten disziplinierenden Charakter der biopolitischen Grenze.

»Im Gegensatz zum beiläufigen Paternalismus von Castle Garden[9] war Ellis Island effizient und unpersönlich. Die Insel war als Quarantänestation eingerichtet. Im Hauptgebäude wurden die Einwanderer nach der Zollkontrolle Ärzten vorgeführt, die wie am Fließband arbeiteten; jedem Arzt oblag die Diagnose einer bestimmten Krankheit, und drei Gesundheitsinspektoren hatten über Zweifelsfälle zu entscheiden. Durch zusätzliche Gesundheitsbestimmungen, die vorhandene Ausschließungsklauseln ergänzten, wurden die medizinischen Untersuchungen komplexer und zeitraubender. Hatten sie die medizinische Untersuchung bestanden, befragten Registerbeamte die Immigranten, um die Lebensdaten und andere Hintergrundinformationen festzuhalten. Schließlich schickte man sie in diverse Büros, die im Hauptgebäude untergebracht waren, in denen sie Geld tauschen, Eisenbahntickets kaufen, ihr Gepäck aufgeben oder telegrafieren konnten.« (Bernard 1998: 61)

Die bisherige Diskussion der biopolitischen Grenze hat einige ihrer Kontrollfunktionen hervorgehoben. Doch ist damit keineswegs eine überkommene Perspektive intendiert, in der die Grenze eine lediglich restriktive oder repressive Einrichtung wäre. Genau wie die vielen anderen biopolitischen Räume, die Foucault und andere beschrieben haben, ist auch die Grenze ein Raumdispositiv, in dem Macht produziert wird. So ist beispielsweise die Bevölkerung nicht einfach etwas Gegebenes, auf das die Grenze einwirken würde. Letztere kann vielmehr als ein privilegierter, institutioneller Ort angesehen werden, an dem und durch den Behörden und Regierungen sich biopolitisches Wissen über die Bevölkerung aneignen können – über ihre Bewegung, ihre Gesundheit, ihren Wohlstand. In diesem Sinne trägt die Grenze zur Produktion der Bevölkerung bei, der Bevölkerung als einer erfassbaren, regierbaren Einheit.

Schengens neue Kontrolltaktiken

Wie verändern sich der Raum und die Rationalität der biopolitischen Grenze durch Schengen? Dabei gilt es zu bedenken, dass das Schengener Abkommen im Kern von der Vorstellung getragen ist, die allmähliche Abschaffung der Grenzen innerhalb der Gemeinschaft solle durch eine Reihe »flankierender Maßnahmen« kompensiert und ausgeglichen werden. Es handelt sich im Wesentlichen um Sicherheitsmaßnahmen, die dazu dienen sollen, die Bedenken der Innenpolitiker und der um die Sicherheit besorgten Beamten zu entkräften, die befürchten, eine Lockerung der Grenzkontrollen würde die einzelnen Länder angreifbar machen. Zu den wichtigsten Maßnahmen zählen die strenge Kontrolle der Außengrenze, die zur Angelegenheit des gemeinsamen Interesses erklärt wird, festgelegt durch die Regeln im vertraulichen »Schengener Leitfaden für die Außengrenze«; weiter gehören dazu der Informationsaustausch durch das SIS, die erweiterte Polizeikooperation zwischen den teilnehmenden Staaten und schließlich das Bestreben, eine gemeinsame Visa-, Asyl- und Einwanderungspolitik zu entwickeln. Der Europa-Ausschuss des britischen Oberhauses fasste die Auswirkungen des Schengener Abkommens folgendermaßen zusammen:

> »[Das Abkommen] ist nicht bestrebt, die Kontrollen zu lockern oder zu beseitigen; stattdessen sollen sie weg von den Binnengrenzen verlagert werden. Das bedeutet, die Kontrollen werden auf dem Territorium der einzelnen Schengenstaaten stattfinden oder vielmehr, in der Regel im Fall von Reisenden, die Pass- oder Visabestimmungen unterliegen, an den Außengrenzen des Schengenraumes.« (House of Lords 1998: Abs. 19).

Schengen vereint zwei Typen von Grenze: die »feste« Außengrenze, die dort, wo sie durch Wachtürme, Zäune und Überwachungsanlagen gesichert ist, die lange Geschichte der Grenze als Wehr und Schild fortschreibt; doch damit einher geht die Entwicklung eines diffusen, vernetzten Kontrollapparats, der nicht mehr territorial fixiert und begrenzt ist, sondern vielmehr eine Art Antwort auf die Beseitigung der Grenzen zwischen den Staaten der Gemeinschaft darstellt. Beschrieben wird die Entwicklung von Michel Pinauldt, einem Vertreter Frankreichs in der Zentralen Gruppe der Schengen-Staaten:

> »Die Grenzschutzbehörden waren es gewohnt, dass an bestimmten Stellen Grenzübergänge existierten, die ordnungsgemäß ausgestattet und darauf eingerichtet waren, Grenzkontrollen durchzuführen, sie waren es gewohnt, für ein begrenztes und ihnen vertrautes Terrain zuständig zu sein. Praktisch über Nacht mussten sie ihr Vorgehen verändern und sich darauf einstellen, dass es fortan keine festen Grenzübergänge mehr geben würde, sondern ihre Aufgaben deutlich mehr Bewegung verlangten: Sie würden, um Kontrollen durchzuführen, gezwungen sein, sich weiter ins Hinterland* zu bewegen. [... Ein solcher] Wandel im Vorgehen bedeutete, dass die Grenzschützer in Frankreich grenzüberschreitend vertrauensvolle Beziehungen zu den entsprechenden Behörden in anderen Ländern aufbauen und sich im Laufe der Zeit allmählich durch Informationsaustausch, aber auch durch den Austausch von Beamten, mit der Art und Weise vertraut machen mussten, wie die anderen Grenzbehörden operierten, damit zur allseitigen Zufriedenheit sichergestellt war, dass das, was man aufgab, in den beteiligten Ländern letztlich von den Grenzschutzbehörden gemeinsam übernommen und ordnungsgemäß ausgeführt werden würde.« (House of Lords 1999b: Antwort auf Frage 48)

Es scheint, als ob der neue Typus weitläufiger, vernetzter Kontrolle einige der regulierenden Aufgaben der alten, »festen« Grenze übernimmt. Bis zu einem gewissen Grad lässt sich das als eine Art Reaktion auf die Veränderungen verstehen, die staatliche Stellen im Hinblick auf die Probleme der Kriminalität und der »illegalen« Einwanderung feststellen. In einer solchen Perspektive haben sich die Möglichkeiten und Wege temporärer grenzüberschreitender Migration erheblich vervielfältigt – zunehmende touristische und geschäftliche Beziehungen, Studienaufenthalte im Ausland, familiäre Kontakte – und es ist nicht immer möglich, die »illegalen« Einwanderer an den Grenzen abzufangen, da sie zu dem Zeitpunkt (noch) nicht »illegal« sind.

> »Illegale Immigration besteht nicht nur aus einreisenden Menschen, bei denen man schon beim Grenzübertritt feststellen könnte, dass sie illegale Einwanderer sind. Illegale Immigration findet auch innerhalb des Territoriums eines Landes statt. Es gibt Leute, die in einem Land leben ohne legal dort zu sein, weil sie zwar vielleicht legal eingereist sind, aber die Dauer ihrer Aufenthaltserlaubnis längst überschritten haben, oder vielleicht weil sie es geschafft haben, irgendwie illegal ins Land kommen. Dort, wo diese Leute rechtswidrig in einem Land leben, müssen sie auch Wege finden zu (über-)leben, und das führt natürlich in gewissem Maße zu illegaler Arbeit, zu Schwarzarbeit, zu Steuerhinterziehung, Sozialversicherungsbetrug etc. Durch Kontrollen in den verschiedenen Bereichen, bei den Steuern, der Sozialversicherung etc., wird es möglich, die Präsenz von illegalen Einwanderern aufzuspüren. Deshalb geht es nicht nur um die Kontrolle der Grenzübergänge ...« (House of Lords 1999b: Antwort auf Frage 49)

Pinauldt erklärt weiter, dass Grenzbehörden heute verstärkt nicht mehr isoliert arbeiten, sondern mit Beamten aus anderen Ländern ebenso wie mit anderen nationalen Polizeibehörden kooperieren. Durch solche Verknüpfungen ist die Grenze mit dem elektronischen, virtuellen Territorium verschränkt, das aus Datenbanken, Beschäftigungs- und Sozialversicherungsakten besteht.

Welche Konzepte stehen zur Verfügung, um die Transformation der Grenze und die damit verbundenen neuen Formen der Bevölkerungspolitik zu erfassen? Für Didier Bigo realisiert sich hier ein neuer Bereich der »Inneren Sicherheit«, in dem mit verschiedenen »Ängsten« und »Unsicherheiten« in Bezug auf Mobilität gespielt wird (Bigo 1996; 1994). Michel Foucher sieht eine Ausbreitung der Überwachung ins Hinterland*: »In gewisser Weise wird heute das gesamte nationale Territorium wie eine erweiterte Grenzzone behandelt« (Foucher 1998: 238). Malcolm Anderson (2000: 24) konstatiert eine »Deterritorialisierung von Grenzkontrollen«, eine Entwicklung, zu der gehört, dass Konsulate überall auf der Welt an Kontrollen mitwirken, dass Fluglinien und Reedereien gesetzlich haftbar gemacht werden oder dass Druck auf die ostmitteleuropäischen Länder ausgeübt wird, die Normen

Schengens zu akzeptieren. Dazu gehört ferner, was Anderson eine »Immigrationsdiplomatie« im Umgang mit den Herkunftsländern nennt. Gewisse Parallelen zu dieser Entwicklung scheint es im Bereich des Zolls zu geben. So verweisen James Anderson und James Goodman (1995) auf Zollbeamte, die von den Zollämtern an Grenzübergängen auf Stellen bei der Steuerfahndung versetzt werden.

Solcherart Beobachtungen weisen alle in Richtung einer Dispersion der Grenzkontrolle. Doch lässt sich die Entwicklung nicht isoliert betrachten, sondern nur in ihrem Verhältnis zur Geschichte der Machtbeziehungen. Es gilt daher, die Grenze in Relation zur Biopolitik und zu ihren Disziplinarmechanismen zu setzen, und sie in diesem erweiterten Feld zu verorten. Zu Beginn des 20. Jahrhunderts ähnelte die Grenze in gewisser Weise der Schule, der Fabrik, der Klinik und anderen institutionalisierten Orten der Macht, wie das Beispiel von Ellis Island verdeutlicht. Doch welches System der Kontrolle könnte heute zum Vergleich herangezogen werden? Aufschlussreich sind hier die Überlegungen von Gilles Deleuze zu dem, was er »Kontrollgesellschaften« nennt.

Deleuze schreibt: »Die *Kontrollgesellschaften* sind dabei, die Disziplinargesellschaften abzulösen.« (1990: 255) In der Disziplinargesellschaft werden Bevölkerungen durch Einschließungsmilieus regiert – Erziehung findet innerhalb der organisierten Raum- und Zeiteinteilung der Schule statt, Bestrafung ist synonym mit Gefängnis, Arbeit mit Fabrik und so weiter. Solche geschlossenen Milieus formen Individuen und auch Bevölkerungen, während sie von einem zum nächsten überwechseln. In Kontrollgesellschaften hingegen begegnen wir zwar weiterhin den bekannten Institutionen, doch die Biopolitik ist geschmeidiger, gestreuter und auch nebulöser. Bildung und Erziehung etwa lassen sich heutzutage nicht mehr auf den Raum und die Zeit der Schule reduzieren. Unter dem Vorzeichen »lebenslangen Lernens« hat sich eine Reihe von Praktiken entwickelt, die durch die Informationstechnologien, durch flexible Zertifizierungstechniken und durch das Ethos des Humankapitals (»Investiere in dich!«) heute allgegenwärtig und verinnerlicht sind. Deleuze merkt an:

> »Die Einschließungen sind unterschiedliche Formen, Gußformen, die Kontrollen jedoch sind eine Modulation, sie gleichen einer sich selbst verformenden Gußform, die sich von einem Moment zum anderen verändert, oder einem Sieb, dessen Maschen von einem Punkt zum anderen variieren.« (Ebd.: 256)

Betrachten wir die Schengen-Grenze, können wir Aspekte der Kontrollgesellschaft am Werk sehen: denn die Grenze ist nicht länger auf definierte Übergänge und Kontrollstellen, auf Orte der Überprüfung und Überwachung reduziert. Stattdessen ist sie ein Netzwerk, in dem unter anderem Sozialversicherungs-, Gesundheits- und Arbeitsmarktdaten systematisch verknüpft sind. Die Grenze greift auf das Territorium des Nationalstaats zu, doch gleichzeitig wendet sie sich nach außen, wenn sie ebenso systematisch mögliche Zugangswege in die EU erfasst, beispielsweise ausländische Konsulate, Fluggesellschaften und Reisebüros. Nicht zuletzt kodifiziert und klassifiziert die Grenze Bevölkerungen in Bewegung, wodurch die Einreise für manche schnell und problemlos, für andere hingegen schwierig wird (Koslowski 2001).

Auch wenn im Fall von Schengen die Dimension der Kontrolle wichtig ist, verbietet es sich allerdings, von einer linearen Entwicklung auszugehen. Ein gewisser technologischer Determinismus in Deleuze' Beschreibung der Kontrollgesellschaften ist unübersehbar. Man kann sich des Eindrucks nicht erwehren, Gesellschaften würden unaufhaltsam immer komplexere und höher entwickelte Regimes der Regulation ausbilden. Doch gibt es in der Entwicklung der Grenze nicht einfach den Übergang von einem Disziplinar- zu einem diffusen Kontrollregime. So lassen sich Beispiele der Kontrolle im Landesinneren historisch bereits früher finden. In seiner den Zeitraum 1870 bis 1940 umfassenden Untersuchung der staatlichen Bestrebungen in Frankreich, Belgien und Deutschland, durch die Implementierung systematischer Grenzpolitik und -kontrolle die nationalen Arbeitsmärkte und Wohlfahrtssysteme protektionistisch abzuschirmen, stellt Frank Caestecker fest:

> »Grenzkontrollen konnten niemals streng genug sein, um den Zustrom von Migranten, die über die Grenzen kamen, einzudämmen, zumal immer Nachfrage nach einer bestimmten Gruppe von Zuwanderern bestand. [...] Die Kontrolle innerhalb der nationalstaatlichen Grenzen wurde zu einem wesentlichen Moment, und zwar aus dem einfachen Grund, weil es eine schwierige Aufgabe war, bereits an der Grenze zwischen erwünschten und unerwünschten Immigranten zu unterscheiden.« (Caestecker 1998: 87)

Entsprechend ist auch die »Erweiterung« der Grenzkontrollen nach außen nicht ganz neu: Bereits 1924 verlangten die USA von allen Einwanderern bei der Ankunft ein Visum. Das wiederum bedeutete, dass die US-Konsulate die Immigranten bereits im Herkunftsland gründlich überprüfen konnten, lange bevor sie die Grenze der Vereinigten Staaten erreichten (Bernard 1988). Zugleich ist die Frage, in welchem Ausmaß Binnenkontrollen die Kontrollen an den Außengrenzen verdrängen, nicht einfach eine technologische, sondern eine politische, das heißt, es bedarf politischer und taktischer Entscheidungen. Das Schengener Modell der dezentralisierten und weitläufigen »internen« Kontrollen ist nicht von vornherein dazu prädestiniert, das Modell des Nationalstaats zu ersetzen, das auf festgefügten, »disziplinären« Dispositiven beruht, in denen die Kontrolle sich auf die Grenze konzentriert. Deutlich wird die politische Dimension durch die britische Weigerung, die Grenzkontrollen vollständig zu »europäisieren«, eine politische Haltung, die der Vertrag von Amsterdam ausdrücklich anerkennt. Die britische Regierung wies darauf hin, dass Schengen in erster Linie eine lange kontinentaleuropäische Tradition widerspiegle; auf dem europäischen Festland sei man »aufgrund der Schwierigkeit, lange Landesgrenzen zu Lande zu kontrollieren, abhängiger von Kontrollen im Landesinneren, beispielsweise Überprüfungen der Personalien« (Home Department 1998: Abs. 2.9; vgl. House of Lords 1999a). Großbritannien sei im Unterschied dazu, so wird argumentiert, aufgrund seiner Insellage imstande, auf strenge Grenzkontrollen insbesondere in den See- und Flughäfen zu setzen, da sich die Zugangswege zu britischem Territorium im Wesentlichen darauf beschränken. Eine Reihe von Kontrollmaßnahmen im Landesinneren, wie sie in anderen Ländern, etwa in Frankreich, üblich seien, erübrigten sich im Vereinigten Königreich, beispielsweise Personalausweise oder das obligatorische Registrieren in Hotels.[10] Im hier angedeuteten Gegensatz zwischen einer liberalen britischen politischen Kultur und den etatistischen Traditionen der Länder Kontinentaleuropas schwingt nicht zuletzt ein gehöriges Quantum britischen Chauvinismus mit. Doch verweisen die unterschiedlichen Ansätze darauf, dass Grenzkontrollen im Kontext des weiten Bereichs der Regulierung der Bevölkerung gesehen werden sollten: Hier werden die Spannungen zwischen Freiheit und Sicherheit verhandelt. In gewisser Hinsicht markieren die Differenzen keine Entwicklungsstufen, sondern unterschiedliche Kontrollstrategien. Das britische Modell privilegiert lediglich den materiellen Raum der Grenze.

Schluss

Ich möchte abschließend die Stoßrichtung meines Beitrags mit der anderer Untersuchungen über den Schengenraum und über die Frage der Grenzen vergleichen. Zweifellos ließe sich Schengen in der Perspektive einer politischen Ökonomie der Globalisierung und Regionalisierung interpretieren. Das Schengen-Projekt, die Außengrenze der EU zu stärken, stellt in solcher Perspektive eine kollektive Reaktion der reichen Staaten Westeuropas angesichts zunehmend globalisierter Migrationsbewegungen dar. Ohne Umschweife ließe sich sagen: Schengen ist der neue Eiserne Vorhang, der dazu bestimmt ist, die Länder der Gemeinschaft vor den Armen der Welt zu schützen. Die Kehrseite des Schengen-Projekts, die Beseitigung der Grenzkontrollen zwischen den Mitgliedsländern, wäre demnach geprägt durch machtvolle neoliberale Vorstellungen von freiem Markt und Flexibilisierung. Eine solche Interpretation hat zwar gewisse Vorzüge, doch habe ich bewusst darauf verzichtet, in Schengen die Motive neoliberaler Regionalisierung und Globalisierung zu suchen. Denn eine solche Betrachtungsweise birgt die Gefahr, den Gegenstand nur als weiteren Ausdruck, als ein weiteres Beispiel einer epochalen Veränderung, einer alles beherrschenden Dynamik anzusehen. Die Grenze wird dadurch nichts weiter als ein offensichtliches Merkmal der Gegenwart.

Im Rückgriff auf bestimmte methodologische und theoretische Annahmen habe ich versucht, eine *Genealogie* von Schengen zu entwerfen. Statt Schengen mit der Welt der Globalisierung, wie wir sie kennen, in Verbindung zu bringen, statt Schengen dadurch kenntlich zu machen, war ich bestrebt, mit Schengen die Gewissheiten der Gegenwart zu erschüttern und zugleich zu zeigen, in welchem Sinn Schengen daran beteiligt ist, die Gegenwart hervorzubringen. Schengen, so sollte gezeigt werden, ist ein Ereignis, das es erlaubt, die als »natürlich« angesehene Beziehung von Grenze und Nationalstaat zu *denaturalisieren*. Schengen verweist auf die Geschichtlichkeit von Grenzen, offenbart die Kontingenz der Anordnung von Souveränität, Territorium und Bevölkerung und ihrer Artikulation im Staat der Neuzeit. Schengen bietet den Anlass, nicht nur nach möglichen zukünftigen Artikulationen zu fragen, sondern auch zu untersuchen, wie die existierende Anordnung historisch mit dem neuzeitlichen Staat entstand und wie es schließlich zu ihrer »Naturalisierung« kam.

Ein weiterer Vorteil einer genealogischen Perspektive ist es, dass die Grenze darin nicht als Totalität erscheint. In einer solchen Perspektive geht es nicht darum, so etwas wie das Wesen der Grenze zu definieren, noch existiert in ihr die Vorstellung, eine Grenze würden klar bestimmte und fest umrissene Funktionen oder eine singuläre Zeitlichkeit auszeichnen. Die Grenze sollte durch eine Methode verständlich werden, die sie auflöst, die sie auf drei strategisch ausgewählten Feldern analysiert (und möglicherweise gibt es noch mehr), nämlich Geopolitik, Nationalstaat und Biopolitik. Das Verfahren ermöglichte es, »Diagonalen« zu ziehen (Deleuze 1986: 10 u. passim; vgl. Marks 2000: 128), die nicht den Linien einer systematischen politischen Ökonomie entsprechen. Statt Schengen auf dem Feld der globalen Gesellschaft zu situieren, ermöglichen es die Diagonalen, Schengen mit anderen Rationalitäten und Praktiken, wie der klassischen Geopolitik, zu vergleichen. Derart lassen sich bestimmte verborgene Facetten entdecken.

Der Ansatz unterscheidet sich somit also von der Herangehensweise der politischen Ökonomie, aber auch von einer postmodernen Problematisierung der Grenze. Grenzen sind keine Metaphern. Mein Interesse gilt aber auch nicht der Grenze als Intervention in einem ansonsten instabilen Feld sich verschiebender politischer und kultureller Identitäten. Nationale Grenzen haben, ebenso wie es heute die Außengrenzen der EU tun, eine zentrale Rolle dabei gespielt, »uns« und die »Anderen« zu konstruieren, ein »Innen« und ein »Außen« zu unterscheiden. Dennoch stand das nicht im Mittelpunkt meiner Überlegungen. Die Untersuchung galt vielmehr der Grenze im Kontext gouvernementaler Praxisformen.

Abschließend mag es nützlich sein, mögliche Richtungen anzudeuten, die weitere genealogische Untersuchungen zu Schengen einschlagen könnten. Es gibt einige bereits angeschnittene Themenfelder, die nicht weiter entfaltet werden konnten. Eines der Themen wäre eine Untersuchung von Schengen im Hinblick auf Fragen der Souveränität. In gewisser Hinsicht lassen sich Grenzverträge, wie das

Schengener Übereinkommen einer ist, und allgemeiner die Institutionalisierung von supranationalen Mächten auf regionaler Ebene als ein »Souveränitätsverlust« begreifen. Das Problem dieser Perspektive besteht darin, dass sie Souveränität als Synonym staatlicher Macht, die über ein Territorium herrscht, versteht. Souveränität erscheint als etwas Festgelegtes, ohne jegliche Geschichte. Statt eine solche Vorstellung zu übernehmen, könnten zukünftige Untersuchungen Schengen als ein Raumdispositiv entwerfen, als einen Ort der Produktion und Multiplikation von Diskursen und Praktiken der Souveränität. Beispielsweise ließe sich untersuchen, wie Gegner transnationaler Abkommen (etwa nationalistische Schengenkritiker in Großbritannien) nicht einfach nur versuchen, eine Souveränität zu verteidigen, die in ihren Augen immer schon da gewesen ist, sondern wie sie gleichzeitig durch ihre Argumentation einen Beitrag leisten, sie neu hervorzubringen. Ferner ließe sich Schengen auch als ein Entwurf neu entstehender Formen netzwerkartiger, regionaler Souveränität analysieren. EU-Politiker und manche Experten bezeichnen Schengen oftmals als »Laboratorium«, in dem neue Grenz- und Sicherheitspolitiken erstmals eingeführt und getestet werden (Monar 2000). Versteht man Schengen im Kontext der Entstehung neuer Formen von Souveränität, ließe sich die Vorstellung vom Laboratorium vertiefen und radikalisieren.

Ein weiteres Forschungsthema wäre die historische Geographie der Grenze. Die Grenze als eine Linie, die das Territorium des Nationalstaats umschließt, ist ein historisches Phänomen, das nicht ewig währt. Durch die zentrale Rolle, die heute der Flugverkehr für die Migration spielt, verdichtet sich aktuell der Grenzraum um internationale Flughäfen (Fuller 2003). Künftige Untersuchungen sollten sich dieser Rekonfiguration der Grenze als eines Raumes widmen, der nicht länger durch Linien und Verläufe, sondern durch Knoten und Verdichtungen geprägt ist. Sind Flughäfen in den Ländern der EU Orte, an denen die »Außengrenze« nun im »Inneren« verläuft? Wie können wir den Flughafen als einen strategischen Ort verstehen, an dem administrative Praktiken versuchen, Freiheit und Sicherheit in Einklang zu bringen? Dramatisieren die Bedingungen des »Krieges gegen den Terror« die Flughafen-Grenze? Fragen dieser Art sollten im Mittelpunkt jedes künftigen Versuchs stehen, Schengenland zu vermessen.

Aus dem Englischen von Aida Ibrahim, Nannette Abrahams und Thomas Atzert

Anmerkungen

1   Die Ausdrücke »Schengen« oder »Schengenland« verwende ich hier als ein einfaches Kürzel für ein ganzes Bündel von Praktiken und Vorstellungen (Binnen-/Außengrenzen, Gemeinsame Visumspolitik etc.), die mit dem ursprünglichen, zwischenstaatlichen Schengensystem auftauchten, auch wenn jenes inzwischen mit dem Vertrag von

Amsterdam in die Verträge und Institutionen der Europäischen Union eingegliedert wurde. Aber auch aus einem anderen Grund möchte ich vom »Schengenland« sprechen. Dieses Wort – Schengenland – erinnert uns daran, dass wir uns mit einer Politik befassen, die nicht auf das institutionelle Terrain der »Polizeilichen und Justiziellen Zusammenarbeit« zu reduzieren ist, also den offiziellen Bereich der EU-Politik, in dem Themen wie Grenzen und Migration hauptsächlich angesiedelt sind. Der Einsatz der aktuellen Debatten und der Politik, in denen es um Grenzen, innere Sicherheit, die Verantwortung gegenüber Migrantinnen und Migranten und Flüchtlingen usw. geht, ist nichts Geringeres als die politische Identität Europas. Mit der Idee eines »Homeland«, die durch den Diskurs und die Praxis der *homeland security*, der Heimatschutzbehörde in den Vereinigten Staaten, in Gang gesetzt wurde, wirft Schengenland die Frage auf, wie – unter welchem Zeichen – wir regiert werden wollen.

2 Curzon (1908: 50) nennt als eines der ersten Beispiele eine Kommission aus sechs Repräsentanten Englands und Schottlands, die 1222 berufen wurden, die Grenzen der beiden Königreiche zu markieren – ohne Erfolg.

3 Mercien war eines der mittelenglischen angelsächsischen Königreiche; der Name leitet sich etymologisch von dem Wort march (für Grenzland) ab. Über viele Jahrhunderte war Mercien der Kampfplatz, auf dem es zu blutigen Konfrontationen zwischen den Vertretern der englischen Könige, den *Marcher Lords* (»Markgrafen« oder »Marquis«) und der walisischen Bevölkerung kam (Curzon 1908: 27).

4 Marken waren also mitunter Landstriche der Interaktion und Assimilation, und Spuren dessen sind im heutigen Europa zu finden: So wenn beispielsweise Grenzen integrativ als regionale Entwicklungszonen zur grenzüberschreitenden Zusammenarbeit neu definiert werden (Christiansen/Jørgensen 2000). Durch Programme wie *Interreg* hat die EU viele grenzüberschreitende Initiativen unterstützt, um negative wirtschaftliche, soziale und kulturelle Prägungen durch historische Grenzen zu beseitigen.

5 Zur Diskussion mittelalterlicher Grenzen vgl. Pounds (1951: 150f.).

6 Vgl. etwa das Dokument 5406/01, in dem die Aufgaben von Verbindungsbeamten im Bereich der polizeilichen Zusammenarbeit diskutiert werden (Rat der Europäischen Union 2001).

7 Neben dem Festlegen von Grenzverläufen findet sich eine zweite politische Vorgehensweise, die in Europa zur Anwendung kommt und Grenze und Bevölkerung auf völkischnationaler Grundlage verbindet: die so genannte Umsiedlung, eine besondere Form massiver Vertreibung (Jackson Preece 1998; de Zayas 1988).

8 Hinzuweisen wäre eventuell auf eine gewisse Militarisierung der Assemblage, wie sie sich etwa an der Grenze der USA zu Mexiko beobachten lässt, wo das biopolitische Moment durch die geopolitische Grenze überkodiert ist (Nevins 2002). In einem solchen Fall tritt die militärisch befestigte Grenze erneut in den Vordergrund, eine Tendenz, die auch an den Außengrenzen der EU festzustellen ist. Beispielsweise wurde auf eine gemeinsame Initiative von Spanien und Marokko hin die Landgrenze zu der an der nordafrikanischen Küste gelegenen spanischen Enklave Ceuta mit Stacheldraht,

Bewegungssensoren, Scheinwerfern und Videoüberwachung befestigt. Der Bürgerrechtsorganisation Statewatch zufolge ist die Befestigung als *militärisches* Projekt klassifiziert (Statewatch 1995).

9   Castle Garden ist eine im Battery Park an der Südspitze Manhattans gelegene Anlage, die zwischen 1855 und 1890 die zentrale Anlaufstelle für Einwanderer in die USA war, bevor die neue Einrichtung auf der vorgelagerten Insel Ellis Island sie ersetzte. [A. d. Übs.]

10 Belgien führte kurz nach der Unabhängigkeit ein Melderegistersystem sowohl für Bürger als auch für Ausländer ein. Ab 1846 waren alle Einwohner verpflichtet, sich bei ihren kommunalen Einwohnermeldeämtern registrieren zu lassen, eine Personalausweispflicht wurde nach dem Ersten Weltkrieg eingeführt (Caestecker 1998). Grete Brochmann (1999) unterscheidet eine »interne« und eine »externe« Kontrolle der Immigration: Ausgesprochene Einwanderungsländer wie Kanada, die USA oder Australien würden auf Letztere setzen, ebenso Großbritannien. Brochmann zufolge liegt das daran, dass interkontinentale Einwanderer, die auf dem See- oder Luftweg kommen, leichter auf Distanz zu kontrollieren seien als diejenigen, die den Landweg nehmen. Die skandinavischen Länder wiederum verwenden Personenregisternummern gleichermaßen für die Melderegister wie zur Kontrolle der im Lande lebenden Ausländer. Wenn eine Überprüfung der Personalien in Großbritannien relativ selten vorkommt, so sollte noch darauf hingewiesen werden, dass dies nicht nur auf die »Insellage« zurückgeht, sondern auch ein Verdienst der starken antirassistischen Bewegungen ist, die sich jahrelang der Einführung von Personalausweisen widersetzt haben (vgl. Kein Mensch ist Illegal 2000: Kap. 2).

*   Deutsch im Original. [Anm. der Übers.]

Literatur

Agnew, J. (1999): »Mapping Political Power beyond State Boundaries: Territory, Identity, and Movement in World Politics«, in: *Millennium*, 28. Jg., H. 3, S. 499–521.

Anderson, J. (1996): »The Shifting Stage of Politics: New Medieval and Postmodern Territorialities«, in: *Environment and Planning D: Society and Space*, 14. Jg., H. 2, S. 133–153.

Anderson, J./Goodman, J. (1995): »Regions, States, and the European Union. Modernist reaction or postmodern adaptation?«, in: *Review of International Political Economy*, 2. Jg., H. 4, , S. 600–631.

Anderson, M. (2000): »The Transformation of Border Controls. An European Precedent?«, in: Andreas, P./Snyder, T. (Hg.): *The Wall around the West: State Borders and Immigration Controls in North America and Europe*, London, S. 15–30.

Anderson, M./Bort, E. (Hg. 1998): *The Frontiers of Europe*, London.

Andreas, P. (2000): *Border Games: Policing the US-Mexico Divide*, Ithaca.

Andreas, P./Snyder, T. (Hg. 2000): *The Wall around the West: State Borders and Immigration Controls in North America and Europe*, Lanham.

Barry, A. (1993): »The European Community and European Government: Harmonization, Mobility and Space«, in: *Economy and Society*, 22. Jg., H. 3, S. 314–326.

Barry, A. (1994): »Harmonization and the art of European government«, in: Rootes, C./ Davis, H. (Hg.): *Social Change and Political Transformation*, London, S. 39–54.

Barry, A./Osborne, T./Rose, N. (Hg. 1996): *Foucault and Political Reason. Liberalism, Neo-Liberalism and Rationalities of Government*, London.

Bernard, W. S. (1998): »Immigration: History of U. S. Policy«, in: Jacobson, D. (Hg.): *The Immigration Reader: America in a Multidisciplinary Perspective*, Oxford, S. 48–71.

Bigo, D. (1994): »The European Internal Security Field: Stakes and Rivalries in a Newly Developing Area of Police Intervention«, in: Anderson, M./Den Boer, M. (Hg.): *Policing across National Boundaries*, London, S. 161–173.

Bigo, D. (1996): »Polizeihochburg Europa. Sicherheit, Immigration und soziale Kontrolle«, in: *Le Monde Diplomatique. Deutsche Ausgabe*, Nr. 5049 v. 11. Oktober 1996, S. 14. (Orig.: »L'archipel des polices. Sécurité, immigration et contrôle social«, in: *Le Monde Diplomatique*, Oktober 1996, S. 9.)

Bø, B. (1998): »The Use of Visa Requirements as a Regulatory Instrument for the Restriction of Migration«, in: Böcker, A./Groenendijk, K./Havinga, T./Minderhoud, P. (Hg.): *Regulation of Migration: International Experiences*, Amsterdam, S. 191–202.

Bottin, M. (1996): »La Frontière de ›l'État‹. Approche Historique et Juridique«, in: *Sciences de la Société*, 37. Jg., Sonderheft, S. 15–26.

Breuilly, J. (1998): »Sovereignty, Citizenship and Nationality: Reflections on the Case of Germany«, in: Anderson, M./Bort, E. (Hg.): *The Frontiers of Europe*, London, S. 36–67.

Brochmann, G. (1999): »The Mechanisms of Control«, in: Brochmann, G./Hammar, T. (Hg.): *Mechanisms of Immigration Control: A Comparative Analysis of European Regulation Policies*, Oxford, S. 1–28.

Caestecker, F. (1998): »The Changing Modalities of Regulation in International Migration within Continental Europe. 1870–1940«, in: Böcker, A./Groenendijk, K./Havinga, T./ Minderhoud, P. (Hg.): *Regulation of Migration: International Experiences*, Amsterdam, S. 73–98.

Caplan, J./Torpey, J. (Hg. 2000): *Documenting Individual Identity. The Development of State Practices in the Modern World*, Princeton.

Castles, S./Miller, M. J. (1993): *The Age of Migration. International Population Movements in the Modern World*, Basingstoke.

Christiansen, T./Jørgensen, K. E. (2000): »Transnational Governance above and below the State: The Changing Nature of Borders in Europe«, in: *Regional and Federal Studies*, 10. Jg., H. 2, S. 62–77.

Curzon, G. (1908): *Frontiers. The Romanes Lecture 1907*, Oxford.

de Vattel, E. (1758): *Das Völkerrecht oder Grundsätze des Naturrechts, angewandt auf das Verhalten und die Angelegenheiten der Staaten und Staatsoberhäupter*, übers. v. W. Euler. Tübingen: (1959).

de Zayas, A. (1988): »A Historical Survey of Twentieth Century Expulsions«, in: A. Bramwell (Hg.): *Refugees in the Age of Total War*, London, S. 15–37.

Dean, M. (1992): »A Genealogy of the Government of Poverty«, in: *Economy & Society*, 21. Jg., H. 3; S. 215–251.
Dean, M. (1999): *Governmentality. Power and Rule in Modern Society*, London.
Deleuze, G. (1986): *Foucault*, übers. v. H. Kocyba, Frankfurt a. M.
Deleuze, G. (1990): »Postskriptum über die Kontrollgesellschaften«, übers. v. G. Roßler, in: Ders.: *Unterhandlungen 1972–1990*, Frankfurt a. M., S. 254–262.
den Boer, M. (1995): »Moving between Bogus and Bona Fide: The Policing of Inclusion and Exclusion in Europe«, in. Miles, R./Thränhardt, D. (Hg.): *Migration and European Integration: The Dynamics of Inclusion and Exclusion*, London, S. 92–111.
Dinan, D. (1999): *Ever Closer Union? An Introduction to European Integration*, 2., erw. Aufl.,London.
Donnan, H./Wilson, T. (1999): *Borders. Frontiers of Identity, Nation and State*. Oxford.
Ellis, S. (1995): *Tudor Frontiers and Noble Power: The Making of the British State*. Oxford.
Eskelinen, H./Liikanen, I./Oksa, J. (Hg. 1999): *Curtains of Iron and Gold: Reconstructing Borders and Scales of Interaction*, London.
Febvre, L./Demangeon, A. (1935): *Der Rhein und seine Geschichte*, hg. u. übers. v. P. Schöttler, 3., Frankfurt a. M./New York.
Fieldhouse, D. K. (1966): *The Colonial Empires: A Comparative Survey from the Eighteenth Century*, London.
Foucault, M. (1977): *Sexualität und Wahrheit. Bd. 1: Der Wille zum Wissen*, übers. v. U. Raulf/ W. Seitter, Frankfurt a. M.
Foucault, M. (2003): »Die ›Gouvernementalität‹. Vortrag«, übers. v. H.-D. Gondek, in: Ders.: *Dits et Ecrits. Schriften*, Bd. 3, 1976–1979, Frankfurt a. M., S. 796–823.
Foucault, M. (2003): »Die Geburt der Biopolitik«, übers. v. H. Kocyba, in: Ders.: *Dits et Ecrits. Schriften*, Bd. 3, 1976–1979, Frankfurt a. M., S. 1020–1028.
Foucault, M. (2005): »Diskussion vom 20. Mai 1978«, übers. v. H. Kocyba, in: Ders.: *Dits et Ecrits. Schriften*, Bd. 4, 1980–1988, Frankfurt a. M., S. 25–43.
Foucher, M. (1998): »The Geopolitics of European Frontiers«, in: M. Anderson/E. Bort (Hg.): *The Frontiers of Europe*, London, S. 235–250.
Fuller, G. (2003): »Life in Transit: Between Airport and Camp«, *borderlands e-journal*, 2. Jg., H. 1. (Online: www.borderlands.net.au/vol2no1_2003/fuller_transit.html [31. Juli 2009].)
Geddes, A. (1999): *Immigration and European Integration: Towards Fortress Europe?*, Manchester.
Giddens, A. (1985): *The Nation-State and Violence*, Cambridge.
Grabbe, H. (2000): »The Sharp Edges of Europe: Extending Schengen Eastwards«, in: *International Journal*, 76. Jg., H. 3, S. 519–36.
Hammar, T. (1986): »Citizenship: Membership of a Nation and of a State«, in: *International Migration* 24. Jg., H. 4, S. 735–747.
Hardt, M./Negri, A. (2002): *Empire. Die neue Weltordnung*, Frankfurt a. M./New York.
Hayes, B. (2004): »From the Schengen Information System to SIS II and the Visa Information System (VIS): The Proposals Explained«, in: *Statewatch European Monitor*, Februar 2004, Online: www.statewatch.org/news/2004/feb/summary-sis-report.htm [31. Juli 2009].
Hertslet, E. (1967): *The Map of Africa by Treaty*, Reprint der 3. Aufl. 1909, London.

Home Department (1998): *Fairer, Faster and Firmer – A Modern Approach to Immigration and Asylum*, Cm 4018, London.
House of Lords (1998): »Incorporating the Schengen Acquis into the European Union«, in: *Select Committee on European Communities. 31st Report*, Session 1997–1998, HL 139, London.
House of Lords (1999a): *Schengen and the United Kingdom's Border Controls*, London.
House of Lords (1999b): »Minutes of Evidence. Examination of Witness M. Michel Pinauldt«, in: *Select Committee on European Communities. 7th Report*, Session 1998–1999, HL 37, London.
Huysmans, J. (2000): »The European Union and the Securitization of Migration«, in: *Journal of Common Market Studies*, 38. Jg., H. 5, S. 751–777.
Jachtenfuchs, M. (2001): »The Governance Approach to European Integration«, in: *Journal of Common Market Studies* 39. Jg., H. 2, S. 245–264.
Jackson Preece, J. (1998): »Ethnic Cleansing as an Instrument of Nation-State Creation: Changing State Practices and Evolving Legal Norms«, in: *Human Rights Quarterly*, 20. Jg., H. 4, S. 817–842.
Kein Mensch ist Illegal (2000): *Ohne Papiere in Europa. Illegalisierung der Migration – Selbstorganisation und Unterstützungsprojekte in Europa*, Berlin/Hamburg.
Koslowski, R. (2001): »*Inviting the Global Elite In and Keeping the World's Poor Out: International Migration and Border Control in the Information Age*«, Konferenzbeitrag, International Studies Association (ISA), Chicago.
Langer, J. (1999): »Towards a Conceptualization of Border: The Central European Experience«, in: Eskelinen, H./Liikanen, I./Oksa, J. (Hg.): *Curtains of Iron and Gold: Reconstructing Borders and Scales of Interaction*, London, S. 25–42.
Larner, W./Walters, W. (Hg. 2004): *Global Governmentality: Governing International Spaces*. London.
Lavenex, S./Uçarer, E. (Hg. 2003): *Migration and the Externalities of European Integration*, Lanham.
Lippert, R. (1999): »Governing Refugees: The Relevance of Governmentality to Understanding the International Refugee Regime«, in: *Alternatives* 24. Jg., H. 3, S. 295–328.
Lui-Bright, R. (1997): »International/National: Sovereignty, Governmentality and International Relations«, in: G. Crowder (Hg.): *Australasian Political Studies: Proceedings of the 1997 APSA Conference*, Adelaide, S. 581–597.
Marks, J. (2000): »Foucault, Franks, Gauls. *Il faut défendre la société* – The 1976 Lectures at the Collège de France«, in: *Theory, Culture & Society*, 17. Jg., H. 5, S. 127–147.
Marrus, M. (1985): *The Unwanted: European Refugees in the Twentieth Century*, New York.
Monar, J. (2000): »The Impact of Schengen on Justice and Home Affairs in the European Union: An Assessment on the Threshold to its Incorporation«, in: den Boer, M. (Hg.): *Schengen Still Going Strong*, Maastricht, S. 21–35.
Monar, J. (2003): »Justice and Home Affairs«, in: *Journal of Common Market Studies*, 41. Jg., Sonderheft, S. 119–135.
Mongia, R. V. (1999): »Race, Nationality, Mobility: The History of the Passport«, in: *Public Culture*, 11. Jg., H. 3, S. 527–555.
Monnet, J. (1978): *Erinnerungen eines Europäers*, übers. v. W. Vetter, München.

Nederveen Pieterse, J. P. (1989): *Empire and Emancipation. Studies in Power and Liberation on a World Scale*, London.

Nevins, J. (2002): *Operation Gatekeeper: The Rise of the »Illegal Alien« and the Making of the US-Mexico Boundary*, New York.

O'Dowd, L./Wilson, T. (1996): »Frontiers of Sovereignty in the New Europe«, in: L. O'Dowd/ T. Wilson (Hg.): *Borders, Nations and States*, Aldershot, S. 1–17.

Ó Tuathail, G. (1996): *Critical Geopolitics*, Minneapolis.

Paasi, A. (1999): »The Political Geography of Boundaries at the End of the Millennium: Challenges of the De-Territorializing World«, in: H. Eskelinen/I. Liikanen/J. Oksa (Hg.): *Curtains of Iron and Gold: Reconstructing Borders and Scales of Integration*, Aldershot, S. 9–24.

Porter, B. (1979): *The Refugee Question in Mid-Victorian Politics*, Cambridge.

Pounds, N. (1951): »The Origin of the Idea of Natural Frontiers in France«, in: *Annals of the Association of American Geographers*, 41. Jg., H. 2, S. 146–157.

Prescott, J. R. V. (1987): *Political Frontiers and Boundaries*, London/Boston.

Rat der Europäischen Union (1998): »Gemeinsame Maßnahme vom 19. März 1998 – vom Rat aufgrund von Artikel K.3 des Vertrags über die Europäische Union angenommen – betreffend die Festlegung eines Ausbildungs-, Austausch- und Kooperationsprogramms in den Bereichen Asyl, Einwanderung und Überschreitung der Außengrenzen –›ODYSSEUS‹«, in: *Amtsblatt der Europäischen Gemeinschaften* L 99, 41. Jg., S. 2–7.

Rat der Europäischen Union (1999): »Aktionsplan des Rates und der Kommission zur bestmöglichen Umsetzung der Bestimmungen des Amsterdamer Vertrags über den Aufbau eines Raums der Freiheit, der Sicherheit und des Rechts – Vom Rat (Justiz und Inneres) am 3. Dezember 1998 angenommener Text«, *Amtsblatt der Europäischen Gemeinschaften*, C 19/01, 42. Jg., S. 1–15.

Rat der Europäischen Union (2000): *»Vorschlag für eine Verordnung des Rates über die Einrichtung von ›Eurodac‹ für den Vergleich der Fingerabdrücke von Asylbewerbern und bestimmten anderen Drittstaatsangehörigen zur Erleichterung der Durchführung des Dubliner Übereinkommens«*, Dokument 8417/00, 11. Mai.

Rat der Europäischen Union (2001): »*Verbindungsbeamte – Gemeinsame Nutzung von Verbindungsbeamten der EU-Mitgliedstaaten*«, Dokument 5406/01, 17. Januar.

Rigo, E. (2005): »Citizenship at Europe's Borders: Some Reflections on the Post-colonial Condition of Europe in the Context of EU Enlargement«, in: *Citizenship Studies*, 9. Jg., H. 1, S. 3–22.

Ruggie, J. G. (1993): »Territoriality and Beyond: Problematizing Modernity in International Relations«, in: *International Organization*, 47. Jg., H. 1, S. 139–174.

Rupnik, J. (1994): »Europe's New Frontiers: Remapping Europe«, in: *Daedalus*, 123. Jg., H. 3, S. 91–114.

Salter, M. (2003): *Rights of Passage. The Passport in International Relations*, Boulder.

Sassen, S. (1996a): *Migranten, Siedler, Flüchtlinge. Von der Massenauswanderung zur Festung Europa*, Originalausgabe, übers. v. I. Hölscher, Frankfurt a. M.

Sassen, S. (1996b): »Beyond sovereignty: immigration policy making today«, *Social Justice*, 23. Jg., H. 3, S. 9–19.

Sassen, S. (1999): *Guests and Aliens*, New York.

Schmitter, P. (1996): »Imagining the Future of the Euro-Polity with the Help of New Concepts«, in G. Marks et al (Hg.): *Governance in the European Union*, London, S. 121–150.
Sheptycki, J. (1995): »Transnational Policing and the Makings of a Postmodern State«, in: *British Journal of Criminology*, 35. Jg., H. 4, S. 613–635.
Statewatch (1995): »Spain: EU funds new ›Wall‹ in Ceuta«, in: *Statewatch Bulletin*, 5. Jg., Nr. 6, November-Dezember, Online: database.statewatch.org/protected/article.asp?aid=1705 [nur für Abonnenten].
Spiteri, S. (2004): »New EU States Fight to Host Border Agency«, in: *EU Observer*, 1. März 2004, Online: euobserver.com/?aid=14645&rk=1 [31. Juli 2009].
Stetter, S. (2000): »Regulating Migration: Authority Delegation in Justice and Home Affairs«, in: *Journal of European Public Policy*, 7. Jg., H. 1, S. 80–103.
Torpey, J. (1999): *The Invention of the Passport: Surveillance, Citizenship and the State*, New York: Cambridge.
Tunander, O. (1997): »Post-Cold War Europe: Synthesis of a Bipolar Friend-Foe Structure and a Hierarchic Cosmos-Chaos Structure?«, in: O. Tunander et al. (Hg.): *Geopolitics in Post-Wall Europe. Security, Territory and Identity*, London, S. 17–44.
van Dijk, H. (1999): »State Borders in Geography and History«, in: Knippenberg, H./ Markusse, J. (Hg.): *Nationalising and Denationalising European Border Regions 1800–2000: Views from Geography and History*, Dordrecht, S. 21–38.
Wæver, O. (1997): »Imperial Metaphors: Emerging European Analogies to Pre-Nation-State Imperial Systems«, in: Tunander, O. et al. (Hg.): *Geopolitics in Post-Wall Europe. Security, Territory and Identity*, London, S. 59–93.
Walters, W. (2004): »The Frontiers of the European Union: A Geostrategic Perspective«, in: *Geopolitics*, 9. Jg., H. 3, S. 674–698

Autorinnen und Autoren und Übersetzerinnen und Übersetzer

Adolphs, Stephan, Dipl. Pol., ist wissenschaftlicher Mitarbeiter im SNF-Forschungsprojekt „Protest als Medium – Medien des Protestes" und Doktorand am Solziologischen Institut der Universität Luzern. Er war zwischen 1998 und 2002 Redakteur des Frankfurter *diskus*. Jüngste Veröffentlichungen: *Das Staatsverständnis von Nicos Poulantzas – Der Staat als gesellschaftliches Verhältnis* (2010), Herausgeber mit Alex Demirovic und Serhat Karakayalı; *Die Aktivierung der Subalternen-gegenhegemonie und passive Revolution* (2007), mit Serhat Karakayalı in *Hegemonie gepanzert mit Zwang, Zivilgesellschaft und Politik im Staatsverständnis Antonio Gramcis*, (Hrsg.) Sonja Buckel/Andreas Fischer-Lescano.

Atzert, Thomas, arbeitet als Publizist und Übersetzer (u. a. von Negri, Virno, Lazzarato) in Hanau. Letzte Veröffentlichungen: *Umherschweifende Produzenten: Immaterielle Arbeit und Subversion* (1998); *Empire und die biopolitische Wende (2007)* mit Marianne Pieper, Serhat Karakayalı, und Vassilis Tsianos; und *Immaterielle Arbeit und imperiale Souveränität. Analysen und Diskussionen zu „Empire"* (2005), herausgegeben mit Jost Müller.

Graefe, Stefanie, Dr. phil., ist Soziologin und erforscht aktuell am Arbeitsbereich vergleichende Gesellschaftsanalyse der Universität Jena das Thema „Alter(n)". Weitere Themenschwerpunkte: Bio- und Gesundheitspolitik, Subjektivität und Gouvernementalität im Postfordismus. Veröffentlichungen: *Autonomie am Lebensende? Biopolitik, Ökonomisierung und die Debatte um Sterbehilfe* (2007); *An den Grenzen der Verwertbarkeit. Erschöpfung im flexiblen Kapitalismus* (2010), in: Karina Becker u. a. (Hrsg.), *Grenzverschiebungen des Kapitalismus. Umkämpfte Räume und Orte des Widerstands*.

Ibrahim, Aida, studiert Afrikanistik und Politikwissenschaften an der Universität Hamburg, arbeitet beim PRO ASYL und ist Mitglied beim Netzwerk für kritische Migrations- und Grenzregimeforschung. Letze Veröffentlichung: *Don't believe the hype! Bordermangment und Development* (2009) in: *DOSSIER Border Politics – Migration in the Mediterranean.* Heinrich Böll Stiftung, Migration, Integration, Diversity (mit Vassilis Tsianos).

Karakayalı, Serhat, Dr. phil., ist wissenschaftlicher Mitarbeiter am Institut für Soziologie der Universität Halle-Wittenberg. Jüngste Veröffentlichungen: *Empire und die biopolitische Wende. Die internationale Diskussion im Anschluss an Hardt und Negri,* (Hg. mit Marianne Pieper et al.); *Gespenster der Migration. Zur Genealogie illegaler Einwanderung in der Bundesrepublik Deutschland,* (2008); *Die Regierung der Migration in Europa Jenseits von Inklusion und Exklusion* (mit Vassilis Tsianos), in: SOZIALE SYSTEME, 14, Nr. 2, (2008); *Colonial Modern. Aestetics of the Past Rebellions for t he Future* (2010), herausgegeben mit Marion von Osten und Tom Avermaete.

Kusser, Astrid, ist Historikerin. Von 2005 bis 2008 war sie wissenschaftliche Mitarbeiterin am SFB/FK 427: Medien und kulturelle Kommunikation an der Universität Köln. 2004 kuratierte sie gemeinsam mit Felix Axster, Heike Hartmann und Susann Lewerenz die Ausstellung *Bilder verkehren. Bildpostkarten in der visuellen Kultur des deutschen Kolonialismus.* 2010 beendete sie ihr Promotionsprojekt *Körper in Schieflage. Tanzen im Strudel des Black Atlantic um 1900* an der Universität Köln.

Kuster, Brigitta, lebt und arbeitet in Berlin und Hamburg als Kulturproduzentin, Künstlerin, Filmemacherin und Autorin. Seit 2010 Junior Researcher im europäischen Forschungsprogramm Mig@Net, Transnational Digital Spaces, Migration and Gender. Ihre Arbeiten beschäftigen sich mit dem Erbe des Kolonialismus, Migration und Transnationalität sowie mit Arbeit, Gender und sexueller Identität. Ausstellungsbeteiligungen: zuletzt Forum Expanded 2010, „Randzonen der Bilder" (Kunsthaus Dresden 2009), Projekt Migration (Köln 2005), „Atelier Europa" (Kunstverein München 2004). Letzte Veröffentlichungen: *„Sous les yeux vigilants/ Under the watchful eyes. Zur internationalen Kolonialausstellung von 1931 in Paris"* (2007) in: http://eipcp.net/transversal/1007/kuster/de und *„Sexuell arbeiten"* (2007) (mit Renate Lorenz).

Lazzarato, Maurizio ist Soziologe und Philosoph. Er lebt und arbeitet in Paris und forscht zu den Themen immaterielle Arbeit, Ontologie der Arbeit, kognitiver Kapitalismus und neuen post-sozialistische Bewegungen. Veröffentlichungen: *Videophilosophie. Zeitwahrnehmung im Postfordismus* (2002); *Puissances de l'invention. La psychologie économique de Gabriel Tarde contre l'économie politique (2002); Les révolutions du capitalisme (2004); Intermittents et precaires (2008)* (mit Antonella Corsani).

Lemke, Thomas, Prof. Dr., ist seit September 2008 Heisenberg-Professor am Fachbereich Gesellschaftswissenschaften der Goethe Universität Frankfurt/Main. Seine Arbeits- und Forschungsschwerpunkte sind: Allgemeine Soziologie, Gesellschaftstheorie, soziologische Theorie, Organisationssoziologie, Biopolitik, politische Soziologie, Wissenschafts- und Techniksoziologie. Letze Veröffentlichungen: *Governmentality: Current Issues and Future Challenges (2010)*, herausgegeben zusammen mit Ulrich Bröckling und Susanne Krasmann; *Biopolitik zur Einführung* (2007).

Mbembe, Achille, Prof. Dr., ist Historiker und Politologe, Forschungsprofessor des WISER Institute for Social and Economic Research an der Universität Witswatersrand in Johannesburg und Mitherausgeber der Zeitschrift Public Culture. Arbeistschwerpunkte: postkoloniale Theorie, politische Theorie, vergleichende Literaturwissenschaft. Veröffentlichung: The Postcolony (2001).

Mulot, Tobias ist Historiker und Dokumentar, war 1992 bis 2002 Redaktionsmitglied der *1999. Zeitschrift für Sozialgeschichte des 20. und 21. Jahrhundert*s. Publikationen zur Sozialgeschichte des Nationalsozialismus sowie zur Geschichte von Jugendfürsorge und Jugendstrafrechtspflege. Zuletzt: *Igwe bu ke – Multitude is strength. Zur Genealogie der egalitären Tendenz*, in: Sozial.Geschichte Online 3/2010 (zusammen mit Vassilis Tsianos)

Negri, Antonio ist Philosoph und lebt in Venedig. Veröffentlichungen: (mit M. Hardt) *Die Arbeit des Dionysos* (1997); (mit M. Hardt) *Empire* (2002); *Time for Revolution* (2003); *Guide. Cinque lezioni su Impero e dintorni* (2003); (mit Michael Hardt) *Multitude* (2004); *Common Wealth* (2008) (mit Michael Hardt).

Neumaier, Mira ist Kulturarbeiterin und Netzaktivistin. Sie studiert Sozialökonomie an der Universität Hamburg und schreibt ihre Bachelorarbeit über den Kreativitätsimperativ im Kontext gegenwärtiger wirtschaftspolitischer Konzeptionen. Sie ist aktiv beim bundesweiten antirassistischen Netzwerk Kanak Attak und bei diversen queer-politischen Projekten.

no spoon: Nicht mehr und nicht weniger als eine Kooperation von Leuten, die neben der Freundschaft die gemeinsame Erfahrung in linken Projekten verbindet. Keine Politgruppe im klassischen Verständnis, sondern eher eine bestimmte Perspektive auf Politik.

Panagiotidis, Efthimia, MA. Soziologie, studierte Soziologie, politische Psychologie und Sexualwissenschaften an der Universität Hamburg. Sie unterrichtet qualitative Methoden der empirischen Sozialforschung im Fachbereich Sozialwissenschaften an der Universität Hamburg und promoviert zum Thema Politik der Affektionen und Prekarität. Letzte Veröffentlichungen: *Regime der Prekarität und verkörperte Subjektivierung* (2009) mit Pieper, Marianne und Vassilis Tsianos) in: Herlyn, G. et al. : *Arbeit und Nicht-Arbeit. Entgrenzungen und Begrenzungen von Lebensbereichen und Praxen*, und Mitherausgeberin von *Turbulente Ränder. Neue Perspektiven auf Migration an den Grenzen Europas.* (2007)

Pieper, Marianne, Prof. Dr., lehrt und forscht am Departement Sozialwissenschaften der Universität Hamburg. Sie leitet Schwerpunkt Subjektivitäten, Kulturen, Geschlechterdifferenzen. Zu ihren Lehr- und Forschungsbereichen gehören Gender und Queer Studies, Postkoloniale Theorien, poststrukturalistische Konzepte, Methoden qualitativer Sozialforschung. Gemeinsam mit Encarnación Gutiérrez Rodríguez veröffentlichte sie *Gouvernementalität. Ein sozialwissenschaftliches Konzept im Anschluss an Foucault* (2003) und zusammen mit Thomas Atzert, Serhat Karakayalı und Vassilis Tsianos *Empire und die biopolitische Wende. Die internationale Diskussion im Anschluss an Hardt und Negri* (2007).

Schultz, Susanne, Dr. phil., promovierte an der FU Berlin in Politikwissenschaft und forscht zurzeit zur Politik der Gendiagnostik. Sie arbeitete als wissenschaftliche Mitarbeiterin des Lateinamerika-Instituts der FU Berlin, als Journalistin und Referentin für Öffentlichkeitsarbeit und war lange aktiv in internationalistischen Bewegungen und feministischen Gruppen gegen Bevölkerungspolitik. Heute engagiert sie sich in respect, einer antirassistisch-feministischen Gruppe zum Thema Migration und bezahlte Hausarbeit und ist Redakteurin des Gen-ethischen Informationsdienstes und betreut im Gen-ethischen Netzwerk den Bereich Mensch und Medizin. Veröffentlichungen u. a.: *Hegemonie – Gouvernementalität – Biomacht. Reproduktive Risiken und die Transformation internationaler Bevölkerungspolitik.* (2006)

Seibert, Thomas, Dr. phil., ist Philosoph und Aktivist in einer Person. Er ist Mitarbeiter von Medico International, Vorstandsmitglied des Instituts solidarische Moderne, Mitglied im Wissenschaftlichen Beirat der Rosa-Luxemburg-Stiftung, Aktivist bei Attak und der Interventionistischen Linken (iL). Veröffentlichungen: *Geschichtlichkeit, Nihilismus, Autonomie: Philosophie(n) der Existenz* (1996); *Existenzphilosophie* (1997); *Existenzialismus* (2000); *Krise und Ereignis Siebenundzwanzig thesen zum Kommunismus* (2009).

Tsianos, Vassilis, Dr. phil., hat an der Universität Hamburg promoviert, wo er Migrationssoziologie und border studies lehrt. Er arbeitet als Senior Researcher im europäischen Forschungsprogramm Mig@Net, Transnational Digital Spaces, Migration and Gender. Arbeitsschwerpunkte: Transnationale Migration und border studies, Prekarisierung, Biopolitik. Zuletzt erschien von ihm gemeinsam mit Dimitris Papadopoulos und Niahm Stephenson: *Escape Routes. Control and Subversion in the 21st Century, London* (2008); *Transnational Migration and the*

Emergence of the European Border Regime: An Ethnographic Analysis. in: *European Journal of Social Theory August 2010/13*, (zusammen mit Serhat Karakayalı).

Walters, William, Prof. Dr., unterrichtet Politikwissenschaften an der Carleton University, Ottawa. Arbeitsschwerpunkte: Biopolitik und politische Theorie, Gouvernementalität der europäischen Integration, border studies. Er ist Mitherausgeber von *Global Gouvernamentality* mit Wendy Larner, (2004) und Co-Autor von *Gouverning Europe* (zusammen mit Hendrik Haahr) (2005).

Drucknachweise

Achille Mbembe: »Necropolitics«, *Public Culture*, vol. 15, no. 1, Winter 2003, S. 11–40.

Antonio Negri: »Konstituierende Macht«, Übersetzung von »La costituzione della potenza«, in: ders., *Il potere costituente. Saggio sulle alternative del moderno*, Rom 2002.

William Walters: »Mapping Schengenland. Denaturalizing the Border« in Environment and Planning D: Society and Space (2000), 20(5): S. 551–580.

Das Grundlagenwerk für alle Soziologie-Interessierten

> in überarbeiteter Neuauflage

Werner Fuchs-Heinritz /
Daniela Klimke / Rüdiger
Lautmann / Otthein Rammstedt / Urs Stäheli / Christoph
Weischer /Hanns Wienold
(Hrsg.)

Lexikon zur Soziologie
5., grundl. überarb. Aufl.
2010. ca. 800 S. Geb.
ca. EUR 39,95
ISBN 978-3-531-16602-5

Erhältlich im Buchhandel
oder beim Verlag.
Änderungen vorbehalten.
Stand: Juli 2010.

Das *Lexikon zur Soziologie* ist das umfassendste Nachschlagewerk für die sozialwissenschaftliche Fachsprache. Für die 5. Auflage wurde das Werk neu bearbeitet und durch Aufnahme neuer Stichwortartikel erweitert.

Das *Lexikon zur Soziologie* bietet aktuelle, zuverlässige Erklärungen von Begriffen aus der Soziologie sowie aus Sozialphilosophie, Politikwissenschaft und Politischer Ökonomie, Sozialpsychologie, Psychoanalyse und allgemeiner Psychologie, Anthropologie und Verhaltensforschung, Wissenschaftstheorie und Statistik.

„[...] das schnelle Nachschlagen prägnanter Fachbegriffe hilft dem erfahrenen Sozialwissenschaftler ebenso weiter wie dem Neuling, der hier eine Kurzbeschreibung eines Begriffs findet, für den er sich sonst mühsam in Primär- und Sekundärliteratur einlesen müsste."
www.radioq.de, 13.12.2007

www.vs-verlag.de

VS VERLAG

Abraham-Lincoln-Straße 46
65189 Wiesbaden
Tel. 0611.7878-722
Fax 0611.7878-400

If you have any concerns about our products,
you can contact us on
ProductSafety@springernature.com

In case Publisher is established outside the EU,
the EU authorized representative is:
**Springer Nature Customer Service Center GmbH
Europaplatz 3, 69115 Heidelberg, Germany**

Printed by Libri Plureos GmbH
in Hamburg, Germany